Textfunktionen und Textstrukturen von Führungs- und Unternehmensgrundsätzen der Gegenwart

HELMUT EBERT

Textfunktionen und Textstrukturen von Führungs- und Unternehmensgrundsätzen der Gegenwart

Linguistische Studien zu unternehmenspolitischen Texten 1

Mit einem historischen Exkurs zur Texttradition von Führungsgrundsätzen der Fried. Krupp AG

PETER LANG
Frankfurt am Main · Berlin · Bern · New York · Paris · Wien

Die Deutsche Bibliothek - CIP-Einheitsaufnahme

Ebert, Helmut:

Linguistische Studien zu unternehmenspolitischen Texten / Helmut Ebert. - Frankfurt am Main ; Berlin ; Bern ; New York ; Paris ; Wien : Lang
Teilw. zugl.: Bonn, Univ., Habil.-Schr., 1994

1. Textfunktionen und Textstrukturen von Führungs- und Unternehmensgrundsätzen der Gegenwart : mit einem historischen Exkurs zur Texttradition von Führungsgrundsätzen der Fried. Krupp AG. - 1997
ISBN 3-631-31711-5

ISBN 3-631-31711-5

Für Regina

Vorwort

Die vorliegende Arbeit wurde im Jahre 1994 von der Philosophischen Fakultät der Rheinischen Friedrich-Wilhelms-Universität Bonn als Habilitationsschrift angenommen. Der Titel der Arbeit lautete "Grundzüge der Sprache unternehmenspolitischer Texte. Textmuster, Sprachhandlungen und die Formulierung von Normen, Zielen und Werten in Führungs- und Unternehmensgrundsätzen aus Wirtschaftsunternehmen der Gegenwart (1966-1992)". Der zeitliche Abstand und manche nützliche Empfehlung der Gutachter haben mich in dem Entschluß bestärkt, die Ziele der ursprünglichen Arbeit auf drei getrennten Wegen anzugehen.
Das Hauptziel, die Vielfalt der Textfunktionen und Strukturen von Unternehmens- und Führungsgrundsätzen vor Augen zu stellen und die dabei auftauchenden Beschreibungsprobleme zu protokollieren und - soweit möglich - zu lösen, ist der inhaltliche Kern der Habilitationsschrift gewesen und zugleich Gegenstand der hier vorliegenden Monographie.
Die anderen Ziele werden hier ausgeklammert und sind Gegenstand von zwei späteren Monographien. Darin geht es zum einen um wort- und satzsemantische Analysen der Formulierung von Zielen, Normen und Werten sowie des Wortfeldausschnittes "Führen und Zusammenarbeiten". Zum anderen geht es darum, unternehmenspolitische Texte zu optimieren und Gestaltungsempfehlungen für angemessene und wirkungsvolle Texte dieser Art zu erarbeiten. Die vorliegende Arbeit schließt mit einem historischen Exkurs über die Führungsgrundsätze der Firma Fried. Krupp (Essen). Dieses Kapitel ist neu und war nicht Teil der Habilitationsschrift.

Es bleibt der Dank an die Förderer und Gutachter der Habilitationsschrift: an meinen Lehrer, Herrn Prof. Dr. Dr. h. c. Johannes Erben (Bonn), und an die Herren Professoren Dr. Werner Besch (Bonn), Dr. Manfred Kohrt (Bonn), Dr. Winfried Lenders (Bonn) und Dr. Dres. h. c. Horst Albach (Berlin). Ihrer konstruktiven Kritik verdankt die vorliegende Arbeit wichtige Änderungen.
Herrn Prof. Barry Turner danke ich für zahlreiche Anregungen, die aus Gesprächen während meiner Zeit an der Middlesex Business School (London) erwachsen sind. Zu danken ist auch Herrn Prof. Dr. Rolf Wunderer (St. Gallen) und Herrn Prof. Dr. Hans Bauer (Mannheim). die meine ersten "Gehversuche" auf betriebswirtschaftlichem Terrain mit Rat, Interesse und Ermutigung verfolgt haben. Herrn Prof. Dr. Theo Bungarten (Hamburg) und Frau Prof. Dr. Inge Pohl (Koblenz/Landau) danke ich dafür, daß sie mir Anregungen gaben sowie die Gelegenheit, meine ersten Ideen und Ausarbeitungen einem größeren Publikum vorzustellen.

Für ein zügiges und faires Habilitationsverfahren bin ich den Herren Professoren Dr. Christian Schmitt (Bonn) und Dr. Rolf Lessenich (Bonn) zu besonderem Dank verpflichtet. Meinen Studenten in Greifswald, Osnabrück und Bonn danke ich für viele Anregungen, die aus Vorlesungen und Seminaren über Textoptimierung und Unternehmenskommunikation erwachsen sind. Herrn Dr. Christian Schottmann (Bonn) und Herrn Paul Griffin B.A., Dip. Ed. (Melbourne/Bestwig) danke ich für ihre Bereitschaft, die Druckvorlage zu erstellen, Korrektur zu lesen und dafür, daß sie mir wertvolle kritische Hinweise gegeben haben. Frau Beate Ebert-Dölle und Herrn Elmar Dölle danke ich für die Hilfe in der Endphase der Manuskripterstellung. Herrn Hermann Butterwegge (Bochum) bin ich für die Mithilfe beim Vergleich der handschriftlichen Texte Alfred Krupps mit maschinenschriftlichen Abschriften verpflichtet. Für ihre Gesprächs- und Hilfsbereitschaft danke ich Frau Dr. Renate Köhne-Lindenlaub (Essen), Frau Dipl. Theol. Ursula Wollasch (Münster) sowie den Herren Robert Wolff (Engeln) und Michael Krieger M.A. (Köln). Herrn Dr. Hermann Ühlein vom Peter-Lang-Verlag danke ich für seine Geduld und die gute Verlagsbetreuung.

Wissenschaftliche Unternehmen sind heute mehr denn je auf private Ressourcen angewiesen. Deshalb danke ich meinen Eltern, Anna und Reiner Ebert (Weibern), Frau Aenne Friedrich (Aachen) und Herrn Albert Klapperich (Hausten). Ich danke der Fritz-Thyssen-Stiftung (Köln), die diese Schrift durch ein Habilitationsstipendium (1990-1993) ermöglicht hat, sowie der Hugo-Moser-Stiftung, die meine Arbeit mit dem Förderpreis für Germanistische Sprachwissenschaft ausgezeichnet hat (Mannheim 1992). Ganz besonders verpflichtet bin ich Herrn Dipl. Ing. Manfred Piwinger, Ressortleiter Öffentlichkeitsarbeit von Vorwerk & Co. (Wuppertal), der mir geholfen hat, Wissen praxisnah und ergebnisorientiert zu vermitteln. Er hat nie einen Zweifel daran gelassen, daß linguistische und kommunikative Kompetenz für ein Unternehmen und für eine Industrienation unverzichtbar sind, und er hat seinen Worten Taten folgen lassen, indem er mich in meiner beruflichen Entwicklung ideell und materiell gefördert hat. In gleicher Weise bin ich Herrn Dr. Fritz Langensiepen (Landschaftsverband Rheinland - Amt für rheinische Landeskunde, Bonn) verpflichtet.

Einen ganz entscheidenden Anteil am Zustandekommen dieser Arbeit hat meine Frau und Fachkollegin Regina Schlotmann OStR. Deshalb ist ihr diese Arbeit gewidmet.

Inhaltsverzeichnis

1. Einleitende Bemerkungen

1.1 Begründung des Themas

Die Veränderungen, die zur Zeit ablaufen und Unternehmen wie Gesellschaft erfaßt haben, scheinen beispiellos und ohne Vorbild zu sein. Das Wochenmagazin "Der Spiegel" hat einmal versucht, die "Revolution in den Betrieben" zu veranschaulichen. Danach sollen sich traditionelle und moderne Unternehmen wie folgt voneinander unterscheiden:

Revolution in den Betrieben

Traditionelle Unternehmen		Moderne Unternehmen
Starke Hierarchie.	Hierarchie	Kleine Managementebenen, flache Führungspyramiden.
Entscheidungen werden in zentralen Einheiten gefällt. Sehr bürokratisch.	Delegation	Entscheidungen werden weitgehend auf die Ebene delegiert, wo sie anfallen. Jede Tätigkeit wird in Eigenverantwortung durchgeführt.
Klar abgegrenzte Aufgabengebiete. Extrem: Fließbandfertigung mit einfachen Handgriffen.	Arbeitsteilung	Aufgaben werden von Teams interdisziplinär und über Hierarchieebenen hinweg gelöst. Fertigung durch Arbeitsgruppen, die auch für früher zentralisierte Aufgaben, zum Beispiel Einkauf, verantwortlich sind.
Schwerfällig, keine unmittelbare Rückkopplung.	Flexibilität	Unternehmen reagiert auf jede Änderung, zum Beispiel des Kundenverhaltens. Ziel: das lernende Unternehmen.
Technikorientiert. Beschränkt auf die dafür zuständige Abteilung.	Entwicklung	Kundenorientiert. Alle betroffenen Abteilungen einschließlich der Zulieferer sind von vornherein und simultan in den Entwicklungsprozeß eingebunden.

In großen Sprüngen, zum Beispiel durch Einführung neuer Techniken.	Verbesserung	Ständig fortlaufender Prozeß unter Beteiligung aller Mitarbeiter (Kaizen).
Systemimmanent durch starke Bürokratie und geringe Verantwortung der Beteiligten.	Verschwendung	Wird kontinuierlich vermindert
Hoch, weil viele Puffer notwendig sind und weil auf Vorrat gefertigt wird. Viele unnötige Transportwege.	Lagerhaltung	Gering. Geliefert wird nur, was sofort gebraucht wird (just in time). Gefertigt wird nur, was schon bestellt ist.
Endkontrolle: Fehler werden zu spät entdeckt. Die Beseitigung der Mängel kostet viel Geld.	Qualität	Permanente Kontrolle während des Produktionsprozesses
Starr. Feste Arbeitszeiten.	Arbeitszeit	Flexibel, im Extrem bestimmen die Mitarbeiter (in Abstimmung mit ihrer Gruppe) selbst, wann sie kommen oder gehen. Mehr- oder Minderarbeit wird über ein Zeitkonto ausgeglichen.[1]

Im Management und bei den Mitarbeitern wachsen aufgrund der rasanten Veränderungen in den Unternehmen und in der Unternehmensumwelt Verunsicherung und Orientierungslosigkeit. Neue theoretische und praktische Beratungskonzepte, zunächst amerikanischen Ursprungs, neuerdings mit japanischen Bezeichnungen versehen, wechseln einander immer schneller ab und schaffen beim praktizierenden Manager zusätzliche Unsicherheit, weil sie das komplexe System der Unternehmensführung lediglich aus einer einseitigen Sicht behandeln, ohne die Folgen für das Ganze zu bedenken (vgl. BLEICHER 1994b,25). In der Gesellschaft wächst die Zahl der Menschen, die unter einem "Zukunftsschock" leiden oder am "Schock, den eine Gesellschaft hervorbringt, in der die Geschichte anscheinend immer schneller abläuft und die uns mit einer verwirrenden Fülle von soziologischen, psychologischen, wirtschaftlichen, politischen und wissenschaftlichen Veränderungen konfrontiert" (EUNSON 1990,3f.). Auf die Frage, was denn in einer solchen Situation des Umbruchs Halt gibt oder Halt verspricht, haben zwei Unter-

1 Aus: Der Spiegel 11/1994, S. 97.

nehmer zu verschiedener Zeit und an verschiedenem Ort eine ähnliche Antwort gegeben. Beide, Alfred Krupp und Thomas J. Watson Jr., haben - bei allen Unterschieden im Detail - betont, wie wichtig G r u n d s ä t z e für das erfolgreiche Führen eines Unternehmens sind.

Alfred Krupp, Alleininhaber der Firma Fried. Krupp, schreibt im Jahre 1872:

Die wachsende Ausdehnung der Werke und Geschäfte der Firma Fried. Krupp läßt es wünschenswerth, ja nothwendig erscheinen, diejenigen Grundsätze und Rechte zusammenzufassen und zu vervollständigen, unter deren Anwendung der jetzige blühende Stand der Firma erreicht wurde, dabei zugleich die Rechte und Pflichten jedes Amtes und jeder Stellung im Betrieb und in der Verwaltung in sich fest zu stellen und gegen einander abzugrenzen, um auf diesem Wege, so weit dies thunlich, für gegenwärtige und kommende Zeiten eine gesicherte Ordnung und ein harmonisches Zusammenwirken zu verbürgen, und damit das Gedeihen des Ganzen, wie die Wohlfahrt jedes Einzelnen zu sichern.[2]

Thomas J. Watson Jr., Aufsichtsratsvorsitzender der IBM, schreibt im Jahre 1963:

Von den fünfundzwanzig Industrieunternehmen der Vereinigten Staaten, die 1900 an führender Stelle standen, gehören heute nur noch zwei zu dieser exklusiven Gesellschaft ... Zahlen dieser Art lassen uns erkennen, daß ein einzelnes Industrieunternehmen durchaus entbehrlich ist und seine Erfolge bestenfalls in einer nicht andauernden Leistung bestehen, die ihm jederzeit aberkannt werden kann ... Ich bin davon überzeugt, daß Erfolg und Versagen eines Unternehmens sehr häufig auf die Frage zurückgeführt werden können, wie gut ein Betrieb die Leistungsbereitschaft und Talente seiner Mitarbeiter anzusprechen versteht. Was tut der Betrieb, um diesen Menschen die sie alle verbindende, gemeinsame Sache nahezubringen? Wie hält er alle Interessen in derselben Richtung trotz der bestehenden Reibungspunkte und Unterschiede? Und wie kann er die gemeinsame Sache und die Orientierung im Lauf der vielen, von einer Generation zur anderen sich ergebenden Änderungen beibehalten?
Diese Probleme sind nicht nur für Wirtschaftsbetriebe eigentümlich. Sie bestehen in allen großen Organisationen, in politischen und religiösen Institutionen. Betrachten Sie eine große Organisation - eine, die lange Zeit überdauert hat - und Sie werden feststellen, daß sie ihre Spannkraft nicht ihrer Organisationsform oder ihrem Können in der Verwaltung verdankt, sondern dem Einfluß dessen, was wir *Grundsätze* nennen, und der Anziehungskraft, die diese Grundsätze auf ihre Menschen ausübt.
Deshalb ist dies meine These: Ich glaube, daß jede Organisation, um zu überleben und Erfolg zu erzielen, in vieler Hinsicht feste Grundsätze haben muß, auf die sie ihre Politik und ihr Handeln begründet. Ich glaube weiter, daß der bedeutendste Faktor für den Erfolg eines Unternehmens die Konsequenz ist, mit der es diesen Prinzipien entsprechend handelt. Und schließlich glaube

---

2 Aus: *General-Regulativ für die Firma Fried. Krupp*, zit. n. SCHRÖDER 1956, 41.

ich, daß eine Organisation im Verlauf ihrer Entwicklung als Unternehmen, das den Anforderungen einer wechselnden Umwelt gerecht wird, zur Änderung aller ihrer Eigenschaften bereit sein muß - ausgenommen dieser Prinzipien.
Mit anderen Worten, die grundlegende Philosophie, der Geist und der Schwung einer Organisation sind bei weitem bestimmender für ihren relativen Erfolg als technologische oder wirtschaftliche Kräfte, Organisationsstruktur, Neuerungen und Zeitwahl. Alle sind nach meiner Ansicht überlagert von der Stärke der Überzeugung, mit der die Menschen in der Organisation an deren Grundsätze glauben, und der Gewissenhaftigkeit, mit der sie nach ihnen handeln.[3]

Wir müssen die Thesen, die in beiden Statements enthalten sind, ernst nehmen, auch wenn ein wissenschaftlicher "Beweis" für ihre Richtigkeit nicht geliefert werden kann, weil die Größe des Stoffes über das hinausgeht, was eine einzelne Disziplin oder ein einzelner Forscher leisten kann. Wenn auch beide Texte zeigen, daß das Nachdenken über Grundsätze keine Erfindung der Gegenwart ist, so fällt doch auf, daß die Zahl der Unternehmen mit schriftlich fixierten Grundsätzen zur Gegenwart hin stetig zugenommen zu haben scheint (vgl. WITTBERG 1994,5).
In der betriebswirtschaftlichen Literatur werden diese Texte meist "Führungsgrundsätze" oder "Unternehmensgrundsätze", zunehmend auch "Leitbild" genannt. Wie HOFFMANN (1989,168) bin ich davon ausgegangen, daß "*Führungsgrundsätze* [...] als spezieller Teil der Unternehmensgrundsätze zu verstehen [sind]. Sie regeln das Verhältnis zwischen Vorgesetzten und unterstellten Mitarbeitern." Es war naheliegend, auch in der betrieblichen Praxis mit einer relativ gefestigten Bezeichnungsnorm zu rechnen. Tatsächlich ist dies aber nicht der Fall. Das mir überlassene Material ist sehr heterogen, was auch darin seinen Ausdruck findet, daß neben Ausdrücken wie "Führungsgrundsätze", "Unternehmensgrundsätze" und "Leitbild" eine Fülle weiterer Bezeichnungen wie z. B. "Unternehmensphilosophie", "Vision", "Führungsanleitung" etc. existiert. Der folgende Mikrotext (1), die Textsorten-Reduktionsvariante (2) sowie die Textauszüge (3) und (4) sollen die Bandbreite des mir auf meine Bitte um Führungs- und Unternehmensgrundsätze überlassenen Textmaterials veranschaulichen:

3 Aus: WATSON 1964,13-16 (Titel: IBM. Ein Unternehmen und seine Grundsätze. Titel der Originalausgabe [WATSON 1963]: A Business and Its Beliefs: The Ideas that helped build up IBM).

Mikrotexte, und Reduktionsvariante:

(1) Unsere Philosophie // Zufriedene Kunden // Zufriedene Mitarbeiter // Zufriedene Kapitalgeber [Text Nr. 49.2[4]; 1990]

(2) In der weltoffenen Tradition unserer Bank fühlen wir uns unseren Kunden partnerschaftlich verpflichtet. Wir bekennen uns zu den Prinzipien des fairen Wettbewerbs auf Basis der sozialen Marktwirtschaft und einer freiheitlichen Gesellschaftsordnung. Im Mittelpunkt unserer unternehmerischen Strategien und Konzepte steht der Kunde. Auf allen Ebenen der Bank steht unternehmerisches Denken und Handeln im Vordergrund. Unsere Mitarbeiter bestimmen durch ihre Leistung entscheidend den Unternehmenserfolg. Alle Mitarbeiter sind sich bewußt, daß sie dazu beitragen, das Bild der Bank in der Öffentlichkeit zu prägen. Die Kommunikation in der ...bank vollzieht sich offen und vermittelt Zielsetzungen, Grundsätze und Wertmaßstäbe nach innen und außen [Teiltext aus Nr. 22].

Textauszüge:

(3) Volkswagen AG Führungsgrundsätze (1983)
Für den wirtschaftlichen Erfolg des Unternehmens und die Sicherung der Arbeitsplätze ist insbesondere auch eine vertrauensvolle und wirksame Zusammenarbeit aller weiblichen und männlichen Mitarbeiter erforderlich. Sie setzt voraus, daß alle Mitarbeiter nach gleichen Grundsätzen handeln und behandelt werden. [...] Alle sind verpflichtet, diese Führungsgrundsätze unter Beachtung der gesetzlichen, tariflichen und betrieblichen Regelungen zu verwirklichen. Jeder betroffene Mitarbeiter hat das Recht, sich bei den zuständigen Stellen zu beschweren, wenn gegen diese Führungsgrundsätze verstoßen wird.

1. Qualifizieren der Mitarbeiter für ihre Aufgaben (Fähigkeiten entwickeln) [...] //
2. Qualifizieren für höherwertige Aufgaben (Mitarbeiter fördern) [...] //
3. Aufgaben und Befugnisse übertragen (Delegieren) [...] //
4. Stellvertretung [...] //
5. Zusammenarbeiten [...] //
6. Ziele erarbeiten und setzen [...] //
7. Arbeitsergebnisse, Arbeits- und Führungsverhalten beurteilen [...] //
8. Arbeitsergebnisse, Arbeits- und Führungsverhalten steuern [...] //

---

4 Die Zahlen geben die fortlaufende Nummerierung der Texte gemäß meinen Arbeitspapieren an und sind nicht identisch mit den Zahlen der Korpus-Übersicht in Kap. 1.2. Die Zahl hinter dem Komma zeigt an, daß der betreffende Text einer von mehreren Texten ein- und derselben Firma ist. Auf eine namentliche Zitierung der Texte verzichte ich, da ich den Unternehmen die Anonymität ihrer Texte zugesichert habe. Ausnahmen mache ich dann, wenn das Unternehmen namentliches Zitieren freigestellt hat, bzw. wenn der mir überlassene Text für jedermann zugänglich publiziert worden ist.

Schlußbestimmung
Diese Betriebsvereinbarung tritt am 1.9.1983 in Kraft.
[92.1, hier zit. n. LENK/MARING 1992,392-396].

(4) Führungsgrundsätze der Unternehmensgruppe [XY]

1. Präambel
Geschäftszweck der Unternehmensgruppe [...] ist das Verlegen, die Herstellung und der Vertrieb von Print- und Medienerzeugnissen. Das vorgeordnete Ziel der unternehmerischen Aktivitäten ist nicht Gewinnmaximierung, sondern die Sicherung des zeitlich unbegrenzten Unternehmensbestandes und der Arbeitsplätze aus eigener Kraft. [...]
2. Führungsstruktur [...]
3. Führungsbeziehungen
Geschäftsleitung - Mitarbeiter [...]
Geschäftsleitung - Vorgesetzte [...]
Vorgesetzte - Mitarbeiter [...]
Geschäftsleitung - Betriebsrat [...]
Betriebsrat - Mitarbeiter [...]
Betriebsrat - Vorgesetzte [...]
4. Die Führungsinstrumente
Führung durch Budgets und Pläne [...]
Führung durch Zielvorgabe und Delegation [...]
Führung durch Information und Kommunikation [...]
Führung als Personalentwicklung [...]
[75.1, von 1989; Textumfang: zwei engzeilig bedruckte Seiten eines Faltblattes im DIN A 4 Format.]

Aus der Heterogenität des Textmaterials ist die erste und vordringliche Aufgabe dieser Monographie erwachsen, nämlich das Textgelände zu erkunden und sicherzustellen, daß man weiß, wovon die Rede ist, wenn man von "Führungsgrundsätzen", "Unternehmensgrundsätzen", "Leitbildern", "Visionen" etc. spricht. Diese Aufgabe ist nicht von der Betriebswirtschaftslehre allein zu leisten. Die Betriebswirtschaftslehre hat sich nämlich schriftlich fixierten Führungs- und Unternehmensgrundsätzen bisher primär unter inhaltsanalytischen Gesichtspunkten genähert, unser Problem aber durchaus gesehen. WUNDERER/KLIMECKI (1990,52f.) führen mit Blick auf (Personal-)Führungsgrundsätze folgendes aus:

Die Frage, was geregelt ist und in welcher Art und Weise, bildet [...] ein zentrales Interessengebiet der bisherigen Forschung zum Thema Führungsgrundsätze. Aus den Regelungsinhalten

können direkt und indirekt entscheidende Informationen über die 'Verfassungsqualität' von FG gewonnen werden.
So läßt sich aus ihnen ermitteln

- welche Aspekte von Führung und Kooperation für regelungswürdig erachtet werden. [...]
- welche Regelungsqualität angestrebt wird. So können die verschiedenen Problemfelder z. B. interpretationsoffen oder 'bürokratisch' (Harzburger Modell) formuliert werden. Die Sprache kann positiv emotionalisierend sein oder 'mit erhobenem Zeigefinger' Verhaltensdruck erzeugen. Die Führungs- und Kooperationserwartungen können Appellcharakter aufweisen oder ein differenziertes Pflichtenheft und Checklisten für alle möglichen Problemfälle und Instrumente beinhalten.
- welcher Personenkreis als der 'Hauptlastträger' [...] anzusehen ist. So können sich Sprachinhalt und -form von FG vornehmlich auf Führungskräfte beziehen, auch wenn der Geltungsbereich alle Unternehmensmitglieder umfasst.
- welche 'impliziten' Führungskonzepte und Menschenbilder in den FG nachgezeichnet werden.

Die angesprochenen Themen sind empirisch z. T. nur schwer zu erfassen. Unsere Untersuchungen konzentrieren sich v. a. auf eine systematische Erhebung der Regelungsinhalte selbst. Das 'wie' dieser Regelungen wurde aus forschungstechnischen Gründen nicht aus den bestehenden FG erhoben, sondern mit einem 'Idealprofil' aus den Wunschvorstellungen der Befragten ermittelt.

Insofern ich versuchen werde, diese Lücke - also die Frage nach dem Wie von Führungs- und Unternehmensgrundsätzen[5] - zu schließen, fällt die vorliegende

---

5 Es ist zunächst einfacher zu sagen, was für Texte nicht Gegenstand der Untersuchung sind. Die folgende Liste ist eine offene und soll dem Leser lediglich zur besseren Orientierung dienen. Nicht untersucht werden Geschäftsberichte, Imagebroschüren und Organisationsgrundsätze. Geschäftsgrundsätze zählen ebenfalls nicht zum Untersuchungsgegenstand der vorliegenden Arbeit, sofern sie ethische Verhaltens- und Verfahrensregelungen zu verschiedenen Themen beinhalten wie z. B. Verhalten bei Interessenkonflikt, Umgang mit betrieblichen Informationen, Freistellung von Mitarbeitern für politische Betätigung. Spezielle Grundsätze wie Grundsätze zum Umweltschutz oder Qualitätsgrundsätze gehören ebenfalls nicht zum Untersuchungsgegenstand. Nicht einbezogen werden spezielle Ratgebertexte und Anweisungen, wie z. B. Führungshilfen für Gruppenleiter im Kundendienstbereich oder spezielle Führungsanweisungen für Betriebsführer oder Meister. Nicht einbezogen werden ferner Texte, die formales Verhalten mit unmittelbarem Bezug auf die Arbeitssituation und -methoden regeln, wie z. B. Organisationsanweisungen, Sicherheitsvorschriften und Arbeitsordnungen. Berufsständische Ethikkodizes werden ausgeklammert, weil sie Sache der Berufsverbände sind. Ebenso bleiben Texte ausgeklammert, die einen primär gesellschaftsrechtlichen Charakter haben, wie z. B. die Satzung einer Aktiengesellschaft. Auch Gründungsstatuten - z. B. von Unternehmen in Stiftungseigentum - werden nicht untersucht.

Arbeit in den Bereich der Angewandten Linguistik. Es geht hierbei also nicht um die Anwendung von theoretischem Wissen in der Praxis, sondern die Angewandte Linguistik betreibt hier selbst Forschung, indem sie ihre Fragestellung nicht aus Lücken innerhalb der Theorie, sondern aus der Praxis bezieht. Daß die Auseinandersetzung mit einem praktischen Problem auch einen Nutzen für die Theorieentwicklung bringen kann, ist zu hoffen, sollte aber nicht zum alleinigen Maßstab für den Ertrag der hier vorgelegten Arbeit gemacht werden.

1.2 Beschreibung des Textkorpus

Ich habe mich in der Zeit von 1990 bis 1992 brieflich an die Unternehmensleitungen von 250 zum größten Teil westdeutschen Unternehmen gewandt und sie um Führungs- und/oder Unternehmensgrundsätze gebeten. Zum Teil habe ich gezielt Firmen angeschrieben, von denen ich wußte, daß sie über entsprechende Texte verfügten, zum Teil habe ich die Unternehmen zufällig ausgewählt. Es kam mir dabei nicht auf eine im statistischen Sinne repräsentative Textauswahl an, sondern ich wollte möglichst viele Texte als Ausgangs- und Vergleichsgrundlage erhalten. Es überwiegen in der Auswahl die Großbetriebe. Kleinere Betriebe habe ich nur vereinzelt angeschrieben, da in der betriebswirtschaftlichen Literatur bekannt ist, daß der Verbreitungsgrad von Führungs- und Unternehmensgrundsätzen mit der Firmengröße ansteigt (vgl. Gabele/Kretschmer 1986,17).

Auf diese Weise kam die Sammlung der folgenden 154 Firmentexte zusammen, eine meines Wissens einmalige Sammlung, was die Zahl der Texte betrifft, denn aufgrund der individuellen Anschreiben und des allgemeinen Interesses an den Zielen der Arbeit war die Rücklaufquote außergewöhnlich hoch. Von den 250 angeschriebenen Firmen antworteten 158. Insgesamt 98 Firmen gaben an, Texte der gewünschten Art zu besitzen und fügten sie ihrer Antwort bei, wobei einige Firmen den aktuellen Texten zum Vergleich auch eine veraltete frühere Version beilegten.

Unternehmen	**Nr.**	**Titel**	**Jahr**
ADAC-VERSICHE-RUNGS-AG	001	Leitbild des Allgemeinen Deutschen Automobil-Clubs	o. J.
AEG AG	002	Führung und Zusammenarbeit	1988
AEG-TELEFUNKEN AG	003 *	Führung und Zusammenarbeit im Unternehmen	1972
ALLIANZ VERSICHE-RUNGS AG	004	Grundsätze der Personalführung und Zusammenarbeit in der Allianz-Sachgruppe	1980
ANT GmbH	005	Sich den Herausforderungen stellen	o. J.
APOLLINARIS AG	006	Eine Unternehmensgruppe profiliert sich - Unternehmens- und Führungskonzeption der Dortmunder Union-Schultheiss-Brauerei-Gruppe	1984
ARAG AG	007	Leitbild ARAG Lebensversicherungs-AG und BAVARIA Krankenversicherungs-AG	1989
	008	Führungsgrundsätze	1978
ARAL AG	009	Leitsätze der Zusammenarbeit und Führung in der Aral AG	1988
AUDI AG	010	Führungsgrundsätze	1974/88
BASF AG	011	Unternehmensleitlinien der BASF-Gruppe	1990
	012	Unternehmensleitlinien, daraus: Personalkonzeption und Grundlagen der Führung und Zusammenarbeit	1979
BATTENFELD HOL-DING GmbH	013	Unternehmensleitbild Gruppe Battenfeld	1990
BAYER AG	014	Führungsgrundsätze der Bayer AG	1979/90
	015 *	Führungsgrundsätze der Bayer AG	1974
BAYERISCHE VER-EINSBANK AG	016	Unternehmensleitlinien der Bayerischen Vereinsbank	1986
	017 *	Grundsätze der Zusammenarbeit und Führung	1978
BEIERSDORF AG	018	Management bei Beiersdorf daraus: Die Führungsgrundsätze (1974), Sieben Forderungen für das Führen nach MbB (1979), Die Unternehmensphilosophie (1979)	1979
BERKER GmbH & Co.	019	Unternehmens-Leitbild	o. J.
BERTELSMANN AG	020	Unternehmensverfassung der Bertelsmann AG	1985
	021 *	Unternehmensverfassung der Bertelsmann AG	1973
	022	Bertelsmann Unternehmenskonzeption	1990
	023	Leitsätze für die Führung im Hause Bertelsmann	1974/85
BHW BAUSPARKAS-SE AG	024	Unternehmensgrundsätze	1986

BMW AG	025	BMW Handlungsmaximen/BMW Management Maxims	1985/90
	026 *	Führungsleitsätze der Bayerischen Motorenwerke	1976
BOEHRINGER INGELHEIM GmbH	027	Grundsätze für die zielorientierte Zusammenarbeit von Vorgesetzten und Mitarbeitern im Firmenverband Boehringer Ingelheim	1975
R. BOSCH GmbH	028	Zehn Thesen zur Führung	1979
	029	Zwölf Leitsätze zur Qualität	1990
CIBA-GEIGY AG (CH)	030	Richtlinien für die Führung und Zusammenarbeit	1974/89
	031	Vision [Übersetzung aus dem Englischen]	1992
	032 *	Unternehmensgrundsätze	1989
COMMERZBANK AG	033	Corporate Identity - Leitbild des Commerzbank-Konzerns	1990
CONTINENTAL AG	034	Basics [Übersetzung aus dem Englischen]	1989
COR Wohn- und Büromöbel Helmut Lübke GmbH & Co.	035	Ansichten und Aussichten für unser Unternehmen und seine Mitarbeiter	1989
DEUTSCHE NICKEL AG	036	Unternehmensgrundsätze der Vereinigte Deutsche Nickel-Werke Aktien-Gesellschaft	1986
DEUTSCHER RING AG	037	Führungsgrundsätze	1990
	038	Leitbild	1990
DG BANK AG	039	Unternehmensleitbild der genossenschaftlichen Bank	o. J.
DIELEKTRA GmbH	040	Unternehmensleitbild	o. J.
	041	Führungsgrundsätze	1985
DKV AG	042	Führungsgrundsätze	1981
DORINT HOTEL GmbH	043	o. T. ["Unternehmens-Philosophie"]	o. J.
DRESDNER BANK AG	044	Führungsleitsätze	1975/90
DSL Bank AdöR	045	Führungsgrundsätze	1984
DU PONT DEUTSCHLAND GmbH	046	Unser Auftrag - Unsere Grundsätze [nach einer englischen Vorlage]	o. J.
	047	Vision - Grundsätze [Geschäftsbereich Imaging Systeme; Übersetzung aus dem Englischen]	o. J.
FESTO KG	048	Führungsgrundsätze	1990
	049	Visionen	1987
	050	Fakten, [darin:] Zielsetzung des Unternehmens	1990
FORD WERKE AG	051	Auftrag und Verpflichtung	1986
	052	Geschäftsgrundsatz 34: Mitarbeit im Unternehmen	1983
	053	Geschäftsgrundsatz 1: Unternehmensziele	1980
FSB GmbH & Co.	054	Unternehmensphilosophie der Firma Franz Schneider Brakel	1981/88
F. GROHE GmbH & Co.	055	Charta	o. J.

HAMBURGER HAFEN UND LAGERHAUS AG	056	Führungsrichtlinien	1969
	057	Unternehmensleitbild HHLA	1989
HANIEL & Cie. GmbH	058	Geschäftspolitische Grundsätze und Leitlinien für Führung und Zusammenarbeit der Haniel-Gruppe	1987
HAPAG LLOYD AG	059	Unternehmensziele Hapag-Lloyd	1985
HEIDOLPH ELEKTRO GmbH & Co. KG	060	Führungsleitsätze	1985
	061	Unternehmensleitsätze der Heidolph-Gruppe	1985
HELLINGER & Co. GmbH	062	o. T.	1991
HENKEL KGaA	063	Unternehmensleitlinien	1987
	064	Führungsgrundsätze	1989
HESSEN-NASSAUISCHE VERSICHERUNGS-AdöR	065	Führungsrichtlinien für den Innendienst der Hessen-Nassauischen Versicherungsanstalten	um 1980
HEWLETT PACKARD DEUTSCHLAND GmbH	066	Unternehmensziele [auf der Grundlage eines englischen Ausgangstextes]	1990
HOECHST AG	067	Höchst - Unser Selbstverständnis	1988
	068	Grundsätze für Zusammenarbeit und Führung: Mitarbeiter	1978/90
	069 *	Grundsätze für Zusammenarbeit und Führung: Unternehmen	1978
HOESCH AG	070	Hoesch Unternehmensgrundsätze	1990
	071	Führungsgrundsätze	1970
HOFFMANN LA ROCHE AG (CH)	072	Roche-Konzerngrundsätze	1986
HOMAG AG	073	Unsere Philosophie	1990
	074	Unser Führungsverhalten	1990
	075	Allgemeine Führungsrichtlinien	1987
	076 *	Allgemeine Führungsrichtlinien	1975
HONEYWELL AG	077	Honeywell Unternehmensgrundsätze [Übersetzung aus dem Englischen]	um 1985
HÜLS AG	078	Unternehmensleitlinien	1990
IBM DEUTSCHLAND GmbH	079	Führungsgrundsätze der IBM Deutschland GmbH [auf der Grundlage eines englischen Ausgangstextes]	1988
	080 *	Die allgemeine Führungsanweisung der IBM Deutschland	1966
IKEA DEUTSCHLAND GmbH	081	Den vielen Menschen einen besseren Alltag schaffen [Übersetzung aus dem Schwedischen]	1976
ISAR-AMPER-WERKE AG	082	Unternehmensleitlinien	1991

<KARSTADT AG>	083 *	Die allgemeine Führungsanweisung der Karstadt AG	1967
KOBLENZER ELEKTRIZITÄTS- undVERKEHRS-WERKE AG	084	Führungsgrundsätze	1978
KÖNIGSBACHER BRAUEREI AG	085	Unternehmenskonzept der Königsbacher Brauereigruppe	o. J.
FRIED. KRUPP GmbH	086	Leitsätze zur Führung und Zusammenarbeit im Krupp-Konzern [in: Krupp Mitteilungen 69. 1985. 6. S. 10-12]	1985
LUFTHANSA AG	087	Führung der Lufthansa [=LeitWerk - Dokumentation. Das Magazin für Führungskräfte der Lufthansa 1, 1990]	1990
MAN AG	088	Führungskräfteentwicklung im MAN Konzern, [daraus:] - Führungsbrief des Vorstandes der MAN AG, München 11.1.1988, - Grundanforderungen für Führungsfunktionen im MAN Konzern, Stand: 15.6.1988	1989
MELITTA WERKE BENZ & SOHN	089	Führungsgrundsätze der Unternehmensgruppe Melitta	1984
E. MERCK	090	Qualitätsgrundsätze und Qualitätsstrategie	1990
MUEHLENS KG	091	Grundsätze der Führung und Zusammenarbeit	1992
NASSAUISCHE SPARKASSE AdöR	092	Impulse	1989
NESTLÉ DEUTSCHLAND AG	093	Nestlé. Wer wir sind, was wir wollen - Führungsgrundsätze der deutschen Nestlé-Gruppe	1982
NIXDORF COMPUTER AG	094	Neue Zeiten - Neue Ziele	um 1988
NUKEM GmbH	095	Unternehmensgrundsätze der Nukem GmbH	1991
<PAGE HOTEL GmbH>	096	Die Page-Philosophie [in: Page-Hotels stellen sich vor	o. J.
<PLANSEE AG (A)>	097	Leitsätze der Zusammenarbeit	1975/81
	098	Unternehmensleitsätze	1986
PLOENZKE INFORMATIK GmbH & Co. KG	099	Führen im Team	1990
Dr.-Ing h. c. F. PORSCHE AG	100	Unsere Grundsätze	1990
PROCTER & GAMBLE GmbH	101	Unternehmensleitsätze [Übersetzung aus dem Englischen]	um 1987
RAAB KARCHER AG	102	Unternehmensgrundsätze und -ziele	1990
RAFI GmbH & Co.	103	Rafi Leitgedanken	1992
	104 *	Leitsätze und Grundstrategie des Unternehmens	1983

RANK XEROX GmbH	105	o. T. ["Qualitätsverständnis innerhalb des Rank Xerox/Xerox Konzerns"]	1990
RASSELSTEIN AG	106	Regeln zu Führung und Zusammenarbeit	1990
RASTAL GmbH & Co. KG	107	Rastal - Philosophie und Leitbilder des Unternehmens	1985
REEMTSMA CIGARETTEN-FABRIKEN GmbH	108	Führung und Zusammenarbeit in der Reemtsma-Gruppe	1979
	109	Offenes System. Grömitz I	1989
	110	Handeln im offenen System. Grömitz II	1989
RHODIUS GmbH & Co. KG	111	Leitlinien	1991
ROMBACH & Co. GmbH	112	Führungsgrundsätze der Unternehmensgruppe Rombach [=Die Lupe 1989, Extra-Ausgabe der Werkzeitung]	1989
	113	Das Unternehmensstatut der Rombach & Co. GmbH	1974/79
	114	Handreichungen für Mitglieder des Führungsteams	1980
WILHELM SCHADE KG	115	Erfolgreich arbeiten - Leitsätze zum Führungsstil	1987
SCHERING AG	116	Grundsätze zur Führung und Zusammenarbeit	1983
SCHIESSER AG	117	Unsere Geschäftspolitik	o. J.
SCHWARZ PHARMA AG	118	Unternehmensgrundsätze Schwarz Pharma	1990
<SFS STADLER AG> (CH)	119	Leitbild SFS Stadler Gruppe	um 1990
DEUTSCHE SHELL AG	120	Personal. Grundsätze der Zusammenarbeit und Führung	1982
	121	Unternehmensziele [in: Geschäftsbericht 1989, S. 7]	1989
SIEMENS AG	122	Leitsätze für Führungskräfte	1971/82
	123	Unternehmensleitsätze - Grundsätze der Organisation und Zusammenarbeit	1990
STADTSPARKASSE KÖLN AdöR	124	Führungsanleitung der Stadtsparkasse Köln	1974
	125	Leitlinien für die Geschäftspolitik der Stadtsparkasse Köln im Rahmen der Unternehmensphilosophie	1986
	126	Unternehmensziele der Stadtsparkasse	1986
	127	Segmentübergreifende Strategien für Personal, Kommunikation und Information	1986
STINNES AG	128	Stinnes-Unternehmensleitsätze	1988
SULZER GmbH (CH)	129	Grundsätze der Mitarbeiterführung und der Zusammenarbeit im Sulzer-Konzern	1984
	130	Leitbild des Sulzer-Konzerns	1984
	131	Personalpolitik des Sulzer-Konzerns	1984

<SWISSAIR AG> (CH)	132	Mitarbeiter und Vorgesetzte. Leitbild für eine leistungsorientierte und partnerschaftliche Zusammenarbeit	1982
	133	Die obersten zehn Grundsätze	1974
TELENORMA GmbH	134	Telenorma-Grundsätze	1989
TENTE ROLLEN GmbH	135	Führungsgrundsätze der Tente-Gruppe	1987
	136	Tente-Unternehmensgrundsätze	o. J.
THYSSEN INDUSTRIE	137	Allgemeine Führungsgrundsätze	1972/76/83
UNILEVER GmbH	138	Verpflichtungen und Verantwortung Unilevers [Übersetzung aus dem Englischen]	1981
VEBA AG	139	Leitlinie	1990
<VEREINIGTE ALUMINIUMWERKE AG>	140	Unternehmensgrundsätze	1989
VILLEROY & BOCH GmbH	141	Die Leitlinien unseres Unternehmens	1989
VOITH GmbH	142	Voith - Die Führung	1991
	143 *	Leitlinien unserer Führung	1978
VOLKSWAGEN AG	144	Führungsgrundsätze	1983
	145	VW Leitbild [CI-Papier der Personal-Abteilung]	1990
VORWERK & Co.	146	Unsere Grundsätze - Unternehmensgrundsätze der Vorwerk-Gruppe für die 90er-Jahre	1992
	147 *	Unternehmensgrundsätze der Vorwerk-Gruppe	1979/85/90
	148 *	Führen mit System. Leitlinien für Führungskräfte	1973
WALDNER GmbH & Co.	149	Unternehmensleitbild	1990
WITZENMANN GmbH	150	Unternehmensgrundsätze	1986
	151	Führungsthesen der Witzenmann GmbH	1986
	152	Grundsätze der Personalpolitik der Witzenmann GmbH	1991
ZAHNRADFABRIK FRIEDRICHSHAFEN AG	153	ZF-Unternehmensleitlinien	o. J.
ZEISS OBERKOCHEN	154	Unternehmensleitlinien	1987

Verzeichnis von Abkürzungen und Siglen:

A	Österreich
AdöR	Anstalt des öffentlichen Rechts
AG	Aktiengesellschaft
CH	Schweiz
CI	Corporate Identity
Cie.	Kompanie

Co.	Kompanie
GmbH	Gesellschaft mit beschränkter Haftung
KG	Kommanditgesellschaft
KGaA	Kommanditgesellschaft auf Aktien
o. J.	ohne Angabe des Entstehungsjahres
o. T.	ohne Titel
1975/81	Sofern ich zwei oder mehr Jahreszahlen notiere, nennt die erste Zahl das Jahr der Erstauflage, die zweite das Jahr der Neuauflage.
*	Der Text ist im Untersuchungszeitraum veraltet
< >	Unternehmen, die nicht zu den 250 von mir angeschriebenen Unternehmen gehören und deren Texte ich ergänzend hinzugezogen haben.

1.3 Die Ziele der Untersuchung

Im Vordergrund dieser Arbeit steht die linguistische Erforschung eines kleinen Ausschnittes von schriftlichen Texten unternehmenspolitischer Art, die in der Betriebswirtschaftslehre und in der betrieblichen Praxis als "Unternehmensgrundsätze" oder als "Führungsgrundsätze" bekannt sind, ohne daß eine feste Bezeichnungskonvention existieren würde. In Texten dieser Art geht es jedenfalls darum, Ziele, Werte und Verhaltensweisen eines Unternehmens sowie das gewünschte Führungs- und Kooperationsverhalten von Mitarbeitern und Gruppen im Unternehmen zu ermitteln bzw. zu vermitteln.

Das *oberste Ziel* der Untersuchung:

- Die Vielfalt der funktions- und strukturverschiedenen Textexemplare soll auf bestimmte Grundtypen von Texten zurückgeführt werden, um einen Überblick über das Textsorten- und Textmusterspektrum von Unternehmens- und Führungsgrundsätzen zu gewinnen.

Unterziele der Untersuchung:

- Es sollen diejenigen Parameter auf Text- und Situationsebene erfaßt und zusammengestellt werden, mit deren Hilfe es am ehesten möglich ist, Textexemplare bestimmten Typen (z. B. LEHRHAFTER TEXTTYP) oder Sorten zuzuordnen (z. B. UNTERNEHMENSPOLITISCHER KATECHISMUS).

- Es sollen die Probleme protokolliert werden, die bei der Textanalyse auftauchen, unabhängig davon, ob sie im Rahmen dieser Arbeit gelöst werden oder nicht. Hierher gehört auch das Protokoll von solchen Fragen und Problemen, die während der Arbeit auftauchen und möglicherweise das weitere Nachdenken über Texte anregen.

N e b e n z i e l der Untersuchung:

Der Exkurs soll zeigen, daß vor dem Hintergrund der zentralen Fragestellungen dieses Buches das 19. und 20. Jahrhundert eine Einheit bilden. Es wird das von Alfred Krupp stammende und 1872 erlassene "Generalregulativ für die Firma Fried. Krupp" vorgestellt und analysiert. Dieser Text hat entscheidende Kapitel der deutschen Wirtschafts- und Sozialgeschichte geschrieben. Ferner wird gefragt, ob dieser Text gegenwärtig noch tradiert wird, auf welche Weise und zu welchem Zweck dies geschieht. Ein vergleichender Ausblick auf die "Leitsätze zur Führung und Zusammenarbeit im Krupp-Konzern" aus dem Jahre 1985 soll zugleich Gelegenheit geben, das Generalregulativ und die Leitsätze nach ihrer Sprachmächtigkeit zu befragen.

E r l ä u t e r u n g der wichtigsten Begriffe der Zielsetzung: T e x t f u n k t i o n und T e x t s t r u k t u r:

In grober Annäherung verstehe ich unter der **F u n k t i o n** eines Textes seine Funktion in einer bestimmten Kommunikationssituation. Jeder Text ist mehr oder weniger klar auf die Bewältigung einer bestimmten Situation hin ausgerichtet. Weil es zwischen Text und Situation keine 1:1-Beziehung gibt, ist es ratsam, von dem Funktionspotential eines Textes zu sprechen. Daß weiter über das Verhältnis von Text und Situation nachgedacht werden muß, ist selbstverständlich. Ob man von "Textfunktion", "Textzweck" oder "Textziel" sprechen sollte, ist hier unerheblich. Wichtig ist lediglich, daß die Textfunktion nicht dasselbe wie die Autorabsicht ist. Textfunktion und Autorabsicht können identisch sein, müssen es aber nicht. Es geht also darum, was der Text als Ganzes zur Bewältigung einer Kommunikationssituation beitragen kann und soll. Neben der für die vorliegende Arbeit zentralen Ebene der Textfunktion sind drei weitere Ebenen zu unterscheiden, so daß sich folgendes Schema ergibt:

- Das Ziel, das der Text als Summe von Eigenschaften relativ zu einer bestimmten Kommunikationssituation erreichen kann (= **Textziel/Textfunktion**).

- Das Ziel, das ein Text beim Rezipienten als Reaktion anvisieren kann (= **Wirkungsziel**).

- Das Ziel, das in der Praxis anvisiert wird, aber nicht unmittelbar durch den Text selbst erreicht werden kann (= **Praxisziel**).

- Das Ziel, das dem Textproduzenten vor der Textplanung und Ausführung vorschwebt (=**Produzentenziel/Produzentenabsicht**).

T e x t z i e l e oder T e x t f u n k t i o n e n sind z. B. INFORMIEREN, APPELLIEREN, BELEHREN, INSTRUIEREN, KONTAKTIEREN etc. und müssen durch konventionell gewordene Texteigenschaften erkennbar signalisiert werden. Textfunktionen sind also "soziale Größen: Sie sind innerhalb einer Sprach- oder Kommunikationsgemeinschaft fest und gültig geworden. Im Rahmen dieser Textfunktionen haben sich detailliertere kommunikative Muster (auch sprachlicher Natur) herausgebildet" (SITTA 1995,811), die das kommunikative Handeln berechenbar machen.
Entsprechen den Textfunktionen differenzierte Textmuster (s. u.), kann man von Textsorten sprechen. Die meisten Texte lassen sich einer Textsorte, eventuell sogar mehreren zuordnen, und zwar "mehr oder weniger eindeutig, mehr oder weniger schnell, klar und problemlos: Textsorten hat man sich als prototypische Größen zu denken - sie haben ein Zentrum mit besonders klaren 'reichen' Exemplaren und eine Peripherie mit mehr oder weniger fragwürdigen, 'armen' Exemplaren" (SITTA 1995,812). Textsortenwissen gibt dem Textproduzenten und dem Rezipienten eine Orientierung, wie eine Situation kommunikativ am besten zu bewältigen ist. Für den Rezipienten gilt: Wenn die Textsorte bekannt ist, wird das Verstehen erleichtert. Er weiß zwar noch nicht, was gesagt wird, kennt aber das Wozu und erwartet einen typischen Einsatz von sprachlichen Mitteln und kommunikativen Verfahrensweisen (vgl. HOFFMANN 1992,138f.).

W i r k u n g s z i e l e sind z. B. in der sog. AIDA-Formel der Werbefachleute festgehalten: AIDA ist die Abkürzung für A(TTENTION), I(NTEREST), D(ESIRE) und A(CTION), also Erregung von Aufmerksamkeit, Erweckung des Interesses und Verlangens nach einem Konsumgegenstand sowie das Auslösen einer Kaufhandlung.

P r a x i s z i e l e sind z. B. die VERBESSERUNG DER UNTERNEHMENS-KULTUR oder die STEIGERUNG DES UNTERNEHMENSERGEBNISSES. Wenn über Texte gesprochen wird, wird sehr oft der Text als ein Mittel zur Erreichung von praktischen Zielen angesehen. Das ist zu kurz gegriffen und fördert nicht die angemessene Beurteilung dessen, was ein Text qua Texteigenschaften leisten kann und was nicht.

Auch die A b s i c h t des Textproduzenten ist nicht identisch mit der Textfunktion bzw. dem Textziel. Es dient nicht der Klarheit, wenn man von der "Absicht" eines Textes spricht, wie man gelegentlich liest oder hört. Absicht ist immer an eine Person gebunden. Eine Person versucht, ihre Absicht in die Planung und Ausführung eines Textes einfließen zu lassen. Das kann ihr - auf konventionellem oder unkonventionellem Wege - mehr oder weniger gut gelingen.

Das Reden über Kommunikation zielt letztlich immer auf das v e r m i t t e l n d e Sprechen oder Schreiben. Bei alledem darf man aber nicht vergessen, daß Sprechen und ganz besonders Schreiben auch auf das E r m i t t e l n von angemessenen Sachverhaltsbeschreibungen zielen kann. Texte dienen dann der Reflexion und Klärung von Gedanken im Vorfeld des eigenen bzw. gruppenbezogenen kommunikativen und nichtkommunikativen Handelns.

Texte haben **S t r u k t u r**, d. h. sie unterliegen in der Regel allgemeinen "Aufbaugesetzen" oder besser Aufbauregularitäten. Diese "Baugesetze" für Texte verschiedener Art und Funktion können sich in verschiedenen Textmustern niederschlagen. Textmuster sind Struktureigenschaften von Texten und können sowohl die Grob- als auch die Feinstruktur betreffen. Die Organisation des Textzusammenhangs, der Themenentfaltung und der Sprechaktverknüpfung gehört z. B. hierher. Textmusterwissen steuert beim Textproduzenten die Planung der Einzelschritte und erleichtert dem Rezipienten die Einordnung einzelner Textsegmente in übergeordnete Textpläne (vgl. SITTA 1995,818).

Das Wissen um die - auch historische - Bandbreite kommunikativer Funktionen und textlicher Strukturen von Unternehmens- und Führungsgrundsätzen, die prototypisch für eine bestimmte Textsorte sind, ist eine wichtige Voraussetzung, um sprachlich und kommunikativ angemessene Texte zu produzieren, d. h. angemessene Lösungen für kommunikative Probleme zu finden. Das Wissen um die Peripherie von Unternehmens- und Führungsgrundsätzen, also z. B. um Mischtypen und wenig angemessene Texte, sensibilisiert für die Produktion und Rezeption von Texten dieser Art. Die vorliegende Arbeit sollte auch sensibilisieren für das Problem konventioneller oder unkonventioneller Textgestaltung. Wer sich mit Textsorten befaßt, läuft nämlich Gefahr, das Konventionelle stärker zu betonen als das Unkonventionelle. Jedoch sollte man sich immer der Tatsache bewußt sein, daß auch im kommunikativen Bereich, neben der Tradition die Innovation stehen muß. Und zu innovativen Lösungen kommt nicht, wer dem Konventionellen verhaftet bleibt.

1.4 Die Methoden der Untersuchung

Texte bilden die Empirie der vorliegenden Untersuchung, die sich der systematischen Korpusanalyse bedient. Um zu nachvollziehbaren und anschaulichen Ergebnissen zu kommen, stütze ich mich auf die Prototypentheorie und auf das Konzept von Zentrum und Peripherie.[6] Es können hier nicht die verschiedenen theoretischen Ansätze der Prototypentheorie diskutiert werden (vgl. KLEIBER 1993), aber klar ist, daß es Textexemplare gibt, die funktional und strukturell besonders klar gestaltet sind und daß es Exemplare gibt, die nur mit Mühe und nicht ohne die Gefahr der Überinterpretation einer (einzigen) Textsorte zugeordnet werden können. Textsorten haben also ein Zentrum und eine Peripherie. Beschreibungstechnisch ratsam ist es daher, sich zunächst der Erfassung des Zentrums zu widmen und erst anschließend die Peripherie auszuloten.[7] Der typologische Teil verdankt wesentliche

6 Das Manuskript der Habilitationsschrift von 1994 ging implizit von einem Prototypenkonzept aus. Dieser beschreibungstechnische Zugriff war wesentlich durch praktische Erfordernisse motiviert und theoretisch wenig elaboriert, was Manfred Kohrt mit Recht kritisiert hat. Ferner habe ich 1994 versucht, gestalttheoretische Ansätze für die Beschreibung heranzuziehen. Es blieb dies aber im Grunde nur ein Postulat. Ich war überzeugt, daß dieser Weg in Zukunft stärkere Beachtung finden wird, was bestätigt worden ist durch einen Aufsatz von FIX (1996).

7 Die Vorstellung von Zentrum und Peripherie (des Sprachsystems) wurde von der sog. Prager Schule in den 20er und 30er Jahren dieses Jahrhunderts entwickelt. Vgl. Travaux linguistiques de Prague 2. Les problèmes du centre et de la périphérie du système de la langue. Prague 1966. Diese Vorstellung habe ich im 1994er Manuskript deutlicher herausgearbeitet als den Prototypenansatz. Fallen gelassen habe ich in der vorliegenden Arbeit den eher

Impulse dem Organonmodell von BÜHLER (1934,24-33), den weiterführenden Überlegungen von BRINKER (1988,93-117), den sprechakttheoretischen Arbeiten von SEARLE (1980a) sowie Beiträgen von MOTSCH und VIEHWEGER zur Textstruktur (vgl. z. B. MOTSCH/VIEHWEGER 1991).
Statistische Aussagen, insbesondere repräsentative Aussagen im strikten Sinne der Statistik und empirischen Sozialforschung, sind nicht beabsichtigt, denn die Art der Korpusgewinnung (s. o.) zielte lediglich darauf ab, einen möglichst großen Überblick über Texte zu gewinnen, die für die germanistische Sprachwissenschaft weitgehend Neuland sind. Aber auch die Heterogenität der Texte legte es nahe, in diesem ersten Zugriff auf streng statistische Methoden zu verzichten und interpretativ-hermeneutischen Verfahren den Vorzug zu geben.[8]
So wird versucht, die ermittelten Texte möglichst sorgsam auszudeuten, und zwar unabhängig davon, ob sie typologisch verortet werden können oder nicht. Auffälligkeiten und Probleme werden registriert, um denen, die es wissen wollen oder müssen, wie es um Texte der untersuchten Art steht, Diskussionsgrundlagen und vielleicht sogar Anregungen für eigene Problemlösungen zu geben. Soweit die vorliegende Untersuchung versucht, Bedingungen im Vorfeld der Textproduktion und Bedingungen des Gebrauchs zu erfassen, ist die Arbeit kommunikationsorientiert. Einzuräumen ist, daß diese Bedingungen weit mehr Aufmerksamkeit verdienen, als ihnen hier zukommen konnte. Das betrifft insbesondere Fragen der wirtschafts- und sozialwissenschaftlichen Theorierezeption durch den Textproduzenten und Fragen der Implementierung und Wirkung von unternehmenspolitischen Texten.
So wie jüngst auch SAYATZ (1996,298) mit sog. "Textfragen" operiert, um die kommunikative Funktion von Gesetzestexten zu beschreiben, so habe ich im 1994er Manuskript der Habilitationsschrift mit Hilfe von sog. "Leitfragen" versucht, die Textfunktionen von Führungs- und Unternehmensgrundsätzen zu um-

---

systemlinguistischen Versuch, unabhängig vom gewählten Textbereich einen Katalog textlinguistischer Ordnungsbegriffe zu definieren, um zu einer typologischen Einordnung der in Frage stehenden Texte zu gelangen. Gegen dieses Verfahren hat Winfried Lenders überzeugende Einwände geltend gemacht, wie überhaupt alle Gutachter (s. Vorwort) mit Recht auf die Gefahren möglicher Überkategorisierungen und nicht nachvollziehbarer Grenzziehungen hingewiesen haben, wovon die hier vorgelegte Überarbeitung profitiert hat.

8 Ich verweise auf anregende Arbeiten wie z. B. SOEFFNER (1979) und WELLMANN (Hg.) (1993). Der Sammelband enthält auch einen Beitrag von Johannes Erben, dem ich gerade auf dem Gebiet der satzsemantisch orientierten Textanalyse viele Anregungen verdanke.

schreiben.[9] Schließlich habe ich mich entschieden, für meine Argumentation wichtige Texte **vollständig** zu zitieren.[10] Dadurch können die Leserinnen und Leser meine typologischen Einordnungen und hermeneutischen Ausdeutungen der Texte besser überprüfen, eigene Eindrücke gewinnen und eigene Fragen entwickeln.

1.5 Analyseprobleme und Reichweite der angewandten Methoden

Die Probleme, die im Zusammenhang mit der Beschreibung und Ausdeutung der von mir erhobenen Texte auftreten, betreffen die Text- und Situationsebene. Auf der Textebene sind Inhaltsprobleme (Was wird gesagt) von Sprachproblemen (Wie etwas gesagt wird) zu unterscheiden. Auf der situativen Ebene sind Entstehungs- und Gebrauchsbedingungen zu unterscheiden. Das Normproblematik berührt sowohl die Textebene als auch die Situationsebene, weshalb ich gesondert darauf eingehe.

I. Probleme der Textebene:

Bei der Beschreibung und Ausdeutung von Texten - wie natürlich auch bei der Produktion von Texten - hat man es mit zwei Problemen zu tun: mit einem Inhaltsproblem und mit einem Sprachproblem. Das Inhaltsproblem betrifft die Frage, **was** ein Textproduzent sagen will, das Sprachproblem die Frage, **wie** er etwas sagen will. Mir geht es im folgenden primär um das **Wie** von Texten, die Führungs- und Unternehmensgrundsätze explizieren wollen, nicht so sehr um das **Was**, denn die Bewertung von betriebswirtschaftlichen Inhalten kann nur vor dem jeweiligen Theoriehintergrund geschehen und erfordert betriebswirtschaftliches Fachwissen. Deshalb will ich hier lediglich darauf hinweisen, welche Probleme bestehen und von künftigen Arbeiten zu berücksichtigen sind:

---

9 Für die Textsorte FÜHRUNGSLEITFADEN habe ich - unabhängig von der Normproblematik - sinngemäß die folgende Leitfrage formuliert. Ein Führungsleitfaden antwortet auf die Frage "Was muß ich als Führungskraft wissen, um meine Mitarbeiter und/oder Unternehmenseinheiten angemessen zu führen?"

10 Dieses Vorgehen geht nicht zuletzt auf die Anregungen und Wünsche der Gutachter zurück, denn das ausschnitthafte Zitieren der Texte bleibt unbefriedigend, zumal es sich um Texte handelt, die auch unter inhaltlichen Gesichtspunkten interessant sind.

A. *Inhaltsprobleme oder w a s gesagt wird*

a. Das Problem der Richtigkeit ökonomischer und sozialwissenschaftlicher Grundsätze:

Text Nr. 102.1 ["*Leitsätze der Zusammenarbeit*"] enthält u. a. den folgenden Grundsatz für die Mitarbeitermotivation:

Immer mehr Mitarbeiter sollen: ... eine sichere und dem Wert der Arbeit entsprechende Gegenleistung erhalten.

Dieser Grundsatz ist ökonomisch betrachtet Unsinn. Daß der Lohn dem Wert der Arbeit entsprechen soll, ist Inhalt der Grenzproduktivitätstheorie des Lohnes und Forderung des Manchester-Liberalismus.[11]

b. Das Problem der modellgetreuen Wiedergabe eines theoretischen Sachverhaltes:

Ein Textsegment aus Text Nr. 35.2 ["*Visionen*"] reflektiert die Motivationstheorie[12] von Abraham Maslow (1908 - 1970), die großen Einfluß auf Führungslehren hat, ohne daß Maslow sein Modell voll auf das Gebiet der Arbeitsmotivation übertragen hätte (vgl. EUNSON 1990,52):

Heute ist unsere Bedürfnispyramide (siehe etwa Maslow'sche Pyramide) so hoch, daß wir intensiv über den Wandel der Technik und notwendigerweise über uns selbst reflektieren müssen, wenn wir starke Fortschritte erzielen und diese auch 'beherrschen' wollen.

Das Textsegment biegt sich die Maslowsche Theorie auf eigenwillige Weise zurecht. Nach Maslow haben Menschen Bedürfnisse, die am besten als Ebenen in einer Hierarchie oder als eine Folge von Schichten verstanden werden können: "Menschen teilen Instinkte, physische Bedürfnisse (nach Nahrung, Wasser, Sex usw.) und Sicherheitsbedürfnisse (Selbstschutzstreben) mit Insekten und anderen

11 Diesen Hinweis verdanke ich Horst Albach.

12 Zu den am häufigsten erwähnten Instrumenten der Personalführung gehörten 1976 die Delegation von Verantwortung, die Information von Mitarbeitern und die Motivation von Mitarbeitern (vgl. ALBACH 1976,10).

Tieren. Wir unterstellen, daß alleine wir die oberen drei Bedürfnisse verspüren: das nach Liebe und Zugehörigkeit (soziale Bedürfnisse), das nach Anerkennung oder Achtung und das nach Selbstverwirklichung (Entwicklung des psychischen Potentials" (EUNSON 1990,51). Als Maslow die menschlichen Bedürfnisse in eine Hierarchie brachte, entdeckte er "seine Theorie dessen, was uns motiviert, die ganz einfach so ausgedrückt werden kann: ein befriedigtes Bedürfnis motiviert uns nicht mehr" (EUNSON 1990,52).

c. Das Problem der Übernahme von überholten bzw. veraltenden (praxisorientierten) Modellen:

Text Nr. 82.1 ["*Führungsanleitung*"] unterscheidet zwischen der Handlungsverantwortung des Mitarbeiters und der Führungsverantwortung des Vorgesetzten:

Es ist zu unterscheiden zwischen der Handlungsverantwortung und der Führungsverantwortung. Der Mitarbeiter trägt die Handlungsverantwortung für das, was er bei der Erfüllung der ihm übertragenen fachlichen Aufgaben tut oder zu tun unterläßt. Der Vorgesetzte trägt zusätzlich - neben der Handlungsverantwortung hinsichtlich seiner eigenen fachlichen Aufgaben - die Führungsverantwortung dafür, daß er seine Pflichten gegenüber den ihm unterstellten Mitarbeitern erfüllt.

Dieser Führungsgrundsatz unterscheidet zwischen der Handlungsverantwortung des Mitarbeiters und der Führungsverantwortung des Vorgesetzten. Diese Unterscheidung geht zurück auf die "rezepthaften Vorstellungen des 'Harzburger Modells' [s. u.] und entspricht eher der Einteilung in dispositive und ausführende Tätigkeit als dem Bild des mündigen Mitarbeiters auf unterschiedlichen Verantwortungsebenen mit abgestuften Führungsfunktionen und entsprechender Führungsverantwortung" (ALBACH 1976,11).

d. Das Problem, wissenschaftliche Theorien **auch** aus Imagegründen und Gründen des "Impression Managements" heranzuziehen:

Die folgenden Segmente stammen aus den Texten 35.4 ["*Führungsgrundsätze*"]. Hier und an anderen Stellen werden Positionen des Neopositivismus, der Neurologie und Systemtheorie herangezogen, um an die Mitarbeiter des Unternehmens zu appellieren, daß sie ihr Wissen erweitern und an andere weitergeben sollen. Die theoretischen Positionen dienen hier vor allem dazu, den Eindruck zu erwecken, ein in sich stimmiges, wissenschaftlich "abgesegnetes" sowie wertebasiertes Unternehmenskonzept zu haben:[13]

Unternehmensleitung und Führungskräfte entwickeln das Unternehmen nach den Vorbildern biologischer Strukturen und Prozesse in der Natur weiter. Sie gestalten dabei die Rahmenbedingungen so, daß Führung unter Beachtung ethischer Grundsätze kreativ und zielgerichtet erfolgen kann. Jeder ist für den anderen 'geeignete Umwelt'.

Pathos und Hochwertwörter ("Philosophie", "System", "Leistungsgrad") kennzeichnen teilweise auch den Text Nr. 35.2 desselben Unternehmens:

Wir haben einen kooperativen Führungsstil erarbeitet und denken in der Philosophie: 'Das Ganze ist vor dem Teil'. Diese Fähigkeiten, in Systemen zu denken, erhöhen unseren Leistungsgrad. Unternehmertum ist ein wichtiger Teil unserer Weltphilosophie.

e. Das Problem einseitiger, widersprüchlicher und schwärmerischer Inhalte

Ob und inwieweit bestimmte Textbegriffe ernstgenommen werden oder nicht, also ob z. B. der Mitarbeiter eines Vorgesetzten de facto ein Mit-Arbeiter ist oder ein Untergebener oder ob nicht "Motivation" gesagt wird, wo 'Domestikation' gemeint ist, das entscheidet sich nicht selten erst in der betrieblichen Situation. Andererseits gibt es jedoch auch Signale für einseitige, widersprüchliche und schwärmerische Inhalte. Das kommunikative Management von tatsächlichen oder scheinbaren Widersprüchen bedarf jedenfalls der vertieften (Selbst-)Reflexion und Diskussion. E i n s e i t i g sind viele Texte, weil sie nur positive Aspekte von Sachverhalten thematisieren. Das bedeutet, daß z. B. "Menschenführung" selten auch von seinen Antonymen, also Gegenwörtern wie "Gängeln", "Bevormunden", "Hineinregieren" etc. bestimmt wird. Wo semantische Differenzierungen fehlen, wird ersatzweise mit mathematischen Symbolen gearbeitet, die scheinbare Präzision vortäuschen: *Führen = Meßbare, hohe Ziele setzen; Führen = Fordern, um zu fördern* [Text Nr. 49.1]. W i d e r s p r ü c h l i c h, zumindest latent widersprüchlich, ist Text Nr. 18.1, der das Prinzip Verantwortung gleichsam nur lokal gelten läßt:

---

13 Vgl. hierzu die Ausführungen von Karl Heinz Sohn: Lean Management. Die Antwort der Unternehmer auf gesellschaftliche Herausforderungen. Düsseldorf 1993,175.

Wir müssen bereit sein, die Verantwortung für die Folgen unseres Handelns auch "in der zweiten oder dritten Ableitung" zu übernehmen, d. h. für das Unternehmen oder die Umwelt oder die Gesellschaft [Grundsatz Nr. 2].

Für unsere internationalen Aktivitäten erfordert diese Maxime, daß wir uns ebenso den jeweiligen gültigen nationalen Gesetzen/Vorschriften und Geschäftsgebräuchen unterwerfen, auch wenn sie gegen unsere Moralbegriffe oder Rechtsempfinden sind: wir wollen [XY] Produkte exportieren, nicht aber unsere Gesellschaftsordnung [Grundsatz Nr. 13].

In Führungs- und Unternehmensgrundsätzen "findet sich das 'Prinzip Verantwortung' neben utilitaristischem oder pragmatischem Nutzenethos, Risikobereitschaft und Selbstentfaltungsstreben neben Gemeinwohlorientierung, der Rekurs auf Menschenrechte neben dem Hinweis auf die unverändert gültigen Prinzipien eines Firmengründers. Bemerkenswert ist an diesem Befund nicht nur die Bandbreite möglicher Formen ethischer Begründungen, sondern mehr noch die Tatsache, daß Ideen, die der ethischen Theorie nach eigentlich in unversöhnlichem Widerspruch stehen, mitunter in ein und demselben Text erscheinen können" (WOLLASCH 1996a,165f.). Schwärmerisches Pathos geht in den folgenden beiden Textsegmenten nicht zufällig Hand in Hand mit persuasiver Einseitigkeit und Tautologie:

Wir wissen, daß Großserienproduktionen uns Vorteile verschaffen und daß die Erschließung neuer Märkte uns die Möglichkeit der Risikostreuung bietet. Es ist also geradezu unsere Pflicht, zu expandieren [Text Nr. 53].

Kooperative Führungsmittel // Der Einsatz geeigneter Führungsmittel wird unsere Zusammenarbeit erfolgreich gestalten [Text Nr. 102.1].

B. Sprachprobleme oder wie etwas gesagt wird

a. Das Fachsprachenproblem

Texte, die Führungs- und Unternehmensgrundsätze explizieren wollen, enthalten zahlreiche Schwierigkeiten für den Rezipienten und Interpreten, weil sie nicht selten eine Mischung aus fach- und gemeinsprachlichen Schichten darstellen, wobei nicht immer klar genug ist, ob eine gemein- oder fachsprachliche Lesart intendiert

ist. Dies betrifft z. B. die Verwendung der Ausdrücke "Gesellschaft" und "Umwelt", die 'Aktiengesellschaft' und 'betriebliches Umfeld' bedeuten können, aber auch 'Öffentlichkeit' und 'ökologische Umwelt'. Es betrifft dies aber auch die metaphorische Redeweise, sofern nicht klar genug signalisiert wird, wenn Mitarbeiter als "Unternehmer" oder als "Kunden von Mitarbeitern" bezeichnet werden.
Ausdrücke wie "Verantwortung", "Verantwortlichkeit", "Aufgabe", "Funktion", "Zuständigkeit", "Commitment", "Verpflichtung" und "Pflicht" sind in einigen Kontexten austauschbar, in anderen hinwiederum nicht. Schließlich ergibt sich noch folgendes Problem für die Ausdeutung der Texte: Fachsprachliche Termini erhalten ihre volle Bedeutung jeweils vor dem Hintergrund einer bestimmten Theorie. Die erhobenen Texte verweisen aber selten explizit auf eine bestimmte Theorie, so daß viele Termini gleichsam theoretisch in der Luft hängen und - auch vor einem relativ bedeutungsarmen Kotext (Mittext) - nicht eindeutig interpretiert werden können. Sie sind dann - wie z. B. Gesetzestexte - auf Kommentare und Interpretationsinstanzen zur Aktualisierung und Tradierung des Gemeinten angewiesen. Das Fachsprachenproblem wird von mir im folgenden nicht weiter verfolgt.

b. Das Problem des angloamerikanischen Spracheinflusses

Angloamerikanischer Spracheinfluß ist in den Führungs- und Unternehmensgrundsätzen allgegenwärtig. Probleme der Ausdeutung ergeben sich nicht nur durch die direkte Übernahme fremdsprachlicher Lexeme (*Unser Commitment für Qualität*; Text Nr. 23.1), sondern vor allem dann, wenn die Ausdrücke fremdsprachlicher Lexeme beibehalten werden, obwohl damit im Deutschen - zumindest partiell - ein anderer Inhalt verbunden wird wie z. B. im Fall von "philosophy" oder "policy", die nicht völlig identisch sind mit den Hauptbedeutungen von "Philosophie" und "Politik". Das Problem des fremdsprachlichen Einflusses auf die von mir erhobenen Texte wird im folgenden nicht weiter verfolgt.

c. Das Problem der Texthaftigkeit

Das Problem der Texthaftigkeit ist für die weitere Untersuchung wichtig, denn nicht alle von mir erhobenen Texte erfüllen die Bedingungen für Texthaftigkeit (vgl. BRINKER 1988,10). Wo der thematischer Zusammenhang und die argumentative Stimmigkeit fehlen, ist es wenig sinnvoll, die Textfunktion zu rekonstruieren. Die Segmente aus Text Nr. 56 zeigen das recht deutlich:

Jede Unternehmensführung hat die Verpflichtung, für das Unternehmen eine bessere Zukunft zu schaffen, als sie selbst sie übernommen hat. Sie muß sich aber neben dieser Vorgabe gleichzeitig mit dem aktuellen Geschäft, seinen Alltagsproblemen und dem Wettbewerb auseinandersetzen ... Wer in dem Stichwort "Innovation" nicht nur ein Schlagwort sieht, sondern darunter das Motto des "Aufwirbelns und Ansaugens" versteht, wird die zu dem Begriff "Innovation" gehörende Aufbruchstimmung spüren. Je enger und zugespitzter die Marktverhältnisse werden, um so mehr ist die Erneuerung notwendig. Das bringt allerdings auch eine Verschärfung der Wettbewerbsbedingungen mit sich und stellt das einzelne Unternehmen unter einen noch höheren Zwang, sich von den Wettbewerbern zu differenzieren.

Das Problem der Texthaftigkeit macht die Schwierigkeiten besonders deutlich, vor die man sich gestellt sieht, wenn man mit einem heterogenen Textkorpus arbeiten will. Erst im nachhinein hat sich mehr und mehr herauskristallisiert, welche Gefahren und Untiefen ein solches Textkorpus für typologische und hermeneutische Analysen birgt. Soll man offensichtlich unsinnige oder dümmliche Texte behandeln wie angemessene Texte, und was heißt "angemessen"? Wie kann man im Falle unternehmenspolitischer Texte deren sprachliche u n d inhaltliche Qualität beurteilen? Diese Frage ist sicher schwieriger zu beantworten als im Falle von Texten anderer Art und Funktion.[14] Die Texthaftigkeit und sprachliche Qualität von Führungs- und Unternehmensgrundsätzen können aufgrund vieler Faktoren beeinträchtigt sein. Einige seien hier genannt: mangelnde Sprach- und Textkompetenz, mangelnde Sachkompetenz, der Text ist eine Rückübersetzung aus dem Englischen, der Text ist Ergebnis von Gemeinschaftshandlungen und Kompromissen, der Text soll zu viele kommunikative Zwecke gleichzeitig erfüllen, der Text ist Ergebnis eines mehrstufigen Ausbaus, der sich über einen längeren Zeitraum erstreckt und Vorrang vor einer vollständigen Überarbeitung genossen hat, die Textproduktion ist im Entwurfstadium zum Erliegen gekommen. Schließlich: Ein Text ist "mechanisch" aus anderen Texten und Textsegmenten kompiliert worden: Beispielsweise besteht die Einleitung von Text Nr. 8 aus Segmenten des älteren Textes Nr. 83 und aus

14 Vgl. z. B. Markus Nussbaumer: Was Texte sind und wie sie sein sollen. Ansätze zu einer sprachwissenschaftlichen Begründung eines Kriterienrasters zur Beurteilung von schriftlichen Schülertexten. Tübingen 1991. Oder: Jan Renkema: Text Quality: Three Paths in Experimental Research. In: Revue Belge de Philologie et d'Histoire (Belgisch tijdschrift voor filologie en geschiedenis) 69.1, 1991, S. 618-628.

Segmenten, die einem Lehrbuch entstammen. Das aus dem Lehrbuch übernommene und nicht als Zitat erkennbare Segment enthält seinerseits ein Zitat aus einem anderen Lehrbuch, das ebenfalls nicht als Zitat ausgewiesen worden ist.

d. Das Problem der Textfunktions- und Textstrukturanalyse

Dieses Problem ist das Zentralproblem der Arbeit. Funktionale und strukturelle Textmerkmale müssen bei der linguistischen Analyse unterschieden werden, sind aber nicht ganz isoliert voneinander zu untersuchen (vgl. BRINKER 1988,113). Zwischen Textfunktion und Textstruktur bestehen vielmehr enge Zusammenhänge. Allgemein läßt sich sagen, daß die Textfunktion - zusammen mit gewissen situativen und medialen Gegebenheiten - die Textstruktur, d. h. die Gestaltung des Textes in grammatischer und thematischer Hinsicht bedingt (vgl. ebda): "Allerdings sind die hier bestehenden Bedingungsverhältnisse im einzelnen noch kaum erforscht [...]" (BRINKER 1988,113). Zu unterscheiden sind monofunktionale Texte, multifunktionale Texte, heterofunktionale Texte und funktional unbestimmte Texte. Texte, die erkennbar auf eine zentrale Funktion ausgerichtet sind, nenne ich monofunktional. Texte, die aus mehreren Teiltexten bestehen, die verschiedene gleichrangige Funktionen erfüllen, nenne ich multifunktional. Texte, deren Elemente nicht auf eine dominierende Funktion ausgerichtet sind und deren funktionsverschiedene Elemente auch nicht in einer hierarchischen Beziehung zueinander stehen, nenne ich heterofunktional. Solche Texte sind in der Regel funktional überladene Texte. Texte ohne klare funktionale Ausrichtung nenne ich funktional unbestimmte oder vage Texte.
Nicht jeder Text ist also funktional eindeutig bestimmt, und nicht jeder Text folgt einem Muster. Wenn beide Kriterien erfüllt sind, kann man von einem funktionalen Textmuster sprechen und dasselbe einer Textsorte zuordnen. Es hat sich im nachhinein gezeigt, daß nicht wenige Textexemplare Ergebnis von Mustermischungen sind. Nicht immer ist die Struktur ausreichend auf der Basis von Sprechhandlungen bzw. Sprechhandlungssequenzen (Illokutionsstruktur) bestimmbar. Gegebenenfalls ist die Argumentationsstruktur und Themenstruktur mitzuberücksichtigen. Ein Problem, das auch in dieser Untersuchung nicht restlos gelöst werden kann, betrifft komplexe Texte: Welche Kriterien gibt es, um dominierende, subsidiäre (stützende) und Nebenfunktionen voneinander zu unterscheiden? Ein Problem, die Funktion zu bestimmen, hängt mit dem Gebrauch von Textfunktionssignalen zusammen, die nicht immer zutreffend sein müssen. Ich unterscheide

Funktionsträger und Funktionssignale. Funktionsträger sind z. B. Sprechhandlungen als Grundbausteine eines Textes. Funktionssignale hingegen sind z. B. Titelelemente und andere metatextliche Hinweise in Einleitungen und Schlußbemerkungen.
Wird ein Text "Vision" genannt und besteht er im wesentlichen aus Absichtserklärungen, liegt eine Diskrepanz zwischen Textfunktionssignal und Textfunktion vor. Hochfrequente Titellexeme, die einen Hinweis auf die funktionale Ausrichtung von Führungs- und/oder Unternehmensgrundsätze geben können, sind *Grundsätze, Leitsätze, Leitlinien und Leitbild.* Weniger häufig gebraucht werden die Lexeme *Vision, Politik, Strategie, Konzeption, Ziele, Philosophie, Verfassung, Auftrag, Verpflichtung, Charta, Statut, Maximen, Selbstverständnis, Leitgedanken, Verantwortung, Richtlinien, Anweisung, Thesen, Anleitung, Handreichungen* und *Regeln.* Im Ansatz scheint eine Aufgabenverteilung insofern erkennbar zu sein, als die Lexeme *Grundsätze, Leitsätze, Richtlinien* sich häufiger auf Texte beziehen, die Grundsätze des Führens und Zusammenarbeitens explizieren. Freilich existieren auch Texte, die sowohl Grundsätze des Führens und Zusammenarbeitens als auch Grundsätze der Unternehmensführung und -politik explizieren. Damit bin ich bei dem nächsten Problem angelangt, dem Problem, ob man im Falle von Führungs- und Unternehmensgrundsätzen von disjunkten Klassen sprechen kann.

e. Das Problem der Klassenbildung und der Disjunktion von Führungs- und Unternehmensgrundsätzen

Die vorliegende Arbeit orientiert sich vor allem deshalb an prototypischen Leittexten, weil auf diese Weise das Textsortenspektrum am besten vor Augen gestellt werden kann und weil der Versuch einer erschöpfenden Klassifikation der erhobenen Texte aus mehreren Gründen problematisch ist. Das Textkorpus besteht eben nicht nur aus Texten, die eindeutig einer einzigen Textsorte zugewiesen werden können. Es gibt multifunktionale, heterofunktionale, funktional vage Texte sowie Texte, an deren Texthaftigkeit Zweifel angemeldet werden dürfen. Da im Beobachtungsfeld fließende Grenzen ("unscharfe Ränder") und Spielräume bei der Verwirklichung von Textsorten (Textsortenvarianz) nicht außergewöhnlich sind, ist das prototypische und vergleichende Verfahren besser geeignet, dem Leser einen Überblick über zentrale Textsorten zu vermitteln. Die Peripherie, zu der beispielsweise Textmustermischungen und "Texte" von geringer Texthaftigkeit gehören, wird ebenfalls anhand einiger besonders typischer Fälle vor Augen gestellt.

Mit den Ausdrücken "Führungsgrundsätze" und "Unternehmensgrundsätze" habe ich zwei Ausdrücke aus der Betriebswirtschaftslehre und betrieblichen Praxis übernommen, die nicht ganz unproblematisch sind. "Führung" beispielsweise kann 'Mitarbeiterführung' bedeuten oder 'Unternehmensführung'. In der wissenschaftlichen Literatur und in der Ratgeberliteratur wird der Ausdruck "Führungsgrundsätze" sowohl für Texte verwendet, die Grundsätze der Mitarbeiterführung (und Zusammenarbeit) explizieren wollen, als auch für Texte, die zusätzlich Grundsätze enthalten, die das unternehmenspolitische Verhalten von Führungskräften und der Firma explizieren wollen. "Unternehmensgrundsätze" werden meist nur solche Texte genannt, die überwiegend unternehmenspolitische Grundsätze explizieren wollen. Eine solche Grundsatzsammlung kann auch einen oder mehrere Grundsätze enthalten, der die Mitarbeiterführung betrifft. Das zeigt sehr deutlich z. B. Text Nr. 15, der überwiegend unternehmenspolitische Grundsätze expliziert aber auch zwei Grundsätze umschreibt, welche die Mitarbeiterführung betreffen. Ich zitiere im folgenden aus diesem Text nur Titel und Überschriften, wobei die Hervorhebungen durch Fettdruck von mir stammen:

Unternehmens-Leitbild	[Firmenname]
Das übergeordnete Ziel [...]	
Die langfristige Strategie [...]	
Die Marketing-Orientierung [...]	
Die Fachhandelstreue [...]	
Die Industrie-Produkte [...]	
Der technische Bereich [...]	
Die Produktentwicklung [...]	
Der kooperative Führungsstil [...]	
Die wesentliche Führungsaufgabe [...]	
Die gesellschaftliche Verantwortung [...]	[Firmenname + Anschrift]

Die Unterscheidung zwischen Texten, die (primär) Führungsgrundsätze bzw. (primär) Unternehmensgrundsätze explizieren wollen, ist als vorläufige Orientierung zum Zwecke der Korpuszusammenstellung recht hilfreich gewesen. Es ist aber nicht möglich, die von mir erhobenen Texte auf zwei disjunkte Grundklassen festzulegen.[15] Man kann nicht sagen: Entweder gehört ein Text zur Klasse der (Personal-)Führungsgrundsätze, oder er gehört zur Klasse der Unternehmensgrundsätze (aber nicht zu beiden). Es gibt noch eine weitere Möglichkeit, um den Befund zu formulieren. Man könnte die Textebene verlassen und singuläre versprachlichte Grundsätze betrachten. Dann würde gelten: Grundsätze zu Mitarbeiterführung und Zusammenarbeit im Unternehmen sind eine Teilmenge von unternehmenspolitischen Grundsätzen.[16]

II. Probleme der Situationsebene:

A. Textentstehungssituation

a. Das Produzentenproblem

Streng genommen müßte man von Emittenten sprechen, um anzudeuten, daß unternehmenspolitische Texte in der Regel von mehr als einer Person "produziert" werden. H. GLINZ definiert "Emittent" wie folgt:

> Emittent = Wer einen Text *produziert;* hier ist ggf. zu differenzieren in Verfasser - Auftraggeber - Redaktor - Herausgeber und noch andere Teil-Rollen; Emittent kann also nicht nur eine Einzelperson, sondern auch eine ganze (bekannte oder anonyme) Personengruppe sein; diese interne Rollenverteilung ist dem Rezipienten des betr. Textes oft gar nicht bekannt (und interessiert ihn meistens auch nicht).[17]

Ob und inwieweit die interne Rollenverteilung dem Rezipienten mitgeteilt wird, hängt auch von der Textsorte des jeweiligen Grundsatzdokumentes ab. Ein regulativer Text erfordert Klarlegung der (Verbindlichkeits-)Verhältnisse, ein orientierender Text kann sich über den Firmengründer gleichsam auktorial oder über Umfragen gleichsam demokratisch legitimieren, wohingegen ein mehr imagefunktionaler oder persuasiv-informierender Text durchaus offen lassen kann, wer an seiner Entstehung beteiligt war:

---

15 Manfred Kohrt hat diesen Sachverhalt mengentheoretisch reformuliert.

16 Weitere Teilmengen sind z. B. Geschäftsgrundsätze, Qualitätsgrundsätze, Grundsätze für den Umweltschutz etc.

17 Hans Glinz: Textanalyse und Verstehenstheorie I. Methodenbegründung - soziale Dimension - Wahrheitsfrage - acht ausgeführte Beispiele. 2. verbesserte Aufl. Wiesbaden 1977,19.

Text Nr. 75.1 (Führungsgrundsätze der Unternehmensgruppe Rombach):

Die Führungsgrundsätze wurden erarbeitet von Herrn Andreas Hodeige, Herrn Dr. Christian Hodeige (für die Geschäftsleitung), von Frau Geiger, Herrn Rolle, Herrn Wengler (für die Vorgesetzten), Frau Kirner, Herrn G. Schmid, Herrn Stark (für den Betriebsrat), von Herrn Hille, Herrn Larsch (für die Mitarbeiter) und von Herrn Prof. Dr. Laske (Moderation). Die Führungsgrundsätze wurden von den Gesellschaftern, der Geschäftsleitung und dem Betriebsrat verabschiedet und treten zum 1.2.1989 in Kraft.

Text Nr. 50.1 (Honeywell-Unternehmensgrundsätze):

Die "Principles" gehen zurück auf Harold Sweatt, der in der Nachfolge seines Vaters William R. Sweatt das Unternehmen von 1934-1961 27 Jahre lang geleitet und wesentlich dazu beigetragen hat, Honeywell zu dem zu machen, was es heute ist.

Text Nr. 93.2 (Unsere Grundsätze - Unternehmensgrundsätze der [XY-]Gruppe für die 90er Jahre):

An der Neufassung der Unternehmensgrundsätze haben Gesellschafter, Management und eine Vielzahl weiterer Mitarbeiter und Mitarbeiterinnen mitgearbeitet. Zum Teil sind die verschiedenen Interessen in die zum Ausdruck kommenden Wertvorstellungen und Grundsätze eingeflossen. Es wurden Themen ausführlich und offen besprochen, die sonst für die meisten Beteiligten nicht auf der "Tagesordnung" standen. Durch zahlreiche Gesprächsrunden und durch eine umfassende Mitarbeiterbefragung wurde sichergestellt, daß sich die große Mehrheit [...] mit diesen "Unternehmensgrundsätzen der 90er Jahre" identifizieren kann.

Text Nr. 28.2 (Das Leitbild der Unternehmensgruppe [XY]):

Das Leitbild der Unternehmensgruppe [XY]
[XY] ist eine traditionsreiche und wachsende Unternehmensgruppe im Markt der finanziellen Dienstleistungen.
[...][18]
Uns allen dient das Wohlergehen der Unternehmensgruppe [XY]
Wir alle sind [XY]
[Name der Firmengruppe]
[Slogan der Firmengruppe]
Versicherungen - Bausparen - Kapitalanlagen

---

18 Es folgen 14 weitere Grundsätze.

In der Betriebswirtschaftslehre stößt man gelegentlich auf die Meinung, Texte, die Führungs- und Unternehmensgrundsätze explizieren, seien generell als von der Unternehmensleitung (allein) verfaßt anzusehen. Dabei würden sich Unternehmensgrundsätze als AUFFORDERUNG an alle Mitarbeiter des Unternehmens, d. h. an Führungskräfte **und** Sachbearbeiter, wenden; Führungsgrundsätze würden sich als ANWEISUNG an alle Führungskräfte des Unternehmens wenden. Mir scheint, dies ist eine idealisierte Vorstellung oder ein Konstrukt, um die Verbindlichkeit der Texte zu legitimieren, wobei Textsortencharakter und kommunikationslogische Bedingungen für die Wirksamkeit von Texten bestimmter Art und Funktion außer Acht gelassen werden. Mit anderen Worten: Wer soll als Rezipient einen regulativen Text ernst nehmen, der die normsetzenden Autoritäten verschweigt oder nur indirekt mittels alleiniger Nennung (Nominationsakt) des Firmennamens zum Ausdruck bringt? Für die Ausdeutung der erhobenen Texte ergibt sich aus einem solchen Vorgehen nicht selten eine Spannung zwischen normativem Anspruch eines Textes und der Mißverständlichkeit der Verbindlichkeitsgestaltung.

b. Das Textproduktionsproblem

Im Falle der von mir erhobenen Grundsatzdokumente ist es wohl angemessener zu sagen, die Grundsätze seien ""verfaßt" bzw. "schriftlich niedergelegt worden"[19]. Man "schreibt" beispielsweise einen Roman, aber nicht Grundsätze oder Verfassungen (vgl. PIWINGER 1996,149). Es gibt Texte, die vom Unternehmensleiter alleine verfaßt und erlassen worden sind. Der normative Charakter der meisten Texte bringt es gelegentlich mit sich, daß man auf eine offene Tradition stößt, d. h. daß ein Unternehmen den Text eines anderen Unternehmens mit mehr oder weniger großen Änderungen übernommen hat.[20] Es gibt aber auch Texte, die von vielen Beteiligten in einem langwierigen Prozess erarbeitet worden sind. Möglicherweise ist sogar im ersten Fall der "monologischen" Entstehung das Ergebnis kohärenter und in sich stimmiger als im letzten Fall. Das muß bei der Ausdeutung und beim Nachdenken über das Wirkungspotential sorgsam mitbedacht werden, denn allzu einfache Antworten verbieten sich im Falle solcher Texte.

---

19 Vgl. WUNDERER/KLIMECKI (1990,100): "Zur besonderen Bedeutung der 'Schriftform' von Führungsgrundsätzen", die die Verbindlichkeit erhöht.

20 Eine solche offene Tradition ist bei Rechtstexten nicht ungewöhnlich, wie das Beispiel mittelalterlicher Stadtrechte zeigt.

Es fällt auf, daß in nicht wenigen der von mir erhobenen Texten ausdrücklich mitgeteilt wird, daß die Texte für spätere Überarbeitungen offen sind. Die zeitlichen Abstände, in denen Texte überarbeitet oder neu gefaßt werden, können dabei weit unter zehn Jahren bleiben.[21] Die besonderen Umstände ihrer Entstehung können dazu führen, daß das Resultat gleichsam den kleinsten gemeinsamen Nenner darstellt und die Formulierungen abstrakt oder vage bleiben.

Aus Sicht des Unternehmens stellt sich jedenfalls die folgende Frage:

Für ein Unternehmen [...] ist [...] ein Projekt, das auf die Entwicklung schriftlicher *Unternehmensgrundsätze* abzielt, besonders folgenreich, denn das Ergebnis, das die zentralen Aussagen zu den Unternehmenszielen, der Struktur der Unternehmensgruppe, der Form der Zusammenarbeit und zu dem Verhältnis zur Gesellschaft und zur Umwelt umfaßt, kann über Jahre das Denken und Handeln im Unternehmen bestimmen. Kann angesichts des hohen Stellenwerts eines solchen Projektes überhaupt Dialogkommunikation mit all ihren Unwägbarkeiten in Betracht gezogen werden? Wäre es aus Sicht der Unternehmensleitung nicht rationaler, 'das Heft in der Hand zu behalten', die Formulierung der Grundsätze einem kleinen Kreis zu überlassen, die Mitarbeiter anschließend über das Resultat zu informieren und nachträglich um ihre Zustimmung zu werben? Zudem ließe sich durch ein solches Verfahren eine bedeutende Zeitersparnis erzielen [PIWINGER 1996,148].

Folgende Teilantworten auf diese Frage sind möglich:

Unser Anspruch [bei Vorwerk; H. E.] war, an der Ausarbeitung der Unternehmensgrundsätze möglichst viele Menschen in unserem Unternehmen zu beteiligen. Wer solch ein Projekt unter dieser Vorgabe beginnt, muß sich darüber im klaren sein, daß gewaltige organisatorische Probleme auf ihn zukommen. Doch nur auf diese Weise kann man einen wirklichen Konsens erreichen, der letztlich die Basis für die Verbindlichkeit der Grundsätze darstellt. Das zeigt, daß die Entscheidung für ein Dialogkonzept [bei der Textproduktion; H. E.] durchaus aus strategischer Perspektive erfolgen kann, denn wenn viele Mitarbeiter aktiv Einfluß nehmen können, wird der Prozeß der Entstehung gleichzeitig zu einem Prozeß der Einführung der Unternehmensgrundsätze [PIWINGER 1996,149].

---

21 B. WEHNER (1993,9) erörtert das Problem des Endgültigkeitsanspruches von staatlichen Verfassungen am Beispiel des deutschen Grundgesetzes und kommt zu dem Schluß: "Der Frage, wie eines Tages der Ausstieg aus der bestehenden und der Einstieg in eine neuartige Verfassung am besten zu bewältigen sein würde, ist [...] in den modernen demokratischen Staaten sehr wenig Aufmerksamkeit gewidmet worden. Ein langfristiger gesellschaftlicher Wandel, der die Anforderungen an die Politik über die Grenzen der Verfassung hinauswachsen läßt, wurde nicht ernsthaft ins Kalkül gezogen".

Die *Erarbeitung von Unternehmensgrundsätzen* ist nach meiner Ansicht ein ausgesprochen schöpferischer Prozeß; zwar geht es nicht primär darum, inhaltlich Neues zu schaffen, sondern vielmehr das, was im Unternehmen getan und gewollt wird, gedanklich zu bündeln und auf Grundphänomene zurückzuführen [...] Dabei können jedoch auf einmal Themen diskutiert werden, die sonst nie auf der Tagesordnung stehen. Zudem offenbart das zähe Ringen um Wörter und Formulierungen gelegentlich tiefliegende disparate Wertvorstellungen der Mitarbeiter, die einen grundsätzlichen Klärungsprozeß erforderlich machen. Unternehmensgrundsätze - das wird an diesen Überlegungen deutlich - stehen in einem engen Zusammenhang mit der Führungsaufgabe des Unternehmens [PIWINGER 1996,159].

Eine eingehende Klärung der Entstehungsbedingungen würde wie die eingehende Klärung der Rezeptionsbedingungen eine eigene Untersuchung verlangen, die hier nicht geleistet werden kann. Zur Klärung von Teilfragen kann jedoch im folgenden auf betriebswirtschaftliche Erhebungen zurückgegriffen werden (vgl. z. B. WUNDERER/KLIMECKI 1990 u. GABELE/KRETSCHMER 1986).

c. Das Textrezeptions- und Wirkungsproblem

Texte, die Grundsätze explizieren wollen, werden wohl weniger "gelesen", sondern man "schlägt in ihnen nach", man "blättert" in ihnen oder man "beruft" sich auf sie (vgl. PIWINGER 1996,149).
Die Frage, auf welche Weise die von mir erhobenen Texte rezipiert werden, verdient ebenfalls eine eigene Untersuchung, die hier nicht geleistet werden kann.[22]

d. Das Adressatenproblem

Texte, die unternehmenspolitische Grundsätze explizieren wollen und dies auch im verhaltensnormierenden Sinne tun (s. u.), wenden sich an Normadressaten wie z. B. an die Führungskräfte, Sachbearbeiter, Personalvertretungen, aber auch an Nicht-Normadressaten, gegenüber denen man sich selbst verpflichtet wie z. B. Kunden und die Öffentlichkeit. Ein weiteres Problem für die Ausdeutung solcher Texte erwächst aus der Wahl bestimmter sprachlicher Mittel, die teilweise ihre Ur-

---

22 Mit Blick auf Grundsätze für Führung und Zusammenarbeit vgl. die folgenden Kapitel in WUNDERER/KLIMECKI (1990): "Umsetzungsgrad und Regelungswirksamkeit von Führungsgrundsätzen" (Kap. 3), "Akzeptanz von Führungsgrundsätzen" (Kap. 8.2) sowie "Wirksamkeit von Führungsgrundsätzen" (Kap. 8.6).

sache darin hat, daß solche Texte mehrfachadressiert sind. (Personal-)Führungsgrundsätze sind z. B. nach ALBACH (1983,14) - metaphorisch gesprochen - "eine 'Produktionsanweisung' an die Vorgesetzten" **und** "ein 'Qualitätsversprechen' an den 'Käufer', das heißt den Mitarbeiter". Führungsgrundsätze können auch mit Blick auf die Personalrekrutierung, d. h. die Gewinnung neuer Führungskräfte, verfaßt worden sein. Unternehmensgrundsätze lassen sich nach GABELE/KRETSCHMER (1986,53) in zwei Aussagegruppen einteilen: in adressatenspezifische Aussagen und in geschäftspolitische Aussagen zu Unternehmenszweck, Unternehmensverhalten und Unternehmenszielen (vgl. ebda S. 72). Die häufigsten Adressaten sind nach GABELE/KRETSCHMER Mitarbeiter und Führungskräfte, Kunden, Aktionäre und Eigentümer, Gesellschaft und Öffentlichkeit, Lieferanten, Konkurrenz, Betriebsrat, Gläubiger und Verbände (S. 53). Bei der Einschätzung der sprachlichen Strukturen von Führungs- und Unternehmensgrundsätzen ist also stets in Rechnung zu stellen, daß mehr als eine Adressatengruppe anvisiert wird, daß es sich bei den Adressaten in der Regel um **Rollenträger** handelt und daß - gerade ältere Texte, die Führungsgrundsätze explizieren wollen, vermitteln diesbezüglich ein statisches Rollenverständnis - viele vorgesetzte Führungskräfte zugleich anderen Führungskräften unterstellt sind. Wo in den von mir erhobenen Texten vom "Mitarbeiter" die Rede ist, ist ferner genau darauf zu achten, ob der 'Mitarbeiter des Vorgesetzten', sprich der Untergebene, gemeint ist, oder der Mitarbeiter des Unternehmens, womit Führungskräfte **und** Sachbearbeiter gemeint sind:

Unsere **Mitarbeiter** [= 'Führungskräfte und Sachbearbeiter'] bestimmen durch ihre Leistung entscheidend den Unternehmenserfolg [...]. Unsere Führungskräfte handeln [...] eigenverantwortlich. Ihre **Mitarbeiter** [= 'die ihnen Unterstellten'] führen sie im Sinne dieses Leitbilds nach einheitlichen Grundsätzen und Leitlinien durch Vorbild und Überzeugung [...]. Das Verhalten unserer Führungskräfte beeinflußt entscheidend [...] das Engagement unserer **Mitarbeiter** [mehrere Lesarten möglich: a. 'Sachbearbeiter', b. 'Führungskräfte, die ihrerseits anderen Führungskräften unterstellt sind', c. 'alle Mitarbeiter des Unternehmens mit Ausnahme des obersten Führungskreises'].[23]

Nicht immer signalisieren die erhobenen Texte klar und deutlich, wer Angesprochener, Besprochener und Sprecher ist. Die Rolle des Sprechers bleibt z. B. gerne dann offen, wenn das Pronomen der ersten Person Plural ("wir") verwendet wird:

---

23 Die Passage ist ein Segment aus Text Nr. 22; Hervorhebungen durch Fettdruck von mir; H. E.

In der weltoffenen Tradition unserer Bank fühlen **wir** uns unseren Kunden partnerschaftlich verpflichtet [a. 'der Vorstand, der den Text unterzeichnet hat', b. 'Vorstand, der sich selbst u n d zugleich die Mitarbeiter des Unternehmens auf die Grundsätze verpflichtet'].[24]

Ferner ist gelegentlich damit zu rechnen, daß heimliche Adressaten im Spiele sind, dann nämlich wenn die Unternehmensleitung die Aufgabe der Textproduktion delegiert hat an Führungskräfte, die sich fragen, welche Formulierungen wohl der Unternehmensleitung genehm sein könnten und welche nicht.

III. Normprobleme

Die Probleme der Formulierung von Normen sind so umfassend, und es existiert eine so reichhaltige allgemeine Literatur, die auch Fragen der Normenlogik umfaßt, daß es anmaßend wäre, hier auch nur im Ansatz eine zufriedenstellende Erörterung der Probleme mit Blick auf die von mir erhobenen Texte liefern zu wollen. Deshalb sollen nur einige Punkte skizziert werden, die mir wichtig erscheinen. Weiterführende Literatur zu dem Problem von Normen speziell von Texten, die Führungs- und Unternehmensgrundsätze explizieren wollen, bieten z. B. WUNDERER/KLIMECKI (1990), WOLLASCH (1994, 1996a, 1996b) und BLEICHER (1994b).[25]

a. Macht es Sinn, eine normative Textfunktion als Grundfunktion anzunehmen?

Wenn man von "Texten mit normativer Funktion" (E. U. GROSSE 1976,29) spricht, also über Bühlers drei Grundfunktionen des Appells, Ausdrucks und des Darstellens (Informierens) hinausgehend eine weitere Funktion annimmt, kommt man m. E. in große Schwierigkeiten, je nachdem ob man den Begriff des Normati-

24 Segment aus Text Nr. 22; Hervorhebung durch Fettdruck von mir; H. E.

25 Hier ist auch hinzuweisen auf BUSSE (1992) und auf das Kapitel "Rules and Language" (S. 216-223) aus dem Buch von William Twining und David Miers hinzuweisen: How to do Things with Rules. A Primer of Interpretation. Third Edition. London 1991. Die Aufgaben, die sich hier der Sprachgermanistik stellen, sind dringlich und dem Fach ursprünglich, denn die Anzeichen mehren sich täglich, daß sich in der BRD die Schere zwischen Quantität und Qualität von Gesetzen und Vorschriften immer mehr zugunsten der Quantität weitet, was zu einer ernsten Gefahr für das öffentliche Leben und die Zukunftsfähigkeit des Landes werden kann.

ven eng oder weit auffaßt. Wenn man Normtexte auf institutionelle und rechtsverbindliche Kommunikationsakte eingrenzt - wie dies bei E. U. GROSSE der Fall zu sein scheint, ist es durchaus legitim, Texten wie Gesetze, Satzungen, Verträgen, Urkunden, mündlichen Abmachungen etc. eine normative Funktion zuzusprechen. Wenn man freilich bedenkt, daß es daneben noch ganz andere Möglichkeiten gibt, Verhaltenserwartungen und Normen zu etablieren, ist es eher bedenklich, eine normative (Grund-)funktion anzusetzen. Für die von mir erhobenen Texte gilt: Auch informationsfunktionale Texte wie beispielsweise FÜHRUNGSLEITFÄDEN sind von den Unternehmensleitungen in verhaltensnormierender Absicht "erlassen" worden. Deshalb könnte man die von mir erhobenen Texte verschiedenen Normtypen zuordnen. Eine erste Unterscheidung würde fragen, ob im Text selbst explizite und formal markierte normative Elemente vorhanden sind oder nicht. Explizite oder formelle sprachliche Normäußerungen können z. B. Verbindlichkeitserklärungen oder Sanktionsregelungen sein. Eine zweite Unterscheidung würde fragen, welche normativen Sachverhalte in den Texten zum Ausdruck kommen und auf welchem Abstraktionsniveau sie abgehandelt werden? Eine dritte Unterscheidung würde fragen, ob und inwiefern normative Strukturen auf der Äußerungs- oder Sprechhandlungsebene realisiert werden, also z. B. ob Gebote, Verbote, Erlaubnisse etc. modal markiert sind oder ob der kategorische Indikativ des Präsens oder Futurs verwendet wird (vgl. SAYATZ 1996,279). Ferner wäre zu fragen, ob die Texte bestimmte kommunikationslogische Voraussetzungen erfüllen, um als Normtext wirken zu können. Das betrifft z. B. Fragen der Verbindlichkeitsregelung und Fragen institutionell geregelter Sanktionsmöglichkeiten, aber auch Fragen der Operationalisierbarkeit von schriftlich fixierten Verhaltensnormen und Fragen der Verständlichkeit, Glaubwürdigkeit und Akzeptanz von normativen Texten.

b. Gibt es klare Entsprechungsverhältnisse zwischen Normsachverhalten auf der einen und Textstrukturen und sprachlichen Formulierungen auf der anderen Seite?

Je weniger klar die Gebrauchssituation und die metatextlichen Markierungen sind (s. u.), umso mehr wird man darüber streiten können, ob einTextinhalt streng normativ gemeint ist und auch umgesetzt werden kann. Es gibt nicht selten in den von mir erhobenen Texten den Fall, daß metatextliche Markierungen vage oder falsch formuliert sind. So heißt es in Text Nr. 95: "Die Grundsätze [i. e. die schriftlich fixierten Grundsätze; H. E.] geben einen Einblick in das Unternehmen [...] Sie zeigen auf, wie sich das Leben im Unternehmen gestaltet." Gemeint ist hier 'wie sich das Leben im Unternehmen gestalten soll'. Aber auch unabhängig von dem Problem der wenig angemessenen Formulierungen gibt es das grundsätzliche Problem, daß es zwischen Norminhalten und sprachlicher Form keine 1:1-Entsprechung gibt, wie GLOY (1987,122) plausibel darlegt:

Die Existenz auch subsistenter Normen zeigt bereits an, daß - mit Ausnahme der statuierten Normen - Formuliertheit keine notwendige Bedingung der Existenz (und auch keine der Geltung) von Normen ist. Selbst die Form einer sprachlichen Äußerung gibt nur bedingt darüber Aufschluß: Modalverben (u. a. Modalpartikel) können außer einer Obligation auch die Wahrscheinlichkeit eines Sachverhalts ausdrücken; modale Sätze sind in diesen Fällen dann gerade keine Normen - was die deontische Logik gelegentlich zu übersehen scheint [...] In bestimmten Fällen und aufgrund spezifischer Schlußverfahren können Formulierungen zwar Hinweise auf Normen enthalten (z. B. die Imperative, axiologische Sätze oder Behauptungen über Normen, die von der empirischen Norm-Forschung auch häufig herangezogen werden), sie sind aber nicht die Normen selbst. Nach der Erkenntnis, daß zwischen Satzbedeutung und Verwendungssinn einer Äußerung keine strikte Entsprechung besteht, kann dies nicht weiter überraschen. Konstituiert werden Normen dem Ideal nach durch Legitimation erzeugende Verfahren, in der Praxis meist von verschiedenen Instanzen mit absichernder Funktion: von kodifizierenden Verfassern, verbindlich machenden Normsetzern, verbreitenden Normvermittlern, beobachtenden Normüberwachern, unterstützenden Normbefürwortern und belohnenden bzw. bestrafenden Sanktionssubjekten, zwischen denen jeweils - mit zusätzlicher Absicherungsfunktion - die verschiedenartigsten, affirmierenden und kontrollierenden Rückkoppelungen bestehen können.

Um die Bandbreite der Normformulierungen zu illustrieren, seien zwei Segmente aus verschiedenen Texten samt Einleitung zitiert, wobei nicht zufällig der normativ-**orientierende** Text jüngeren Datums ist:

Normativ-regulative Führungsgrundsätze aus dem Jahr 1974:

Führungsanleitung der [XY-Firma] // [...] Die Information des Vorgesetzten durch den Mitarbeiter // Der Mitarbeiter hat seinen Vorgesetzten unaufgefordert über seinen Aufgabenbereich zu informieren. Die Informationspflicht erstreckt sich insbesondere auf alle Tatsachen, die der Vorgesetzte für seine Entscheidungen kennen muß, und die ihn in die Lage versetzen, den Gesamtüberblick zu behalten und seinen eigenen Vorgesetzten über Lage und Entwicklung der ihm unterstellten Bereiche zu informieren. Jeder Vorgesetzte kann seinen Mitarbeitern - unabhängig von der Informationspflicht über wichtige Tatbestände - einen Katalog der informationspflichtigen Vorgänge vorgeben. Dabei dürfen die Grundsätze dieser Führungsanleitung nicht verletzt werden. [...] // 9. Inkrafttreten und Anwendungsbereich der Führungsanleitung // Die Führungsanleitung tritt mit Wirkung vom 1.1.1974 in Kraft. Sie ist für alle Mitarbeiterinnen und Mitarbeiter der [XY-Firma] verbindlich. Grundsätzlich gilt die Führungsanweisung uneingeschränkt. Ausnahmen bilden die Fälle, die durch spezielle Dienstanweisungen geregelt sind. Sie sind als vorrangig zu betrachten. [Name der Stadt], 1. Januar 1974 [Name der Firma] Der Vorstand[.] Der Personalrat [Segment aus Text Nr. 82.1].

Normativ-orientierende Führungsgrundsätze aus dem Jahr 1990:

Denkanstöße // [...] Diese Broschüre beschreibt unsere Führungskultur, wie sie existiert - oder wie sie sein sollte. [...] Sie finden [...] Aussagen über das vom Unternehmen angestrebte Führungsverhalten. Versuchen Sie [...], den Gesamteindruck von Wort und Bild auf sich wirken zu lassen. Sicher erkennen Sie dabei Facetten, die Ihnen die ganze Vielfalt unserer Führungskultur öffnen. Dabei ist die subjektive Interpretation des einzelnen gewünscht. Die Arbeitsgruppen, die am Anfang dieser Broschüre standen, haben sehr schnell erkannt, daß es uns nicht weit bringt, Normen und Regelwerke zur Bewertung des Führungsverhaltens der einzelnen aufzustellen. Vielmehr wird sich jeder auf verschiedene Weise angesprochen fühlen und seine Position selbst definieren. [...] So wünsche ich Ihnen bei der Lektüre möglichst viele kreative "Aha"-Erlebnisse und uns allen eine konstruktive Diskussion über die Thematik. // Ihr [Name des Firmeninhabers] [Name der Stadt], im Dezember 1990 // [Bild einer Jazzband; dazu der folgende Text:] **Individualität integrieren** // Bei der Jazzmusik kommt es auf die Integration kreativer Umsetzungen an. Jeder Musiker ist ein Solist, der das Musikstück mit seiner Individualität interpretiert. Die Harmonie der Band basiert auf der Fähigkeit des Musikers, seine Emotionen im richtigen Moment einzusetzen und das Thema neutral an die übrigen Mitglieder weiterzugeben. Individualität und Integrationsfähigkeit lassen die verschiedenartigsten Ausdrucksweisen zu einem homogenen Ganzen verschmelzen und eröffnen damit neue Betrachtungsweisen. // **Wir sind eine Gruppe von Individualisten. Um optimale Ergebnisse zu erzielen, müssen wir Kreativität und Kommunikation fördern** [Segment aus Text Nr. 65; Hervorhebungen durch Fettdruck im Original].

c. Womit werden die Verhaltensnormen legitimiert?

Die Art und Weise, womit die Verhaltensnormen legitimiert werden, ist ebenfalls ein Problem, das eine eigene Untersuchung erfordert und hier nicht gelöst werden kann. Interessant ist u. a. die Frage, welche Wahrheitsbedingungen und welche Wissensbasen (und Theorien) in den sprachlichen Äußerungen geltend gemacht werden, um die Verhaltensnormen zu stützen bzw. zu begründen. Es hat den Anschein, daß z. B. das Kruppsche Generalregulativ von 1872 noch stark Erfahrungswissen zur Legitimation der Verhaltensnormen heranzieht, wohingegen neuzeitliche Texte - vor allem solche von Großunternehmen - stark auf Glaubenswissen und verallgemeinertes spezialwissenschaftliches Wissen rekurrieren. Den Unterschied illustrieren die folgenden Beispiele aus dem Jahre 1872, 1986 (mittelständisches Unternehmen) und 1971 (Großunternehmen), wobei die Hervorhebungen durch Fettdruck von mir stammen:

Beispiel 1: Aus dem Generalregulativ für die Firma Fried. Krupp (1872)

§. 10. Insonderheit ist jedweder Handel und Speculationsverkehr [...] zu unterlassen. **Abgesehen von der aus einem solchen Geschäftsverkehr der Firma drohenden Einbuße an der vollen und ungetheilten Kraft des Einzelnen, können aus einem solchen Geschäfts=Verkehr von Personen, die dem Verbande der Firma angehören, leicht Irrungen und Verwickelungen entstehn, welche die Ehre der Firma selbst berühren, und da die makellose Reinheit dieser das höchste Ziel Aller sein muß, so ist schon aus diesem Grunde ein derartiger Verkehr absolut unzulässig** [Segment aus dem General-Regulativ der Firma Fried. Krupp von 1872].

Beispiel 2: Führungsgrundsätze eines mittelständischen Unternehmens (1986)

Entscheidungen kooperativ treffen // [...] Zur unmittelbaren Führungsaufgabe gehört es, sich mit dem direkten Vorgesetzten einerseits und mit den Mitarbeitern andererseits zu beraten. **Wer weiß schon alles selbst am besten!** [Segment aus Text Nr. 95.2]

Beispiel 3: Führungsgrundsätze eines Großunternehmens (1971)

An Entscheidungen beteiligen // Die Spezialisierung und höhere fachliche Anforderungen verlangen mehr als bisher Teamarbeit. Das gilt schon für die Planung gemeinsamer Aufgaben. Für den Vorgesetzten ist es eine gute Gelegenheit, Wissen und Fähigkeiten der Mitarbeiter zu aktivieren, sie zu Vorschlägen anzuregen und sich auch mit Vorstellungen auseinanderzusetzen, die von seinen eigenen abweichen. Seine Mitarbeiter werden häufig auf ihrem Spezialgebiet mehr Wissen und Erfahrung besitzen als er. **Wer an der Entscheidungsvorbereitung beteiligt ist, wird sich auch mit der Entscheidung identifizieren** [Segment aus Text Nr. 81.1].

2 Inhalts- und Situationsmerkmale von Führungs- (FG) und Unternehmensgrundsätzen (UG)

2.1 Inhaltsmerkmale von FG und UG

Inhalte von Führungsgrundsätzen

WUNDERER/KLIMECKI (1990,11) definieren Führungsgrundsätze als "schriftlich fixierte, zentralisierte, wert-, normsetzende und -bildende, generalisierte Steuerungskonzepte für dezentrale Führungs- und Kooperationsbeziehungen in und zwischen Arbeitsgruppen". Etwas kürzer lautet die Definition in WUNDERER (1987b,554): "Führungsgrundsätze (FG) beschreiben oder normieren die Führungsbeziehungen zwischen Vorgesetzten und Mitarbeitern im Rahmen einer Führungskonzeption." WUNDERER (1987b,559) unterscheidet einen älteren, mehr bürokratischen Grundtyp von FG und einen jüngeren, mehr verhaltenswissenschaftlich orientierten Grundtyp. Der bürokratische, am Harzburger Modell (s. u.) orientierte Grundtyp, beinhaltet vor allem "organisatorische Regelungen, v. a. zur Kompetenzverteilung, Gestaltung der Informations- und Konsultationsbeziehungen und Aufbau- und Ablauforganisation" (WUNDERER 1987b,559). Der mehr verhaltenswissenschaftliche Grundtyp beinhaltet - nach dem Konzept von WUNDERER (vgl. ebda S. 560) - Führungsprinzipien, Führungsziele und Führungsinstrumente. Die Führungsprinzipien betreffen das prosoziale Verhalten (Einfühlung, Vertrauen, Wechselseitigkeit etc.) und das partizipative Verhalten (Mitwirkung, Mitbestimmung, Delegation). Die Führungsziele betreffen Wirtschaftlichkeit (Effektivität) und Menschlichkeit (Effizienz). An Führungsinstrumenten werden Verfahren aus folgenden Bereichen genannt: Kooperation, Kommunikation, Motivation, Organisation, Position, Sanktion und Promotion, d. h. Personal- und Organisationsentwicklung). Um das Gesagte an einem konkreten Fall zu veranschaulichen, stelle ich die Inhalte von zwei Leittexten vor:

Inhalt von Text Nr. 82.1 (1974; entspricht dem mehr bürokratischen Grundtyp):

1 Grundsätzliches ... // **2** Rechte und Pflichten aller Mitarbeiter ... // **3** Rechte und Pflichten der Führungskräfte ... // **4** Die Führungsmittel des Vorgesetzten 1. Das Mitarbeitergespräch ... 2. Das Dienstgespräch ... 3. Form von Mitarbeiter- und Dienstgespräch ... 4. Informationen ... A Die Information des Mitarbeiters durch den Vorgesetzten ... B Die Information des Vorgesetzten durch den Mitarbeiter ... C Die Querinformation ... 5. Die Kontrolle ... A Stichprobenkontrolle ... B Die Erfolgskontrolle ... 6. Kritik und Anerkennung ... A Die Kritik ... B Die Anerkennung ... 7. Die

Ersatzvornahme ... 8. Der Einzelauftrag ... // 5 Die Stellvertretung ... 1. Funktionen der Stellvertretung ... 2. Regeln ... // 6 Die Beschwerde ... 1. Recht und Pflicht zur Beschwerde ... 2. Beschwerdeverfahren ... // 7 Der Dienstweg ... // 8 Betriebs- und Kreditüberwachung ... // 9 Inkrafttreten und Anwendungsbereich der Führungsanleitung ...

Inhalt von Text Nr. 80.1 (1982; entspricht dem mehr verhaltenswissenschaftlich orientierten Grundtyp):

Vorwort ... // 1 Gute Zusammenarbeit führt zum Erfolg ... // 2 Klare Ziele bestimmen das Handeln ... // 3 Verantwortung und Kontrolle müssen sein ...// 4 Information ermöglicht erst Zusammenarbeit ...// 5 Entscheidungen muß jeder treffen ... //6 Anerkennung und Kritik gehören zusammen ... // 7 Weiterbildung eröffnet neue Chancen ... // 8 Zusammenarbeit mit den Arbeitnehmervertretungen ... // 9 Grundsätze gelten für alle ...

Inhalte von Unternehmensgrundsätzen

Nach HOFFMANN (1989,168) lassen sich folgende Inhalte von Unternehmensgrundsätzen unterscheiden: "Allgemeine, langfristige Zielaussagen, mitarbeiterbezogene Aussagen und unternehmensexterne Aussagen [über] Kunden/Lieferanten, Kapitalgeber, Konkurrenten, Gesellschaft/Staat". Die hier zum Ausdruck kommende Dreiteilung findet sich auch bei GRÜNIG (1988,256), der von "allgemeine[n], aufgabenspezifische[n] und adressatspezifische[n] Aussagen" spricht. GRÜNIG (1988,257) hat folgenden "Katalog möglicher Leitbildthemen" aufgestellt, wobei hier "Leitbild" synonym für 'Unternehmensgrundsätze' steht:

Katalog möglicher Leitbildthemen nach GRÜNIG (1988,257), wobei der Katalog auch Führungsgrundsätze (B. 1 und C. 1) enthält:

A. Allgemeine Aussagen

1 Umschreibung des Tätigkeitsgebietes
1.1 Mission
1.2 anzubietende Leistungen und Verhalten gegenüber Diversifikationschancen
1.3 geographische Abgrenzung des Tätigkeitsgebietes
1.4 Qualitätsstandard und Innovationsgrad der Leistungen
1.5 Umsatz-, Marktanteils- und Wachstumsziele

2 Finanzielle Ziele
2.1 Gewinn-, Cash-flow- und Renditeziele
2.2 Gewinnverwendungsgrundsätze

3 Selbständigkeit und Kooperationsbereitschaft

B. Aufgabenspezifische Aussagen

1 Führung und Führungsinstrumente
1.1 Führungsprinzipien
1.2 Grundsätze zur Organisation
1.3 Grundsätze zu anderen Führungsinstrumenten

2 Finanzierung und Investition
2.1 Grundsätze der Bilanzstruktur, insbesondere angestrebter Selbst- und Eigenfinanzierungsgrad
2.2 Investitionsgrundsätze

3 Informationssystem, Personalwesen und Administration
3.1 Grundsätze zur Erfüllung dieser Aufgaben
3.2 Infrastruktur

4 Absatz
4.1 Marktleistung
4.2 Preis
4.3 Kommunikation
4.4 Distribution
4.5 Infrastruktur

5 Leistungserstellung
5.1 Standorte
5.2 Grundüberlegungen zur Leistungserstellung
5.3 Infrastruktur

6 Beschaffung
6.1 Grundüberlegungen zur Beschaffung
6.2 Begrenzung der Abhängigkeit von Lieferanten
6.3 Infrastruktur

7 Forschung und Entwicklung
7.1 Grundüberlegungen zur Forschung und Entwicklung
7.2 Infrastruktur

C. Adressatspezifische Aussagen

1 Mitarbeiter
1.1 gestellte Anforderungen, Auswahl und Beförderung
1.2 Entfaltung und Mitwirkung
1.3 Aus- und Weiterbildung
1.4 Entlöhnung und soziale Sicherheit

2 Eigenkapitalgeber
2.1 Verhältnis zu den Eigenkapitalgebern allgemein
2.2 Maßnahmen zur Sicherung ihrer Interessen
2.3 Möglichkeiten und Grenzen ihrer Einflußnahme

3 Fremdkapitalgeber
3.1 Verhältnis zu den Fremdkapitalgebern allgemein
3.2 Maßnahmen zur Sicherung ihrer Interessen
3.3 Möglichkeiten und Grenzen ihrer Einflußnahme

4 Kunden
4.1 Verhältnis zu den Letztabnehmern
4.2 Verhältnis zum Zwischenhandel

5 Lieferanten
5.1 Verhältnis zu den Lieferanten allgemein
5.2 Kriterien, welche an die Lieferanten gestellt werden

6 Konkurrenz
6.1 Verhältnis zur Konkurrenz allgemein
6.2 Kooperation mit Konkurrenten

7 Staat
7.1 Verhältnis zum Staat allgemein
7.2 Möglichkeiten und Grenzen seiner Einflußnahme

8 Öffentlichkeit
8.1 Verhältnis zur Öffentlichkeit allgemein
8.2 Berücksichtigung öffentlicher Anliegen, insbesondere ökologischer Forderungen

9 Verhaltensgrundsätze gegenüber weiteren Adressaten

Anmerkung: Mit "Kommunikation" in B.4.3 ist wohl 'Werbung' gemeint; logische "Leerstellen" enthält der Katalog z. B. dort, wo in C.7.2 die Möglichkeiten und Grenzen der Einflußnahme des Staates auf ein Unternehmen, nicht aber die Möglichkeiten und Grenzen der Einflußnahme eines Unternehmens auf den Staat thematisiert werden.

Zur Veranschaulichung zitiere ich auch hier die Inhaltsstruktur zweier Leittexte, wobei der erste Text mehr als Kanon von Verhaltensgrundsätzen erscheint, und der zweite Text die für ein **Leitbild** (s. u.) typische thematische Makrostruktur aufweist:

Inhalt von Text Nr. 52.2 (1988; hat eher die Struktur eines Grundsatzkanons):

Unternehmensgrundsätze ... // Achtung vor dem einzelnen ...// Dienst am Kunden ... // Spitzenleistung - unser Leitmotiv ... // Effektive Führung ... // Verpflichtung gegenüber den Aktionären ... // Faires Verhalten gegenüber den Lieferanten ... // Verantwortung gegenüber der Gesellschaft ...

Inhalt von Text Nr. 93.2 (1990; hat eher die Struktur eines LEITBILDES):

Unsere Grundsätze // Zur Einführung ... // **1. Unsere Ziele** ... Wir suchen die Nähe zum Kunden ... Mit dem Umsatz muß auch der Gewinn wachsen ... Mitarbeiter sichern den Erfolg ... // **2. Unsere Unternehmensgruppe** ... Das Stammhaus hält die Gruppe zusammen ... Die Tochtergesellschaften sind für das Geschäft in ihren Märkten verantwortlich ... Unsere Kooperation dient dem Erfolg des Ganzen ... Vorwerk International führt unsere Auslandsaktivitäten ... // **3. Unsere Zusammenarbeit** ... Offene Kooperation ist unser zentraler Grundsatz ... Wir führen durch Vorbild ... Wir fördern unsere Mitarbeiter und Mitarbeiterinnen ... Wir helfen, wo Hilfe not tut ... // **4. Unser Verhältnis zur Gesellschaft und zur Umwelt** ... // **5. Anhang: Unsere Kunden und unsere Märkte** ...

2.2 Situationsmerkmale von FG und UG

2.2.1 Textemittenten und Textadressaten

Da nicht aus allen Texten klar hervorgeht, welche Personen oder Gruppen an der "Produktion" von FG und UG beteiligt waren, stütze ich mich auf Befragungen von WUNDERER/KLIMECKI (1990) und GABELE/KRETSCHMER (1990).

Emittenten von FG

WUNDERER/KLIMECKI (1990,124) haben Personalleitern Anfang 1980 folgende Frage gestellt: "Wer hat den Inhalt der gegenwärtig gültigen FG Ihres Unternehmens maßgeblich beeinflußt? (Mehrfachnennungen möglich)". Das Ergebnis zeigt die folgende Tabelle.

An der Erstellung von Führungsgrundsätzen beteiligte Emittenten (nach WUNDERER/KLIMECKI 1990,124):

Schriftliche Befragung (n = 97)	Anwender [von FG]	Planer [von FG]
Geschäftsleitung	84	91
Personalabteilung	75	77
Vorgesetzte und Mitarbeiter	32	27
Vertreter der Leitenden Angestellten	29	27
Betriebsrat	22	32
Organisationsabteilung	22	24
Externe (z. B. Unternehmensberater)	19	15
FG wurde übernommen	18	9
(alle Angaben in %)		

Wunderer/Klimecki (1990,123) fassen ihr Ergebnis wie folgt zusammen:

1. Verantwortliche Träger der FG sind die Geschäftsleitung (GL) und deren nach Fachkompetenz und Motivation ausgewählte Vertreter, die dabei die Rolle der 'Machtpromotion' innehaben. Die 'Fachpromotion' liegt v. a. bei den Personalabteilungen (PA) der Unternehmen.
2. Andere unternehmensinterne Anspruchsgruppen werden weniger stark berücksichtigt [...].
3. FG werden von (fast) allen Unternehmensmitgliedern bzw. Mitgliedsgruppen weitgehend unterstützt. Widerstände und Ablehnung sind kaum festzustellen.
4. FG werden in den Unternehmen erarbeitet. Eine Uebernahme bereits vorliegender FG bleibt die Ausnahme.

Emittenten von UG

GABELE/KRETSCHMER (1986,96) analysierten im Jahre 1981 die Entstehungsprozesse von Unternehmensgrundsätzen in 17 Unternehmen und kamen zu folgendem Ergebnis:

In den von uns analysierten Formulierungsprozessen partizipierten Vertreter verschiedener Gruppen [...]:

Aktoren im Erstellungsprozeß	Anzahl der Unternehmen	
	n = 17	%
Geschäftsleitung/Vorstand	16	94%
Führungskräfte	12	71%
Mitarbeiter (nicht in Führungspositionen)	2	12%
Betriebsrat	5	29%
Externe Berater	7	41%
Eigentümer/Aufsichtsrat	5	29%
Gewerkschaften	0	0%

Festzuhalten ist mit GABELE/KRETSCHMER (1986,96f.):

In nahezu allen Unternehmen wirkte die Unternehmensleitung an der Erstellung mit [...]. Besonderes Engagement zeigten höhere Führungskräfte und Manager von Zentralabteilungen. Sie formulierten in vielen Fällen die erste Grobkonzeption und leiteten die weiteren Beratungen, die dann mehr Führungskräfte einschlossen [...] Insgesamt gesehen wirken unternehmensinterne Gruppen weit häufiger als externe Personen am Erstellungsprozeß mit. Das Schwergewicht der Formulierungsaktivitäten liegt also eindeutig bei Organisationsmitgliedern. Trotzdem beeinflußten auch Berater und Vertreter der Eigenkapitalgeber die Dokumente.

Mit Bezug auf Untersuchungen anderer Autoren über die Beteiligung von Personen und Gruppen am Entstehungsprozeß von Unternehmensgrundsätzen gelangen GABELE/KRETSCHMER (ebda S. 99) zu der Schlußfolgerung, daß vieles für die "Ernsthaftigkeit der Dokumente" spricht, "die nicht mehr ohne weiteres als Spielerei der Personal- oder Planungsabteilung zu interpretieren sind".

(Norm-)Adressaten von FG

Die Adressaten sind einfacher als die Emittenten aus den Texten selbst zu bestimmen, denn zumindest die primären Adressaten werden im Text selbst genannt oder können durch die Bezugnahme auf Rollen und Gruppen festgestellt werden. Die von mir erhobenen Führungsgrundsätze wenden sich vor allem an folgende Rollenträger und Gruppen:

1. Führungskräfte
2. Führungskräfte und deren Mitarbeiter
3. Alle Mitarbeiter des Unternehmens
4. Unternehmensleitung (in Fällen, in denen die Unternehmensleitung die Grundsätze auch für sich selbst verbindlich erklärt)
5. Betriebsrat
6. Potentielle Führungskräfte und Mitarbeiter des Unternehmens (in Fällen, in denen der Text indirekt auch zum Zwecke der Personalrekrutierung verwendet werden soll).

Aus den Erhebungen von WUNDERER/KLIMECKI (1990,137) geht hervor, daß Führungskräfte die wichtigste Zielgruppe von Führungsgrundsätzen sind. Die Ergebnisse der Studie im einzelnen:

1. FG sind v. a. eine 'Verfassung' für die (oberen und mittleren) Führungskräfte.
2. FG sollen damit primär Führungsbeziehungen regeln, und zwar aus Sicht des Top-Managements.
   Kooperationsbeziehungen zwischen Kollegen werden nur in Ausnahmefällen in FG erfaßt.
3. Mitarbeiter ohne Führungsfunktion werden nur in ca. 50 % der befragten Unternehmen in den Geltungsbereich einbezogen [...]
4. Ein 'enger' Geltungsbereich entspricht nicht den Idealvorstellungen der befragten Anspruchsgruppen. Zudem wird in Unternehmen mit engem Geltungsbereich dieser von den Befragten häufig als 'nicht sinnvoll' erachtet.

Die folgende Tabelle aus WUNDERER/KLIMECKI (1990,137) zeigt deutlich, daß Führungsgrundsätze sich in erster Linie an das obere und mittlere Management wenden:

Für wen gelten die Führungsgrundsätze?

Schriftliche Befragung (n = 95)	Anwender	Planer
obere Führungskräfte	98	97
mittlere Führungskräfte	98	97
untere Führungskräfte	89	79
angestellte Mitarbeiter (ohne Führungsfunktion)	58	39
gewerbliche Mitarbeiter	52	24
(alle Angaben in %)		

(Norm-)Adressaten von UG

GABELE/KRETSCHMER (1986,51) nennen als Adressaten von Unternehmensgrundsätzen "Eigentümer und Aktionäre, Mitarbeiter und Management, Lieferanten, Gläubiger, Konkurrenz, Gesellschaft. In den von mir erhobenen Texten werden die folgenden Adressaten angesprochen, wobei ich die besonders häufig angesprochenen Adressaten durch Fettdruck hervorhebe:

Führungskräfte (= Management), (alle) Mitarbeiter des Unternehmens,Eigentümer/Aktionäre, Öffentlichkeit/Gesellschaft/Gemeinwesen, Staat, Regierungen, Medien, (Hoch-)Schulen, Politiker, Gemeinden/Kommunen, Behörden, Nachbarn, **Kunden, Lieferanten, Geschäftspartner**, Wissenschaftliche Forschungseinrichtungen, Kapitalgeber/Kreditgeber/Gläubiger, Investoren, Konkurrenten/Mitbewerber/Marktpartner, Kirchen, soziale Einrichtungen, arbeitslose Jugendliche, Verbände, Kammern, Gewerkschaften.

2.2.2 Vorfeldbedingungen und Gebrauchszwecke

Vorfeldbedingungen

Vorfeldbedingungen nenne ich Bedingungen, die im Vorfeld der jeweiligen Kommunikationsakte wirksam sind. Zu unterscheiden wären z. B. allgemeine gesellschaftliche, institutionelle, strukturelle, theoretische und sozialpsychologische Bedingungen. Zu den gesellschaftlichen Vorfeldbedingungen zählen z. B. das gewachsene öffentliche Interesse an dem, was Unternehmen tun. Zu den institutionellen Bedingungen (vgl. ALBACH/ALBACH 1989) zähle ich die öffentlich-rechtlichen und unternehmensrechtlichen Bedingungen wie Demokratie, Marktwirtschaft und die Eigentums- und Verfügungsrechte als Grundlage für Entscheidungsprozesse und Willensbildung im Unternehmen (vgl. BLEICHER 1994b,297). Strukturelle Bedingungen beziehe ich auf die Form der Unternehmensorganisation. Von ihnen hängt z. B. der Beteiligungsgrad von Mitarbeitern und Mitarbeitervertretungen bei der Gestaltung von unternehmenspolitischen Texten ab, aber auch die Autonomie und Originalität bei der Textformulierung (Stichwort: Angestelltenkultur) Es dürfte einen Unterschied machen, ob die Texte in einer traditionellen Unternehmensorganisation oder in einer informellen Organisation entstanden sind (vgl. EUNSON 1990,559f.). Theoretische Bedingungen kommen in den von mir erhobenen Texten insofern zum Tragen, als diese mehr oder weniger deutlich auf wissenschaftlichen Annahmen und Theorien basieren (z. B. Motivationstheorien, Managementtheorien, Modelle der Personal- und Unternehmensführung). Aber auch sog. naive Alltagstheorien wirken im Hintergrund bei der Texterstellung mit (z. B. Menschenbild, Bild von den Geschlechterrollen, Bild von der Arbeit und vom Unternehmen). Zu den sozialpsychologischen Bedingungen zähle ich Einstellungen, Sympathieverteilung etc. Zu berücksichtigen sind auch Vorwissen, Bildung, Sprach- und Textkompetenz der an der Textherstellung beteiligten Personen. Zweifellos ist das gesamte Gebiet der Vorfeldkommunikation noch weitgehend unerforscht. Ich will daher im folgenden lediglich auf einige gesellschaftliche, institutionelle und theoretische Bedingungen (und Veränderungen) aufmerksam machen und auf Bezüge zwischen FG/UG und anderen Texten hinweisen:

Gesellschaftliche Veränderungen nach 1945 und ihre Auswirkungen auf die Situation der Personal- und Unternehmensführung

Höheres Bildungsniveau der Mitarbeiter, höheres Selbstbewußtsein und Anspruchsdenken, höherer Wohlstand, höhere Mobilität der Mitarbeiter und der gewachsene Einfluß der Mitarbeiter im Unternehmen haben zu einer größeren Unabhängigkeit der Mitarbeiter gegenüber dem Unternehmen geführt:

> Mit der Verabschiedung von schriftlich formulierten Führungsgrundsätzen versuchen die Unternehmen, die Auswirkungen dieser veränderten gesellschaftlichen Situation auf die Personalführung sichtbar und ihren Mitarbeitern mit Führungsverantwortung verständlich zu machen und sie gleichzeitig in konkrete Maßnahmen der Personalführung umzusetzen [ALBACH 1983,2].

Während im 19. Jahrhundert das Schicksal von Mitarbeitern eng mit dem Schicksal des Unternehmens gekoppelt war, führte der gesellschaftliche Wandel im 20.

Jahrhundert zu Entkoppelungseffekten mit "beträchtlichen Auswirkungen auf die Personalführung im Unternehmen" (ALBACH ebda).

Seit dem Ende der 60er Jahre ist die Forderung nach "Demokratisierung" aller Lebensbereiche von verschiedenen gesellschaftlichen Gruppen an die Unternehmen heran- und durch Mitarbeiter aller Ebenen - auch durch den Generationenwechsel an der Unternehmensspitze - in die Unternehmen hineingetragen worden. Zusammen mit der Forderung nach einer "Humanisierung" der Arbeitswelt hat dies u. a. zu einer verstärkten Diskussion über zwischenmenschliche Beziehungen und die "Beteiligung der Mitarbeiter an der Gestaltung ihrer Arbeitssituation" geführt (WUNDERER/KLIMECKI 1990,185).

Unter dem Einfluß des gestiegenen Selbstbewußtseins der Mitarbeiter und geänderter Werthaltungen sind die Unternehmen wie auch bestehende autoritäre und "bürokratische" Arbeits- und Kommunikationsformen "verstärkt unter einen Legitimationsdruck" geraten (WUNDERER/KLIMECKI 1990,136). Daß nach dem Ende der Naziherrschaft, die das auch damals schon überholte 1-Mann-Führungsprinzip ideologisch wiederbelebte, das Modell von Befehl und Gehorsam zur Revision anstand, fand seinen Ausdruck z. B. in der Konzeption des Harzburger Modells (s. u.).

Umweltkatastrophen und Skandale (Insider-Handel, Parteispenden etc.) haben die Sensibilität der Mitarbeiter und Öffentlichkeit gegenüber ökologischen und ethischen Fragen erhöht. Viele Unternehmen haben sich veranlaßt gefühlt, auf den spürbaren Vertrauensverlust mit verstärkter Öffentlichkeitsarbeit zu reagieren, wobei die PR-Arbeit selbst auf dem Wege zur Professionalisierung ist und zunehmend zu einem strategischer Faktor wird.

Auswirkungen der Mediengesellschaft auf die Unternehmen(sführer) beschreibt EUNSON (1990,380):

Führungskräfte im öffentlichen und privaten Sektor [...] nehmen Unterricht darin, wie man sich interviewen läßt, stellen teure Public-Relations-Berater ein, um die Medien auf Abstand zu halten, usw. Vieles an diesem Zwang zur Offenlegung und Rechtfertigung ist ziemlich unfair [...], und einige Führer waren recht erfolgreich, wenn es darum ging, die Medien zu manipulieren, aber andererseits haben die Medien auch viel dazu beigetragen, die Führer von ihrem Sockel zu holen.

Rechtliche Veränderungen

Betriebliche Ebene: Von dem 1952 in Kraft getretenen **Betriebsverfassungsgesetz** und dem von Konrad Adenauer durchgesetzten Passus der vertrauensvollen Zusammenarbeit zwischen Arbeitgeber und Arbeitnehmervertretung sind wichtige Impulse für einen mitarbeiterorientierten Führungsstil ausgegangen. In der Neuregelung des Betriebsverfassungsgesetzes vom 15.1.1972 sieht WUNDERER (1983,40) gar einen "gesetzlichen Rahmen für die Konzeption von Führungsgrundsätzen", die aber rechtlich nicht vorgeschrieben sind. Auffallend sind in der Tat viele thematische Parallelen zwischen Führungsgrundsätzen und einzelnen Bestimmungen des Betriebsverfassungsgesetzes von 1972: vertrauensvolle Zusammenarbeit zwischen Arbeitgeber und Betriebsrat (§ 2), Verbot der Benachteiligung aufgrund von Abstammung, Religion, Nationalität, Geschlecht etc. (§ 75), die freie Entfaltung der Persönlichkeit des Arbeitnehmers (§ 75), Informations- und Beschwerderechte (§§ 81,84), Mitbestimmungsrechte (§ 87) und die Förderung der beruflichen Bildung (§ 96 BetrVG).

Unternehmensebene: Die wichtigsten Mitbestimmungsgesetze, die die soziale Wirklichkeit im Unternehmen verändert haben, sind das **Montanmitbestimmungsgesetz** (25.5.1951), das **Mitbestimmungsergänzungsgesetz** (7.8.1956) und das **Mitbestimmungsgesetz** vom 4.5.1976 (vgl. ALBACH/ALBACH 1989,116). Mit dem **Aktiengesetz** von 1965 verabschiedete man sich vom 'Führerprinzip', dem Alleinentscheidungsrecht des Vorstandsvorsitzenden, wie es im Aktiengesetz von 1937 verankert war. An seine Stelle trat das Kolleg- oder Demokratieprinzip.[26] Das sog. **Publizitätsgesetz** vom 15.8.1969 verpflichtete alle Unternehmen ab einer bestimmten Größe zur öffentlichen Rechnungslegung. Vorher waren nur Aktiengesellschaften dieser Regelung unterworfen. Auch daran sieht man, wie die Unternehmen öffentlichkeitspflichtig geworden sind.

---

26 In Peter Druckers Buch über die "Praxis des Managements" (Düsseldorf 1956) heißt es über die Neigung der Organisationstheorie seiner Zeit, das Prinzip der Ein-Mann-Leitung gleichsam als Naturgesetz anzusehen: "Daß ein solches Naturgesetz nicht besteht, ist jedoch vielfältig bewiesen durch die Tatsache, daß die erfolgreichsten Unternehmungen außerhalb der USA die Unternehmensspitze stets als Team organisiert haben. In Deutschland hat die große Unternehmung von jeher eine Gruppenleitung gehabt. Einer davon hat gewöhnlich den Vorsitz, doch sie sind alle gleich. (Es ist eine Ironie, daß Hitler dies als 'überlebte Demokratie' und 'Amerikanismus' angriff und versuchte, den Ein-Mann-Vorstand einzuführen" (S. 213).

Betriebliche Veränderungen und Veränderungen der Arbeitswelt

Unternehmenswachstum, Unternehmenszusammenschlüsse, die Auflösung von Unternehmen in verselbständigte Teilbereiche und eine zunehmende Spezialisierung der Mitarbeiter haben vielfach zu Verantwortungsdiffusion und kommunikativer Entfremdung der Mitarbeiter vom Unternehmen geführt. Manche Unternehmen versuchen, hier mit Hilfe von Unternehmensgrundsätzen gegenzusteuern (vgl. GABELE/KRETSCHMER 1986,21).

Die "Produktionsfaktoren" Mensch und Kommunikation sind entdeckt worden. Man hat begonnen, die Ergebnisse der Leistungsmotivation umzusetzen, und denkt darüber nach, ob und inwiefern Kommunikation - hier nicht im engeren Sinne von 'Werbung' gemeint - zur Wertschöpfung im Unternehmen beiträgt. Man weiß im Grunde, daß man sich keine Reibungsverluste durch unprofessionelles Kommunikationsgebaren (mehr) leisten kann.
Teamarbeit und Projektarbeit haben an Bedeutung zugenommen. Starke Hierarchien werden abgebaut, der Wert dezentraler Entscheidungsfindung ist erkannt worden.
Die Reaktionsgeschwindigkeit betrieblicher Neuerungen hat sich stark erhöht. Man hat erkannt, wie wichtig rechtzeitiges Informieren und Einbeziehen der Mitarbeiter sind, um deren innere Zustimmung zu erhalten.
Die Zahl der von einem Eigentümer geführten Unternehmen hat drastisch abgenommen. An die Stelle von eigentümergeführten Unternehmen sind Kapitalgesellschaften mit angestellten Unternehmensführern, den Führungskräften (Managern) getreten. Letztere handeln im Auftrag und sind (oft) auf kürzerfristige Erfolgsnachweise angewiesen. Angestellte Unternehmensführer sind austauschbar.
Die Zahl der Unternehmen, die einen Großaktionär haben, ist zurückgegangen. Die Zahl der Kleinaktionäre mit geringer Einflußmöglichkeit auf die Geschäftsführung hat zugenommen. Gleichzeitig ist die Bedeutung der institutionellen Eigentümer (Banken, Versicherungen, Investmentfonds, aber auch Kirchen, Gewerkschaften und Verbände) gewachsen. Generell kann gesagt werden: Der Einfluß der Eigentümer auf die Geschäftsführung hat abgenommen, die Unternehmensführung - z. B. der Vorstand einer Aktiengesellschaft - hat eine relativ größere Selbständigkeit erhalten und die Mitarbeiter haben ein Mehr an Mitwirkungs- und Mitbestimmungsrechten zugesprochen bekommen (vgl. ALBACH/ALBACH 1989, 20 u. 114).

Der Einfluß des Englischen im Unternehmen hat nicht zuletzt wegen der Globalisierung und der europäischen Einigung zugenommen. Nicht selten ist Englisch bereits Konzernsprache in deutschen Unternehmen.

Ökonomische Veränderungen

Verschärfte Wettbewerbsbedingungen haben den Blick auch auf Rationalisierungs- und Verbesserungsmaßnahmen im Bereich der betrieblichen Zusammenarbeit gelenkt.
Die Notwendigkeit, gute Mitarbeiter zu bekommen und zu halten, ist als mitentscheidender Erfolgsfaktor erkannt worden und hat zu einer stärkeren Berücksichtigung von Fragen der Personalführung und des Personalmarketing geführt (vgl. ALBACH 1983,14 u. WUNDERER 1990).
U. a. sind in jüngster Zeit der Kunde, das Aktionärsinteresse, der Umweltschutz und Fragen der Ethik thematisch in den Vordergrund gerückt. Solche Veränderungen schlagen sich relativ schnell in der Themenstruktur von Unternehmensgrundsätzen nieder.
Gesättigte Märkte bzw. Märkte, die man - relativ zu dem Produktangebot - als gesättigt betrachten kann, haben die Unternehmen veranlaßt, sich intensiv mit Marketingkonzepten auseinanderzusetzen. Mit dem Marketing verbindet sich das Denken in Zielgruppen und eine starke Außenorientierung des Unternehmens. Neue Formen der Werbung haben zunehmend das Unternehmen selbst und nicht mehr das Produkt in den Vordergrund gerückt. Sie zielen auf die Vermittlung eines positiven Firmenimages ab. Die Schaffung einer Unternehmensidentität soll Kunden und Mitarbeiter an die Firma binden. Der Mitarbeiter soll "Repräsentant" oder "Botschafter" seiner Firma sein, wozu er entsprechende Instruktionen und Argumentationshilfen benötigt. Es ist zunehmend kommunikativ wichtig geworden, die Frage zu beantworten, wer man ist, und was man will.

Theoretische Bedingungen

Zu den wichtigsten Managementmodellen, die mehr oder weniger stark und mehr oder weniger korrekt in die von mir erhobenen Texte eingeflossen sind, zählen das Harzburger Modell, das St. Galler Modell, das sog. Management by objectives (= 'Führen durch Zielsetzung und/oder Zielvereinbarung'), Modelle des kooperativen Führens und die Modellvorstellungen rund um die sog. Unternehmenskultur und Corporate Identity als betriebliche Strategien der Re-Vergemeinschaftung. Im folgenden sollen diese Konzepte kurz vorgestellt werden. Da es im Rahmen dieser Arbeit nicht um eine kritische Wertung gehen kann, sei es erlaubt, einige Repräsentanten oder Interpreten auszuwählen, zu kommentieren und/oder selbst zu Wort kommen zu lassen:

Das Harzburger Modell[27]

Seit dem Ende der 60er Jahre werden in der betriebswirtschaftlichen Lehre, Forschung und Praxis zunehmend Aspekte der Mitarbeiterführung und Zusammenarbeit thematisiert. Wesentlich beeinflußt durch das "Harzburger Modell", fanden schriftliche Führungsgrundsätze Eingang in die Unternehmenspraxis.[28] In den 60er und 70er Jahren unseres Jahrhunderts dominierte in der Unternehmenspraxis als **Formulierungsgrundlage** das Harzburger Modell (vgl. HÖHN 1987), das relativ einheitlich und standardisiert in den Firmen eingeführt wurde:

> Im Vordergrund standen organisatorische Regelungen, v. a. zur Kompetenzverteilung, Gestaltung der Informations- und Konsultationsbeziehungen und Aufbau- und Ablauforganisation. Dieser mehr bürokratische Typ von FG wurde ab Mitte der 70iger Jahre ergänzt bzw. abgelöst durch einen mehr verhaltenswissenschaftlich orientierten Grundtyp [WUNDERER 1987b,559].

Ich stütze mich im folgenden auf Ausführungen des maßgebenden Modell-Gestalters, Reinhard Höhn. Die Anfänge des Modells liegen in den 50er und 60er Jahren, zu den Vorfeldbedingungen wird man sicherlich auch Konzepte militärischer Führung zählen können. Die wichtigsten vom Modell vorgesehenen **Texte** sind die STELLENBESCHREIBUNG und die ALLGEMEINE FÜHRUNGSANWEISUNG (s. u.) Insgesamt enthalten diese Texte - zusammen mit einem weiteren

27 Zur Kritik vgl. man die Arbeit von Richard Guserl: Das Harzburger Modell. Idee und Wirklichkeit. Wiesbaden, 1973.

28 Erste Ansätze reichen freilich ins 19. Jahrhundert zurück, wo z. B. Alfred Krupp im Jahre 1872 das "Generalregulativ für die Firma Fried. Krupp" erließ (vgl. WUNDERER/KLIMECKI 1990,9 u. KESSLER 1995,55-59). Zum FG-Boom in den 70er Jahren unseres Jahrhunderts vgl. man WUNDERER/KLIMECKI (1990,85): "73 % aller bis 1981 eingeführten FG wurden erst ab 1974 implementiert. Auf das Jahr 1974 entfällt mit fast 20 % der weitaus größte Einführungsanteil. Es ist zu vermuten, daß der FG-"Boom" durch die gesellschafts- und wirtschaftspolitischen Veränderungsprozesse Ende der sechziger und Anfang der siebziger Jahre ausgelöst wurde. Danach sinkt der Einführungsanteil stark ab. In 1980 und 1982 ist wieder ein deutlicher Anstieg festzustellen".

Text, der SPEZIELLEN FÜHRUNGSANSWEISUNG für Vorgesetzte der unteren Führungsebenen, mehr als 300 Einzelregeln. Kernstück dieses Führungsmodells ist das Konzept der **Delegation von Aufgaben und Verantwortung.**

Wenn man vom Harzburger Modell spricht, so ist damit ein Führungskonzept gemeint, das als Gegenstück zu dem nicht mehr zeitgemäßen autoritär-patriarchalischen Führungsstil entwickelt wurde und auf der Basis der Führung im Mitarbeiterverhältnis beruht, dessen Kernstück die *Delegation von Verantwortung* ist. Dies bedeutet, daß die betrieblichen Entscheidungen nicht mehr nur an der Spitze und auf der oberen Ebene des Unternehmens getroffen werden [...], sondern auf den Ebenen, auf die sie ihrem Wesen nach gehören und auf die sie delegiert sind. Derjenige, dem ein derartiger *Aufgabenbereich* mit den entsprechenden *Kompetenzen* übertragen worden ist, wird nicht mehr, wie der Untergebene alten Stils, durch Aufträge geführt, er handelt und entscheidet vielmehr selbständig in seinem Bereich. Damit ist auch die *Verantwortung* nicht mehr wie bisher allein auf die Spitze konzentriert, sondern ergibt sich aus den übertragenen Aufgaben und Kompetenzen sowie der damit verbundenen Zielsetzung. Dies erfordert eine Veränderung in der geistigen Vorstellungswelt von Vorgesetzten und Mitarbeitern: Der *Vorgesetzte* muß das alte autoritäre Leitbild aufgegeben haben, nach dem er mehr wissen und können muß als seine Mitarbeiter und daher alle Entscheidungen selbst zu treffen hat. Er muß also den eigenverantwortlichen Mitarbeiter akzeptieren. Der *Mitarbeiter* hingegen muß bereit und in der Lage sein, in dem ihm delegierten Bereich selbständig zu handeln und zu entscheiden, dabei eigene Initiative zu entwickeln und dafür einzustehen" (HÖHN 1987,614).

Stellenbeschreibung und **Führungsrichtlinie** [Hervorhebung in Fettschrift hier - wie auch im folgenden - von mir; H. E.]

Will ein Unternehmen das Harzburger Modell einführen, so muß die Unternehmensführung - ganz abgesehen von der geistigen Vorbereitung der Mitarbeiter und Vorgesetzten - die organisatorischen Voraussetzungen zu ihrer Verwirklichung schaffen. Dies geschieht durch die Festlegung der Aufgaben und Kompetenzen von seiten der Unternehmensführung oder einer von ihr beauftragten Stelle. Die Delegationsbereiche sind nach sachlichen Gesichtspunkten festzulegen und dürfen nicht auf die Person zugeschnitten sein (Organisation ad rem). Ihren schriftlichen Niederschlag finden sie in *Stellenbeschreibungen.* Auch die **Mitarbeiter- und Vorgesetztenpflichten** werden in der Regel schriftlich fixiert, und zwar in der sogenannten **Allgemeinen Führungsanweisung** bzw. **Führungsrichtlinie**. Neben den bereits genannten Pflichten des Mitarbeiters und des Vorgesetzten finden sich dort weitere Regeln für die *Gesprächsführung* (Mitarbeiter- sowie Dienstgespräch bzw. -besprechung und Rundgespräch), die Information, die Stichproben- und Erfolgskontrolle, die Stellvertretung, die Einsetzung von Teams und die Beschwerdeaufnahme, um nur die wichtigsten zu nennen. Mit ihrer Inkraftsetzung werden diese Führungsgrundsätze zur Norm erhoben und dienen als Basis für die Kontrolle und Beurteilung des Stelleninhabers in fachlicher und führungsmäßiger Hinsicht. Stellenbeschreibung und Allgemeine Führungsrichtlinie sind nach einer Entscheidung des Bundesarbeitsgerichts nicht mitbestimmungspflichtig [HÖHN 1987,618].

Das St. Galler Modell

Das Anfang der 70er Jahre vor allem von Hans Ulrich entwickelte St. Galler Führungsmodell ist ein entscheidungsorientiertes Modell, dem ein ganzheitlicher und systemorientierter Ansatz zugrundeliegt (vgl. ULRICH/KRIEG 1987, ULRICH 1987b u. BLEICHER 1994b). Es versteht sich als eine Reaktion auf viele bis dahin vorgelegte einseitige, rezepthafte und wenig kohärente Führungsmodelle (vgl. ULRICH/KRIEG 1987,622). Primär ist das St. Galler Modell ein "Gliederungsgerüst zur Erfassung und Integration von Aspekten und Problemen der Unternehmensführung und weniger eine inhaltliche Darstellung der Führungsprozesse selbst" (ebda). Die wichtigsten vom Modell vorgesehenen unternehmenspolitischen **Texte** sind das **Unternehmungsleitbild**, das **Unternehmenskonzept** und das **Führungskonzept** (vgl. ULRICH 1987b,31f.):

Den Ausgangspunkt [des integrierten Unternehmensführungskonzeptes] bildet die Überlegung, daß die Unternehmung sich ständig mit ihrer Umwelt auseinandersetzt, und daß der Unternehmungsführung die Aufgabe zukommt, für ein dauerndes Fließgleichgewicht zwischen beiden zu sorgen. Grundlage ihrer unternehmenspolitischen Ausrichtung bildet eine *Lagebeurteilung*. Zum einen besteht diese in Analysen und Perspektiven von Unternehmung und Umwelt, zum andern in der Klärung und Harmonisierung von Wertvorstellungen der obersten Führungskräfte. Diese Basisinformationen werden in einem evolutionären Problemlösungsprozeß zu einem *integrierten Unternehmensführungs-Konzept* verarbeitet, dessen Kernstück die Unternehmungspolitik bildet. Die *Unternehmungspolitik* umfaßt die originären, allgemeinen und langfristig wirksamen Entscheide, die das Verhalten der Unternehmung auf lange Sicht bestimmen sollen, und setzt sich aus drei Komponenten zusammen:

- Unternehmungsleitbild
- Unternehmungskonzept und
- Führungskonzept.

Das *Unternehmungsleitbild* charakterisiert die zukünftige Unternehmung in allgemeiner Form und enthält die grundlegenden Zwecke bzw. Existenzgründe, Zielrichtungen, Gestaltungsprinzipien und Verhaltensnormen.
Das *Unternehmungskonzept* nimmt eine zentrale Stellung ein, denn es konkretisiert die allgemeinen Leitvorstellungen, ermöglicht den Übergang zu Perioden- und Projektplänen und bildet die Grundlage für im Vollzug verwendbare Entscheidungs- und Verhaltensregeln [...] Das Unternehmungskonzept wird vertikal und horizontal harmonisiert, aufgrund übergreifender Leitideen

wie Sicherheit, Flexibilität und Synergie kritisch durchleuchtet und dann in das Gesamtkonzept integriert.
Das *Führungskonzept* enthält Ziele und Grundsätze für die Gestaltung des Führungsinstrumentariums sowie für dessen Anwendung durch die Führungskräfte. Es beruht auf Vorstellungen und Überzeugungen der Unternehmensleitungen bezüglich grundlegender Führungsfragen [...] und gliedert sich in vier miteinander verknüpfte Teilkonzepte, die in sich wieder feiner unterteilt sind:

- Führungssystem (Unternehmungspolitik, Planung, Disposition sowie Informations- und Kontrollsysteme),
- Organisationskonzept (Gesamtleitung, operatives Organisationskonzept (Gesamtleitung, operative Einheiten, zentrale Dienste und Innovationssystem, verbunden durch Strukturen erster bis vierter Ordnung),
- Führungsmethodik (Führungsverhalten, Führungsverfahren und Führungshilfsmittel),
- Führungskräftepotential (Potentialerfassung, Bedarfsbestimmung, Beschaffung und Entwicklung) [ULRICH/KRIEG1987,626].

Nach H. ULRICH wenden sich die unternehmenspolitischen Texte an die folgenden Adressaten: das Unternehmungssleitbild an höhere Führungskräfte, das mittlere und untere Kader, an ausführende Mitarbeiter und an die Öffentlichkeit; das Unternehmungskonzept an die höheren Führungskräfte und das Führungskonzept an höhere Führungskräfte und an das mittlere und untere Kader (vgl. 1987b,231).

Auch BLEICHER (1994b) stützt sich in seinen Überlegungen zum normativen, strategischen und operativen Management auf das St. Galler Management-Konzept:

Wandlungen in Theorie und Praxis des Managements betreffen vor allem die Positionierung von heute deutlicher erkennbaren Inhalten des *normativen und strategischen Managements* und die Neigung zu verstärkt *integrativen Ansätzen* im Management. Ausgehend von den unternehmungsphilosophisch begründeten *unternehmerischen Visionen* und ihrer Umsetzung in der *Unternehmungspolitik*, *Unternehmensverfassung* und *Unternehmungskultur* als Teile eines *normativen Managements*, werden im integrierten Management-Konzept grundsätzliche Fragen aufgeworfen, denen sich ein Management bei der Anpassung an veränderte Bedingungen stellen muß. Diese reichen von der **Formulierung** [Herhebung von mir; H. E.] der Inhalte unternehmenspolitischer Missionen für die Unternehmung bis hin zur Entwicklung von Nutzenpotentialen, die durch eine *unternehmerische Vision* geleitet wird [...] Aus den unternehmungspolitischen Missionen leiten sich im *strategischen Management programmpolitische* Überlegungen im Hinblick auf das sachliche, regionale und funktionale Leistungsspektrum wie auch auf die Gestaltung der Ressourcen ab. Sie werden getragen von sich verändernden *Strukturen und Systemen*, die heute in Richtung einer Vertrauensorganisation weisen und damit eine Veränderung im *Pro-*

blemverhalten der Mitarbeiter verlangen. Die Lernfähigkeit eines Systems wird dabei zum Schlüssel für die Anpassungsfähigkeit einer Unternehmung. Hierfür die Voraussetzungen und Rahmenbedingungen zu schaffen, um *Kernfähigkeiten* entwickeln zu können, ist zentrale Aufgabe des Managements. Wettbewerbsorientierte Stoßkraft ist letztlich nur über die *Integration* aller dieser Facetten eines strategischen Management erreichbar.
Konzepte normativen und strategischen Managements finden ihre Konkretisierung durch die *operative Führung*. Auf die Problemlösungsprozesse in der operativen Dimension, die zunehmend durch Integrationssysteme gestützt werden, ist unter dem Aspekt operativer Aufträge und Prozeßstrukturen sowie des Leistungs- und Kooperationsverhaltens zu verweisen.
Diese drei Dimensionen sind aber nicht unabhängig voneinander zu betrachten. Zwischen ihnen vollziehen sich vielfältige *Vor- und Rückkoppelungsprozesse*, indem einerseits konzeptionelle Vorgaben normativer und strategischer Art wegweisend für operative Dispositionen werden und andererseits unplanbare Ereignisse als Hindernisse für die Realisierung von Vorgaben erkennbar werden, die eine Veränderung von Zukunftsvorstellungen und Strategien zu ihrer Umsetzung bedingen. [Die folgende] Abbildung [...] stellt diesen grundsätzlichen normativen, strategischen und operativen Zusammenhang dar [BLEICHER 1994b,44].

Den Zusammenhang des normativen, strategischen und operativen Managements (nach BLEICHER 1994b,45) zeigt das Schaubild auf S. 73.

Das Modell der Führung durch Zielvorgaben ("Management by objectives")

Das Führen durch Zielvorgaben (MBO) war "vielleicht die am meisten praktizierte Technik der Neugestaltung von Arbeitsplätzen und Unternehmen in den vergangenen paar Jahrzehnten (oder zumindest die, über die am meisten geschrieben wurde" (EUNSON 1990,494). MBO steht in einem engen Zusammenhang mit kognitiven Theorien der Motivation wie der Erwartungstheorie und der Zielsetzung. Im Kern ist MBO ein Planungs- und Kontrollinstrument des Top-Managements sowie ein Hilfsmittel zur Leistungsbewertung von Führungskräften und Mitarbeitern. MBO-Konzepte geben nicht "Texte" vor, zumindest nicht in dem Sinne, wie es das Harzburger Modell oder das St. Galler Modell tut. Bei MBO-Konzepten gibt es mehr autoritäre und mehr partizipative Varianten, je nachdem ob die Ziele vorgegeben werden oder ob sie von dem Vorgesetzten zusammen mit dem Mitarbeiter vereinbart werden. Das Grundprinzip sowie die Vor- und Nachteile von MBO erläutert EUNSON:

MBO arbeitet im Grunde folgendermaßen: Ein Untergebener und ein Vorgesetzter handeln eine Reihe von präzis festgelegten Zielen aus, die vom Untergebenen erreicht werden sollen. Es sollten wenige Ziele sein (fünf oder sechs), sie sollten quantitativ meßbar sein und einen bestimmten

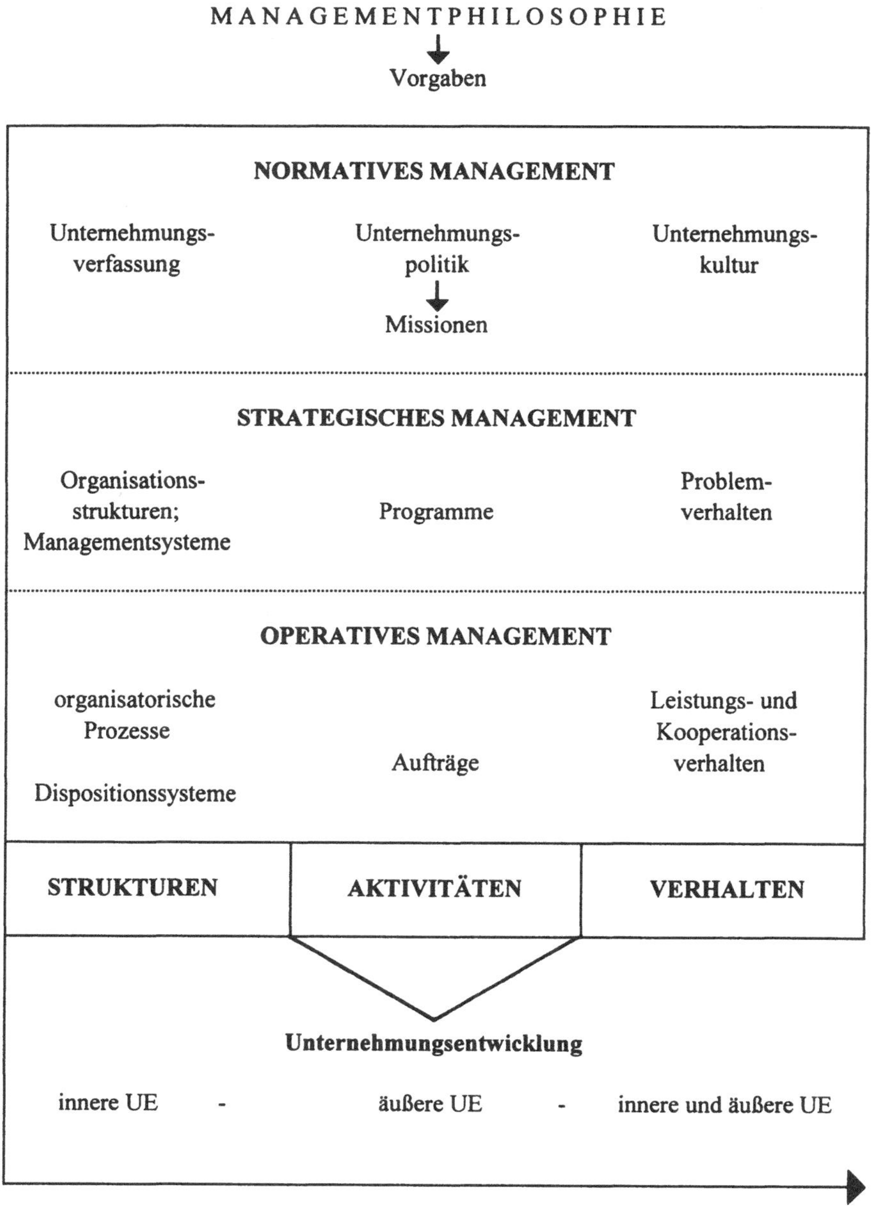

(Normatives, strategisches und operatives Management, nach BLEICHER 1995,45)

Zeitrahmen haben. Solche Ziele könnten sein: Reduzierung des Abfalls (Metall, Papier) um drei Prozent innerhalb von sechs Monaten [...] Der Vorgesetzte und der Untergebene treffen sich in regelmäßigen Abständen (drei Monate, zwölf Monate), um den Fortschritt bei bestimmten Zielen zu bewerten. Diese Bewertung bildet die Grundlage der persönlichen Beurteilung, die natürlich bei Beförderungen, Zurückstufungen, Versetzungen und Entlassungen zu bedenken ist. Feedback über bestimmte Leistungen wird für gewöhnlich in kürzeren Abständen gegeben.

Vorteile

So zusammengefaßt scheint MBO völlig einleuchtend, und das ist eine seiner Stärken als Technik für geplante Veränderungen in Unternehmen - es wird leicht von allen verstanden. Es hilft auch, Kommunikation und Feedback in Unternehmen zu verbessern. Von der Spitze nach unten fördert es die Delegation von zeitraubenden Aktivitäten, so daß die Manager sich auf allgemeine Themen der Unternehmenspolitik konzentrieren können. Von unten nach oben ermutigt es partizipatives Entscheiden, vermittelt den Untergebenen ein breiteres Bild des Unternehmens und erhöht ihre Selbstachtung, da mehr Aufgaben an sie delegiert werden. MBO kann das Leben für die Untergebenen und Vorgesetzten leichter machen, da es das Aufstellen klarer Ziele erzwingt, die gemessen werden können und die zu einem bestimmten Termin erreicht werden müssen. Arbeitsprofile und Rollenangaben sind klar dargestellt, und jeder weiß (theoretisch), was er tut. Diese Konzentration auf Ziele heißt, daß Unternehmen nicht an Regeln und Verfahren kleben und daß die persönliche Bewertung und Einstufung sich mehr an greifbaren Leistungen orientiert als an Persönlichkeitszügen.

Nachteile

Das System ist natürlich nicht perfekt [...] Viele seiner Stärken sind, von einem anderen Standpunkt aus, Schwächen. So kann die Konzentration auf spezifische, meßbare Ziele, die innerhalb eines bestimmten zeitlichen Rahmens erreicht werden, zu einer Überbetonung dessen führen, was quantifizierbar ist, und eher amorphe qualitative Faktoren außer acht lassen. Hier ein Beispiel dafür: Die US-Regierung benutzte MBO-Ansätze im Vietnam-Krieg und entwickelte so "Management-Instrumente" wie das Spiel mit Truppenstärken. Dies führte zu einer besessenen Betonung militärischer Taktiken, die allgemeine strategische und politische Faktoren vernachlässigte, und die Ergebnisse kennen wir nur zu gut. - Die *reductio ad absurdum* eines solchen Ansatzes ist: Totaler Erfolg = totale Entvölkerung. Diese Konzentration auf quantitative Faktoren zu Lasten von anderen Faktoren ist eine bedenkliche Schwäche auch von anderen Methoden des organisatorischen Wandels, wie der organisatorischen Verhaltensmodifikation [...] In Beziehung mit dieser Schwäche steht der Begriff der "Aktivitätsfalle". Sobald Ziele ausgesprochen werden, werden in manchen Unternehmen die Leute nicht nur davon besessen, "Dinge zu tun", sondern auch davon, "dabei gesehen zu werden, wie man Dinge tut". Ziele werden in einer in Stücke zerlegten Art gesehen, wie eine Einkaufsliste, die unter allen Umständen abgehakt werden muß. Wiederum mit diesem Punkt in Beziehung steht, daß man sich oft auf individuelle Ziele konzentriert zum Nachteil der Gruppenziele. Die Arbeitsrollen überschneiden sich und hängen voneinander ab - sie befinden sich nicht in einem Vakuum [...] MBO kann auch zu einem Anstieg statt zu einer Reduzierung von Papierkram und Bürokratismus führen.

Während es eine nützliche Übung für den einzelnen ist, seine Ziele und Unterziele **auf dem Papier zu detaillieren,** wird Unflexibilität an der Tagesordnung sein, und der Geist wird ignoriert und der Buchstabe bekommt den Vorrang, wenn solche **Blätter** zur **Heiligen Schrift** werden [Hervorhebungen von mir; H. E.]. Diese Tendenz wird um so ausgeprägter, je seltener Bewertungssitzungen vorkommen. Dauernde Bewertung und Feedback können helfen, das zu überwinden. Kommunikation in Unternehmen kann oft von der direkten Kommunikation zur schriftlichen Kommunikation übergehen. Während das oberflächlich ordentlicher erscheinen mag, kann es bürokratischer sein und tatsächlich die zwischenmenschlichen Konflikte anwachsen lassen, da die Gefahr eines Zusammenbruchs der Kommunikation größer wird. Auch können schriftlich niedergelegte Ziele zur Keule werden, mit der man auf die Leute einschlägt. Manche Manager mögen eigentlich partizipatorisches Management nicht, sondern sehen es eher als einen Widerspruch in sich an und sehen so ihre Beziehungen zu ihren Untergebenen als Nullsummenspiel - jemand muß gewinnen, jemand muß verlieren. MBO erlaubt so, daß eine mechanische Belohnungs-/Bestrafungsmentalität Teil der Standardprozedur wird. Diese Tendenz wird verstärkt, wenn das Management die Ziele nicht wirklich mit den Arbeitnehmern aushandelt, wenn der Prozeß nicht wirklich partizipatorisch ist. Die Anklage "Warum haben Sie *unsere* Ziele nicht erreicht?" hat unter diesen Umständen einen falschen Klang, und MBO erscheint als finsteres manipulatives Spiel, das traditionelle autoritäre und bürokratische Praktiken im Vergleich dazu ehrenhaft erscheinen läßt [EUNSON 1990,496-499].

Modelle der kooperativen Führung

Modelle der kooperativen Führung sehen wie auch MBO-Modelle keine schriftlichen Texte von besonderer Gestalt vor. Gleichwohl prägen sie natürlich die Inhaltsstruktur von schriftlich fixierten Führungsgrundsätzen. Zwei verschiedene Denkkreise kooperativer Führung müssen unterschieden werden. Auf der einen Seite steht die spezifisch deutsche Tradition der Betriebsverfassung und ihrer Sozialformen bis hin zur Mitbestimmung (vgl. NEULOH 1956,3), und auf der anderen Seite steht ein mehr sozialwissenschaftlich geprägtes Konzept kooperativen Führens, das in der deutschsprachigen Betriebswirtschaftslehre seit den 60er Jahren steigende Beachtung fand:

Grundlage dieser Diskussionen sind die Ergebnisse nordamerikanischer Führungsforscher, die sich seit den 40er Jahren systematisch, v. a. empirisch mit Führung und Führungsstilen befassen. Im Gegensatz zu damals viel beachteten nationalsozialistischen Führungs- und Führungsstilideologien, wollen sie auch die Überlegenheit partizipativer ("demokratischer") bzw. kooperativer Führungsformen über autoritäre Konzepte nachweisen [WUNDERER 1987a,1258].

Historische Wurzeln der kooperativen Führung reichen auch hinein in das sozialwissenschaftlich geprägte Konzept der amerikanischen Human-Relations-Bewegung. Wie in den 30er Jahren, so ist dieses Führungskonzept auch heute noch vor allem beziehungsorientiert. Beabsichtigt ist dabei vom Management allerdings weniger eine Demokratisierung als eine Förderung der Akzeptanz durch Mitwirkung der Beteiligten, deren Meinung gefragt ist und bei Entscheidungen berücksichtigt werden soll.[29] Im deutschsprachigen Raum hat z. B. WUNDERER kooperative Führungsgrundsätze propagiert. Er sieht beide Aspekte, den partizipativen und den Beziehungsaspekt, als notwendige Bedingungen kooperativer Führung an:

Die Dimensionen kooperativer Führung nach WUNDERER (1987a,1263f.):

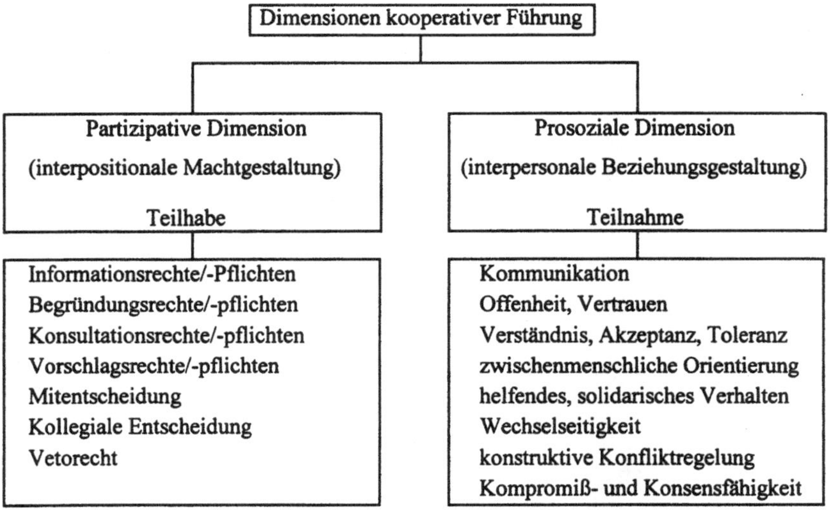

29 Niklas Luhmann (Zweckbegriff und Systemrationalität. Über die Funktion von Zwecken in sozialen Systemen, Tübingen 1968) nennt diesen Führungsstil einen ">psychiatrischen< Führungsstil", was insofern berechtigt ist, als seine wesentlichen konzeptionellen Annahmen sich der wissenschaftlichen Beschäftigung mit abnormem Verhalten und gestörter Kommunikation verdanken. Als einflußreiche Protagonisten dieser Richtung können der Psychiater und Motivationstheoretiker Abraham Maslow und der Kommunikationsforscher Paul Watzlawick gelten, dessen Arbeiten in die amerikanische Schizophrenie-Forschung einzuordnen sind.

Unternehmenskultur- und corporate identity-Konzepte

Die Unternehmenskultur-Diskussion hat ihren Ursprung in den USA, und zwar kann man sie als Reaktion auf strukturelle Veränderungen der makroökonomischen Bedingungen und insbesondere als Reaktion auf den wirtschaftlichen Erfolg Japans und gleichzeitige Niederlagen der USA ansehen (vgl. HEINEN 1987,4).[30] Man hat die Unternehmenskultur als empirisches Phänomen auch schon früher gesehen und z. B. vom Wesen, Geist oder Stil eines Unternehmens gesprochen.

Das Aufkommen des Begriffs der Unternehmenskultur in der Betriebswirtschaftslehre verdeutlicht jedoch die Notwendigkeit, daß die damit angesprochenen Sachverhalte einer systematischen wissenschaftlichen Analyse bedürfen. Insbesondere der entscheidungsorientierten Betriebswirtschaftslehre eröffnet sich hierdurch eine Perspektive, die den herkömmlichen Ansatz zur Erklärung und Gestaltung betrieblicher Strukturen und Prozesse eine neue und aussagekräftige Dimension hinzufügt [...] Die betriebswirtschaftliche Unternehmenskulturforschung und die Bemühungen in der Praxis zur Entwicklung von Unternehmenskulturen sollten deshalb nicht als Modeerscheinung begriffen werden, deren baldige Ablösung durch eine neue "Welle" gewissermaßen vorprogrammiert ist. Die Unternehmenskultur dürfte vielmehr an theoretisch-betriebswirtschaftlicher und praktischer Bedeutung gewinnen [HEINEN 1987,3].

Das Konzept der Unternehmenskultur umfaßt nach HEINEN (1987,22) die "unternehmensbezogenen **Werte** und **Normen** [Hervorhebung von mir; H.E.] im Sinne eines gemeinsamen Ideensystems der Organisationsmitglieder." Das Konzept hat bewirkt, daß man die einseitige Ausrichtung der Unternehmensführung an den "harten" Elementen überdacht hat. Als Grundtendenz der Unternehmenskulturforschung hat HEINEN (ebda S. 17) "die Abkehr von einer systemtheoretisch-funktionalistischen Sichtweise und die Hinwendung zu einer **subjektiven Interpretation** [Hervorhebung von mir; H. E.] der Strukturen und Prozesse in Organisationen" festgestellt. Das Konzept der Unternehmenskultur ist auch Bestandteil des von BLEICHER (1994b) erweiterten und modifizierten St. Galler Modells (s. o.):

Mit der Unternehmungskultur [...] wird die *Verhaltensdimension* normativen Managements angesprochen. Werte und Normen prägen das Verhalten der Mitglieder des sozialen Systems Un-

---

30 Aus dem Sammelband von HEINEN (1987) zitiere ich hier den Beitrag von E. HEINEN: Unternehmenskultur als Gegenstand der Betriebswirtschaftslehre (S. 1-48). Für weitere Einzelheiten verweise ich auf die Arbeiten von OUCHI (1981), SCHEIN (1986), DIERKES (1988) und SPURK (1990). Letzterer sieht Unternehmenskultur und corporate identity aus der Sicht der soziologischen Analyse als "betriebliche Strategien der Re-Vergemeinschaftung" (S. 110).

ternehmung. Sie helfen, Informationen, Politiken, Strukturen, Systeme und Träger auszuwählen, und beeinflussen die individuelle Einstellung zur Unternehmungsentwicklung. Im Gegensatz zum *Expliziten*, das in der Unternehmensverfassung zum Ausdruck kommt, wird durch sie im *Impliziten* der unternehmungspolitische Kurs zu Erfolg oder Mißerfolg geführt [BLEICHER 1994b,487].

Der im Sammelband von HEINEN (1987) abgedruckte Beitrag von Peter DILL und Gert HÜGLER ("Unternehmenskultur und Führung betriebswirtschaftlicher Organisationen"; S. 141-209) geht ausdrücklich auch auf "Unternehmensgrundsätze und Unternehmensleitbilder als Grundlagen für ein Kulturmanagement" (S. 164) ein:

Einhergehend mit der Zunahme der Relevanz von unternehmenskulturellen Phänomenen hat sich in Wissenschaft und Praxis das Bewußtsein verstärkt, daß die von einer Unternehmung verfolgten Ideen und Ziele einer expliziten Formulierung bedürfen: denn in Sozialsystemen erhalten Ideen erst dann handlungsleitende Kraft, wenn sie in Form eines bestimmten Weltbildes bzw. einer bestimmten Lebensordnung institutionalisiert werden. Unternehmensgrundsätze bzw. -leitbilder können als solche (für ein Unternehmen) institutionalisierte Weltbilder bzw. Lebensordnungen begriffen werden. Mit ihrer Aufstellung wird versucht, eine langfristig orientierte und gleichzeitig veränderungs- und entwicklungsfähige, in sich geschlossene Konzeption für die Unternehmung zu entwerfen und zu formulieren, die eine anspruchsvolle, aber zugleich auch realistische Vorstellung einer idealen Unternehmenskultur enthält. Es soll ein Orientierungsrahmen für den zukünftigen Weg der Unternehmung und damit für die langfristigen politischen und strategischen Entscheidungen aufgespannt werden. Ferner kommt den Unternehmensgrundsätzen und -leitbildern eine sowohl unternehmensinterne als auch unternehmensexterne Legitimationsfunktion zu [...] Unternehmensgrundsätze und -leitbilder sind von ihrer Intention her demnach grenzziehende, richtungsweisende und orientierungsgebende Richtlinien. Ihre Rolle im Rahmen eines Kulturmanagements besteht insbesondere in der Erfüllung zweier Funktionen:

(1) Explizite Sichtbarmachung und Dokumentation der für die jeweilige Unternehmung relevanten Werte und Normen, d. h. schriftliche Niederlegung einer gewünschten Unternehmenskultur.
(2) Kodifizierung bestimmter erwünschter Handlungsweisen und damit verbundene Möglichkeit zur Sanktionierung unternehmenskultureller Zuwiderhandlungen [DILL/HÜGLER in HEINEN 1987, 165].

Gebrauchszwecke

Ich habe in Kap. 1.3 auf die Unterscheidung von Textziel (= Textfunktion), Praxisziel und Wirkungsziel hingewiesen und halte diese Unterscheidung für hilfreich, denn sie bewahrt weitgehend davor, bei der Beschreibung der Ziele von schriftlich fixierten Führungs- und Unternehmensgrundsätzen die logischen Ebenen zu verwechseln und auf der "Abstraktionsleiter" beliebig hinauf- und hinunterzusteigen. Nur so erklärt sich nämlich in der betriebswirtschaftlichen Fach- und Ratgeberliteratur die hohe Zahl und große inhaltliche Streubreite von Zwecken (= Funktionen/Aufgaben), die FG und UG zugeschrieben werden. Hinzu kommt, daß viele dieser Aussagen von idealisierten Vorstellungen ausgehen und nicht immer mit der Empirie übereinstimmen. Hier liegt - auch mit Blick auf die Wirkungsforschung - ein Arbeitsfeld, das die vorliegende Monographie nur skizzieren, nicht aber eingehend bearbeiten kann. Wenn beispielsweise Unternehmensgrundsätzen eine **Integrationsfunktion** zugeschrieben wird, weil sie einen anerkannten Basiskonsens ausdrücken, wird leicht übersehen, daß manche Texte den Textsortenstatus einer einseitigen ABSICHTSERKLÄRUNG der Unternehmensleitung oder den Status eines FORDERUNGSKATALOGES haben.[31] Hinzu kommt, daß "Integration" eher einen Sachverhalt bezeichnet, der auf der Ebene intendierter Wirkungen (Effekte) anzusiedeln ist, also eher ein Wirkungsziel und weniger ein textliches Grundziel ist.

Um das Problem etwas ausführlicher darzustellen, möchte ich drei betriebswirtschaftliche Zugriffe auf das Zweckproblem vorstellen und kommentieren, wobei ich nicht systematisch und erschöpfend verfahre, sondern nur einzelne Punkte mehr oder weniger willkürlich herausgreife.

(Personal-)Führungsgrundsätze haben nach WUNDERER (1987b,561) drei Hauptfunkionen:

FG können zur Erfüllung von drei Funktionsbereichen beitragen, wobei wieder einzelne Teilfunktionen unterscheidbar sind:

---

31 Das ist auch von der Betriebswirtschaftslehre gesehen worden. Vgl. hierzu Oswald Neuberger: Führung. Ideologie - Struktur - Verhalten, Stuttgart 1984,21. Lesenswert ist auch das Kap. "Sieben Hauptgruppen mikropolitischer Taktiken" vom selben Autor (Mikropolitik. Der alltägliche Aufbau und Einsatz von Macht in Organisationen, Stuttgart 1995,134-159).

(1) Strukturelle Organisationsentwicklung (OE)
- Analyse und Entwicklung eines Verhaltenskonzepts
- Institutionalisierung von Kooperationsformen
- Sozialisation von Kooperations- und Führungsnormen

(2) Strukturelle Organisationssteuerung
- Information und Orientierung
- Motivation und Appell
- Aktion und Legitimation
- Beurteilung und Sanktion

(3) Organisationsdarstellung
- Werbung um öffentliches Vertrauen
- Werbung neuer Organisationsmitglieder
- Innovationsfunktion für andere Organisationen [Wunderer 1986b,561].

Der dritte Funktionsbereich ist zumindest gliederungslogisch nicht auf derselben Ebene wie die ersten beiden Funktionsbereiche angesiedelt. Abgesehen davon, daß ich die Werbefunktion nicht als textliche Grundfunktion ansehe und eher auf der Wirkungsebene ansiedele, kann man bei den von mir erhobenen Führungsgrundsätzen allenfalls davon ausgehen, daß einige dieser Texte **indirekt** auch darauf abzielen, ein positives Image vom Unternehmen und seinem Führungsstil zu vermitteln, um auf diese Weise um öffentliches Vertrauen und neue Organisationsmitglieder zu werben. Von einer "Innovationsfunktion für andere Organisationen" kann man nicht sprechen, wenn man den Standpunkt der Textemittenten bezieht. Niemand wird Führungsgrundsätze verfassen, um anderen Organisationen innovative Anschübe zu geben. Daß manche Organisationen von FG anderer Firmen angeregt werden, hat damit zu tun, welchen **Gebrauch** sie von fremden Texten machen. Die "Legitimationsfunktion" zielt auf die normative Dimension von FG. Was die "Motivationsfunktion" angeht, so muß man als Linguist bedenken, daß die betriebswirtschaftliche Literatur hier in der Regel auf die Inhaltsstruktur zielt, nicht auf die (kommunikative) Textfunktion. Gemeint ist hier in der Regel die Leistungsmotivation als Führungsinstrument. Ein Führungsgrundsatz, der z. B. größere Karrierechancen oder mehr Freiraum bei der Arbeitsplatzgestaltung in Aussicht stellt, hat in diesem Sinne motivierende Funktion. In einem anderen Sinne kann "Motivation" gemeint sein, wenn es um die "Funktion" von Unternehmensgrundsätzen/Leitbildern geht. Hier ist in der Regel die motivierende Kraft gemeint, die darauf beruht, daß die Mitarbeiter über die Unternehmensziele informiert werden und daß ihnen Sinnzusammenhänge für das unternehmerische Handeln und ein Wir-Gefühl vermittelt werden sollen (vgl. WITTBERG 1994,5).

GABELE/KRETSCHMER unterscheiden **Effekte** und **Funktionen** von Unternehmensgrundsätzen (1986,15 u. S. 27):

Es werden solche Effekte genannt, die befragte Führungskräfte **erwarten**. Demnach erwarten schweizerische Führungskräfte[32] folgende Effekte von Unternehmensgrundsätzen:

- Klärung und Neufestigung von Zielen und Grundsätzen (85 %)
- Motivierung der Führungskräfte und Mitarbeiter (80 %)
- Schaffen einer Unité de doctrine
- Erleichterung der Führung durch Zielsetzung
- Schaffen von Rahmenbedingungen für die Planung
- Stärkung der Innovationsfähigkeit der Unternehmung
- Verbesserung des Firmenimages in der Umwelt [i. e. 'Öffentlichkeit'; H. E.] [GABELE/KRETSCHMER 1986,15].

Was hier einheitlich als Wirkung begriffen wird, kann in Einzelfällen differenzierter betrachtet werden. Es gibt durchaus Texte, deren primäre kommunikative Funktion es ist, Rahmenbedingungen für die Planung zu schaffen. Solche Texte haben dann eine normativ-regulierende Textfunktion und sind unmißverständlich, operationalisierbar und verbindlich. Die Innovationsfähigkeit stärken kann man nicht als unmittelbare Textfunktion (Textziel) ansehen. Es handelt sich hierbei eher um ein Praxisziel. Der Unterschied zwischen beiden Zielebenen ist folgender: Während im ersten Fall die intendierten Rahmenbedingungen mit Inkrafttreten des Textes gelten, ist im zweiten Fall mit Inkrafttreten oder Veröffentlichen des Textes nicht schon automatisch die Innovationsfähigkeit gestärkt worden. Allenfalls erfüllt der Text eine mehr oder weniger wichtige Voraussetzung für die Stärkung der Innovationsfähigkeit.

GABELE/KRETSCHMER (1986,27) unterscheiden "drei typische Funktionen" von Unternehmensgrundsätzen:

- Unternehmensgrundsätze als unternehmenspolitische Leitbilder
- Unternehmensgrundsätze als Instrumente der organisationskulturellen Transformation und

---

32 GABELE/KRETSCHMER berufen sich hier auf einen Beitrag von H. Ulrich ("Unternehmenspolitik", in: Konzepte und Methoden der Unternehmensführung, hg. v. E. Brauchlin, Stuttgart 1981).

- Unternehmensgrundsätze als Inputs der strategischen Planung [GABELE/KRETSCHMER 1986,27]

Während ich im Rahmen der Textfunktions- und Textstrukturanalyse den Begriff "Leitbild" als Textsortenbegriff verwende, dient der Leitbild-Begriff GABELE/ KRETSCHMER als Funktionsbegriff. Deshalb ist die Aussage "Unternehmensgrundsätze fungieren als Leitbilder" synonym mit der Aussage "Unternehmensgrundsätze haben eine Orientierungsfunktion, sie leiten das Denken und Handeln von Führungskräften und Mitarbeitern". Die Orientierungsfunktion kann in meinem Sinne der appellativen Textfunktion untergeordnet werden. Unternehmensgrundsätze können Instrumente der organisationskulturellen Transformation sein, wenn sie z. B. betriebliche Strukturen neu festlegen oder Gremien etablieren. In diesem Sinne können Texte fungieren, die eine normativ-regulierende Funktion haben. Unternehmensgrundsätze können aber auch dazu dienen, die Organisationskultur zu transformieren, indem sie das Denken beeinflussen und z. B. Einstellungen verändern oder neue Werte nahelegen wollen. Solche Texte müssen keine primär normativ-regulierenden Texte sein, sondern können primär instruierende oder informierende Texte sein, die durch die Gebrauchssituation eine zusätzliche normative Prägung bekommen. Unternehmensgrundsätze, die "Inputs der strategischen Planung" sind oder sein wollen, sind wohl eher solche Texte, die klare Ziele oder Planungsgrößen verbindlich und nachprüfbar vorgeben. Die Textfunktion muß in solchen Fällen normativ-regulierend sein.

2.2.3 Verbreitung

Da ich bei meinem eigenen Vorgehen nicht auf Repräsentativität bedacht war, beziehe ich die Zahlen über den Verbreitungsgrad von Führungs- und Unternehmensgrundsätzen aus den Veröffentlichungen anderer Forscher. Grundsätzlich ist es nicht ganz unproblematisch, zum Thema "FG und UG" veröffentlichte Zahlen zu vergleichen, weil man nicht genau weiß, was für Texte gezählt wurden, denn die verwendeten Begriffe ("Führungsgrundsätze", "Unternehmensgrundsätze", "Unternehmensleitbild" etc.) sind ja keinesfalls präzise Größen. Auch ist nicht immer klar, ob ein "Unternehmensgrundsätze" genannter Text nicht auch Führungsgrundsätze als einen potentiell selbständigen Teiltext enthält. Aus diesen Gründen beziehe ich mich im folgenden auf nur drei Arbeiten, deren Daten aber recht zuverlässig und trennscharf sein dürften:

Eindeutig auf (Personal-)Führungsgrundsätze bezogen sind die folgenden Zahlen, die WUNDERER/KLIMECKI für den Untersuchungszeitraum 1982/83 mitteilen. Danach gilt:

Als Ergebnis [der Umfrage] läßt sich mit 95 %iger Sicherheit der Aussage feststellen, daß nicht mehr als ca.

- 660 Unternehmen über FG verfügen (d. h. max. 13,8 %)
- 1.150 Unternehmen FG planen (d. h. max. 23,9 %) und
- 4.200 Unternehmen (d. h. max. 87,5 %) keine FG haben oder planen [WUNDERER/KLIMECKI 1990,84].

HOFFMANN (1989,170) wollte wissen, "wie Führungskräfte Ende der 80er Jahre zu den Grundsätzen stehen":

Hierzu wurden die 100 größten Industrieunternehmungen, die größten Banken und Versicherungen sowie die größten Handelsunternehmungen der Bundesrepublik Deutschland in die Analyse einbezogen. Einschließlich der Mitgliedsunternehmungen des Arbeitskreises wurden 130 Unternehmungen in einer anonymen Fragebogenaktion angeschrieben. Zugrundegelegt wurden drei halbstandardisierte Fragebögen [...] Von 64, also der Hälfte der Unternehmungen, haben wir auswertbare Daten zurückerhalten. Von 23 Unternehmungen haben wir zusätzlich die Grundsatzdokumente erhalten [...]

Verbreitungsgrad von Grundsätzen:

- Unternehmungen mit Grundsätzen 56 %
- Unternehmungen in der Planungs- und/oder Ausarbeitungsphase 22 %
- Unternehmungen, die das Thema Grundsätze in Zukunft aufgreifen wollen 14 %
- Unternehmungen mit ablehnender Haltung 8 %

Nur 56 % der untersuchten Unternehmungen verfügen über Grundsätze. Folgt man der eingangs getroffenen Differenzierung in Unternehmungs- und Führungsgrundsätze, so stellt man fest, daß die Anwendung von Unternehmungsgrundsätzen weit weniger verbreitet ist als die Anwendung von Führungsgrundsätzen. Nur die Hälfte der Unternehmungen verfügt nach Angaben im Fragebogen über Unternehmungs- *und* Führungsgrundsätze. Die andere Hälfte begnügt sich mit Führungsgrundsätzen [...] Eine branchenbezogene Analyse zeigt die besondere Stellung von Grundsätzen in den Wirtschaftszweigen chemische Industrie, Automobilindustrie sowie bei Banken und Versicherungen. Hier ist der hohe Anteil von 82 % der Unternehmungen mit schriftlich fixierten Grundsätzen auffällig. Die restlichen Unternehmungen dieser Branchen sind fast alle im Planungsstadium. Anders sieht die Anwendung im Handel aus. Nur ein Drittel der untersuchten Unternehmungen verfügt über Grundsätze. Doch auch hier werden Versäumnisse der Vergangenheit nachgeholt, da fast alle Unternehmungen, die bisher noch keine Grundsätze haben, für die nähere Zukunft die schriftliche Ausarbeitung planen [HOFFMANN 1989,171].

Eine Untersuchung aus jüngster Zeit (WITTBERG 1994) legt nahe, daß die Verbreitung von Unternehmensleitbildern seit 1980 signifikant zugenommen hat (vgl. S. 4). Der Ausdruck "Unternehmensleitbild" entspricht hier meinem Textsortenbegriff von LEITBILD. Solche Texte geben "Antwort auf die Fragen 'Wer sind wir?', 'Was wollen wir?' und 'Wie verhalten wir uns?' "(ebda S. 4). Befragt wurden im Sommer 1993 1000 Top-Manager, d. h. Vorstände, Geschäftsführer und Inhaber von deutschen Unternehmen. Die Rücklaufquote betrug 21 %:

84 % der befragten Top-Manager geben an, daß ihr Unternehmen sich an Grundsätzen orientiert. Noch 1979 ergab eine Untersuchung von Kreikebaum und Grimm bei 223 Unternehmen, daß lediglich 43,5 % der befragten Unternehmen ein Unternehmensleitbild formuliert hatten [...] [WITTBERG 1994,4].

Nach der Umfrage von WITTBERG haben 74,6 % der befragten westdeutschen Unternehmen und 52,0 % der befragten ostdeutschen Unternehmen ein schriftlich formuliertes Leitbild. Auf die Frage, wann das Leitbild formuliert wurde, ergaben sich folgende Antworten, die wohl primär für westdeutsche Unternehmen gelten dürften:

Unternehmen haben Leitbilder seit

1960 oder früher	5,9 %
1961 - 70	0,8 %
1971 - 80	7,6 %
1981 - 85	15,3 %
1986 - 90	38,2 %
1991 - 93	32,2 % [WITTBERG 1994,5]

3. Funktions- und Strukturtypen von FG und UG

3.1 Appellativer Texttyp

3.1.1 Normativ-regulierende Textsorten

Gesetzesähnliche, normativ-regulierende Führungs- und Unternehmensgrundsätze sind Textsorten mit hohem Instrumentalbezug. Die folgenden Funktions- und Strukturtypen, die sich zu Textsorten verdichtet haben, sind hier zu nennen:

- **(FÜHRUNGS-)GRUNDORDNUNG**

- **SPEZIELLE ORDNUNGEN:**

  - **PFLICHTEN- u. RECHTE-/AUFGABENKANON**
  - **ALLGEMEINE FÜHRUNGSANWEISUNG/FÜHRUNGSRICHTLINIEN**
  - **ZUSTÄNDIGKEITS- und VERFAHRENSREGELUNGEN**
  - **ZIELSETZUNGSKANON**

Der Unterschied zwischen GRUNDORDNUNGEN und SPEZIELLEN ORDNUNGEN ist vor allem ein Unterschied auf der Ebene der Themenstruktur. GRUNDORDNUNGEN können für sich in Anspruch nehmen, mehr als nur einen Teilbereich der Unternehmensführung zu regeln; sie legen vor allem auch Unternehmensstrukturen fest, regeln Beziehungen zwischen Unternehmenseinheiten und definieren Werte und Ziele im Vorfeld des Handelns.[33] SPEZIELLE ORDNUNGEN hingegen berühren mehr die aktionale Ebene der Unternehmensführung.

---

33 Es erscheint mir lohnend - gerade mit Blick auch auf den geplanten Wandel von Organisationen die Ergebnisse der Analyse von Neil J. Smelser über kollektives Verhalten im Blick zu behalten. Eine ausführliche Auseinandersetzung mit Smelsers Ausführungen über Ziele, Werte und Einstellungen muß einer späteren Abhandlung (s. Vorwort) überlassen bleiben. Vgl. N. SMELSER: Theory of Collective Behavior. London 1962 (In dt. Übersetzung: Köln 1972).

Regeltypen (Illokutionen) und Illokutionsstrukturen

Die elementaren Textbausteine von normativ-regulierenden Texten sind REGELN. Die REGELN entsprechen den GESETZEN auf staatlicher Ebene. In jedem Fall aber darf der Text selbst keinen Zweifel daran lassen, wer als normsetzende Instanz legitimiert ist, bestimmte Sachverhalte zu regeln bzw. zu ordnen. Daß die staatlichen Gesetze wie z. B. das Grundgesetz der Bundesrepublik Deutschland und das Betriebsverfassungsgesetz Texte sind, die ihrerseits in komplizierter Wechselwirkung mit den unternehmensinternen "Gesetzen" stehen und diese möglicherweise fordern, anregen, begrenzen oder aufheben, habe ich bereits angedeutet. Diesen z. T. komplizierten rechtlichen Fragen kann ich hier nicht nachgehen und verweise deshalb auf ALBACH/ALBACH (1989), BLEICHER (1994b), BOHR/DRUKARCZYK et al. (Hrsg.) (1981), CHMIELEWICZ (1987), EICHHORN (Hrsg.) (1989), HART (1952), NELL-BREUNING (1990), NEULOH (1956), WEHNER (1993), WILLOWEIT (1990) und WUNDERER/KLIMECKI (1990).

Der Unterschied zwischen Gesetzen und FG/UG ist ein Unterschied der Gebrauchshäufigkeit einzelner Regeltypen, denn die Grundform der gesetzlichen REGEL, die Wenn-Dann-Form (Normsachverhalt + Rechtsfolge für den Fall, daß ein Ereignis der Wirklichkeit unter den Normsachverhalt fällt), ist nicht die häufigste Form in FG und UG. Auch wenn generell an der Weisungsbefugnis der Unternehmensleitungen nicht zu zweifeln ist, wird bei meiner Analyse der Leittexte registriert, auf welche Weise die Verbindlichkeit zustandekommt, denn Partizipation ist kein Alles-oder-nichts-Phänomen, sondern ein Phänomen mit fließenden Übergängen zwischen den Extremen ERLASS durch die Unternehmensleitung und vermittelte (repräsentative) oder unvermittelte (direkte) demokratische Legitimation.

Die **Paragraphenstruktur** ist - wie bei GESETZEN - das hervorstechende strukturelle Merkmal von normativ-regulierenden Texten. Im Unterschied zu GESETZEN fällt jedoch auf, daß diese Struktur auf der Textoberfläche nicht immer realisiert wird, wenngleich die Themenentfaltung überwiegend deskriptiv (vgl. BRINKER 1988,64) und die Illokutionsstruktur überwiegend additiv-reihend ist, was bedeutet, daß sich die Textbildung als Aneinanderreihung von REGELN vollzieht. Aus dem Grunde kann man sowohl die einzelne REGEL wie auch einen REGELKANON einer bestimmten Textart zuordnen, wie dies L. HOFFMANN (1992,138-143) für GESETZE getan hat. Für Führungs**grundsätze** und Unternehmens**grundsätze** gilt ferner dasselbe, was L. HOFFMANN (1992) über GESETZE gesagt hat, einmal abgesehen von dem partiell unterschiedlichen Gebrauch des Ausdrucks "Textart":

Wir bezeichnen einfach den einem Paragraphen zugeordneten Text als *Gesetz.* Tatsächlich verbergen sich dahinter ganz verschiedene Textarten. Mit Textarten verbindet sich eine spezifische Handlungsqualität, ein spezifischer Zweck: es kann sich um eine 'Anweisung', einen 'Bericht', eine 'Mitteilung' etc. handeln. Wenn die Textart bekannt ist, wird das Verstehen erleichtert. Wir wissen zwar noch nicht, was gesagt wird, kennen aber das Wozu und erwarten eine der typischen Mittelkonstellationen: im Falle einer Frage die sprachliche Markierung eines Wissensdefizits, im Falle einer Aufforderung die Charakterisierung des umzusetzenden Handlungskonzepts usw. [L. HOFFMANN 1992,138].

L. HOFFMANN unterscheidet sieben "Textarten", die von mir im folgenden auch "Regeltypen" genannt werden:

a. Grundform:
Von einem Gesetz würde man die Formulierung einer Norm erwarten, also daß (a) ein Normsachverhalt konstituiert wird und (b) Rechtsfolgen für den Fall angegeben werden, daß ein Ereignis der Wirklichkeit als Instanz des Normsachverhalts betrachtet wird. Prototypisch aus der Sicht des Alltags sind >Strafnormen<:

A1: Wenn jemand X tut (zu tun versucht) oder unterläßt bzw. es zum Ereignis E kommen läßt und

A2: Ausnahmeumstände AU_1 ... AU_n nicht als gegeben anzunehmen sind,

B1: so treten die Rechtsfolgen F_1 ... F_n (Ansprüche, Verhängen von Sanktionen) ein

B2: wenn nicht diese Folgen modifizierende (z. B. strafmildernde oder strafausschließende) Umstände MU_1 ... MU_n als gegeben anzunehmen sind.

Zusatzbedingungen des Typs A2 und B2 können fehlen; sie sind nicht immer eigens oder in demselben Gesetz formuliert [...] Neben der konditional strukturierten Grundform finden wir Gesete ganz anderer Art [...]:

b. Definitionen:
Es handelt sich um Definitionen im Sinne von Sprachregelungen, die einzelnen Gesetzen oder Gesetzeswerken zugrundegelegt werden sollen. Ihr Zweck ist die Klärung im Bereich der sprachlichen Sachverhaltskonstitution [...].

"§ 99. (1) *Früchte einer Sache sind die Erzeugnisse der Sache und die sonstige Ausbeute, welche aus der Sache ihrer Bestimmung gemäß gewonnen wird."* [...] (BGB)

c. Verbote:
Als >Verbote< werden hier Normformulierungen verstanden, die nicht schon strafbewehrt sind, die aber gleichwohl im Fall ihrer Verletzung Rechtsfolgen [...] nach sich ziehen und Grundlage für Rechtsansprüche werden können. Die Wirkung ist aber nicht als Folge in einer Konditionalstruktur formuliert [...].

"§ 1. *Die Kündigung eines Mietverhältnisses über Wohnraum zum Zwecke der Mieterhöhung ist ausgeschlossen.*" (MHG)

d. Gebote:

Unter >Geboten< verstehen wir Formulierungen von Handlungsobligationen, die nicht strafbewehrt sind, aber (wie Verbote) bei Verstößen spezifische Rechtsfolgen zeitigen [...].

"§ 2.(1) *Der Gesellschaftsvertrag bedarf notarieller Form. Er ist von sämtlichen Gesellschaftern zu unterzeichnen.*" (GmbH-Gesetz)

Eine Verletzung von § 2. (1) führt dazu, daß ein Gesellschaftsvertrag nicht zustandekommt.

e. Permissive [i.e. Erlaubnisse; H.E.]:

>Permissive< haben den Zweck, als nicht erlaubt betrachtetes oder unter bestimmten Bedingungen nicht erwartbares Handeln zu ermöglichen; verständlich sind sie nur, wenn man schon kennt, was durch sie aufgehoben werden soll.

"§ 43. *Dem Vereine kann die Rechtsfähigkeit entzogen werden, wenn er durch einen gesetzwidrigen Beschluß der Mitgliederversammlung oder durch gesetzwidriges Verhalten des Vorstandes das Gemeinwohl gefährdet.*" (BGB)

"§ 74. (2) *Die Gesellschafter und deren Rechtsnachfolger sind zur Einsicht der Bücher und Schriften berechtigt.*" (GmbH-Gesetz)

f. Rechte:

Mit >Rechten< werden Ansprüche für Individuen eröffnet, die sie vor bestimmten Zugriffen - auch gegenüber Gesetzen - schützen oder besondere Handlungsmöglichkeiten eröffnen [...].

"§ 103. (1) *Vor Gericht hat jedermann Anspruch auf rechtliches Gehör.*" (GG)

g. Anwendungsregeln:

>Anwendungsregeln< geben zusätzliche Einschränkungen für den Geltungsbereich bestimmter Gesetze. Sie setzen ein Verständnis der Gesetze, auf die sie sich beziehen, schon voraus und komplizieren durch Einführung einer Gewichtung die Gesamtstruktur des Regelwerks.

"§ 8. *Die Bestimmungen dieses Gesetzes finden keine Anwendung, wenn der Empfänger der Ware als Kaufmann in das Handelsregister eingetragen ist.*" (AbzG)

[...] [L. HOFFMANN 1992,138-143; Hervorhebungen durch Fettdruck von mir; H.E.]

Die folgenden Beispiele stammen aus den von mir erhobenen Texten und veranschaulichen dieselben Regeltypen, wobei freilich pragmatische Unterschiede in Rechnung zu stellen sind, z. B insofern als normativ-regulierende Texte für gewöhnlich keine Rechtsfolgen im Sinne von Gesetzestexten nach sich ziehen:

Grundform:

Als wichtiges Ergebnis ist festzuhalten, daß die Grundform von Gesetzestexten nicht auch Grundform von Führungs- und Unternehmensgrundsätzen ist. Die "Gesetzes"-Grundform ist in FG und UG selten und wird meist implizit zum Ausdruck gebracht:

Verstöße gegen diese Grundsätze können zu Disziplinarmaßnahmen führen [Segment aus Text Nr. 80.1; FG - hier: Sanktionsregelung mit impliziter Wenn-dann-Struktur].

Bei anhaltenden Fehlleistungen werden konsequente Maßnahmen getroffen [Segment aus Text Nr. 7; FG - hier: Regel aus Abschnitt VII: Beurteilen und Fördern].

Definition (im Sinne einer Sprachregelung):

Delegieren ist das Übertragen von Aufgaben und der zu ihrer Lösung erforderlichen Entscheidungsbefugnisse [Segment aus Text Nr. 92.1].

Dienstaufsicht ist die Überwachung des laufenden Arbeitsgeschehens mit der Möglichkeit der Korrektur [...] [Segment aus Text Nr. 87].

Verbot:

Keinesfalls darf der Betriebsrat bei der Erfüllung seiner gesetzlichen Aufgaben durch die Vorgesetzten gehindert werden [Segment aus Text Nr. 75.1].

Gebot:

Der Vorgesetzte hat die Pflicht zu delegieren [...]. Die Aufgaben und Befugnisse sind den Mitarbeitern durch den Vorgesetzten zu erläutern [...]. Vorgesetzte und Mitarbeiter informieren sich gegenseitig über Sachverhalte und betriebliche Zusammenhänge so vollständig, daß sie handeln und entscheiden können [...]. Jeder Mitarbeiter soll sich zur Verbesserung seiner Arbeitsergebnisse die Erfahrungen und Kenntnisse anderer nutzbar machen [Sequenz aus Text Nr. 92.1].

Auf die weitere Differenzierung des Regeltyps GEBOT verzichte ich hier unter Hinweis auf das Vorhandensein vielfältiger modaler Abstufungen.

Erlaubnis:

Die Stellvertretung kann auch von mehreren Mitarbeitern des Stelleninhabers (jeder für seinen Aufgabenbereich) ausgeübt werden [Segment aus Text Nr. 11.1].

Recht:

Glaubt sich ein Mitarbeiter falsch beurteilt, so kann er sich - neben seinem Beschwerderecht nach § 84 Abs. 1 BetrVG - nach Aussprache mit seinem Vorgesetzten an den nächsthöheren Vorgesetzten wenden [Segment aus Text Nr. 11.1].

Anwendungsregel:

Die Rechte der Betriebsräte werden durch diese Führungsgrundsätze nicht berührt [Segment aus Text Nr. 11.1].

Grundlage der in diesem Unternehmensstatut aufgestellten Führungsgrundsätze ist die Bereitschaft aller, die Regeln nicht nur für sich in Anspruch zu nehmen, sondern auch gegen sich gelten zu lassen [Segment aus Text Nr. 75.1].

In den von mir erhobenen Texten kann man weitere Regeltypen unterscheiden und die oben genannte Liste erweitern:

Zuständigkeitsregel:

Kann der Projektleiter Konflikte zwischen den Zielsetzungen des Projektes und der Linienbereiche nicht vermeiden, müssen der Auftraggeber und die betroffenen Linienvorgesetzten eine Lösung herbeiführen [Segment aus Text Nr. 11.1].

Über die Regelung der Stellvertretung entscheidet der Vorgesetzte des Stelleninhabers [Segment aus Text Nr. 11.1].

Verfahrensregel:

In der Unternehmensgruppe wird ein partizipativer Führungsstil verfolgt [Segment aus Text Nr. 75.1].

Die Ergebnisse [i. e. der wirtschaftlichen Planung] werden in einer Planergebnisrechnung und in einer Finanzergebnisrechnung dargestellt [Segment aus Text Nr. 75.1].

Selbstverpflichtung:

Zur Vermeidung sozialer Härten ist die Geschäftsleitung bereit, Betriebsvereinbarungen über das gesetzliche Maß hinaus abzuschließen [Segment aus Text Nr. 75.1].

Strukturdefinition:

Das Unternehmen wird von einem mehrstufigen Führungsteam geleitet. Oberste Beschlußinstanz ist die Unternehmensleitung [...] Zur Führungskonferenz gehören die Leiter aller Zentralbereiche, der Leiter der Stabsstelle "Kosten und Kontrolle" und der Assistent der Unternehmensleitung [Segment aus Text Nr. 75.2].

Das Stammhaus wird von den persönlich haftenden Gesellschaftern geführt. Zusammen mit den Direktoren des Stammhauses bilden sie die Unternehmensleitung [Segment aus Text Nr. 93.2].

Zieldefinition:

Das vorgeordnete Ziel der unternehmerischen Aktivitäten ist nicht Gewinnmaximierung, sondern die Sicherung des zeitlich unbegrenzten Unternehmensbestandes und der Arbeitsplätze aus eigener Kraft [Segment aus Text Nr. 75.1].

Um eine angemessene Verzinsung des eingesetzten Kapitals zu erreichen, wird eine Brutto-Umsatzrendite von mindestens 3 Prozent unter der Voraussetzung eines 50prozentigen Metallanteils am Umsatz angestrebt [Segment aus Text Nr. 37].

Wertedefinition:

Das Unternehmen soll liberal und fortschrittlich sein [Segment aus Text Nr. 16.1].

Weltbezug und Modalität von normativ-regulierenden Texten

Gesetzesähnliche Texte regeln vorweg kommende Wirklichkeit, weshalb man ihren Weltbezug (Wahrheitsbedingung) und ihre modale Referenz wie folgt umschreiben kann:

Eine Besonderheit von Gesetzen ist, daß sie einen Handlungs- bzw. Verhaltensmaßstab für potentiell zu vollziehende, künftige Handlungen in einem bestimmten Handlungsbereich setzen. Sie referieren damit auf Handlungen, die nicht faktisch sind, sondern nach dem Sprecherzeitpunkt, genauer: nach Gültigkeit des Gesetzes/seiner Veröffentlichung liegen. Die Handlungen sind nicht allein dadurch modalisiert, daß sie noch nicht faktisch existieren. Sie werden darüber hinaus in ihrer Welteinordnung normativ statuiert - deontisch notwendig oder möglich. Es wird angenommen, daß diese deontische Modalisierung als Bezugsrelation von Sachverhalten zu einer Welt wie auch für die ganze Welt - also einen bestimmten Regelungsbereich gilt. Mögliche Relativierungen müßten explizit angegeben sein. Dafür sprechen [...] Bedingungsangaben, Ausnahmen bzw. Einschränkungen. Ferner dürften in Gesetzen in aller Regel keine epistemischen Redehintergründe bestehen [SAYATZ 1996,281f.].

Den Unterschied zwischen deontischer und epistemischer Modalität erläutert ERBEN (1984,52) am Beispiel des Gebrauchs von Modalverben, die deutlich machen, daß zwischen Normäußerung und der Wahl sprachlicher Mittel keine 1:1-Beziehung existiert (s. o. Kap. 1.5):

Grundverschieden von *Der Patient muß/soll/darf (heute) aufstehen* ist jedoch *Der Patient muß/soll/dürfte (wohl) in Zimmer 5 liegen.* Hier geht es nicht um Modalitäten im "Vorfeld" einer Handlungsausführung, sondern um die Geltung der jeweiligen Information. Die Sachverhaltsbeschreibung bekommt dann den kommunikativen Wert einer notwendigen Schlußfolgerung, erlaubten Annahme oder einer Behauptung, daß es so sei oder sich so verhalte. Diese zweite wichtige Verwendungsweise der Modalverben wird auch "inferentiell" (zu engl. *inferential* 'folgernd' und *to infer* 'schließen,folgern') oder "**epistemischer**" Gebrauch genannt, da es hierbei um das Wissen (griech. *epistémē*) des Sprechers geht [ERBEN 1984,52].

Zum Unterschied zwischen normativ-regulierendem Texttyp und normativ-informierendem Texttyp

An zwei Textsegmenten sei der Unterschied zwischen normativ-regulierendem und normativ-informierendem Texttyp veranschaulicht:

Segment aus einem normativ-regulierenden Text:

Die Geschäftsleitung erwartet von den Vorgesetzten, daß sie sich mit dem Unternehmen und seiner Philosophie identifizieren, für Leitende Angestellte ist dies unabdingbar [Text Nr. 75.1].

Sequenz aus einem Text, der regulierende, orientierende und informierende Elemente kombiniert, hier eine normativ-informierende Textsequenz mit epistemischem Redehintergrund:

Exzellent führen erfordert die volle Identifikation mit dem Unternehmen. // Wer nicht von BMW als Unternehmen überzeugt ist, kann seine Mitarbeiter nicht exzellent und motivierend führen -

höchstens im technokratisch-rationalen Sinn, nicht jedoch im emotionalen Bereich. Die umfassende Motivation ist für hervorragende Leistungen jedoch unverzichtbar [Sequenz aus Text Nr. 18.1].

Im Idealfalle schließen gesetzesähnliche Texte epistemische Redehintergründe aus. Zu erwarten ist dies zumindest für die Regelformulierungen als dominierende Sprechhandlungen (Illokutionen). Idealerweise sollte auch gelten, daß gesetzesähnliche Texte nicht in derselben Weise interpretationsoffen sind wie Leitlinien mit normativ-orientierendem Charakter und nicht primär wissensbasiert sind wie Texte mit normativ-informierendem Charakter. Auch enthalten regulative Texte DEFINITIONEN als eine Teilmenge von REGELN, mit denen Strukturen und Verfahren überhaupt erst geschaffen werden. Schließlich ist zu erwarten, daß normativ-regulierende Texte Verbindlichkeit und normsetzende Instanzen häufiger, deutlicher und unmißverständlicher signalisieren als orientierende Texte. Normativ-regulierende Texte sind - metaphorisch gesprochen - "harte" Führungsinstrumente, normativ-orientierende und informierende sind eher "weiche" Führungsinstrumente mit geringem Intsrumentalbezug.

Nach diesen Vorbemerkungen komme ich zu den Textsorten im einzelnen. Ich gehe dabei so vor, daß ich zunächst einen Leittext vorstelle und diesen anschließend charakterisiere.

3.1.1.1 Grundordnung

Leitfrage

Textexemplare, die die Textsorte GRUNDORDNUNG repräsentieren bzw. sich zu einer solchen verdichtet haben, können als eine mehr oder weniger vollständige Antwort auf die Frage "Welche allgemeinen Werte, Ziele, Strukturen, Verfahren, Verhaltensweisen und Verpflichtungen gelten innerhalb des Unternehmens und für den Umgang mit der Unternehmensumwelt?" Ein historisches Beispiel für eine GRUNDORDNUNG ist das Kruppsche Generalregulativ von 1871/72 (s. u.), dessen thematische Breite und integrative Ausrichtung von keinem der von mir erhobenen aktuellen Texte erreicht wird.

Leittext

Die "Führungsgrundsätze der Unternehmensgruppe Rombach" (1989) kommen von allen fraglichen Texten einer GRUNDORDNUNG am nächsten. Neben der Bezeichnung *Führungsgrundsätze* findet sich auch die (Selbst-)Bezeichnung *Unternehmensstatut*. Das Ziel der Führungsgrundsätze ist die Klärung und Festlegung der Führungsstruktur und -beziehungen zwischen Geschäftsleitung, Vorgesetzten, Mitarbeitern und Betriebsrat sowie die Festlegung von Führungsinstrumenten und -verfahren.

Rombach-Führungsgrundsätze

1. PRÄAMBEL

Geschäftszweck der Unternehmensgruppe Rombach ist das Verlegen, die Herstellung und der Vertrieb von Print- und Medienerzeugnissen.
Das vorgeordnete Ziel der unternehmerischen Aktivitäten ist nicht die Gewinnmaximierung, sondern die Sicherung des zeitlich unbegrenzten Unternehmensbestandes und der Arbeitsplätze aus eigener Kraft. Die unterschiedlichen Interessen der Gesellschafter, der Geschäftsleitung, der Leitenden Angestellten, des Betriebsrates und der Mitarbeiter sind in jedem Fall so zu koordinieren, daß die Existenz der Unternehmensgruppe nicht in Frage gestellt wird. Die Sicherung der Ertragskraft und die soziale Unternehmenspolitik sollen bei allen Unternehmungen der Gruppe im Vordergrund stehen.
Die Unternehmensgruppe versteht sich als Unternehmensverbund, der aktiv die Bereiche Wirtschafts- und Arbeitsmarktpolitik, Kommunal- und Kulturpolitik mitgestaltet. Die regionalen Gestaltungsfelder liegen im südwestdeutschen Raum und im Dreiländereck.
Die wirtschaftlichen Aktivitäten des Unternehmensverbunds zielen auf die Sicherung bestehender Marktanteile sowie die Erschließung neuer Märkte in allen Unternehmensbereichen. Die Bedürfnisse der Mitarbeiter mit diesen Aktivitäten in Einklang zu bringen, sehen wir als zentrale Aufgabe der Unternehmenspolitik.
Ziel der Führungsgrundsätze ist die Klärung und Gestaltung der strukturellen Beziehungen innerhalb der betrieblichen Interessengruppen: Geschäftsleitung, Betriebsrat, Vorgesetzte, Mitarbeiter.
Grundlage der in diesem Unternehmensstatut aufgestellten Führungsgrundsätze ist die Bereitschaft aller, die Regeln nicht nur für sich in Anspruch zu nehmen, sondern auch gegen sich gelten zu lassen. Durch die Transparenz der wechselseitigen Beziehungen und Abhängigkeiten haben die Mitarbeiter die Möglichkeit, sich mit dem Unternehmensverbund zu identifizieren.
Die Führungsgrundsätze wurden erarbeitet von Herrn Andreas Hodeige, Herrn Dr. Christian Hodeige (für die Geschäftsleitung), von Frau Geiger, Herrn Rolle, Herrn Wangler (für die Vorgesetzten), Frau Kirner, Herrn G. Schmid, Herrn Stork (für den Betriebsrat), von Herrn Hille, Herrn Larsch (für die Mitarbeiter) und von Herrn Prof. Dr. Laske (Moderation).

Die Führungsgrundsätze wurden von den Gesellschaftern, der Geschäftsleitung und dem Betriebsrat verabschiedet und treten zum 1. 2. 1989 in Kraft.

2. FÜHRUNGSSTRUKTUR

Die strategische Ausrichtung der Unternehmenspolitik ist Aufgabe der Geschäftsleitung. Dabei wird sie fachlich von einem externen Beirat unterstützt.
Die Umsetzung der unternehmerischen Gesamtstrategie in den einzelnen Bereichen der Unternehmensgruppe wird von der Geschäftsleitung mit den jeweiligen Budgetverantwortlichen erarbeitet. Diese leiten ihre Bereiche bzw. Abteilungen eigenverantwortlich. Es gilt das Prinzip der Einheit von Aufgabe, Kompetenz und Verantwortung.

3. FÜHRUNGSBEZIEHUNGEN

Geschäftsleitung - Mitarbeiter

Wesentlicher Bestandteil der sozialen Unternehmenspolitik ist die Sicherung der Arbeitsplätze. Technische Entwicklungen und Umstellungen können dazu führen, daß einzelne Arbeitsplätze entfallen. Den davon betroffenen Mitarbeitern werden nach Möglichkeit andere, ihren Fähigkeiten entsprechende Arbeitsplätze angeboten. Gegebenenfalls werden sie durch Umschulungsmaßnahmen unterstützt.
Den Mitarbeitern wird eine leistungsgerechte Bezahlung gewährleistet. Zusätzliche überdurchschnittliche Leistungen werden über die tariflichen Absprachen hinaus honoriert. Dies zusammen stellt eine Anerkennung des Leistungsbeitrags der Mitarbeiter dar.
Weitere Leistungen (betriebliche Altersversorgung, Prämien, Kapitalbrief) werden durch das Rombach-Sozialwerk geboten.
Zur Vermeidung sozialer Härten ist die Geschäftsleitung bereit, Betriebsvereinbarungen über das gesetzliche Maß hinaus abzuschließen.
Um eine systematische Qualifikation zu gewährleisten, werden folgende Förderungsmaßnahmen angeboten

- Ausbildung von Fachkräften
- Förderung des Führungsnachwuchses
- Weiterbildung zur Entwicklung der Fach- und Führungskompetenz.

Diese Maßnahmen dienen sowohl der Sicherung der Leistungsfähigkeit der Firmengruppe als auch den weiteren beruflichen Entwicklungs- und Aufstiegsmöglichkeiten der Mitarbeiter.
Gewollt ist der selbständig denkende und handelnde Mitarbeiter, der bereit ist, auf die betrieblichen Entwicklungen einzugehen und diese aktiv zu unterstützen. Loyalität und Identifikation mit dem Unternehmen ist hierfür grundlegende Voraussetzung.
Die Geschäftsleitung bekleidet innerhalb des Unternehmens eine Vorbildfunktion, die sich in der Qualifikation und im persönlichen Verhalten ausdrückt.

Wechselseitiger Informationsaustausch, Gesprächsbereitschaft und Kritikfähigkeit werden als grundlegende Prinzipien bei der Gestaltung der Beziehungen zwischen Geschäftsleitung und Mitarbeitern angesehen. In diesem Zusammenhang steht auch jedem Mitarbeiter die Möglichkeit offen, auch bei persönlichen Anliegen in direkten Kontakt mit der Geschäftsleitung zu treten.

Geschäftsleitung - Vorgesetzte

Die Geschäftsleitung erwartet von den Vorgesetzten, daß sie sich mit dem Unternehmen und seiner Philosophie identifizieren, für Leitende Angestellte ist dies unabdingbar. Zur Erfüllung der Aufgaben ist es erforderlich, daß Vorgesetzte auf Grund ihres Fachwissens die Leistungen ihrer Mitarbeiter qualifiziert beurteilen können. Unerläßlich sind Engagement und Kompetenz in Fragen der Mitarbeiterführung. Hierfür wird die Bereitschaft zu ständiger Weiterbildung in Fachwissen und Führungsverhalten gefordert.
Die Geschäftsleitung erwartet von den Vorgesetzten außerdem, daß sie qualifizierte Mitarbeiter fördern und sich für die Personalentwicklung in den jeweiligen Bereichen einsetzen.
Die Formulierung klarer Aufgabenstellungen, die Zuweisung von Kompetenzen und die Abgrenzung von Verantwortlichkeiten ist Aufgabe der Geschäftsleitung.

Vorgesetzte - Mitarbeiter

Im Rahmen seiner Fach- und Führungskompetenz soll der Vorgesetzte in der Lage sein,
- Aufgaben zu stellen,
- fachlich zu beraten,
- das Arbeitsergebnis zu kontrollieren und zu bewerten,
- Anerkennung bzw. Kritik gegenüber dem Mitarbeiter offen auszusprechen.

Diese Aufgaben sind Bestandteil der Verantwortung des Vorgesetzten für die fachliche und persönliche Entwicklung seiner Mitarbeiter. Dies schließt mit ein, daß er auch in der Lage ist, sachliche Kritik durch seine Mitarbeiter zu akzeptieren.
Ein partizipatives Führungsverhalten der Vorgesetzten können Mitarbeiter nur dann erwarten, wenn sie ihrerseits bereit sind, verantwortungsvoll und engagiert die ihnen übertragenen Aufgaben zu erfüllen. Informationsaustausch und Vertrauen sind auch hierfür unerläßlich.

Geschäftsleitung - Betriebsrat

Gegenseitige Information, Vertrauen und Kommunikationsbereitschaft sind Voraussetzungen für die von beiden Seiten gewollte gute Zusammenarbeit von Geschäftsleitung und Betriebsrat.
Dies bedeutet,
- daß sich Geschäftsleitung und Betriebsrat in ihren unterschiedlichen Aufgaben und Interessen wechselseitig akzeptieren,
- daß sie ihr Handeln auch bei unvereinbar erscheinenden Standpunkten dem Streben nach Konsens zum Wohle des Betriebs und seiner Mitarbeiter anpassen und im Einzelfall vereinbarte Verschwiegenheit einhalten,

- daß sie sich regelmäßig zum Informationsaustausch treffen und bei auftauchenden Konflikten diese frühzeitig und offen ansprechen.

Betriebsrat - Mitarbeiter

Gegenseitige Information bildet die Grundlage für eine funktionierende Interessenvertretung der Mitarbeiter durch den Betriebsrat.
Der Betriebsrat ist Ansprechpartner für alle Mitarbeiter des Unternehmens.
Die Mitarbeiter haben nach Absprache mit ihren Vorgesetzten jederzeit das Recht, den Betriebsrat aufzusuchen. Ferner kann ein Mitglied des Betriebsrates zu einem Gespräch zwischen Mitarbeitern und Vorgesetzten hinzugezogen werden. Der Betriebsrat kann Solidarität von den Mitarbeitern erwarten, wenn er seine Arbeit transparent macht und sich der Kritik der Mitarbeiter stellt.

Betriebsrat - Vorgesetzte

Der betriebliche Alltag und die unterschiedliche Aufgabenstellung von Betriebsrat und Vorgesetzten erzeugen ein Spannungsverhältnis.
Dieses kann nur produktiv genutzt werden,
- wenn beide Seiten sich in ihren unterschiedlichen Aufgaben kennen und anerkennen,
- wenn ein wechselseitiger Informationsaustausch sichergestellt wird und mögliche Konflikte kompromißbereit behandelt werden.

Keinesfalls darf der Betriebsrat bei der Erfüllung seiner gesetzlichen Aufgaben durch die Vorgesetzten gehindert werden. Andererseits ist der Betriebsrat verpflichtet, betriebliche Arbeitsprozesse nicht zu behindern.

4. DIE FÜHRUNGSINSTRUMENTE

Führung durch Budgets und Pläne

Die Unternehmensgruppe Rombach wird planorientiert geführt. Die Geschäftsleitung erstellt eine 5-Jahres-Planung, in der die Grundsätze und Leitlinien der Unternehmenspolitik in systematischer und nachprüfbarer Form dargestellt werden. Der 5-Jahres-Plan gilt als eine verbindliche Vorgabe für die Unternehmensstrategie.
Aus der 5-Jahres-Planung leiten sich die 1-Jahres-Budgets ab, die in Zusammenarbeit mit den Budgetverantwortlichen erstellt werden.
Die wirtschaftliche Planung gesteht aus den Komponenten
- Marktplanung (Umsätze)
- Einzelkostenplanung
- Personalplanung (Besetzung und Kosten)
- Sachkostenplanung
- Investitionsplanung (Projekte und Ersatzbedarf)

- Finanzplanung.

Die Ergebnisse werden in einer Planergebnisrechnung und in einer Finanzergebnisrechnung dargestellt.
Zu jeder wirtschaftlichen Planung gehört die Fixierung der instrumentalen Ziele.
Ein Abweichen von den Vorgaben ist für einzelne Bereiche nur dann möglich, wenn die Lebensfähigkeit des Gesamtunternehmens dadurch nicht gefährdet wird. Dieses Abweichen bedarf des Beschlusses der Geschäftsleitung.

Führung durch Zielvorgabe und Delegation

In der Unternehmensgruppe wird ein partizipativer Führungsstil verfolgt.
Aus den Jahresbudgets leiten sich Zielvorgaben für die einzelnen Bereiche ab. Die Vorgesetzten der Bereiche werden mit dem Erreichen der Zielvorgaben beauftragt. Sie erhalten dazu die notwendigen Kompetenzen, übernehmen jedoch auch die Verantwortung für deren Realisierung.
Durch das Führungsinstrumentarium "Delegation" wird den Vorgesetzten und den Mitarbeitern eigenverantwortlicher Gestaltungsfreiraum ermöglicht. Auf Anforderung kann dem einzelnen Mitarbeiter eine Arbeitsplatzbeschreibung ausgehändigt werden. Jede Übernahme von Verantwortung schließt die volle Kontrollpflicht ein, wobei eine Ergebniskontrolle und keine Arbeitsvollzugskontrolle durchgeführt wird.
Jeder Vorgesetzte bleibt auch dann für das Erreichen der Ziele verantwortlich, wenn er Aufgaben delegiert.
Rückdelegation ist ein Führungsfehler.
Der wirtschaftliche Geschäftsverlauf wird über monatliche Soll/Ist-Vergleiche sowie über Prognoserechnungen kontrolliert. Bei voraussichtlichen Planabweichungen hat die Geschäftsleitung das Recht, aktiv in die Gestaltung der Bereiche einzugreifen.

Führung durch Information und Kommunikation

Eine effiziente Führung der Unternehmensgruppe durch Zielvorgaben und Delegation setzt ein hohes Maß an Information und Kommunikation voraus.
Dies soll durch feststehende Konferenzen und Gesprächsrunden in allen Bereichen gewährleistet werden. Führungskräfte sind darüber hinaus verpflichtet, sich über Arbeitsabläufe, -möglichkeiten und -entwicklungen in anderen Bereichen zu informieren, um die Auswirkungen ihres Handelns auf andere Bereiche abschätzen zu können.
Bei Konfliktsituationen jeglicher Art soll weniger übereinander, sonder mehr miteinander gesprochen werden. Um Reibungsverluste zu vermindern, soll das direkte Gespräch gesucht werden. Ziel dieser direkten Auseinandersetzung muß es sein, zwischenmenschliche Probleme offen anzusprechen, nach Lösungen zu suchen und - evtl. unter Hinzuziehung des Vorgesetzten - Änderungen herbeizuführen. Dabei muß klar sein, daß diese Prozesse der Konfliktbewältigung nur dann sinnvoll sind, wenn die getroffenen Vereinbarungen eingehalten und in die Tat umgesetzt werden. Auch in der Art der Konfliktbewältigung in seinem Einflußbereich drückt sich die Führungskompetenz des Vorgesetzten aus.

Führung als Personalentwicklung

Um den künftigen Bedarf an Fach- und Führungskräften abzudecken, wird eine systematische Personalentwicklung verfolgt. Dies heißt, daß auf der Basis eines umfassenden Konzepts Möglichkeiten der fachlichen, organisatorischen und sozialen Integration der Mitarbeiter in das Unternehmen und ihrer persönlichen Entwicklung erarbeitet und umgesetzt werden.
Die Aus- und Weiterbildung der Fach- und Führungskräfte dient der Sicherung und Verbesserung der Arbeitsproduktivität, und es werden hierdurch Mitarbeitern wie Vorgesetzten Perspektiven bezüglich ihrer weiteren beruflichen Entwicklung eröffnet. Die Bereitschaft zur Qualifikation und persönlichen Weiterbildung sind Grundlagen für den Qualifikationsprozeß.
Über eine systematische Personalentwicklung soll langfristig eine stärkere Bindung von Fach- und Führungspersonal an die Unternehmensgruppe erreicht werden [Führungsgrundsätze der Unternehmensgruppe Rombach, 1989; ich danke der Unternehmensleitung dafür, daß ich den Text mit Erwähnung des Firmennamens zitieren darf; H. E.].

Kommentar

Illokutionen und Illokutionsstruktur

Grundbausteine des Textes sind REGELFORMULIERUNGEN, wobei - was eher untypisch für normativ-regulierende Texte ist - einige REGELN auch in der sprachlichen Form von ERLÄUTERUNGEN auftreten (s. Textmusterverkleidung). Epistemische Redehintergründe begegenen vor allem in stützenden Sprechhandlungen, die den Verstehenshorizont für die REGELN aufbauen sollen. Begründungen und Rechtfertigungen machen deutlich, daß kein apodiktischer autoritativer Normcharakter intendiert ist, sondern eine Norm, die auf Nachvollzug und Einsicht baut. Vgl. den Abschnitt über die Beziehung zwischen Geschäftsleitung und Betriebsrat, der mit Hintergrundinformationen beginnt und die REGELN als Explikat derselben präsentiert ("dies bedeutet").

Themenentfaltung und Themenstruktur

Das Thema wird überwiegend deskriptiv entfaltet. Auffallend ist auch, daß trotz der weitgehend additiven Verknüpfung von REGELN auf die Paragraphenstruktur als formales Signal für ORDNUNGEN (=Regulative) verzichtet wird.

Exkurs: Es sei die Hypothese gewagt, daß vom 19. zum 20. Jahrhundert und von den 1960er zu den 1990er Jahren eine Tendenz zu beobachten ist, die ihren Ausdruck in der Abwendung von bürokratischen REGELN[34] findet. Daß in neuester Zeit unternehmenspolitische Texte auf den Plan treten, die sich "Unternehmensphilosophie", "Leitbild" oder "Vision" nennen, stützt m. E. diese Tendenz, die vielleicht auch mit dem Versuch einhergeht, in die Spezialkommunikation wieder mehr alltagssprachliche Elemente zu integrieren. Das hier Gesagte gilt zum einen sicher nicht für den Staat, weshalb die Unternehmen zweifellos zu den innovativen Kräften gehören, die den Textsortenwandel bzw. -wechsel vorantreiben (werden), und zum anderen wird das hier Gesagte nicht für alle Unternehmen gelten, sondern nur für die, welche ihrer Zeit voraus sind und nach neuen flexibleren und sinnhaften Organisationsformen suchen.

Die Themenstruktur der Rombach-Führungsgrundsätze zeigt eine Gliederung in vier Großbereiche: Präambel, Führungsstruktur, Führungsbeziehungen und Führungsinstrumente. Die Präambel wirkt durch die Themenvielfalt überladen (s. hierzu Kap. 3.5). Die Themen der Präambel sind im einzelnen:

- Geschäftszweck (Mission) des Unternehmens
- Oberziel der unternehmerischen Aktivitäten
- Selbstverständnis des Unternehmens
- Ziel der Führungsgrundsätze
- Legitimations- und Gültigkeitshinweise bzw. -regelungen.

Es wird deutlich, daß der Text Führungs- **und** Unternehmensgrundsätze expliziert, wobei der Schwerpunkt ganz eindeutig auf der unternehmensinternen Dimension

34 Vgl. zum Wesen der bürokratischen Herrschaft Max WEBER: "Es besteht das Prinzip der festen, durch Regeln: Gesetze oder Verwaltungsreglements, generell geordneten behördlichen Kompetenzen" und "Die Amtsführung der Beamten erfolgt nach generellen, mehr oder minder festen und mehr oder minder erschöpfenden, erlernbaren Regeln. Die Kenntnis dieser Regeln stellt daher eine besondere Kunstlehre dar (je nachdem: Rechtskunde, Verwaltungslehre, Kontorwissenschaft), in deren Besitz die Beamten sich befinden. Die Regelgebundenheit der modernen Amtsführung ist so sehr in ihrem Wesen begründet, daß die moderne wissenschaftliche Theorie z. B. annimmt: eine gesetzlich einer Behörde eingeräumte Befugnis zur Ordnung bestimmter Materien durch Verordnung berechtige diese nicht zur Regelung durch Einzelbefehle von Fall zu Fall, sondern nur zur abstrakten Regelung, - der äußerste Gegensatz gegen die, wie wir sehen werden, z. B. den Patrimonialismus schlechthin beherrschende Art der Regelung aller nicht durch heilige Tradition festgelegten Beziehungen durch individuelle Privilegien und Gnadenverleihungen" (Aus: "Wirtschaft und Gesellschaft. Grundriß der verstehenden Soziologie", 5. revid. Aufl., besorgt von Johannes Winckelmann., Studienausgabe, Tübingen 1980,551 u. 552; Erstausgabe: 1922).

liegt und das Verhältnis zu externen Gruppen (Kunden, Konkurrenz etc.) nicht thematisiert wird.

Weltbezug und Modalität

Hier gilt im wesentlichen das, was oben über normativ-regulierende Texte gesagt wurde. Es wird vorweg kommende Wirklichkeit geregelt.

Emittenten und Adressaten

In selten deutlicher Weise werden die Emittenten genannt. Adressaten sind die unternehmensinternen Gruppen: die Geschäftsleitung, die Vorgesetzten, die Mitarbeiter der Vorgesetzten, (alle) Mitarbeiter des Unternehmens, der Betriebsrat.

Verbindlichkeitsregelung

Dem Rang einer Grundordnung entspricht der Text dadurch, daß die wichtigsten Gruppen bzw. ihre Vertretungsorgane den Text gemeinsam verabschiedet haben: die Gesellschafter als Eigentümer, die Geschäftsleitung und der Betriebsrat. Auf explizite Sanktionsregelungen wird verzichtet.

Textsortenvarianten und Gestaltungsspielräume

Es begegnet im Textkorpus nur noch ein Text, der den Anspruch erhebt, eine GRUNDORDNUNG zu sein. Dieser Anspruch wird signalisiert durch den Texttitel *Bertelsmann Unternehmensverfassung.* Eine ANWENDUNGSREGEL dieses Textes legt dar, daß auch die Bertelsmann-Führungsgrundsätze Teil der *Unternehmensverfassung* sind:

Die Prinzipien für die Zusammenarbeit zwischen Führung und Mitarbeitern sind in den "Leitsätzen für die Führung" festgelegt, die Bestandteil dieser Unternehmensverfassung sind [Segment aus Text Nr. 16.1=Bertelsmann Unternehmensverfassung, s. u.].

Thematisch ist der Text - ohne die selbständig veröffentlichten *Leitsätze für die Führung* - dreigeteilt:

- Es werden Ziele festgelegt, wobei vor allem ökonomische und gesellschaftlich-kulturelle Ziele thematisiert werden (ZIELSETZUNGSKANON).

- Das Unternehmen beschreibt sein Selbstverständnis (PHILOSOPHIE), das sprachlich durch den Ausdruck *nach unserer Auffassung* signalisiert wird.
  Es wird die Beziehung des Unternehmens zu den Mitarbeitern thematisiert, wobei ganz verschiedene Regeltypen verwendet werden (ZIELDEFINITION, VERFAHRENSREGELUNG, GEBOT, SELBSTVERPFLICHTUNG etc.).
  Um die REGELN zu stützen, wird der Abschnitt *Das Unternehmen und seine Mitarbeiter* mit einer epistemischen Feststellung eingeleitet (s. u.).

Dem Anspruch einer GRUNDORDNUNG entspricht die Beteiligung der wichtigsten Emittentengruppen: Gesellschafter, Aufsichtsrat, Vorstand und Betriebsrat.

Gesellschafter, Aufsichtsrat, Vorstand und Betriebsrat der Bertelsmann AG geben dem Unternehmen folgende Verfassung, um seine kulturellen und wirtschaftlichen Ziele, seinen gesellschaftlichen Standort und die Grundsätze der betrieblichen Zusammenarbeit zu bestimmen [Segment aus der Bertelsmann Unternehmensverfassung, s. u.].

Der Appell ist als Form der Verbindlichkeitsgestaltung wenig typisch für eine GRUNDORDNUNG:

[Gesellschafter, Aufsichtsrat, Vorstand und Betriebsrat] fordern alle Mitarbeiter auf, diese Grundsätze als verbindlich zu betrachten und sie in ihrer Arbeit zu verwirklichen [Segment aus der Bertelsmann Unternehmensverfassung, s. u.].

Die Regelung von strukturellen Aspekten bleibt außen vor. Alles in allem wird man diesen Text weniger als prototypische GRUNDORDNUNG ansehen wollen, sondern eher als eine thematisch eingeschränkte Textsortenvariante:

Unternehmensgruppe Bertelsmann AG; Unternehmensverfassung (1985)

Gesellschafter, Aufsichtsrat, Vorstand und Betriebsrat der Bertelsmann AG geben dem Unternehmen folgende Verfassung, um seine kulturellen und wirtschaftlichen Ziele, seinen gesellschaftlichen Standort und die Grundsätze der betrieblichen Zusammenarbeit zu bestimmen. Sie fordern alle Mitarbeiter auf, diese Grundsätze als verbindlich zu betrachten und sie in ihrer Arbeit zu verwirklichen.

Das Unternehmen und seine Ziele

Wir sind ein Medienunternehmen, das im In- und Ausland Informationen, Bildung und Unterhaltung vermittelt. Dafür setzen wir alle uns verfügbar und geeignet erscheinende Medien ein. Unsere Produktions-, Vertriebs- und Dienstleistungsbetriebe werden auch für fremde Auftraggeber tätig.
Das Unternehmen soll liberal und fortschrittlich sein. Es strebt an, in eigener Verantwortung moderne gesellschaftliche Lösungen, die dem Menschen dienen, zu entwickeln.
Unsere publizistische Arbeit soll die freie Meinungsbildung in der Gesellschaft fördern. Wir verstehen uns deshalb als Verlagshaus der Alternativen, das unterschiedliche Meinungen veröffentlicht und für publizistische Freiheit und Vielfalt eintritt. Dies ist durch Dezentralisation und Delegation der Programmverantwortung gesichert.
Grenzen für unsere publizistische Tätigkeit sehen wir dort, wo Werte demokratischer Ordnung verletzt werden.
In unserer internationalen Tätigkeit wollen wir kulturelle Tradition und nationale Eigenart achten und fördern.
Zu den Zielen des Unternehmens gehört die Gewährleistung seiner Kontinuität und die Erhaltung seiner Ertragskraft. Umsatz und Gewinn sind nicht Selbstzweck, sondern Maßstäbe für die wirtschaftliche Bedeutung des Unternehmens in der Gesellschaft und die Tüchtigkeit von Führung und Mitarbeitern. Die Ertragskraft ermöglicht es dem Unternehmen, sich weiter zu entwickeln, seine Leistungen zu verbessern, das eingesetzte Kapital zu verzinsen, Arbeitsplätze zu sichern und seine Verpflichtungen gegenüber dem Staat zu erfüllen.

Das Unternehmen in der Gesellschaft

Wir treten für eine freiheitliche, demokratische und soziale Ordnung in der Gesellschaft ein, weil wir glauben, daß sie ein Höchstmaß an persönlicher Freiheit und die besten Voraussetzungen für gesellschaftliche Weiterentwicklungen gewährleistet.
Dazu sind nach unserer Auffassung erforderlich:

- Eine marktwirtschaftliche Ordnung, die auf den Prinzipien Wettbewerb, Leistung und breitgestreutem privaten Eigentum aufbaut. Dabei ist es Aufgabe des Staates, die Wahlfreiheit des Verbrauchers und den Wettbewerb zu sichern.
- Eine sozialverpflichtete Gesellschaftsordnung, in der die Eigentümer großer Produktivvermögen ihre treuhänderische Verpflichtung gegenüber der Allgemeinheit anerkennen.
- Ein betrieblicher Ordnungsrahmen, der bei gleichen Chancen jedem die Möglichkeit zur persönlichen Entfaltung schafft sowie materielle Gerechtigkeit, Beteiligung am Produktivvermögen, soziale Rücksichtnahme und ein ausgewogenes Verhältnis zwischen Rechten und Pflichten sichert.

Das Unternehmen und seine Mitarbeiter

Die Sicherung der Leistungsfähigkeit und die Weiterentwicklung des Unternehmens erfordern Einsatzbereitschaft und Kreativität der Mitarbeiter. Wir vertrauen auf die Initiative des einzelnen.
Es ist wichtig, daß sich die Mitarbeiter im Rahmen kritischer Loyalität mit ihren Aufgaben, den Zielen und dem Verhalten des Unternehmens identifizieren können. Dies ist nur zu erreichen, wenn sie laufend über die Arbeit und die Entwicklung des Unternehmens informiert werden und die Möglichkeit haben, ihre Sachkenntnis und Meinung in die Entscheidungsfindung einzubringen.
Befähigung und Verhaltensweise der Führung haben auf den Erfolg und die Kontinuität des Unternehmens entscheidenden Einfluß. Bei der Auswahl von Führungskräften hat die Befähigung Vorrang vor anderweitigen Ansprüchen.
Durch die Delegation von Aufgaben, Kompetenz und Verantwortung soll den Mitarbeitern in ihren Arbeitsgebieten ohne bürokratische Einengung ein möglichst großer Freiraum zur persönlichen und fachlichen Entfaltung gesichert werden. Sie sollen gerechte Chancen erhalten, sich zu entwickeln und für den beruflichen Aufstieg zu qualifizieren.
Die berufliche Bildung sehen wir als gemeinsame Aufgabe von Mitarbeiter und Unternehmen an.
Für seine Leistung erhält der Mitarbeiter eine markt- und leistungsgerechte Vergütung. Daneben halten wir eine Beteiligung an Gewinn und Kapital des Unternehmens für richtig.
Gerechtigkeit und soziale Rücksichtnahme bestimmen die Beziehungen des Unternehmens zu seinen Mitarbeitern. Soziale Hilfestellung wird dann gegeben, wenn staatliche Regelungen unzureichend sind und der einzelne unserer Hilfe bedarf.
Die Beziehungen der Mitarbeiter untereinander sollen fair und kooperativ sein und den Unternehmenszielen dienen.
[Die Prinzipien für die Zusammenarbeit zwischen Führung und Mitarbeitern sind von den "Leitsätzen für die Führung" festgelegt, die Bestandteil dieser Unternehmensverfassung sind.
Diese Unternehmensverfassung erhebt nicht den Anspruch der Endgültigkeit. Sie soll ständig überprüft und besseren Erkenntnissen angepaßt werden.

14. Februar 1985

R. Mohn	Dr. M. Wössner	J. Werner
Der Vorsitzende des Aufsichtsrates	Der Vorsitzende des Vorstands	der Vorsitzende des Konzernbetriebsrats.]

[Bertelsmann Unternehmensverfassung (1985), zit. nach LENK/MARING 1992,363-366. Die eingeklammerte Sequenz ist bei Lenk/Maring ausgelassen; ich zitiere sie nach dem mir vorliegenden Firmentext; H. E.]

3.1.1.2 Spezielle Ordnungen

3.1.1.2.1 Pflichten- und Rechtekanon, Aufgabenkanon

Leitfrage

Der PFLICHTEN- oder AUFGABENKANON klassischer Prägung, d. h. als bürokratische Regelungsform, wendet sich an Vorgesetzte und/oder deren Mitarbeiter und normiert das Führungsverhalten, teilweise auch das Kooperationsverhalten. Es überwiegt der Regeltyp GEBOT, der mit unterschiedlicher deontischer Abstufung (z. B. "*muß tun*" vs. "*soll tun*")[35] realisiert wird. Gelegentlich ist auch der Regeltyp RECHT belegt. Ob man von "Pflichten", "Aufgaben", "Funktionen" und manchmal auch von "Verantwortungen" spricht, ist abhängig vom Bild des Unternehmens und des Menschen. Beispielsweise verweist die Rede von "Funktionen" auf das Maschinenmodell vom Unternehmen. Der PFLICHTEN- ODER AUFGABENKANON antwortet auf die Frage: "Welche Führungspflichten/-aufgaben habe ich in bezug auf die mir unterstellten Mitarbeiter zu erfüllen?" bzw. "Welche Pflichten/ Aufgaben habe ich als Mitarbeiter meinem Vorgesetzten gegenüber zu erfüllen?".

Leittext

Den Leittext zitiere ich aus Text Nr. 6.2. in der Fassung vom 31.3.1978. Dieser Text ist aus potentiell selbständigen Teiltexten zusammengesetzt und ein prototypisches Exemplar der ALLGEMEINEN FÜHRUNGSANWEISUNG im Sinne des Harzburger Modells (s. nächstes Kapitel). Zusammen mit dem Kernstück des PFLICHTENKANONS formiert sich Text Nr. 6.2 zu einem komplexen Regelungstext. Exemplare des AUFGABEN-/PFLICHTENKANONS sind auch als selbständige Veröffentlichung belegt (s. u.). Hier zitiere ich nur den PFLICHTENKANON aus Text Nr. 6.2:

---

35 Die explizite Analyse modaler Ausdrucksmittel in Führungs- und Unternehmensgrundsätzen muß einer späteren Arbeit vorbehalten bleiben (s. Vorwort). Hier sei nur darauf hingewiesen, daß die Ergebnisse von SAYATZ (1996,284-286) zu beachten sind, die die deontischen Werte von "können"/"dürfen", "sollen"/"müssen" und "haben (...) zu"/"sein (...) zu" in Gesetzestexten bestimmt hat.

Pflichten des Vorgesetzen

- Der Vorgesetzte muß die richtigen Mitarbeiter haben. Er hat also dafür zu sorgen, daß die ihm unterstellten Delegationsbereiche mit Personen besetzt sind, die den anfallenden Aufgaben gewachsen sind.
- Wenn er feststellt, daß dies nicht der Fall ist, ist er verpflichtet, die notwendige Umbesetzung vorzunehmen oder, soweit dies seine Kompetenzen überschreitet, sie bei der zuständigen Stelle zu veranlassen.
- Der Vorgesetzte darf im Delegationsbereich seiner Mitarbeiter - außer in Notfällen - keine Entscheidungen treffen. Notfälle sind alle diejenigen Tatbestände, bei denen das Unternehmen ohne sofortigen Eingriff Schaden erleiden würde.
- Der Vorgesetzte hat im Rahmen der Zielsetzung der Stelle die Einzelziele festzulegen, die Mitarbeiter in einem gewissen Zeitraum zu erfüllen haben, und die Schwerpunkte für ihre Arbeit zu bestimmen.
- Der Vorgesetzte hat die Tätigkeit seiner Mitarbeiter im Sinne der Zielsetzung, die die Unternehmensführung für seinen Delegationsbereich gegeben hat, zu koordinieren.
- Der Vorgesetzte hat alle Fälle, die im Delegationsbereich der Mitarbeiter anfallen, aber über deren Kompetenzen hinausgehen (außergewöhnliche Fälle) mit den betreffenden Mitarbeitern zu erörtern und erst dann zu entscheiden.
- Der Vorgesetzte ist verpflichtet, seine Mitarbeiter über alles zu informieren, was sie wissen müssen, um die ihnen übertragenen Aufgaben ordnungsgemäß erledigen zu können.
- Gegenüber den Delegationsbereichen seiner Mitarbeiter übt der Vorgesetzte Dienstaufsicht und Erfolgskontrolle aus. Diese Kontrollfunktionen erstrecken sich darauf, ob die Mitarbeiter die ihnen übertragenen Aufgaben in fachlicher und führungsmäßiger Hinsicht - unter Berücksichtigung der Grundsätze für eine Führung mit Delegation von Verantwortung - zielorientiert, ordnungsgemäß und termingerecht erledigt haben.
- Stellt der Vorgesetzte Mängel fachlicher oder führungsmäßiger Art bei den ihm unterstellten Mitarbeitern fest, so hat er den Tatbestand eingehend mit ihnen durchzusprechen und für Abänderung zu sorgen, ggf. unter Hinweis auf die bestehenden Richtlinien.
- Die Kritik hat er dabei so zu gestalten, daß Initiative, Mitdenken und Mithandeln nicht gestört werden, sondern eine weitere positive Zusammenarbeit gewährleistet bleibt.
- Erfolgt trotzdem keine Änderung im Verhalten des Mitarbeiters, so muß der Vorgesetzte nach wiederholten Kritikgesprächen daraus die Konsequenzen ziehen und die Versetzung oder Kündigung veranlassen. Im Einzelfall ist der Vorgesetzte berechtigt, bei Weigerung des Mitarbeiters, seine Anordnungen durchzuführen, selbst in dessen Delegationsbereich zu handeln bzw. die entsprechenden Anweisungen an dessen Mitarbeiter zu geben.
- Ebenso wie es Pflicht des Vorgesetzten ist, Kritik zu üben, hat er andererseits auch die Pflicht, Anerkennung auszusprechen, wenn sie der Mitarbeiter verdient hat.
- Der Vorgesetzte hat seine Mitarbeiter zu fördern und für eine angemessene leistungsgerechte Bezahlung durch Vorschläge an die zuständige Stelle einzutreten.
- Hinsichtlich Schulung ist der Vorgesetzte verpflichtet, seine Mitarbeiter fachlich zu unterweisen.
- Er hat seine Mitarbeiter mindestens einmal jährlich - zum 1. Februar - zu beurteilen.

Fallweise Beurteilung hat zu erfolgen,
vor Ablauf der Probezeit,
vor Versetzungen oder
aus einem anderen wichtigen Anlaß,
der eine Beurteilung erforderlich macht.
Die Beurteilung ist mit dem Mitarbeiter zu besprechen.

Pflichten des Mitarbeiters

- Der Mitarbeiter hat im Rahmen seines Delegationsbereiches selbständig aus eigener Initiative zu handeln und zu entscheiden. Dabei muß er sich an die allgemein gültigen Richtlinien und Zielsetzungen des Unternehmens halten.
- Die Fälle, die in seinem Delegationsbereich auftreten, zu deren Entscheidung jedoch seine Befugnisse nicht ausreichen, hat er seinem Vorgesetzten zur Entscheidung vorzulegen und ihn entsprechend zu beraten (außergewöhnliche Fälle).
- Ebenso ist er verpflichtet, seinen Vorgesetzten in allen Fällen verantwortlich zu beraten, in denen dieser sich seines Rates bedienen will.
- Der Mitarbeiter ist verpflichtet, seinen Delegationsbereich zu intensivieren, d. h. ständig darüber nachzudenken, wie das, was heute besteht, morgen verbessert werden kann, um optimale Ergebnisse zu erzielen. Er muß sich also in seinem eigenen Delegationsbereich unternehmerisch verhalten.
- Liegt die Verwirklichung seiner Ideen im Rahmen seiner Kompetenzen, so hat er die Durchführung von sich aus zu veranlassen und den Vorgesetzten darüber zu informieren. Reichen seine Befugnisse dafür nicht aus, so hat er das beabsichtigte Vorhaben als außergewöhnlichen Fall dem Vorgesetzten vorzutragen.
- Der Mitarbeiter hat seinen Vorgesetzten unaufgefordert über den ihm delegierten Bereich so weit zu informieren, daß dieser den Gesamtüberblick behält, die für seine Entscheidungen wichtigen Tatbestände kennt und somit auch seinen Vorgesetzten wiederum über Lage und Entwicklung dieses Bereichs orientieren kann.
- Der Mitarbeiter ist verpflichtet, von sich aus, also ohne besondere Weisung seines Vorgesetzten, seine Kollegen und die für seinen Bereich zuständigen Stabsstellen unmittelbar über diejenigen Tatbestände aus seinem Bereich zu informieren, die für sie zur Bewältigung ihrer eigenen Aufgaben wichtig sind.
- Der Mitarbeiter ist verpflichtet, sich über die Entwicklung auf Gebieten, die seinen Delegationsbereich betreffen, auf dem laufenden zu halten; er muß also ständig bemüht sein, sein Wissen und Können auf den neuesten Stand zu bringen, um in seiner Leistung nicht abzufallen.

[Kap. 3 u. 4 aus Text Nr. 6.2; alle anderen Kap. s. u. ALLGEMEINE FÜHRUNGSANWEISUNG.]

Kommentar

Illokutionen und Illokutionsstruktur

Unter den Regeltypen des Textes überwiegen GEBOTE, die überwiegend modal zum Ausdruck gebracht werden, und zwar mit Hilfe des modalen Infinitivs (*hat zu tun/ist zu tun*), mit Hilfe des Modalverbs *müssen* oder mit Hilfe von deontischen Wendungen wie *ist verpflichtet/hat die Pflicht/es ist Pflicht*. Neben den GEBOTEN begegnen die Regeltypen VERBOT, RECHT und DEFINITION (Sprachregelung). Auf stützende Sprechhandlungen wird weitgehend verzichtet, und wo ein Argumentationszusammenhang ausgedrückt wird, sind Antezedens und Konsequenz modalisierte Regelausdrücke, wobei hier *müssen* eine von der Sache geforderte Notwendigkeit signalisiert: *Der Vorgesetzte muß die richtigen Mitarbeiter haben. Er hat also dafür zu sorgen, daß* [...] (s.o.).

Themenentfaltung und Themenstruktur

Es dominiert die deskriptive Themenentfaltung, die stark der Paragraphenstruktur angenähert ist. Die einzelnen Äußerungen werden nicht zu thematischen Blöcken zusammengefaßt.

Weltbezug und Modalität

Es gilt das für normativ-regulierende Texte Gesagte (s. o.)

Emittenten und Adressaten

Emittent des PFLICHTENKANONS ist der Vorstand, Adressaten sind alle Mitarbeiter des Unternehmens.

Verbindlichkeitsregelung

Auf Sanktionsregelungen wird verzichtet. Die Verbindlichkeit wird im letzten Abschnitt erklärt, wo es heißt:

Schlußbestimmungen // Diese Führungsgrundsätze treten ab 31.3.78 in Kraft und sind für alle Mitarbeiter der [XY] verbindlich. // Der Vorstand [Text Nr. 6.2].

Textsortenvarianten und Gestaltungsspielräume

Varianten betreffen die Illokutionsstruktur, die Themenstruktur, die Ebene der sprachlichen Realisierung und die Art und Weise der Verbindlichkeitsgestaltung. Mancher PFLICHTENKANON verzichtet fast ganz auf die Modalisierung und benutzt stattdessen den kategorischen Indikativ Präsens. Manche Texte wählen indirekte Äußerungsformen, wobei der Kontext die normative Kraft sicherstellen muß und die normsetzenden Agenten mit Hilfe von ideologiestilistischen Vorgangsbeschreibungen in den Hintergrund gerückt werden:

Personalverantwortung // Der Unternehmensgrundsatz der Achtung vor dem einzelnen ist die Basis der Personalführung im Unternehmen. In diesem Zusammenhang **entstehen** folgende Aufgaben: // ... // Personaleinsatz // Dazu gehört: - offene Stellen mit fähigen Mitarbeiterinnen und Mitarbeitern zu besetzen; // - Fähigkeiten der Mitarbeiterinnen und Mitarbeiter optimal zu nutzen; // - Mitarbeiterinnen und Mitarbeiter freizugeben, wenn sie andere Aufgaben übernehmen können [Sequenz aus Text Nr. 52.2; 1988, Hervorhebung durch Fettdruck von mir, H. E.].

Eine andere Form von Indirektheit ist gekoppelt mit personalisierender Rede, und zwar werden in diesem Falle die Pflichten/Aufgaben der Vorgesetzten und Mitarbeiter als Erwartungen formuliert, die das Unternehmen gegenüber den Adressaten hegt. Indirektheit liegt vor, weil der deontische Wert mit Hilfe von Ausdrucksmitteln der Sprechereinstellung signalisiert wird. Text Nr. 61 setzt sich aus sieben Themenblöcken ("Zielsetzung", "Delegation", "Entscheidungen", "Information", "Motivation", "Kontrolle" und "Zusammenarbeit") zusammen, die eine identische Illokutionsstruktur haben, weshalb es genügt, einen Themenblock zu zitieren:

Kontrolle
Ziele setzen bedeutet auch die Notwendigkeit von Kontrollen. Dabei zeigen sich Übereinstimmungen oder Abweichungen; letztere erfordern Begründungen und gegebenenfalls Korrekturen. [Die Firma XY] erwartet von den Vorgesetzten, daß sie das Erreichen der Ziele und die Aufgabenerfüllung regelmäßig kontrollieren, den Mitarbeiter in diese Kontrolle einbeziehen und feststellen, ob er einer Unterstützung bedarf.
[Die Firma XY] erwartet von den Mitarbeitern, daß sie die Notwendigkeit von Kontrollen anerkennen, bereit sind, sich ihnen zu stellen und etwaige Kritik als Hilfe annehmen [Sequenz aus Text Nr. 61].

In der Regel werden die Texte von den Unternehmensleitungen erlassen. Selten kommt die Verbindlichkeit im Wege einer Betriebsvereinbarung zwischen Betriebsrat und Unternehmensleitung gesichert. Ein Beispiel hierfür sind die VW-Führungsgrundsätze, die in LENK/MARING (1992,392-396) abgedruckt sind.

Texte, die inhaltlich stärker kooperativen Führungskonzepten verpflichtet sind, behandeln explizit das Thema "Zusammenarbeit" (z. B. Z. zwischen Kollegen) und bringen epistemische Redehintergründe in den Text ein, die die Dinge als sachnotwendig erscheinen lassen oder die die Regeln stützen, also rechtfertigen und einsichtig machen sollen. Ferner werden normative EMPFEHLUNGEN integriert, die sprachlich durch "*soll*" und auch "*sollte*" signalisiert werden und sich nicht nur auf Handlungen (z. B. "jmdn. informieren"), sondern auch auf Verhalten (z. B. "jmdm. offen begegnen"), (mentale) Zustände (z. B. "etw. wissen"/"bereit sein für etw.") und Prozesse erstrecken können (z. B. "*sich entwickeln*"). Auch gehen solche Texte von dem strengen, z. B. für Gesetzestexte geltenden Pronominalisierungsverbot ab, wie der folgende Beleg zeigt:

Der Vorgesetzte ist verantwortlich für die Auswahl, Ausbildung, Förderung und den Einsatz der Mitarbeiter im Sinne der Gesamtunternehmung. **Er** schafft zweckmäßige Arbeitsbedingungen. **Er** delegiert die Kontrolle der Arbeit so weit wie möglich [Sequenz aus Text Nr. 100.1; Hervorhebung durch Fettdruck von mir; H. E.].

Der folgende Text, Nr. 80.1, verkörpert die moderne, mehr kooperativ ausgerichtete und an MBO-Konzepten orientierte Variante des AUFGABEN- und PFLICHTENKANONS[36]. Eine Sanktionsregelung am Ende symbolisiert die Ernsthaftigkeit des Gemeinten.

Text Nr. 80.1: Variante des AUFGABEN-/PFLICHTENKANONS

Vorwort [...] Alle sind aufgerufen, die Regeln Praxis werden zu lassen! // Der Vorstand // [2 Unterschriften] [Ort], im April 1982

1 Gute Zusammenarbeit führt zum Erfolg

Eine gute Zusammenarbeit aller Mitarbeiter ist Grundlage für den Unternehmenserfolg.
Sie erfordert:

- Leistung, Eigeninitiative und konstruktive Kritik eines jeden Mitarbeiters auf allen Ebenen des Unternehmens. Jeder muß bereit sein, die Verantwortung für sein Handeln zu überneh-

36 Bei den in Kap. 4.3.3 abgedruckten Krupp-Leitsätzen handelt es sich eher um eine "verschlankte" bürokratische Version des AUFGABEN-/PFLICHTENKANONS.

men, Persönlichkeit und Leistung anderer Mitarbeiter anzuerkennen und ihnen offen und vertrauensvoll zu begegnen.

- einen Führungsstil, der neben fachgerechter Erfüllung von Sachaufgaben die Interessen der Mitarbeiter an beruflichem Fortkommen, angemessener Bezahlung, gerechter Behandlung und persönlicher Entfaltung berücksichtigt. Vom Führungsverhalten der Vorgesetzten hängt es weitgehend ab, ob gut zusammengearbeitet wird.
- einen klaren organisatorischen Rahmen. Jeder muß wissen, wofür er zuständig und wem er verantwortlich ist.
- ein verständnis- und vertrauensvolles Zusammenwirken mit den Arbeitnehmervertretungen, insbesondere den Betriebsräten.

2 Klare Ziele bestimmen das Handeln

Jeder muß die Ziele seines Handelns und die übergeordneten Zielsetzungen für seine Tätigkeit kennen. Jeder soll wissen, wozu das Ergebnis seiner Arbeit im Rahmen des gesamten Unternehmens dient.
Der Vorgesetzte muß dafür sorgen, daß die für seinen Bereich geplanten Ziele erreicht werden. Er soll dazu gemeinsam mit seinen Mitarbeitern Aufgaben festlegen und den Arbeitsablauf organisieren. Er hat sich dafür einzusetzen, daß Anzahl, Bewertung und Besetzung der Arbeitsplätze dem Umfang und der Qualität der zu erfüllenden Aufgaben entsprechen. Die Belastung der Mitarbeiter untereinander soll ausgewogen sein und das Leistungsvermögen des einzelnen berücksichtigen.
Die Ziele müssen eindeutig bestimmt und nach Möglichkeit in meßbaren Größen wie Menge, Güte oder Zeitpunkt ausgedrückt sein. Wie der Mitarbeiter seine Arbeitsziele erreicht, soll ihm soweit wie möglich überlassen bleiben.

3 Verantwortung und Kontrolle müssen sein

Selbständig arbeiten heißt Verantwortung tragen. Dazu muß jeder in seinem Aufgabengebiet bereit sein. Vorgesetzte müssen ihren Mitarbeitern entsprechende Befugnisse einräumen und Verantwortung delegieren. Sie sollen ihre Mitarbeiter anregen, eigene Ideen und Lösungen zu entwickeln und diese positiv aufnehmen. Nur in Ausnahmefällen soll der Vorgesetzte in Verantwortungsbereiche des Mitarbeiters eingreifen.
Zur Übertragung von Aufgaben und Verantwortung gehört die Kontrolle - zunächst Selbstkontrolle als Ausdruck eigenverantwortlicher Tätigkeit, danach Kontrolle durch den Vorgesetzen. Die Kontrolle durch den Vorgesetzten muß sachbezogen und vorurteilsfrei sein und soll das unbedingt erforderliche Maß nicht überschreiten. Sie ist kein Mißtrauensbeweis, sondern eine - auch aus Sicherheitsgründen - notwendige Maßnahme zur Steuerung von Arbeitsabläufen und Verhaltensweisen.

4 Information ermöglicht erst Zusammenarbeit

Rechtzeitige, sachgerechte und ausreichende Information ist Voraussetzung erfolgreicher Zusammenarbeit. Es kommt darauf an, das Geschehen im Unternehmen transparent zu machen, Ziele, Situationen und Maßnahmen deutlich aufzuzeigen. Nur so wird jedem eine zuverlässige Orientierung für sein Handeln möglich.

Der Mitarbeiter muß informieren:

- den Vorgesetzten über wesentliche Entwicklungen und Entscheidungen in seinem Bereich.
- andere Kollegen, soweit dies notwendig ist, um gemeinsame Aufgaben zu erfüllen.

Der Vorgesetzte muß die Mitarbeiter unterrichten über:

- alles, was für sie wesentlich ist, um ihre Aufgaben zu bewältigen.
- alles, was die Mitarbeiter unmittelbar und persönlich betrifft.

Reichen die gegebenen Informationen nicht aus, muß sich jeder selbst informieren. Mündlich geht es oft schneller, schafft gegenseitiges Vertrauen und vermeidet unnötige Papierflut. Schriftliche Informationen sind auf das notwendige Maß zu begrenzen und sollen gezielt gegeben werden.

5 Entscheidungen muß jeder treffen

Jeder soll in seinem Aufgabenbereich Entscheidungen in eigener Verantwortung treffen. Dazu gehört der Mut zum Risiko, denn Fehlentscheidungen können nicht ausgeschlossen werden.
Für eine sachgerechte Entscheidung müssen alle notwendigen Informationen sowie eigene Kenntnisse und Fähigkeiten genutzt werden. In schwierigen Situationen sollen sich Mitarbeiter rechtzeitig mit ihrem Vorgesetzten beraten. Dies darf aber nicht dazu führen, daß Verantwortung laufend zurückgegeben wird.
Einmal getroffene Entscheidungen müssen von allen Beteiligten loyal vertreten werden. Ändern sich die Umstände oder erweist sich eine Maßnahme als Fehlentscheidung, müssen Mut und Bereitschaft zur Korrektur aufgebracht werden.

6 Anerkennung und Kritik

Jeder hat ein Recht darauf, daß seine Fähigkeiten und Leistungen anerkannt werden. Diese Anerkennung sollen Vorgesetzte ihren Mitarbeitern gegenüber deutlich aussprechen.
Jeder hat sich auch der Kritik zu stellen. Sie muß abgewogen sein und Hinweise enthalten, wie mögliche Schwächen abgebaut werden können. Kritik zwischen Vorgesetztem und Mitarbeiter soll in einem Gespräch unter vier Augen geübt werden.
Jeder Mitarbeiter soll offen zur Einschätzung durch seinen Vorgesetzten Stellung nehmen. Vorgesetzte müssen bereit sein, ihre Wertungen zu überdenken, ihr Führungsverhalten zu überprüfen und sich der Kritik aus den Reihen der Mitarbeiter zu stellen.
Anerkennung, Kritik und regelmäßige Gespräche zwischen Vorgesetzten und Mitarbeitern führen zur Beurteilung.

7 Weiterbildung eröffnet neue Chancen

Jeder soll seine fachlichen Kenntnisse und Fähigkeiten soweit wie möglich entwickeln, um sich für neue Anforderungen seines Arbeitsplatzes oder für andere Aufgaben zu qualifizieren.
Weiterbildung bedarf in besonderem Maße der persönlichen Initiative. Aufgabe des Vorgesetzten ist es, den Mitarbeiter hierbei zu unterstützen. Er muß sich vom Ausbildungsstand seiner Mitarbeiter überzeugen und erforderliche Weiterbildung im Rahmen der betrieblichen Möglichkeiten fördern. Neben dem Training in Kursen und Seminaren steht gleichwertig die Ausbildung am Arbeitsplatz. Zur Weiterbildung und Förderung gehören insbesondere das systematische Einarbeiten neuer Mitarbeiter, die Erweiterung des Fachkönnens, das Übertragen neuer Aufgaben

sowie der Erwerb von Führungsqualifikationen. Mitarbeiter mit weiterreichenden Fähigkeiten sollen gezielt gefördert werden.

8 Zusammenarbeit mit dem Betriebsrat

Basis der Zusammenarbeit mit dem Betriebsrat ist das Betriebsverfassungsgesetz, dessen Vorschriften von allen zu beachten sind. Danach ist der Betriebsrat legitimierter Vertreter der Interessen der Mitarbeiter.
Jeder Mitarbeiter hat das Recht, sich an den Betriebsrat zu wenden, wenn er dies für erforderlich hält. Daraus darf ihm kein Nachteil erwachsen.
Bei strittigen Fragen sollen Vorgesetzte, Betriebsrat und Personalleitung Vorschläge zur Beilegung von Meinungsverschiedenheiten machen und mit dem ernsten Willen zur Einigung verhandeln.
Im Sinne vertrauensvoller Zusammenarbeit sollen die Kontakte mit dem Betriebsrat sachlich und fair gestaltet werden.

... und dem Sprecherausschuß

Entsprechend soll sich die Zusammenarbeit mit der Vertretung der leitenden Angestellten, dem Sprecherausschuß, gestalten, dessen Rechte durch Vertrag festgelegt sind.

9 Grundsätze gelten für alle

Diese Grundsätze der Zusammenarbeit und Führung sind für alle Mitarbeiter verbindlich. Jeder hat das Recht, sich auf sie zu berufen. Verstöße gegen diese Grundsätze können zu Disziplinarmaßnahmen führen.
Meinungsverschiedenheiten und Beanstandungen bezüglich ihrer Anwendung sollen in offener Aussprache zwischen den Beteiligten geklärt werden. Anhaltende Mißverständnisse und persönliche Spannungen sind unter Einschaltung des direkten bzw. nächsthöheren Vorgesetzten zu klären.
Das Verhalten nach diesen Grundregeln ist für die berufliche Entwicklung der Mitarbeiter ebenso wichtig wie die fachliche Qualifikation.
[Text 80.1; vorangestellt ist dem AUFGABEN-/PFLICHTENKANON ein Vorwort des Vorstandes, in dem die Unternehmensziele beschrieben werden.]

3.1.1.2.2 Allgemeine Führungsanweisung

Die ALLGEMEINE FÜHRUNGSANWEISUNG gehört - neben der Stellenbeschreibung und der Speziellen Führungsanweisung[37] - zu jenen schriftlichen Doku-

37 Die Spezielle Führungsanweisung dient dazu, "die allgemeinen Grundsätze der Führung im Mitarbeiterverhältnis auf eine bestimmte Stelle zu übertragen und damit zu konkretisieren. Das kann insbesondere auf den unteren und mittleren Ebenen wünschenswert sein, wenn die Stelleninhaber nicht in der Lage sind, von sich aus die allgemeinen Grundsätze der Führung

menten, die das Harzburger Führungskonzept fordert (vgl. HÖHN 1987,618). Die ALLGEMEINE FÜHRUNGSANWEISUNG ist danach:

> eine Brücke, deren es beim Übergang von der autoritären Führung zur Führung im Mitarbeiterverhältnis bedarf. Wenn die Führungsgrundsätze allen Beteiligten in Fleisch und Blut übergegangen sind, so daß sie unbewußt entsprechend handeln, hat die 'Allgemeine Führungsanweisung' ihren Zweck erfüllt [HÖHN 1966,22].[38]

Zugleich dient das von der Unternehmensleitung zu erlassende Regelwerk als Kontroll- und Beurteilungsinstrument:

> Mit ihrer Inkraftsetzung werden diese Führungsgrundsätze zur Norm erhoben und dienen als Basis für die Kontrolle und Beurteilung des Stelleninhabers in fachlicher und führungsmäßiger Hinsicht [HÖHN 1987,618].

Ich stelle im folgenden die funktionale Makrostruktur und die Themenstruktur vor, wobei ich mich an den Ausführungen von R. HÖHN orientiere:

Funktionale Makrostruktur der ALLGEMEINEN FÜHRUNGSANWEISUNG:

- BESCHREIBUNG und ERLÄUTERUNG: Das Wesen der Führung im Mitarbeiterverhältnis und das Prinzip der Delegation von Verantwortung als Kernstück der Führung im Mitarbeiterverhältnis,
- FESTLEGUNG der Mitarbeiter- und Vorgesetztenpflichten (PFLICHTENKANON),
- ANWENDUNGSREGELN für den Einsatz von Führungsmitteln (techn. Regeln, s. u.),
- ZUSTÄNDIGKEITS- und VERFAHRENSREGELUNGEN (vgl. HÖHN 1966,22-40).

im Mitarbeiterverhältnis auf ihren Bereich zu übertragen. So haben sich 'Spezielle Führungsanweisungen' auf der Ebene der Vorarbeiter und Meister, aber auch der Betriebsleiter, Abteilungsleiter und Sachbearbeiter bewährt" (HÖHN 1966,40). Vgl. ebda S. 304-308 das Beispiel einer Speziellen Führungsanweisung und auf den Seiten 287ff. Beispiele für Stellenbeschreibungen.

38 Zur Kritik am ideologiestilistischen Gebrauch des Ausdrucks "Mitarbeiter" vgl. NELL-BREUNING (1990,265).

Themenstruktur der ALLGEMEINEN FÜHRUNGSANWEISUNG:

I. Darstellung bzw. Erläuterung des **Wesens der Führung im Mitarbeiterverhältnis** [...].
II. Darstellung bzw. Erläuterung des Prinzips der **Delegation von Verantwortung** als Kernstück der Führung im Mitarbeiterverhältnis.
III. Die Festlegung der **Pflichten**, die der Mitarbeiter bei dieser Führung zu erfüllen hat [...].
IV. Die Darstellung der **Pflichten**, die der Vorgesetzte gegenüber seinen Mitarbeitern wahrzunehmen hat [...].
V. Die Darstellung der **Verantwortung** bei einer Führung im Mitarbeiterverhältnis.
VI. Die **Dienstaufsicht**, d. h. die Grundsätze, nach denen die Dienstaufsicht vorzunehmen ist [...].
VII. Die **Erfolgskontrolle**, d. h. die Grundsätze, nach denen die Erfolgskontrolle vorzunehmen ist [...].
VIII. Die **Information**, d. h. die Grundsätze, nach denen der Mitarbeiter den Vorgesetzten, der Vorgesetzte den Mitarbeiter und der Mitarbeiter seine Kollegen aus benachbarten Delegationsbereichen zu informieren hat [...].
IX. Das **Mitarbeitergespräch** bzw. die **Mitarbeiterbesprechung**, d. h. die Grundsätze, nach denen ein Mitarbeitergespräch bzw. eine Mitarbeiterbesprechung geführt werden muß [...].
X. **Dienstgespräch** und **Dienstbesprechung**, d. h. die Grundsätze, nach denen ein Dienstgespräch bzw. eine Dienstbesprechung geführt werden muß [...].
XI. **Kritik** und **Anerkennung**, d. h. die Grundsätze, nach denen der Vorgesetzte bei Kritik und Anerkennung zu verfahren hat [...].
XII. Das **Verhältnis von Linie und Stab** sowie der Stäbe untereinander, d. h. die Grundsätze, nach denen sich das Zusammenspiel zwischen Linie und Stab sowie zwischen den Stäben vollzieht [...].
XIII. Die **Stellvertretung**, d. h. die Grundsätze für das Zusammenspiel zwischen Stellvertreter und Stelleninhaber [...].
XIV. Die **Platzhalterschaft**, d. h. die Regeln für das Zusammenspiel zwischen Platzhalter und Stelleninhaber [...].
XV. Der **Einzelauftrag**, d. h. die Richtlinien, an die der Vorgesetzte sich zu halten hat, wenn er den ihm unterstellten Mitarbeitern besondere Aufträge erteilt [...].
XVI. Der **Dienstweg**, d. h. die Linie, über die die Verbindung von der untersten Ebene bis zur Unternehmensspitze hergestellt wird, sowie die Grundsätze, die bei einer Führung im Mitarbeiterverhältnis für die Benutzung des Dienstweges gelten.
XVII. Die Einsetzung von **Fachvorgesetzten** und die dafür geltenden Grundsätze [...].
XVIII. Der **Disziplinarvorgesetzte**, d. h. die Grundsätze, die für die Verhängung von Disziplinarmaßnahmen im Unternehmen gelten [...].
XIX. Die **Beschwerde**, d. h. die Festlegung, wie der Beschwerdeweg im Unternehmen läuft und ob es neben der einfachen Beschwerde noch eine weitere Beschwerde gibt [...].
[HÖHN 1966,22-40; Hervorhebungen durch Fettdruck von mir; H. E.]

Leitfrage

Welche Regeln sind von den Vorgesetzten zu beachten, wenn sie nach dem Konzept der Führung im Mitarbeiterverhältnis führen wollen oder müssen?

Leittext

Im vorangegangenen Kapitel habe ich als Beispiel für einen klassischen PFLICHTENKANON einen Teiltext aus Nr. 6.2, Kap. 3 und 4, zitiert. Der Ganztext ist nach dem Muster der ALLGEMEINEN FÜHRUNGSANWEISUNG konzipiert.

1. Einführung

Führung im Mitarbeiterverhältnis

Die Führungsgrundsätze der [Firma XY] basieren auf einem zeitgemäßen Führungsstil, der die Bezeichnung "Führung im Mitarbeiterverhältnis" trägt. Die Führung im Mitarbeiterverhältnis ist gekennzeichnet durch die Übertragung - Delegation - von Verantwortung auf die Mitarbeiter, die ihrerseits bemüht sein müssen, die ihnen gestellten Aufgaben durch eigene Initiative und echte Mitarbeit nach bestem Können zu erfüllen. Das grundlegend Neue der Führung im Mitarbeiterverhältnis liegt in folgendem:

- Die betrieblichen Entscheidungen werden nicht mehr lediglich von einem oder einigen wenigen an der Spitze des Unternehmens getroffen. Die Mitarbeiter werden nicht mehr durch einzelne Aufträge vom Vorgesetzten geführt. Sie haben vielmehr einen bestimmten Aufgabenbereich, in dem sie selbständig handeln und entscheiden.
- Die Verantwortung ist nicht mehr auf die oberste Spitze konzentriert, sondern wird mit den Aufgaben und den dazugehörigen Kompetenzen auf die Ebene übertragen, die sich damit zu beschäftigen hat.
- Das Unternehmen wird nicht mehr, wie dies typisch für die hergekommene Denkweise ist, von oben nach unten aufgebaut, indem die vorgesetzte Instanz nur das abgibt, was ihr zuviel wird, sondern von unten nach oben, indem die vorgesetzte Instanz der untergeordneten nur diejenigen Entscheidungen abnimmt, die die untere Instanz beim besten Willen nicht mehr allein zu fällen vermag.

Dies bedeutet, daß mit den Mitarbeitern ein partnerschaftliches Verhältnis praktiziert wird, in dem Methoden und Stil der Zusammenarbeit dem Recht des Mitarbeiters auf Humanität am Arbeitsplatz und der Chance zur Selbstentscheidung und beruflichen Entwicklung dienen. Diese Führungsmethode verlangt die Übernahme von Risiken, die Bereitschaft zur Kontrolle und zur Entgegennahme von Kritik sowie mehr Verantwortung durch Delegation der Entscheidungsbefugnisse. Sie gewährt Entschlußfreude, Bewegungsfreiheit und Ermessensspielraum. Eine reibungslose Zusammenarbeit fördert die persönliche Entwicklung eines jeden Mitarbeiters, stärkt das betriebliche Zusammengehörigkeitsgefühl und gibt Zufriedenheit am Arbeitsplatz.

Delegation von Verantwortung ist die wichtigste Grundlage dieses Führungsstils, der in den folgenden Abschnitten ausführlich erläutert wird.

2. Delegation der Verantwortung

2.1 Prinzip der Delegation

Der Mitarbeiter erhält einen fest umgrenzten Aufgabenbereich mit den entsprechenden Kompetenzen, innerhalb dessen er verpflichtet ist, selbständig zu handeln und zu entscheiden. Der Vorgesetzte darf im Aufgabenbereich seines Mitarbeiters prinzipiell keine Entscheidungen treffen. Der Bereich des Mitarbeiters ist vielmehr aus dem Handlungs- und Entscheidungsbereich des Vorgesetzten herausgenommen. Es entfällt das den autoritären Führungsstil kennzeichnende Recht zum ständigen Eingriff des Vorgesetzten. Führungsaufgaben, die ein Vorgesetzter gegenüber seinen unmittelbar unterstellten Mitarbeitern wahrzunehmen hat, sind nicht delegierbar. Das Prinzip der Delegation verbietet die Rückdelegation von Aufgaben an den Vorgesetzten durch den Mitarbeiter.

Die Wirksamkeit der Delegation ist davon abhängig, daß Delegation auf jeder Führungsebene praktiziert wird und alle delegierbaren Aufgaben so weit wie möglich auf die Mitarbeiter übertragen werden. Dies setzt entsprechende Bereitschaft und Fähigkeit sowohl beim Vorgesetzten als auch beim Mitarbeiter voraus. Mit der Übertragung der Aufgaben, die der Mitarbeiter zu erfüllen hat, und den dazugehörigen Kompetenzen ist zugleich die Verantwortung abgegrenzt. Es ergeben sich dabei zwei Arten von Verantwortung, die Handlungs- und die Führungsverantwortung:[39]

- Der Mitarbeiter trägt die Handlungsverantwortung, d. h. er ist für alles verantwortlich, was er in seinem Delegationsbereich tut oder zu tun unterläßt.
- Der Vorgesetzte trägt die Führungsverantwortung, d. h. er trägt die Verantwortung dafür, daß er seine Pflichten als Vorgesetzter gegenüber seinen Mitarbeitern erfüllt.

2.2 Zweck der Delegation

Durch Delegation soll erreicht werden:

- Optimaler Wissensstand, Entwicklung der Fähigkeiten und Eigeninitiative der Mitarbeiter.
- Das selbständige Mitdenken und Handeln der Mitarbeiter zu fördern.
- Optimierung der Leistung und Selbstkontrolle der Mitarbeiter.
- Mehr Eigenverantwortung für den einzelnen Mitarbeiter.
- Jeder Vorgesetzte erhält die Freiheitsräume, um sich den Führungsaufgaben widmen zu können.
- Hemmnisse des Arbeitsablaufes werden abgebaut und die Abläufe somit beschleunigt.

---

39 Diese Abgrenzung entspricht "eher der Einteilung in dispositive und ausführende Tätigkeit als dem Bild des mündigen Mitarbeiters auf unterschiedlichen Verantwortungsebenen mit abgestuften Führungsfunktionen und entsprechender Führungsverantwortung" (ALBACH 1983,11).

3. Pflichten des Vorgesetzten

[s. o. Kap. 3.1.1.2.1 Pflichten- und Rechtekanon, Aufgabenkanon]

4. Pflichten des Mitarbeiters

[s.o. Kap. 3.1.1.2.1 Pflichten- und Rechtekanon, Aufgabenkanon]

5. Stellvertretung

Für die Tätigkeit und Verantwortung von Stellvertreter und Stelleninhaber sowie das Zusammenspiel zwischen beiden gelten folgende Grundsätze:

5.1 Für den Stellvertreter

- Der Stellvertreter handelt im Namen des zu Vertretenden, aber in eigener Verantwortung. Er nimmt im Vertretungsfall den Delegationsbereich des Stelleninhabers wahr.
- Der Stellvertreter hat die Vertretung im Sinne und Geist des Stelleninhabers und in Übereinstimmung mit der Zielsetzung der Stelle wahrzunehmen.
- Der Stellvertreter hat sich dem Stelleninhaber gegenüber in jeder Weise loyal zu verhalten.
- Nach Ablauf der Vertretungszeit ist der Stellvertreter verpflichtet, den Stelleninhaber über alle wesentlichen Vorkommnisse zu informieren.

Der Stellvertreter ist dafür verantwortlich, daß er

- sich ständig vertretungsfähig hält. Es gehört zu seinen Pflichten, sich über alle wichtigen Vorgänge im Bereich des Stelleninhabers zu informieren und den Kontakt zum Stelleninhaber aus eigener Initiative zu halten;
- im Vertretungsfall den Delegationsbereich des Stelleninhabers ordnungsgemäß wahrnimmt;
- sich an die allgemein geltenden Regeln für das Zusammenspiel von Stelleninhaber und Stellvertreter hält.
- den Vorgesetzten wie evtl. unterstellten Mitarbeitern und dritten Stellen im Unternehmen gegenüber die Regeln der Führung im Mitarbeiterverhältnis beachtet.

Die Stellvertretung begründet kein Recht auf Nachfolge. Sie begründet auch kein Recht auf eine gesonderte bzw. zusätzliche Hierarchiestufe.

5.2 Für den Stelleninhaber

- Der Stelleninhaber ist gegenüber seinem Stellvertreter zur vollständigen Information verpflichtet. Unbedingte Offenheit ist dabei oberstes Gebot.
- Der Stelleninhaber muß dem Stellvertreter das Wissen und die Erfahrungen, die er in seiner Tätigkeit gesammelt hat, zugänglich machen.
- Der Stelleninhaber muß sich seinem Stellvertreter gegenüber ebenso loyal verhalten wie dieser ihm gegenüber.

- Nach Ablauf der Vertretungszeit hat der Stelleninhaber zu kontrollieren, wie sich sein Stellvertreter fachlich und führungsmäßig verhalten hat.

Der Stellvertreter ist dafür verantwortlich, daß er

- seinem Vorgesetzten einen Stellvertreter vorschlägt, der fachlich und führungsmäßig zur Stellvertretung geeignet ist;
- seinen Stellvertreter richtig unterweist und über alle Vorgänge informiert, so daß der Stellvertreter voll vertretungsfähig ist;
- die Vertretungsfähigkeit ständig kontrolliert;
- seinen Vorgesetzten unverzüglich unterrichtet, wenn der Stellvertreter die Vertretungsfähigkeit nicht besitzt oder zu einem späteren Zeitpunkt wieder verloren hat.

Hat der Stelleninhaber diese Forderungen erfüllt, so ist er für Fehler seines Stellvertreters, die diesem während seiner Vertretungstätigkeit unterlaufen, nicht verantwortlich.
Im einzelnen wird die Stellvertretung in der jeweiligen Stellenbeschreibung geregelt.

6. Beschwerde

- Jeder Mitarbeiter hat neben der Beschwerde gegen ein ihn verletzendes persönliches Verhalten des Vorgesetzten das Recht, sich über fachliche und führungsmäßige Anordnungen seines Vorgesetzten zu beschweren, wenn er glaubt, daß er es im Sinne des Betriebserfolges nicht verantworten kann, diesen Anordnungen Folge zu leisten und entsprechende Hinweise bei seinem Vorgesetzten zu keinem Erfolg geführt haben.
- Die Beschwerde geht an den nächsthöheren Vorgesetzten.
- Sie hat in schriftlicher Form zu erfolgen.
- Der Mitarbeiter hat den Vorgesetzten, über den er sich beschwert, von der Beschwerde in Kenntnis zu setzen.
- Der nächsthöhere Vorgesetzte, an den die Beschwerde geht, ist verpflichtet, vor der Entscheidung sowohl den beschwerdeführenden Mitarbeiter als auch dessen Vorgesetzten, gegen den die Beschwerde gerichtet ist, zunächst getrennt voneinander zu hören.
- Gegen die Entscheidung über die Beschwerde des Mitarbeiters durch den nächsthöheren Vorgesetzten kann der Mitarbeiter eine weitere Beschwerde an dessen Vorgesetzten richten. Der Vorgesetzte, der die Beschwerde entschieden hatte, ist davon zu unterrichten.
- Beschwerden über Mitarbeiter der eigenen oder über Mitarbeiter einer anderen Abteilung gehen ebenfalls über den jeweiligen Vorgesetzten.

7. Dienstweg

Der Dienstweg ergibt sich aus den Über- und Unterstellungen und läuft über die einzelnen Delegationsstufen. Er ist sowohl für den Mitarbeiter (von unten nach oben) als auch für den Vorgesetzten (von oben nach unten) verbindlich.
Bei Anweisungen und Anordnungen muß grundsätzlich der Dienstweg eingehalten werden.

Ist ein Eingriff in nachgeordnete Delegationsbereiche unter Außerachtlassung des Dienstweges aus Gründen der Gefahr oder in sonstigen Notfällen erforderlich, so ist der übergangene Vorgesetzte möglichst umgehend von den getroffenen Maßnahmen zu unterrichten.

8. Führungsinstrumente

8.1 Gesprächsführung

8.1.1 Mitarbeitergespräch/Mitarbeiterbesprechung

Mitarbeitergespräch und Mitarbeiterbesprechung sind Führungsmittel des Vorgesetzten für die Behandlung der außergewöhnlichen Fälle im Arbeitsablauf des Unternehmens. Mitarbeitergespräch und Mitarbeiterbesprechung finden nur innerhalb der Delegationsstufen, d. h. zwischen Vorgesetzten und unmittelbar unterstellten Mitarbeitern statt. Die Hinzuziehung von Spezialisten (Stäben) ist möglich.

Das Mitarbeitergespräch erfolgt zwischen dem Vorgesetzten und einem Mitarbeiter, die Mitarbeiterbesprechung zwischen dem Vorgesetzten und mehreren Mitarbeitern.

Ziel des Mitarbeitergesprächs wie der Mitarbeiterbesprechung ist es, die Initiative und das Mitdenken der Mitarbeiter nutzbar zu machen, indem der Vorgesetzte ihre Erfahrungen, Kenntnisse und Auffassungen im Hinblick auf die zu lösenden Probleme kennenlernt, um die von ihm zu treffenden Entscheidungen besser fundieren zu können. Der Vorgesetzte hat seinen Mitarbeitern die Gelegenheit zu geben, unbefangen ihre Vorstellungen vorzutragen und ihre Ansicht zu äußern. Ihre Kritik an den Maßnahmen, Plänen und Vorschlägen des Vorgesetzten darf von diesem nicht als illoyal und disziplinlos aufgefaßt werden. Darüber hinaus hat der Vorgesetzte die Initiative und das Mitdenken der Mitarbeiter zu fördern und zu aktivieren. Die dem Mitarbeitergespräch bzw. der Mitarbeiterbesprechung folgende Entscheidung trifft der Vorgesetzte allein. Er ist auch allein dafür verantwortlich.

Mitarbeitergespräch und Mitarbeiterbesprechung ergeben sich häufig ad hoc, es können aber auch turnusmäßig Mitarbeitergespräche und -besprechungen über Fragen, die sich ständig aus dem täglichen Betriebsablauf ergeben, angesetzt werden.

8.1.2 Dienstgespräch/Dienstbesprechung

Im Gegensatz zum Mitarbeitergespräch bzw. zur Mitarbeiterbesprechung, bei denen der Vorgesetzte die Initiative seiner Mitarbeiter für seine Entscheidungsfindung nutzbar macht, dienen Dienstgespräch und Dienstbesprechung dem Vorgesetzten zur Erteilung von Anweisungen, Mitteilung von Entscheidungen anderer Stellen, soweit eine Auswirkung auf die Bereiche der Mitarbeiter anzunehmen ist, ferner der Information und der Kontrolle.

Das Dienstgespräch findet zwischen dem Vorgesetzten und einem Mitarbeiter statt, die Dienstbesprechung erfolgt zwischen dem Vorgesetzten und mehreren Mitarbeitern.

8.1.3 Rundgespräch

Das Rundgespräch ist das Gespräch unter Gleichgeordneten, um mit Hilfe der Diskussion bestimmte Lösungen zu einem Problem zu erarbeiten, durch Rede und Gegenrede Erfahrungen zu sammeln, Meinungen auszutauschen, Standpunkte zur Kenntnis zu geben und mit den anderen Teilnehmern weiter abzuklären.

Das Rundgespräch findet statt:

- zum Zwecke der Querinformation;
- beim Zusammenspiel zwischen Stab und Linie;
- bei der Lösung von Koordinierungsaufgaben;
- bei der Tätigkeit von betrieblichen Ausschüssen;
- bei der Teamarbeit.

Der Gesprächsleiter für das Rundgespräch kann alternativ wie folgt bestimmt werden:

- Die Teilnehmer wählen ihn aus ihrem Kreis.
- Die Leitung des Rundgesprächs wechselt turnusmäßig unter den Gesprächspartnern.
- Der Gesprächspartner wird vom Vorgesetzten der nächsthöheren Ebene bestimmt.

Der Leiter des Rundgesprächs nimmt die Stellung eines Ersten unter gleichen ein. Er ist sowohl Diskussionsleiter als auch Gesprächspartner. Seine Tätigkeit bei der Gesprächsführung umfaßt die

- Einleitung des Gesprächs;
- Formulierung des Themas;
- Ermittlung des Ist-Zustandes als Ausgangssituation;
- Feststellung bestehender Schwierigkeiten;
- Erarbeitung von Änderungsmöglichkeiten;
- Abwägung der vorgebrachten Argumente;
- Herbeiführung der Beschlußfassung.

Die Beschlußfassung erfolgt nach dem Majoritätsprinzip. Jeder Teilnehmer hat das Recht, seine abweichende Meinung zu Protokoll zu geben. Bei der Querinformation bzw. dem Erfahrungsaustausch entfällt die Beschlußfassung; die Ergebnisse werden statt dessen lediglich zusammengefaßt.

8.2 Information

8.2.1 Regeln für die Information des Mitarbeiters durch den Vorgesetzten (von oben nach unten)

Jeder Vorgesetzte ist verpflichtet, den Mitarbeiter über alles zu informieren, was dieser wissen muß, um in seinem Aufgabenbereich richtig zu handeln und entscheiden zu können. Der Mitarbeiter hat ein Recht auf Information.

Dabei ist zu unterscheiden zwischen der Grundinformation, die der Mitarbeiter besitzen muß, um eine Basis für sein Handeln zu haben, und der laufenden Information, die es ihm ermöglicht, sein Handeln der veränderten Situation anzupassen, sowie der Information über den Arbeitserfolg, die in bestimmten Zeitabständen im Zusammenhang mit der Erfolgskontrolle zu erfolgen hat.

8.2.2 Regeln für die Information des Vorgesetzten durch den Mitarbeiter (von unten nach oben)

Der Mitarbeiter hat den Vorgesetzten unaufgefordert aus eigener Initiative über die Gesamtentwicklung und die sich abzeichnenden Tendenzen in seinem Delegationsbereich zu informieren, und zwar in fachlicher wie in führungsmäßiger Hinsicht. Neben dieser generellen Information,

die dem Vorgesetzten den notwendigen Überblick über Lage und Entwicklung des Delegationsbereiches seines Mitarbeiters verschafft, ist der Mitarbeiter dazu verpflichtet, den Vorgesetzten im Einzelfall zu informieren, wenn es sich um Vorkommnisse handelt, die sich vom normalen Betriebsgeschehen abheben und deshalb vom Delegationsbereich des Mitarbeiters her betrachtet als außergewöhnlich zu bezeichnen sind.
Ist der Mitarbeiter zugleich Vorgesetzter, so hat er seinen Vorgesetzten über seine Mitarbeiter so zu informieren, daß der Vorgesetzte über den Führungsbereich seines Mitarbeiters in der gleichen Form orientiert ist wie über den fachlichen Bereich.

8.2.3 Regeln für die Querinformation

Die Querinformation bedeutet, daß eine bestimmte Stelle im Unternehmen andere Stellen von sich aus unmittelbar informiert.
Die Querinformation erfolgt nicht auf dem Dienstweg über den jeweiligen Vorgesetzten, sondern unmittelbar von Stelle zu Stelle. Sie ermöglicht, daß der Mitarbeiter schnell und unter Ausschaltung aller bürokratischen Hemmnisse das für ihn Wichtige erfährt.
Die Querinformation betrifft nicht sämtliche Vorgänge im Delegationsbereich eines Mitarbeiters. Vielmehr hat der Mitarbeiter andere Stellen im Unternehmen über das zu informieren, was sie wissen müssen, um einen höchstmöglichen Wirkungsgrad in der Erledigung ihrer eigenen Aufgaben zu erreichen.

8.2.4 Regeln für die Selbstinformation

Jeder Vorgesetzte hat das Recht, sich über die Information hinaus, die er von seinen ihm unterstellten Mitarbeitern erhält, in allen ihm nachgeordneten Bereichen selbst zu informieren. Dabei hat sich der Vorgesetzte an die Grundsätze zu halten, die durch das Prinzip der Delegation von Verantwortung bestimmt sind.
D. h. die Selbstinformation des Vorgesetzten auf den nachgeordneten Ebenen seines Bereichs stellt keine Form der Dienstaufsicht dar. Diese wird stets nur über die dem Vorgesetzten unterstehende Stufe ausgeübt.
Wie weit der Vorgesetzte von seinem Recht zur Selbstinformation Gebrauch macht, steht in seinem Ermessen.

8.3 Einzelauftrag

Der Einzelauftrag ist auch bei Delegation von Verantwortung ein Führungsmittel in der Hand des Vorgesetzten. Er dient folgenden Zwecken:

- Der Führung der Mitarbeiter im delegierten Bereich;
  auf diese Weise bestimmt der Vorgesetzte, worauf das Schwergewicht der Arbeit des Mitarbeiters in einem bestimmten Zeitraum in seinem Delegationsbereich liegen soll und setzt damit die Teilziele fest.
- Der Regelung bisher nicht erfaßter Tatbestände;
  hier erfolgt durch den Einzelauftrag eine Anpassung an neue betriebliche Erfordernisse. Er stellt eine Zwischenlösung dar, die möglichst bald durch eine Entscheidung der Unternehmensführung eine endgültige Regelung finden muß.

- Zur Korrektur der Leistung eines Mitarbeiters, wenn dieser nicht in der Lage ist, bestimmten Aufgaben in seinem Delegationsbereich gerecht zu werden.

Zuständig für die Erteilung des Auftrages ist der Vorgesetzte des Mitarbeiters, der den Auftrag ausführen soll. In allen Fällen, in denen ein Einzelauftrag erteilt wird, muß genau bestimmt werden,

- welche Aufgaben der Auftrag im einzelnen umfaßt;
- welche Grenzen er hat;
- welche Befugnisse damit verbunden sind;
- welche Richtlinien für die Durchführung gelten.

Von der hier getroffenen Regelung müssen alle beteiligten Stellen entsprechend in Kenntnis gesetzt werden.

Glaubt der Vorgesetzte des Stelleninhabers, einen Auftrag an einen diesem unterstellten Mitarbeiter geben zu müssen, so hat er sein Vorgehen mit dem Stelleninhaber vor der Auftragserteilung genau abzusprechen.

8.3.1 Anweisung

Jeder Vorgesetzte hat das Recht und die Pflicht, Anweisungen zu geben, sofern sich diese aus seinem eigenen Delegationsbereich ergeben.

Anweisungen gibt der Vorgesetzte z. B., wenn er die Solls und die Schwerpunkte der von den Mitarbeitern zu erfüllenden Aufgaben weiter festlegt, Termine und Fristen setzt, koordiniert oder im Falle der Ablaufkontrolle korrigierend eingreift. Vor der Erteilung der Anweisung ist der davon betroffene Mitarbeiter zu hören.

Die Anweisung erfolgt schriftlich oder mündlich auf dem Wege des Dienstgesprächs bzw. der Dienstbesprechung. Für den Mitarbeiter sind die Anweisungen seines Vorgesetzten verbindlich, soweit sie nicht offensichtlich gegen höherrangige Normen verstoßen. Ggf. steht ihm der Beschwerdegang offen.

8.3.2 Anregung

Der Vorgesetzte hat das Recht, seinen Mitarbeitern Anregungen hinsichtlich des delegierten Aufgabenbereichs zu geben. Die Anregungen sind jedoch keine Anweisungen und entbinden den Mitarbeiter nicht von der Pflicht zum eigenverantwortlichen Handeln.

Der Mitarbeiter hat die Anregung des Vorgesetzten jedoch in seine Überlegungen einzubeziehen. Hat er seine Entscheidung bereits gefällt, aber noch nicht durchgeführt, so hat er sie nochmals zu überprüfen.

Über die Gründe, die ihn ggf. zur Ablehnung der Anregung veranlaßt haben, hat der Mitarbeiter seinen Vorgesetzten zu informieren. Er ist also zur Rückäußerung verpflichtet.

Mit den Mitteln der Anregung hat der Vorgesetzte darüber hinaus die Möglichkeit, einem Mitarbeiter in schwierigen Situationen eine gewisse Hilfestellung zu geben, ohne ihm die endgültige Entscheidung jedoch abzunehmen.

8.4 Kontrolle

8.4.1 Dienstaufsicht

Dienstaufsicht bedeutet Kontrolle durch Stichproben. Sie erfolgt in der Weise, daß der Vorgesetzte zu wechselnden und dem Mitarbeiter nicht bekannten Zeiten prüft, ob der Mitarbeiter sich fachlich und führungsmäßig richtig verhält und die für ihn gültigen Richtlinien beachtet. Bei der Dienstaufsicht schaltet sich der Vorgesetzte in den Arbeitsablauf ein. Die Dienstaufsicht ist auf den Einzelfall abgestellt. Sie bedeutet also nicht, daß alles laufend kontrolliert wird.

Die Dienstaufsicht gehört zu den nicht delegierbaren Aufgaben des Vorgesetzten. Sie hat mit Vertrauen oder Mißtrauen nichts zu tun.

Die Dienstaufsicht verlangt, daß der Vorgesetzte aktiv handelnd tätig wird.

Die Dienstaufsicht muß zielgerichtet angesetzt werden. Der Vorgesetzte muß sich darüber klar sein, wo die Schwerpunkte in der Tätigkeit seines Mitarbeiters liegen, wo sich entscheidende Fehlerquellen ergeben oder besondere Gefahren entstehen können.

Der Vorgang, auf den sich die Stichprobe bezieht, muß voll und ganz überprüft werden. Es gibt keine Stichprobe bei der Stichprobe.

Ebenso wie alle anderen Führungsmittel im Rahmen einer Führung im Mitarbeiterverhältnis wird auch die Dienstaufsicht lediglich innerhalb der Delegationsstufen angewendet, d. h. der Vorgesetzte übt sie stets nur gegenüber den ihm unmittelbar unterstellten Mitarbeitern aus.

Die Dienstaufsicht ist so vorzunehmen, daß sie den Betriebsablauf nicht stört.

Die Dienstaufsicht ist erst dann vollständig, wenn eine systematische Auswertung der Stichproben erfolgt und der Mitarbeiter von dem Ergebnis der Dienstaufsicht durch den Vorgesetzten in Kenntnis gesetzt worden ist.

Ist ein Vorgesetzter, aus welchen Gründen auch immer, nicht in der Lage, exakt Dienstaufsicht über seinen Mitarbeiter auszuüben, so ist er verpflichtet, darüber seinen Vorgesetzten zu informieren. Eine stillschweigende Unterlassung der Dienstaufsicht, z. B. wegen eigener Überlastung, ist eine Pflichtverletzung des Vorgesetzten.

8.4.2 Erfolgskontrolle

Mit Hilfe der Erfolgskontrolle stellt der Vorgesetzte fest, was im Laufe eines bestimmten Zeitraumes in positiver wie negativer Hinsicht erreicht worden ist.

Für die Erfolgskontrolle ist der Einzelfall uninteressant. Sie ist deshalb mehr als lediglich die Summe der im Rahmen der Dienstaufsicht vorgenommenen Stichproben: sie ist ein Soll-Ist-Vergleich, d. h. der Vorgesetzte muß überprüfen, ob das erzielte Ergebnis der vorgegebenen Zielsetzung entspricht. Der Vorgesetzte zieht damit die Bilanz aus der Gesamttätigkeit des Mitarbeiters während eines längeren Zeitraumes.

Ebenso wie die Dienstaufsicht erstreckt sich auch die Erfolgskontrolle sowohl auf die fachliche wie auf die führungsmäßige Leistung des Mitarbeiters. Es wird also geprüft:

- Was hat der Mitarbeiter in einem bestimmten Zeitraum bei der Durchführung seiner fachlichen Aufgaben erreicht?
- Welche Ergebnisse hat das Verhalten des Mitarbeiters in führungsmäßiger Hinsicht gezeigt?

Für die Erfolgskontrolle müssen klare Maßstäbe vorhanden sein. Der Vorgesetzte muß also für jede der Aufgaben, die der Mitarbeiter zu erfüllen hat, einen Maßstab entwickeln, nach dem der Erfolg gemessen werden kann.
Der der Erfolgskontrolle zugrunde liegende Maßstab und die einzelnen Soll-Festsetzungen müssen dem Mitarbeiter bekannt sein. Er muß diesen Maßstab verstanden und darf ihn nicht als unbillig empfunden haben.
Der Mitarbeiter darf mit der Erfolgskontrolle nicht überfallen werden, er muß vielmehr die Möglichkeit haben, sich auf die Auskünfte, die man von ihm erwartet, gründlich vorzubereiten und die notwendigen Unterlagen bereitzustellen. Deshalb muß ihm der Zeitpunkt für die Erfolgskontrolle rechtzeitig bekanntgegeben werden. Eine ebenso gründliche Vorbereitung ist auf Seiten des Vorgesetzten erforderlich, wenn er wirklich zielgerichtet kontrollieren will.
Die bei der Erfolgskontrolle ermittelten Ergebnisse müssen vom Vorgesetzten systematisch ausgewertet werden.
Die Erfolgskontrolle kann erst dann als voll durchgeführt und abgeschlossen betrachtet werden, wenn der Vorgesetzte den Mitarbeiter dazu gehört hat.

8.5 Beurteilung - Anerkennung - Kritik

8.5.1 Beurteilung

Die Mitarbeiterbeurteilung durch das einheitliche Beurteilungssystem stellt ein wichtiges Führungsinstrument dar. Sie muß objektiv und gerecht sein. Grundlage der Beurteilung ist die Leistung des Mitarbeiters gemessen an den Aufgaben. Der Vorgesetzte muß frei sein von Vorurteilen und hat sich daher immer kritisch zu fragen, ob nicht Vorurteile oder Fehleinstellung die Beurteilung beeinflussen. Die Beurteilung muß mit dem Mitarbeiter besprochen werden.
Er hat ein Recht darauf. Ist der Mitarbeiter mit der Beurteilung nicht einverstanden, hat er das Recht der Beschwerde beim nächsthöheren Vorgesetzten.

8.5.2 Anerkennung

Die Anerkennung für eine gute Leistung ist dem Mitarbeiter gegenüber auszusprechen.
Die Anerkennung ist ein Führungsmittel, das, ebenso wie die Kritik, im Hinblick auf den Betriebserfolg bewußt gehandhabt werden muß. Ihre zielorientierte Anwendung verlangt vom Vorgesetzten besondere Sorgfalt. Ihre richtige Anwendung ist eine wesentliche Voraussetzung für die erfolgreiche Führung der unterstellten Mitarbeiter. Anerkennung hebt die Arbeitsfreude, ist ein wichtiger Ansporn zur Leistungssteigerung und beeinflußt die Zusammenarbeit im gesamten Unternehmen positiv.

8.5.3 Kritik

Die Kritik des Vorgesetzten gegenüber seinen Mitarbeitern ist eine dienstliche Stellungnahme zu ihren Leistungen in fachlicher und führungsmäßiger Hinsicht. Sie ist die Folge von Dienstaufsicht und Erfolgskontrolle. Mit Hilfe der Kritik werden Fehler im Verhalten und in der Leistung des Mitarbeiters korrigiert. Fehlerquellen werden auf diese Weise ausgeschaltet.
Kritik zu üben ist die nicht delegierbare Pflicht jedes Vorgesetzten. Ziel der Kritik ist, nicht zu strafen, sondern den Mitarbeiter dazu zu bringen, daß er die ihm übertragenen Aufgaben in fachlicher und führungsmäßiger Hinsicht besser als bisher erfüllt.

Die Kritik vollzieht sich in Form eines Gesprächs unter vier Augen und nicht vor Dritten.
Die Grundlage jeder Kritik ist die einwandfreie Klärung des Tatbestandes. Sie kann nur im Gespräch mit dem Mitarbeiter erfolgen. Der Vorgesetzte muß dem Mitarbeiter Gelegenheit geben, zu den gegen ihn erhobenen Vorwürfen Stellung zu nehmen. Nach Klärung des Tatbestandes hat der Vorgesetzte die Entschuldigungsgründe des Mitarbeiters entgegenzunehmen. Bringt der Mitarbeiter sie nicht von sich aus vor, so ist er vom Vorgesetzten dazu aufzufordern.
Der Vorgesetzte hat die Entschuldigung des Mitarbeiters genau zu prüfen, bevor er seine Wertung abgibt. Diese Entscheidung hat unter objektiver Würdigung aller Umstände zu erfolgen, die den Mitarbeiter zu einem bestimmten Verhalten veranlaßt haben. Sie muß eindeutig festlegen, was der Vorgesetzte zu bemängeln hat und worin sich der Mitarbeiter ändern soll.
Mit dem Abschluß des Kritikgesprächs ist der Fall erledigt. Auf die Angelegenheit darf von beiden Seiten außer im Wiederholungsfall nicht mehr zurückgegriffen werden; positive oder negative Auswirkungen auf die Beurteilung bleiben unberücksichtigt.

8.6 Zusammenwirken Stab/Linie und Zusammenarbeit der Stäbe untereinander
Aufgaben können in Linien- oder Stabsfunktion wahrgenommen werden.
Sind dem Stelleninhaber Aufgaben in Linienfunktion übertragen, so hat er zu entscheiden.
Bei Aufgaben, die er in Stabsfunktion zu erfüllen hat, hat er andere Stellen im Rahmen ihres Delegationsbereiches zu beraten, zu informieren und Entscheidungen vorzubereiten.
Soweit einzelnen Stabsstellen Kontrollaufgaben generell (z. B. Revision) oder durch Einzelauftrag zugewiesen sind, haben diese Stabsstellen zugleich Kontrollfunktion.
An einer Stelle können sowohl Linien- als auch Stabsaufgaben verankert sein. In welcher Funktion die Aufgaben bei jeder Stelle im Unternehmen wahrzunehmen sind, ergibt sich aus der jeweiligen Stellenbeschreibung.

- Der Stab hat gegenüber der Linie und anderen Stäben keine Weisungsbefugnis und kann ihnen dementsprechend keine Anweisungen geben.
- Der Stab hat ein Recht auf Information. Bei der Ausübung dieses Rechts ist er nicht an den Dienstweg gebunden. In wichtigen Fällen ist er verpflichtet, den Vorgesetzten der betreffenden Stelle, von der er eine Information wünscht, zu informieren.
- Der Stab ist verpflichtet, die Linie und andere Stäbe über alle Angelegenheiten zu informieren, die deren Bereich berühren, es sei denn, diese Information wird im Einzelfall von der Unternehmensführung nicht gewünscht.
- Der Stab ist verpflichtet, unaufgefordert auch dann beratend tätig zu werden, wenn die Linie oder der Stab, den er beraten muß, ihn nicht dazu auffordert. Stellt der Stab fest, daß eine Stelle ihn bewußt nicht zur Beratung hinzuzieht, so hat er seinen eigenen Vorgesetzten davon zu unterrichten.
- Wo die Linie eine vom Rat des Stabes abweichende Entscheidung trifft, die nach dessen Ansicht dem Unternehmen erhebliche Nachteile bringen kann, ist der Stab verpflichtet, der nächsthöheren Ebene unter Orientierung seines direkten Vorgesetzten Mitteilung zu machen.

- Glaubt der Stab, einen Tatbestand, der ihm im Verkehr mit anderen Stellen aufgefallen ist, mit Rücksicht auf den Betriebserfolg melden zu müssen, so hat er den Fall mit dem betreffenden Stelleninhaber und dessen Vorgesetzten zu besprechen und seine Absicht mitzuteilen.
- Vorschläge von Stabsstellen werden erst dann dem direkten Vorgesetzten vorgelegt, wenn diese zuvor mit den Stellen, die sie angehen, besprochen sind. Läßt sich eine Übereinkunft nicht erzielen, so ist deren Stellungnahme dem Vorschlag beizufügen.
- Jede Stelle hat das Recht und die Pflicht, sich von den entsprechenden Stäben sachlich unterrichten zu lassen und ihren Rat in Anspruch zu nehmen.
- Keine Stelle kann dem Stab Anweisungen geben. Zur Erteilung von Anweisungen ist nur der Inhaber derjenigen Stelle berechtigt, dem der Stab zugeordnet ist.
- Jede Stelle im Unternehmen ist verpflichtet, dem Stab Auskünfte zu erteilen, ohne daß dieser an die Einhaltung des Dienstweges gebunden ist.
- Außergewöhnliche Anforderungen sind vorher mit den betreffenden Vorgesetzten zu besprechen.
- Die Linie trägt die Entscheidungsverantwortung, der Stab die Informations- und Beratungsverantwortung,d.h. die Verantwortung für seine Entscheidungsvorbereitungen.

8.7 Teamarbeit

Das Team ist eine besonders geartete Arbeitsgruppe, die gewöhnlich für eine bestimmte Zeitdauer, aber auch als ständige Einrichtung zur Lösung einer oder mehrerer Aufgaben, die einer allein nicht lösen kann oder soll, gebildet wird. Die Mitglieder des Teams werden ohne Rücksicht auf ihre eigentliche hierarchische Eingliederung von der Unternehmensführung oder einer anderen von ihr beauftragten Stelle bestimmt. Sie sind untereinander gleichgeordnet und haben die Pflicht, ihr gesamtes Wissen und Können vorbehaltlos zur Erreichung des dem Team gestellten Ziels einzusetzen.

Das Team als Ganzes ist einem Vorgesetzten unterstellt, der diesem Team gegenüber die gleichen Pflichten hat wie jeder Vorgesetzter gegenüber seinen Mitarbeitern.

Umgekehrt hat das Team diesem Vorgesetztem gegenüber die Mitarbeiterpflichten wahrzunehmen.

Zum Teamleiter wird ein Mitglied des Teams von der Stelle, die das Team einsetzt, bestimmt oder vom Team gewählt.

Der Teamleiter ist nicht Vorgesetzter des Teams, kann aber in Ordnungsfragen Weisungsbefugnis erhalten und übt diese im Namen des Teams aus. Das Team kann in Linien-, Stabs- und Dienstleistungsfunktion tätig werden. Seine Aufgaben werden in einer Stellenbeschreibung oder in einem schriftlich fixierten Auftrag niedergelegt. Die Regeln für die Zusammenarbeit zwischen den Teammitgliedern ergeben sich aus der Geschäftsordnung, die entweder vom Team selbst oder vom Vorgesetzten des Teams festgelegt wird.

Das Team endet:

- mit der Lösung der ihm gestellten Aufgaben;
- mit der Erreichung eines ihm gesetzten Termins;
- durch Auflösung von seiten der Unternehmensführung oder der dazu befugten Stelle.

Die Gesprächsführung des Teams erfolgt nach den Grundsätzen des Rundgesprächs.

Beschlüsse werden im Team nach dem Mehrheitsprinzip gefaßt.
Glaubt ein Teammitglied, die in einem Team getroffene Entscheidung nicht mittragen zu können, so kann es seine abweichende Meinung zu Protokoll geben.

8.8 Projektmanagement
Bei umfangreichen Vorhaben, die zeitlich begrenzt sind und die nur durch besonders intensives Zusammenwirken verschiedener betrieblicher Stellen gelöst werden können, spricht man von Projekten.
Ist es für die Durchführung des Projekts erforderlich, daß jeder der beteiligten Bereiche einen oder mehrere Spezialisten abstellt, so werden diese zu einer Projektgruppe zusammengefaßt. Die Projektgruppe arbeitet in der Regel nach den Grundsätzen des Teams. Sie wird geleitet vom Projektgruppenleiter.
Ist es zur Durchführung eines Projekts erforderlich, eine feste Projektgruppe zu bilden, so wird ein Projektleiter beauftragt, das Vorhaben zu betreuen. Er stimmt die notwendigen Arbeiten der verschiedenen am Projekt beteiligten Bereiche koordinierend aufeinander ab und sorgt so für die Abwicklung des erteilten Auftrags innerhalb der vorgegebenen Zeit.
Inwieweit er gegenüber den am Projekt beteiligten Stelleninhabern aus den verschiedenen Bereichen anweisungsbefugt sein soll - also Linienfunktionen ausübt - oder sie dabei lediglich zu beraten hat und damit in Stabsfunktion tätig wird, ist Sache der Entscheidung der Unternehmensführung. Die Stelleninhaber sind verpflichtet, den Projektleiter jederzeit über den Lauf der Dinge zu unterrichten und sich von ihm fachlich beraten zu lassen.

8.9 Disziplinarmaßnahmen
Disziplinarmaßnahmen können nur solche Vorgesetzte treffen - ersichtlich aus der Stellenbeschreibung - , die die Befugnis besitzen,

- gegebene Anordnungen mittels Disziplinarmaßnahmen zu erzwingen
- sowie die Nichtbefolgung gegebener Anordnungen durch Disziplinarmaßnahmen zu ahnden.

Disziplinarmaßnahmen sind:

- die mündliche und schriftliche Verwarnung;
- der schriftliche Verweis;
- die Versetzung aus disziplinären Gründen (im Gegensatz zur Umsetzung gemäß § 95 Abs. 3 des Betriebsverfassungsgesetzes);
- Kündigung.

9. Schlußbestimmungen

Diese Führungsgrundsätze treten ab 31.3.78 in Kraft und sind für alle Mitarbeiter der [Firma XY] verbindlich.

Der Vorstand [Text Nr. 6.2].

Kommentar

Die ALLGEMEINE FÜHRUNGSANWEISUNG ist ein komplexer Text, der sich aus REGELN aufbaut. Beschreibungen bzw. Erläuterungen stützen die Regeln ab bzw. sollen den Normadressaten Hintergrundwissen über das Konzept der Führung im Mitarbeiterverhältnis vermitteln. Regeltypik und -thematik verdichten sich zu mehreren Teiltexten (s. o.) Die Themenentfaltung ist deskriptiv, für den Weltbezug gilt das für normativ-regulierende Texte Gesagte. Neben klassischen Vertretern des Textmusters gibt es Vertreter, die das Strukturmuster thematisch abwandeln und illokutiv abtönen, was die Verbindlichkeitsregelung betrifft. Ein Beispiel hierfür ist Text Nr. 49.1 mit dem Titel *Allgemeine Führungsrichtlinien.* Erläutert wird in Kap. 2 das *Wesen der kooperativen Führung*, die technischen Regeln werden in Kap. 5 (*Die Führungsmittel beim kooperativen Führen*) zusammengefaßt. Ein drittes Kapitel thematisiert *Anforderungen an die Führungspersönlichkeit*. Interessant ist ein Vergleich der bürokratischen Schlußbestimmung von Text Nr. 6.2 und der illokutiven abgetönten und beinahe narrativen Schlußbemerkung von Text Nr. 49.1:

9. Schlußbestimmungen // Diese Führungsgrundsätzen treten ab 31.3.78 in Kraft und sind für alle Mitarbeiter der [Firma XY] verbindlich. // Der Vorstand [Text Nr. 6.2].

10. Schlußbemerkung // *"Es gibt nichts Gutes, außer man tut es"* // Diese Erkenntnis mag stellvertretend dafür stehen, was an dieser Stelle abschließend zu sagen ist: Alle Führungskräfte der [XY]-Gruppe sind aufgefordert, die vorliegenden Allgemeinen Führungsrichtlinien (AFR) täglich, im "Training" der Praxis, anzuwenden - sie zu "leben"! [Text Nr. 49.1].

3.1.1.2.3 Zuständigkeits- und Verfahrensregelungen

ZUSTÄNDIGKEITS- und VERFAHRENSREGELUNGEN kann man als Untermuster von Regelungstexten abheben. Allerdings sind sie im Unterschied zum PFLICHTENKANON nicht als eigenständige Veröffentlichung belegt. Sie sind stets Teil von komplexen Texten, meist von Texten, die mehr oder weniger deutlich in der Tradition der ALLGEMEINEN FÜHRUNGSANWEISUNG stehen. Deshalb genügt es hier, auf im vorangegangenen Kapitel vorgestellte Textsequenzen zu verweisen, wobei in der Regel ZUSTÄNDIGKEITSREGELUNGEN in VERFAHRENSREGELUNGEN eingebettet sind, wie Abschnitt 8.3 ("Einzelauftrag") zeigt. VERFAHRENSREGELUNGEN antworten auf die Fragen "**Wie** ist bei der Anwendung von X zu verfahren?". Man kann VERFAHRENSREGELUNGEN - wenn man sie als Textsorte abheben will - somit auch den normativ-instruierenden Texten zurechnen, weil sie technische Regeln festlegen. Ich habe das deshalb nicht getan, weil die in meinem Textkorpus belegten VERFAHRENSREGELUNGEN ausschließlich als Teil von komplexen normativ-regulierenden Texten begegnen und weil sie in den mir vorliegenden Varianten stets einen nicht zu übersehenden Anteil von GEBOTEN, VERBOTEN, RECHTEN etc. enthalten. Allgemeinste sprachliche Merkmale von VERFAHRENSREGELUNGEN sind:

- Es wird das Wie einer Tätigkeit vorgeschrieben: *Die Dienstaufsicht ist **so** vorzunehmen, **daß sie den Betriebsablauf nicht stört*** [s. o. Abschnitt 8.4.1 von Text Nr. 6.2]; *Die Kritik vollzieht sich **in Form eines Gesprächs unter vier Augen und nicht vor Dritten*** [s. o. Abschnitt 8.4.3 von Text Nr. 6.2].
- Zweckbestimmungen (=Funktionsbeschreibungen): *Er* [i. e. der Einzelauftrag] ***dient folgenden Zwecken*** [es folgt eine Aufzählung von Zweckbestimmungen; s. o. Abschnitt 8.3 von Text Nr. 6.2].
- Erläuterungen: *Sie* [i.e. die Dienstaufsicht] ***bedeutet** also nicht, daß alles laufend kontrolliert wird* [s. o. Abschnitt 8.4.1 von Text Nr. 6.2].
- Textsegmente mit explikativer Themenentfaltung nach dem Grundgestus AUS X ERGIBT SICH Y: *Für die Erfolgskontrolle ist der Einzelfall uninteressant. Sie ist **deshalb** mehr als lediglich die Summe der im Rahmen der Dienstaufsicht vorgenommenen Stichproben* [s. o. Abschnitt 8.4.1 von Text Nr. 6.2].
- Aus Gründen der Klarheit können auch uneingeleitete, hauptsatzförmige Sachverhaltsbeschreibungen - hier in Form von Fragesätzen - verwendet werden, die auf einen übergeordneten Satz bezogen sind: *Es wird also geprüft: // - **Was hat der Mitarbeiter*** [...] ***erreicht?** // - **Welche Ergebnisse hat das Verhalten des Mitarbeiters in führungsmäßiger Hinsicht gezeigt?*** [s. o. Abschnitt 8.4.2 von Text Nr. 6.2].
- In den Subjektpositionen der Sätze steht in der Regel die Sachgröße, um die es geht: ***Dienstaufsicht** bedeutet ...; **Die Dienstaufsicht** gehört zu ...* (s. o. Abschnitt 8.4.1 von Text Nr. 6.2).
- Damit hängt zusammen die Neigung zum Passivsatz: *Der Vorgang, auf den sich die Stichprobe bezieht, **muß** voll und ganz **überprüft werden*** (ebda).
- Eine andere Thema-Rhema-Struktur als z. B. im PFLICHTENKANON: ***Die Anerkennung** für eine gute Leistung ist dem Mitarbeiter gegenüber **auszusprechen*** (s. o. Abschnitt 8.5.1 von Text Nr. 6.2) statt *Ebenso wie es Pflicht des Vorgesetzten ist, Kritik zu üben, hat er andererseits auch die Pflicht, **Anerkennung auszusprechen*** [*wenn* ...] (vgl. Kap. 3.1.1.2.1).

- Ein erhöhter Gebrauch von Ausdrucksweisen der Bedingtheit eines Sachverhaltes: *Die Dienstaufsicht ist erst dann vollständig, wenn* [...] [s. o. Abschnitt 8.4.1 von Text Nr. 6.2; Hervorhebungen durch Fettdruck von mir; H. E.].

3.1.1.2.4 Zielsetzungskanon

Ein ZIELSETZUNGSKANON im hier verstandenen Sinn ist ein normativ-regulierender Text, der sich aus REGELN (Zielnormen) als Grundbausteinen aufbaut und dessen Themen weitgehend deskriptiv entfaltet werden. Der Weltbezug ist prospektiv: ein in der Zukunft liegender Zustand wird vorweg zu einem Zustand erklärt, dessen Eintreten gewollt ist:

Unternehmensziele sind zukünftige Zustände oder Ereignisse, die durch unternehmungseigene Aktivitäten erreicht werden sollen. Im Grenzfall kann es sich dabei um bereits bestehende Zustände handeln, die trotz zu erwartender Störungen auch in Zukunft aufrechterhalten werden sollen. Ziele sind somit immer zukunftsbezogen und bilden gedankliche Konstruktionen, die durch Handeln verwirklicht werden sollen [...] Über Ziele muß entschieden werden; sie sind Ergebnisse von Willensbildungsprozessen. Der Zielentscheid bedeutet, daß ein bestimmter Zustand als erstrebenswert unter mehreren möglichen ausgewählt wird; er charakterisiert somit einen 'Vorzugszustand'. Die logische Konsequenz eines Zielentscheides sind Entscheide über zu treffende Maßnahmen zur Zielerreichung; an den Willensbildungsprozess schließen sich die Prozesse der Willensdurchsetzung an [ULRICH 1987b,100f.].

Je nach Wahl von Abstraktionsstufe, Zeitrahmen und Thema lassen sich verschiedene Arten von Zielen und Zielsystemen unterscheiden:

- Abstraktionsstufe: oberste(s) Ziel(e) - strategische Ziele - operative Ziele,
- Zeitrahmen: kurz-, mittel-, langfristige Ziele,
- Thema: gesellschaftliche, ökonomische; Gewinn-, Entwicklungs-, Personal-, Fertigungsziele etc.

Weitere Unterscheidungen sind möglich. Z. B. kann man nach bedingten Zielen fragen oder danach, ob die Ziele rational - mit Blick auf die Lenkung des Unternehmens - formuliert werden, oder ob sie eher eine allgemeine Motivations- und Mobilisierungsfunktion haben. Rational formulierte Ziele müssen klar und präzise formuliert sein, denn es müssen Umfang und Zeitpunkt der Zielerreichung überprüft werden können:

Neben- und nachgeordnete Ziele sind: die nachhaltige Erreichung eines hinreichenden Marktanteils auf jedem Arbeitsgebiet; der Marktanteil wird dann als hinreichend angesehen, **wenn [die Firma XY] auf dem jeweiligen Arbeitsgebiet weltweit zu den 5 größten Anbietern gehört** [Segment aus Text Nr. 10; Hervorhebung durch Fettdruck von mir; H. E.].

Mobilisierungsziele können bewußt vage gehalten werden, denn es sollen sich möglichst viele Personen mit ihnen identifizieren.[40] Innerhalb einer Zielhierarchie kann die Erreichung von Unterzielen als Mittel zur Erreichung übergeordneter Ziele angesehen werden. Die Art und Weise, wie Unternehmensziele formuliert werden, läßt auch Rückschlüsse auf das Bild zu, das die Emittenten vom Unternehmen und von der Gesellschaft haben. Bei all diesen Aspekten wäre eine satzsemantische Analyse geboten (s. o. Vorwort), die im Rahmen dieser textlinguistischen Studie nicht geleistet werden kann.

Leitfrage

Welche Ziele hat das Unternehmen verbindlich geregelt und festgelegt?

Leittext(e)

Ich stelle im folgenden zwei Texte vor, die einen Kanon oberster Ziele bzw. einen mehr "rationalen" Kanon strategischer Ziele repräsentieren:

Kanon allgemeinster Unternehmensziele mit offener relativer Zielformulierung:

FÜHRUNGSGRUNDSÄTZE

Unternehmensziele

sind:

1. Die gesicherte Stromversorgung und die ordnungsgemäße Durchführung des Personen-Nahverkehrs zu **vertretbaren** Tarifen und Preisen,
2. das Erwirtschaften **befriedigender** Ergebnisse bei **ausreichender** Finanzkraft des Unternehmens,
3. die Wahrung der gegenüber der Öffentlichkeit bestehenden Pflichten und der sozialen Verantwortung gegenüber den Mitarbeitern.

40 Vgl. zu "Goal Setting and MBO" SCHERMERHORN/HUNT/OSBORN (1991,203).

[Es folgen ein ebenfalls potentiell selbständiger PFLICHTENKANON als zweiter Teiltext und abschließende Verbindlichkeitserklärungen; H. E.]

Diese Führungsgrundsätze treten am 1. Februar 1978 in Kraft. // [Firma XY] // Der Vorstand // [Zwei Unterschriften] [Teiltext aus Nr. 55; Hervorhebungen im Fettdruck von mir; H. E.].

"Rationaler" Kanon strategischer Ziele mit z. T. quantifizierten Zielgrößen:

Vorwort

Mit den vorliegenden Unternehmensgrundsätzen stellen wir dar, welche Ziele wir im Rahmen unseres Unternehmenskonzeptes erreichen wollen und welche Überlegungen unser Handeln dabei bestimmten werden.
Wir haben diese Grundsätze auf der Basis unserer langfristigen Unternehmensplanung ausgearbeitet. Sie sollen dazu beitragen, die Beziehungen zu unseren Geschäftspartnern zu festigen, die Identifikation der Mitarbeiter mit dem Unternehmen zu stärken und die Zusammenarbeit weiter zu verbessern. In diesem Sinn sind die Unternehmensgrundsätze auch auf unsere Tochtergesellschaften übertragbar.
[Firmename] DER VORSTAND [Drei Unterschriften]

Unternehmensziele

[Die Firma XY] will ein kompetentes, leistungsfähiges und verläßliches Unternehmen sein. Dies ist die Voraussetzung, um qualifizierte Mitarbeiter dauerhaft an das Unternehmen zu binden und die Arbeitsplätze nachhaltig zu sichern.

Angemessene Kapitalverzinsung Gewinn und Eigenkapital

Um eine angemessene Verzinsung des eingesetzten Kapitals zu erreichen, wird eine Brutto-Umsatzrendite von mindestens 3 Prozent unter der Voraussetzung eines 50prozentigen Metallanteils am Umsatz angestrebt. Die Eigenkapitalquote muß deutlich über 25 Prozent liegen.
Jeder Produktbereich muß für sich Gewinn erwirtschaften. Die mittel- und langfristigen Gewinnaussichten des jeweiligen Produktes bestimmen die Investitionsentscheidungen.

Konzentration auf zukunftssichere Produktbereiche Produktprogramm

Als Hersteller von [...] konzentriert sich [XY] auf die Produktbereiche mit den besten Wachstums- und Renditeaussichten [...] Auf den Produktfeldern [...], die [...] ausgebaut werden sollen, will [XY] auch international als bedeutender, wettbewerbsfähiger Anbieter gelten.

Höherwertige Legierungen und Veredelung Entwicklung

Die Produktentwicklung des Unternehmens muß sich auf marktgerechte Problemlösungen konzentrieren. Durch ständige Werkstoff- und Verfahrensoptimierung, insbesondere durch einen zunehmenden Anteil höherwertiger Legierungen und höherveredelter Ausführungen soll die

Marktstellung verbessert und ein entsprechender Preisspielraum geschaffen werden. Ein begrenztes Vordringen in die Weiterverarbeitung steht im Einklang mit diesem Entwicklungsziel.

Modernes, rationelles Halbzeug Fertigung
Die Fertigungsanlagen und -verfahren müssen so ausgelegt sein, daß erste Qualität, Flexibilität, größtmögliche Kostenvorteile und stete Lieferfähigkeit erreicht werden.
Beschaffung, Disposition, Lagerhaltung und Logistik müssen unter zunehmender Einbeziehung der EDV so gestaltet werden, daß bei Minimierung der Bestände und Maximierung der Umschlagshäufigkeit die exakte Einhaltung von Lieferzusagen gesichert ist.
Mit der weiteren Verstärkung der Produktschwerpunkte [...] muß [XY] ohne wesentliche Kapazitätserweiterungen ein rationell arbeitendes, modern ausgestattetes Halbzeugwerk mit eigener Schmelzkapazität werden.

Stärkung der Markposition Vertrieb
Ausbau und Pflege der Verbindungen zu den Abnehmern sind von zentraler Bedeutung. Angesichts einer voraussichtlich nur geringen Zunahme des Marktvolumens müssen alle Vertriebsanstrengungen darauf gerichtet sein, durch Erhöhung der Marktanteile [...] die Marktposition des Unternehmens dauerhaft zu stärken.
Der Vertrieb muß in seiner Arbeitsweise, seiner Kompetenz und seinem organisatorischen Aufbau den Anforderungen der Kunden stets gerecht werden. Die fachliche Qualifikation, Servicebereitschaft und Flexibilität des Vertriebs sollen durch Information, Schulung und zielgerichtete Führung ständig verbessert werden.
Der Bekanntheitsgrad und das Ansehen von [XY] sollen im In- und Ausland mit Nachdruck gefördert werden. Das Erscheinungsbild des Unternehmens muß einheitlich und charakteristisch sein.

Optimierung von Strukturen und Systemen Organisation
Organisationsaufbau und -abläufe müssen periodisch überprüft und optimiert werden. Arbeitsplatzorganisation und Arbeitskräfteeinsatz sind nach objektiven Notwendigkeiten und Wirtschaftlichkeit zu bemessen. Es ist sicherzustellen, daß moderne Informationssysteme, Arbeitsmethoden und Arbeitsmittel eingesetzt werden.
Erforderliche Daten müssen rechtzeitig zur Verfügung stehen. Entscheidungen sind nach Möglichkeit durch moderne betriebswirtschaftliche Methoden abzusichern [Teiltext Nr. 37].

Textsortenvarianten und Gestaltungsspielräume

Der ZIELSETZUNGSKANON thematisiert vor allem unternehmenspolitische Ziele. Gelegentlich beziehen Exemplare dieser Textsorte aber auch Aussagen über Mitarbeiter und Führungsstil ein. Der unternehmenspolitische ZIELSETZUNGSKANON kann als selbständiger Text veröffentlicht werden, er kann aber auch Teil eines komplexen Textes sein. Als Teiltext findet man ihn z. B. in UNTERNEHMENSLEITBILDERN (s. u.), obwohl hier nicht selten die Ziele in Form von Absichtserklärungen oder Empfehlungen formuliert sind. Oft werden unternehmenspolitische Ziele (Personal-)Führungsgrundsätzen vorangestellt.

Auch wenn manche Texte Mustermischungen sind, sollte und kann man den ZIELSETZUNGSKANON, der verbindliche Regeln setzt, von anderen Textsorten unterscheiden. Die folgenden Textsorten stehen dem ZIELSETZUNGSKANON nahe, dürfen aber nicht mit ihm verwechselt werden:

ABSICHTSERKLÄRUNG (s. u.): Die Absichtserklärung ist unverbindlich oder wenig verbindlich, ihr Instrumentcharakter ist niedrig, ihr Mobilisierungs- und Motivationscharakter kann hoch sein, gelegentlich kann sie auch als schwächere Form der Selbstverpflichtung interpretiert werden. Die Absichtserklärung verwendet in der Regel das Modalverb "wollen" als Signal der Sprechereinstellung, wobei "wollen" mit einem Infinitiv verbunden ist. Die Sprecherrolle wird meist durch das Personalpronomen der 1. Person Plural ("wir") signalisiert, gelegentlich auch durch den Firmennnamen (*Wir wollen unser Image als dynamisches Unternehmen weiter ausbauen*; Segment aus Text Nr. 91.7).

SELBSTVERPFLICHTUNG (s. u.): SELBSTVERPFLICHTUNGEN können Absichtserklärungen enthalten, wobei die umschriebenen Sachverhalte keine (künftigen) Zustände oder Ereignisse sein müssen: *Wir sind dem Sozialen Kapital verpflichtet [und wollen nur die finanziellen Mittel erarbeiten, die zur Erfüllung unserer Aufgaben und zum Ausbau des uns anvertrauten Sozialen Kapitals erforderlich sind]* ["Sozial" bedeutet hier 'gesellschaftlich', H. E.; Segment aus dem Leitbild des Schweizerischen Genossenschaftsbundes Migros, zit. n. BLEICHER 1994a,38].

Eine Verpflichtungspolitik kann die Ziele auf mehrere Anspruchsgruppen ausrichten bzw. aus der Perspektive der Anspruchsgruppen formulieren. Die Unternehmensleitung sieht ihre vorwiegende Aufgabe dann nicht im Ziele-Bilden sondern im moderierenden und austarierenden Eingehen auf Gruppenziele, die eigenen eingeschlossen.

Unternehmensziele
Die ökonomischen und gesellschaftspolitischen Ziele der [Firma XY] sind darauf gerichtet, das Bestehen der Gesellschaft langfristig zu sichern. Diese schon 1974 veröffentlichten Unternehmensziele sind bis heute in ihrer Substanz unverändert geblieben.
Die Ziele sind Leitlinien für alle Entscheidungen und Handlungen der Unternehmensführung und der Mitarbeiter [...] Die [XY] AG kann und will sich nicht ausschließlich am Gewinn orien-

tieren. Langfristig gleichwertige Bedeutung haben die Ziele, die sich auf die Belange der Verbraucher, der Mitarbeiter und des Gemeinwesens beziehen. Diese Gruppen haben jedoch nicht immer gleichgerichtete Interessen:

- Verbraucher wollen Ware von hoher Qualität zu günstigen Preisen.
- Mitarbeiter erwarten sichere Arbeitsplätze, mehr Entgelt sowie weiter verbesserte Arbeitsbedingungen und Sozialleistungen.
- Aktionäre wünschen sich eine angemessene Dividende und verstärkte Substanzsicherung.
- Das Gemeinwesen verlangt daneben eine geringere Umweltbelastung durch Produkte und industrielle Tätigkeit, darüber hinaus besonderes sozialpolitisches Engagement.

Die Unternehmenspolitik ist darauf gerichtet, diese Ziele im Gleichgewicht zu halten. Ob das zu allen Zeiten gelingt, hängt nicht nur vom Unternehmen selbst ab, sondern auch von externen Einflüssen [...]Über allem aber steht ein Kernziel: das sichere und rentable Bestehen des Unternehmens zu erhalten. Die Ziele können zwangsläufig nur so formuliert sein, daß sie auch auf später noch zu bestimmende konkrete Aufgaben zutreffen. Deshalb muß ein relativ großer Handlungsrahmen vorgegeben werden, der es erlaubt, auch kurz- und mittelfristige Teil- und Einzelziele festzulegen [Text Nr. 80.2, veröffentlicht im Geschäftsbericht 1989].

ERLÄUTERUNG (s. u.) von Unternehmenszielen: Die Bezeichnung "Unternehmensziele" ist ein thematischer Ausdruck, der nichts über die Textfunktion aussagt. Unternehmensziele (und Absichtserklärungen) können auch erläutert werden, wie das folgende Beispiel zeigt, das eine gewisse Nähe zur unternehmensphilosophischen DARSTELLUNG (s. u. 3.2.4.2) und zur UNTERNEHMENSPHILOSOPHIE (s. u. 3.1.2.3) zeigt:

[...] Gewinn // "Wir wollen einen Gewinn erzielen, der ausreicht, das Wachstum unseres Unternehmens zu finanzieren und die Mittel bereitzustellen, die wir zur Verwirklichung der anderen Unternehmensziele benötigen" // In unserem Wirtschaftssystem ist der erzielte Gewinn letztlich die Quelle der Kapitalmittel, die wir benötigen, um auch in Zukunft erfolgreich zu sein und zu wachsen. Der Gewinn ist langfristig ein unverzichtbares Maß für die Leistung unseres Unternehmens [...] Deshalb müssen wir jedes Produkt so entwickeln und gestalten, daß es für unsere Kunden seinen Preis wert ist und wir über diesen Preis einen angemessenen Gewinn erzielen können [....] **Führungsstil // "Wir wollen die Initiative und schöpferische Kraft unserer Mitarbeiter fördern, indem wir dem einzelnen einen weiten Entscheidungsspielraum beim Erreichen der klar definierten Unternehmensziele lassen."** // Bei der Erläuterung unserer Unternehmensziele beziehen wir uns häufig auf das Konzept der "Führung durch Zielvereinbarung". Damit meinen wir, daß der einzelne Mitarbeiter jeder Organisationsebene im Rahmen des Möglichen selbst plant, wie er die mit ihm vereinbarten Ziele erreicht [...] [Segment aus Text Nr.45.2].

ZIELEMPFEHLUNGEN: Unter den von mir erhobenen Texten sind auch Texte, in denen unternehmenspolitische Ziele empfohlen werden. Hier wird man jedoch eher von allgemeinen geschäftspolitischen UNTERNEHMENSLEITSÄTZEN (s. u.) sprechen wollen, zumal der folgende Text auch wertebezogene Äußerungen, Absichtserklärungen und Selbstverpflichtungen enthält und die thematisierten Sachverhalte nicht nur Zustände und Ereignisse, sondern auch Einstellungen und Handlungen bezeichnen:

Unternehmensleitlinien // Was wollen wir? 1. [Die Firma XY] soll eine Einheit sein [...] // **2. [XY] soll dauernden Bestand haben** [...] // **4. [XY] soll den Kundennutzen in den Mittelpunkt stellen** // [...] Das Unternehmen bekennt sich zum Wettbewerb und bemüht sich, auf faire Art und Weise Wettbewerbsvorteile zu erringen [....] // **5. [XY] soll Gewinne erzielen** // Aus allen Geschäftsaktivitäten sollen ausreichende Gewinne erzielt werden, um das Wachstum des Unternehmens zu sichern und das eingesetzte Kapital angemessen zu verzinsen [...] // **8. [XY] soll auf die Umwelt Rücksicht nehmen** // [XY] soll umweltverträgliche Produkte entwickeln und herstellen. Die Produktionsprozesse sollen so gestaltet werden, daß keine Beeinträchtigungen der Umwelt auftreten. Die Betriebssicherheit der Anlagen soll für die Beschäftigten hoch sein [Segmente aus einem Teiltext von Nr. 43.2].

TEXTSORTEN, DIE WERTE THEMATISIEREN: Die Frage, ob Werte (in einem WERTEKANON) gesetzt oder erläutert werden, betrifft die Textsortenebene. So wie man Ziele setzen kann, kann man auch Werte setzen und vorschreiben. Der entscheidende Unterschied zwischen Werten und Zielen besteht jedoch in ihrer Rolle als Komponente des sozialen Handelns. Werte sind generalisierte Ziele und haben allgemeinsten Charakter, weshalb man den ZIELSETZUNGSKANON von einem WERTEKANON unterscheiden muß:

Die allgemeinste Komponente des sozialen Handelns liegt im Wertesystem. Werte bezeichnen generell die erwünschten Endzustände, die dem menschlichen Streben als Richtschnur dienen; als Empfehlungen sind Werte so allgemein, daß sie weder Normen noch Organisationen oder Hilfsmittel spezifizieren, die zum Erreichen dieser [generalisierten; H. E.] Ziele notwendig sind.[41]

Die mit Werten verbundene Sprechereinstellung ist BEKENNEN ZU oder GLAUBEN AN. Die mit Zielen verbundene Sprechereinstellung ist WOLLEN. Die Einsetzprobe verdeutlicht den Unterschied:

41 Neil J. Smelser: Theorie des kollektiven Verhaltens. Köln 1972, S. 44.

Thema: Erwirtschaftung eines angemessenen Gewinns
Probe: *Wir bekennen uns zu einem angemessenen Gewinn.
Fazit: Die thematisierte Größe ist eine Zielgröße.

Thema: Leistung
Probe: Wir bekennen uns zur Leistung bzw. zum Leistungsprinzip.
Fazit: Die thematisierte Größe ist eine Wertgröße.

3.1.1.3 Zusammenfassung und Überblick über die FG/UG-Verteilungsspezifik

Eine Teilmenge der von mir erhobenen unternehmenspolitischen Texte, Führungs- und Unternehmensgrundsätze, läßt sich mehr oder weniger klar den folgenden Textsorten zuweisen:

- GRUNDORDNUNG,
- PFLICHTEN- (u. RECHTE)KANON bzw. AUFGABENKANON
- ALLGEMEINE FÜHRUNGSANWEISUNG,
- ZUSTÄNDIGKEITS- und VERFAHRENSREGELUNGEN,
- ZIELSETZUNGSKANON.

Nimmt man die Gebrauchshäufigkeit als Kriterium, dann gehören der PFLICHTEN- bzw. AUFGABENKANON, die ALLGEMEINE FÜHRUNGSANWEISUNG und der ZIELSETZUNGSKANON zum Zentrum, die übrigen Textsorten zur Peripherie des Spektrums.

Die folgende Übersicht verdeutlicht die Verteilungsspezifik im Hinblick auf folgende Parameter:

- Zugehörigkeit der Textsorten zu Zentrum oder Peripherie des Textsortenspektrums nach dem Kriterium der Gebrauchsfrequenz,
- thematische Ausrichtung der Textsorten auf allgemeine Unternehmensgrundsätze oder Führungsgrundsätze im Sinne von Grundsätzen der Personalführung und Zusammenarbeit,
- der Autonomiegrad der Textsorte, der darin zum Ausdruck kommt, daß Vertreter der Textsorten als selbständige (freie) Einzelpublikation z. B. in Broschürenform vorliegen können, daß sie potentiell selbständige Teil(text)e einer größeren textlichen Ganzheit sein können oder daß sie ausschließlich als ge-

bundene Teiltexte belegt sind. Wenn ein Text nur gebunden vorkommt, kann dies ein Indiz dafür sein, daß der Text im Rahmen des komplexen Ganzen eine stützende, d. h. subsidiäre, Funktion hat oder eine Nebenfunktion erfüllt.

Textsorte	Zentrum	Autonomie			Thema		
		frei	potentiell frei	nur gebunden	nur FG	nur UG	FG+UG
GRUNDORDNUNG	-	+	-	-	-	-	+
PFLICHTENKANON	+	+	+	-	+	-	-
ALLGEMEINE FÜH-RUNGSANWEISUNG	+	+	-	-	+	-	-
ZUSTÄNDIGKEITS- u. VERFAHRENSREGE-LUNGEN	-	-	-	+	-	-	+
ZIELSETZUNGS-KANON	+	+	+	-	-	+	-

3.1.2 Normativ-orientierende Textsorten

Im Unterschied zu normativ-regulierenden Textsorten, die Strukturen und Prozesse mitgestalten, also unmittelbare Lenkungsfunktion haben und daher in hohem Grad operationalisierbar und verbindlich sein müssen, haben normativ-orientierende Textsorten einen geringeren Instrumentalbezug und sind daher in der Regel weniger konkret und operationalisierbar. Auch tritt hier die explizite und formale Art der Verbindlichkeitsgestaltung etwas zurück, und es machen sich weniger formale Arten der Verbindlichkeitsgestaltung geltend, indem z. B. Appelle an die Stelle expliziter Regelungen des Geltungsbeginns und Geltungsbereiches treten. Sanktionsregelungen sind im Grunde mit der inneren Logik normativ-orientierender Texte unverträglich. Daß normativ-regulierende Texte - z. B. GRUNDORDNUNGEN -

orientierende Segmente wie z. B. WERTSETZUNGEN enthalten, ist ebensowenig ein Widerspruch zum hier Gesagten, wie die Tatsache, daß normativ-orientierende Texte regulierende Segmente wie z. B. GEBOTE enthalten können. Die Gebrauchshäufigkeit entscheidet hier über die Zuordnung zu den beiden Grundtypen.

3.1.2.1 Wertekanon

Den Unterschied zwischen Zielen und Werten habe ich im vorangegangenen Kapitel erläutert, um den Unterschied zwischen ZIEL(SETZUNGS)KANON und WERTEKANON zu verdeutlichen. Wertebezogene Äußerungen kommen in vielen Texten vor, die Unternehmens- und Führungsgrundsätze explizieren wollen, wie das folgende Beispiel zeigt:

Achtung vor dem einzelnen // Wir bekennen uns zur Achtung vor den Rechten und der Würde jeder einzelnen Mitarbeiterin und jedes einzelnen Mitarbeiters [Segment aus Text Nr. 52.2].

Unter den erhobenen Texte ist kein selbständig veröffentlichter WERTEKANON. Sammlungen von wertsetzenden Äußerungen sind nur als (potentiell selbständige) Teiltexte belegt und nicht sehr häufig. Es werden in allen Fällen unternehmens- und führungspolitische Werte thematisiert, so daß hier die Unterscheidung zwischen Führungs- und Unternehmensgrundsätzen keinen Sinn macht:

Leitfrage

Ein WERTEKANON antwortet auf folgende Frage: Zu welchen ökonomischen, gesellschaftlichen, kulturellen etc. Werten bekennt sich das Unternehmen?

Leittext

Verantwortungsbewußtsein und Bereitschaft zur Leistung
[Die Firma XY] als selbständiges und unabhängiges Unternehmen tritt ein

- für verantwortungsbewußte unternehmerische **Initiative**,
- für **partnerschaft**liches Verhalten nach innen und außen,
- für die Anerkennung der persönlichen **Leistung**.

Diese Werte bestimmen unser Handeln in einer **freien** und zugleich **sozial**verpflichteten Wirtschaftsordnung im Bewußtsein der **Zusammengehörigkeit** aller [XY]-Mitarbeiter.

[XY] ist stolz auf eine 125jährige Firmen**geschichte**. Gestützt auf die traditionellen Werte - **Fleiß**, **Glaubwürdigkeit** und **Verantwortungsbewußtsein** für Werk und Mitarbeiter - wollen wir durch hohe technische Leistungskraft und kundengerechtes Programm die Marktstellung des Unternehmens kontinuierlich ausbauen und sichern. Maßstab für alle unternehmerischen Entscheidungen ist das Wohl des Unternehmens und seiner Mitarbeiter [Teiltext aus Nr. 37; die Hervorhebung der Wertbegriffe durch Fettdruck stammt von mir; H. E.].

Kommentar

Die Werte werden direkt und indirekt formuliert. Die direkten Formulierungen verwenden die einstellungsbekundenden Prädikatsausdrücke "eintreten für" und "stolz sein auf". Die indirekte Formulierung begnügt sich mit der alleinigen Benennung (Nomination) der (traditionellen) Werte, die als untergeordnete syntaktische Einheit (freie Umstandsbestimmung) Teil einer Absichtserklärung sind. Daß es trotz dieser "textsortenfremden" Äußerung um das Setzen und Präsentieren von Werten geht, zeigt nicht nur die große Zahl der Wertbegriffe, sondern auch die Überschrift des Teiltextes, der zwei Wertbegriffe herausgreift ("Verantwortungsbewußtsein"/"Bereitschaft zur Leistung") und nicht die Zielbegriffe wählt ("hohe technische Leistungskraft"/"kundengerechtes Programm").

Textsortenvarianten und Gestaltungsspielräume

Ein Fall ist belegt, in denen ein Teiltext ausdrücklich *Die* [XY]-*Werte* genannt wird. Die "Werte" werden als "Grundlage der Unternehmensziele" bezeichnet. Es läge daher nahe, diesen Teiltext auch als WERTEKANON anzusehen. Er ist aber kein prototypisches Beipiel und zeigt auch Merkmale von unternehmenspolitischen LEITSÄTZEN. Eine Teilmenge dieser Leitsätze besteht aus beziehungsorientierten SELBSTVERPFLICHTUNGEN (s. u.) und VERHALTENSERWARTUNGEN. Der Text selbst weist darauf hin, daß es sich bei den Äußerungen um Grundsätze handelt, die das Unternehmen bei der Zielerreichung *leiten*. Auch das spricht gegen die Einstufung des Textes als Kanon allgemeinster Werte. Ich zitiere daher nur Ausschnitte aus diesem Text, den man - alles in allem - nicht als prototypischen Wertekanon wird einschätzen können:

Die [XY]-Werte, Grundlage der Unternehmensziele
[...] [Die Firma XY] hat fünf wertorientierte Grundsätze, die uns bei der Erreichung unserer Unternehmensziele leiten:
Wir haben Vertrauen in unsere Mitarbeiter sowie Achtung und Respekt vor ihrer Persönlichkeit. // [...] // **Wir legen besonderen Wert auf das hohe Niveau unserer Leistungen und**

Beiträge. // [...] // **Wir legen unserem Tun kompomißlose Integrität zugrunde.** // Um das Vertrauen und die Loyalität unserer Partner zu gewinnen und zu erhalten, erwarten wir Offenheit und Ehrlichkeit von unseren Mitarbeitern. Dies bedingt, daß sie ausschließlich nach den allgemein anerkannten Regeln guten Geschäftsgebarens handeln. Die [XY]-Geschäftsgrundsätze sind ohne Einschränkung bindend. Integrität kann in der Praxis nicht alleine durch betriebsinterne Vorschriften sichergestellt werden. Sie muß vielmehr tief im Unternehmen verwurzelt und für jeden Mitarbeiter ein persönliches Anliegen sein. // **Wir fordern und fördern Flexibilität und Innovation.** // [...] // Wir möchten, daß diese Ziele [i. e. die nachfolgend abgedruckten Unternehmensziele] und die ihnen zugrundeliegenden Werte Orientierung für Ihre Tätigkeit als Mitglied des [XY]-Teams sind. // [drei Unterschriften der Unternehmensleitung][Sequenz aus Teiltext von Nr. 45.2].

Wertbegriffe müssen sich nicht auf Zustände oder Ereignisse beziehen. Sie stehen dann aber in einem gleichsam metonymischen Verhältnis, d. h. in einer Teil-Ganzes-Beziehung, zu dem allgemeinsten Ziel(zustand), der als Wert angedeutet und/oder angenommen werden muß:

Grundwerte

Ebenso wichtig wie die Verpflichtung selbst [i. e. die Verpflichtung gegenüber dem Kunden] ist die Art und Weise, wie wir diesen Auftrag in die Tat umsetzen. Der Erfolg des Unternehmens wird entscheidend durch die folgenden Werte bestimmt:
Menschen - Unsere Mitarbeiter sind unsere Stärke. Sie sind unser geistiges Kapital und prägen unser Ansehen und unsere Leistungsfähigkeit. Engagement und Zusammenarbeit gehören für uns zu den wichtigsten Werten.
Produkte - Unsere Produkte sind das Ergebnis unserer Arbeit. Sie sollen den Wünschen unserer Kunden entgegenkommen, denn so wie unsere Produkte gesehen werden, so werden auch wir gesehen.
Erträge - Erträge sind letztlich der Maßstab dafür, wie erfolgreich wir den Erwartungen unserer Kunden mit unseren Produkten entsprechen. Gewinne sind notwendig für unser Wachstum und Bestehen am Markt [Teiltext von Nr. 36.1; Hervorhebungen durch Fettdruck von mir, H. E.].

3.1.2.2 Verhaltensleitsätze

VERHALTENSLEITSÄTZE normieren vor allem das Führungsverhalten. Sie richten sich deshalb primär an Führungskräfte und seltener an unterstellte Mitarbeiter oder an alle Mitarbeiter des Unternehmens. Es geht hierbei in der Hauptsache nicht um die Regelung von Tätigkeiten (Aufgaben/Pflichten), Strukturen oder Prozessen, sondern es geht darum, ein Verhalten bzw. einen Verhaltensspielraum zu normieren, der wechselnden Situationen gerecht wird und insgesamt mit Blick auf den Unternehmenserfolg als zielführend angesehen wird. Das Thema wird in VERHALTENSLEITSÄTZEN deskriptiv entfaltet. Die Textbausteine sind FORDERUNGEN, RATSCHLÄGE, EMPFEHLUNGEN etc. und werden aufaddiert, d. h. die Illokutionsstruktur ist nicht hierarchisch gegliedert. Ein Teil der Texte faßt mehrere Bausteine (= Illokutionen/Sprachhandlungen) zusammen und stellt sie unter ein gemeinsames Thema. VERHALTENSLEITSÄTZE beziehen sich überwiegend auf Grundsätze der Personalführung und Zusammenarbeit. Ihr Weltbezug kann als GEWÜNSCHT/GEWOLLT umschrieben werden. Auffallend ist, daß als sprachliche Realisierungsmöglichkeiten der AUFFORDERUNG der Imperativ (*Hilf deinen Mitarbeitern!*), der Adhortativ (*Für's Ganze laßt uns tätig sein!*), der imperativische Infinitiv (*Mitarbeiter loben und korrigieren!*) und auch nominale Setzungen (*Kein Laissez-faire-Stil!*) begegnen können, was für den weniger formellen und weniger verbindlichen Charakter von VERHALTENSLEITSÄTZEN spricht. Als prototypische Gesprächssituation wird in den einzelnen Sätzen der Partnerbezug ("du") betont, d. h. die Aussagen sind Aussagen nicht über den Sprecher oder über die besprochene Welt, sondern über den Kommunikationspartner. Das ist ein wichtiger Unterschied zwischen partnerorientierten VERHALTENSLEITSÄTZEN und sachorientierten LEITSÄTZEN (s. u.), bei denen als Gesprächsrolle das Es, d. h. die besprochene Welt, dominiert. Die sachorientierten LEITSÄTZE könnte man vielleicht auch angemessener ENTSCHEIDUNGSLEITSÄTZE nennen. Der Unterschied sei an folgenden Beispielen veranschaulicht:

Partnerorientierter VERHALTENSLEITSATZ:

Vermeide Hektik, Reibung, Aggression! [Segment aus den Nordsee-Führungsgrundsätzen, zit. n. BLEICHER 1994a,63]

Sachorientierte LEITSÄTZE (= ENTSCHEIDUNGSLEITSÄTZE):

Der Kunde steht im Mittelpunkt unserer Arbeit [...] // [...] // Händler und Lieferanten sind unsere Partner [...] // Integrität erlaubt keine Kompromisse [...] [Sequenz aus einem Teiltext von Nr. 36.1].

Leitfrage

Die Leitfrage, auf die VERHALTENSLEITSÄTZE antworten, lautet: Wie soll ich mich in bestimmten Situationen als Führungskraft, Mitarbeiter der Führungskraft oder Mitarbeiter des Unternehmens verhalten?

Leittext

Zur Veranschaulichung der Textsorte VERHALTENSLEITSÄTZE seien die Führungsgrundsätze der Nordsee Deutsche Hochseefischerei GmbH (Bremerhaven) zitiert. Ich wähle diesen Text, obwohl er nicht zu den von mir erhobenen Texten gehört, er ist aber ein besonders gutes Exemplar der Textsorte:

1. Beteilige deine Mitarbeiter an deinen Überlegungen und Planungen! Gib' ihnen das Gefühl wichtig zu sein!
2. Mach' nicht alles allein, delegiere! Sorge dabei für eindeutige Zuordnung von Aufgabe, Kompetenz und Verantwortung! Das nennt man 'Kongruenzprinzip'.
3. Informiere rechtzeitig und umfassend! Ein unzureichend informierter Mitarbeiter handelt 'blind'.
4. Mische dich nicht ein, solange du siehst, daß es läuft!
5. Hilf deinen Mitarbeitern! Und laß' dir von ihnen helfen!
6. Zeigen deinen Mitarbeitern, daß du dich für ihre Arbeit interessierst! Hör' ihnen zu! Versammle sie regelmäßig zu Besprechungen.
7. Sprich Anerkennung und Kritik unverzüglich aus; Anerkennung auch öffentlich; Kritik unter vier Augen! Unterlasse die Kritik nicht, wo sie nötig ist! Kein Laissez-faire-Stil!
8. Fördere deine Mitarbeiter! The right man in the right place! Die richtige Person auf den passenden Platz! (Layard, 1817-1894)
9. Schiebe notwendige Maßnahmen nicht vor dir her!
10. Vermeide Hektik, Reibung, Aggression! If you want to gather honey don't kick over the beehive! Wenn du Honig ernten willst, wirf den Bienenkorb nicht um! (Dale Carnegie, 1938)
11. Für's Ganze laßt uns tätig sein! Pro toto quid contribuamus! [zit. n. BLEICHER 1994a,62f.].

Kommentar

Handlungsprädikate, die wie z. B. "informieren" und "delegieren" auch in regulativen Texten vorkommen, sind in diesem Text in der Minderheit. An ihrer Stelle finden sich Prädikatsausdrücke wie z. B. "jmndm. ein best. Gefühl geben", "sich (nicht) einmischen", "jmdm. zeigen (daß)", "interessieren (für etw.)" oder "tätig sein", allesamt intransitive Verben oder verbale Wendungen, die kein direktes Objekt verlangen und keine Passivtransformation zulassen. Das bedeutet, daß es sich bei diesen Verben nicht um Handlungsverben im engeren Sinne handelt, sondern um Verben, die eher ein Verhalten ausdrücken. Andere VERHALTENSLEITSÄTZE bevorzugen Prädikate, die Zustände ("Vorbild sein"), Einstellungen ("bereit sein") oder Prozesse ("sich selbst entwickeln") bezeichnen (s. u.) Der Gebrauch von VERHALTENSLEITSÄTZEN beruht im Grunde auf der Zuversicht des Emittenten, daß der Adressat prinzipiell bereit ist, sich leitsatzkonform zu verhalten. Im Unterschied zu REGELN, die das Tun und Lassen des Normadressaten zwingend vorschreiben, besteht bei VERHALTENSLEITSÄTZEN nur eine Chance auf die Ausführung des gewünschten Verhaltens. Um diese Chance zu erhöhen, müssen VERHALTENSLEITSÄTZE eine Sprache verwenden, die anschaulich ist, die überzeugt, motiviert, mobilisiert und sich dem Gedächtnis einprägt. Diese Gebrauchsbedingungen führen u. a. dazu, daß Bilder (Metaphern, Metonymien) und Vergleiche verwendet werden. Auch die Negation wird in VERHALTENSLEITSÄTZEN stärker genutzt als z. B. in regulierenden Texten, die eindeutig mehr GEBOTE als VERBOTE formulieren. An die Stelle von expliziten Verbindlichkeitsregelungen tritt bei VERHALTENSLEITSÄTZEN der Appell, wenn nicht ganz auf solche Äußerungen verzichtet wird.

Textsortenvarianten und Gestaltungsspielräume

Es gibt VERHALTENSLEITSÄTZE, deren Themenstruktur an den AUFGABEN/PFLICHTENKANON erinnert, weil auch hier einzelne Äußerungen abschnittweise gebündelt und einer begrenzten Anzahl von Teilthemen zugeordnet werden. Einige Themen sind gleich, andere ähnlich oder neu. Auffallend sind aber vor allem die Verhaltens-, Zustands- und Vorgangsprädikate, die - zusammen mit der informelleren Wahl des imperativischen Infinitivs - solche Texte doch mehr oder weniger klar der Textsorte VERHALTENSLEITSÄTZE zuweisen:

Führung und Zusammenarbeit [Firmenname]

Die folgenden Leitlinien für Führung und Zusammenarbeit verdeutlichen die Grundgedanken des Führungsverhaltens, das wir im [XY] Konzern anstreben. Danach zu handeln ist Verpflichtung aller Führungskräfte.

Bei der gemeinsamen Arbeit im Sinne dieser Leitlinien müssen wir stets die Anforderungen des Marktes beachten. Unser Erfolg hängt letztlich davon ab, wie gut wir diese Anforderungen erfüllen.

[Ort], im Juli 1988 [9 Unterschriften, vermutlich der Vorstandsmitglieder]

1. Vorbild sein

Sich der Anforderungen an das eigene Führungsverhalten bewußt sein, die eigene Führungspraxis kritisch bewerten und sich ständig weiterentwickeln.
Dazu gehören insbesondere:
Sich mit den Zielen und Grundsätzen von [XY] identifizieren und Ziele für den eigenen Wirkungsbereich daraus ableiten und vereinbaren. Entscheidungen aufgrund hinreichender Grundlagen rechtzeitig treffen, den Beteiligten gegenüber begründen und die Verantwortung hierfür tragen. Die Entwicklungen auf dem eigenen Arbeitsgebiet laufend beobachten und die eigene Arbeit danach bewerten und ausrichten. Bereitschaft zur kritischen Überprüfung des eigenen Führungsverhaltens erhöhen und die Führungsfähigkeiten weiterentwickeln. Die Wirkung des eigenen Verhaltens auf Mitarbeiter, Kollegen und Öffentlichkeit beachten.

2. Zusammenarbeit vertiefen

Die Zusammenarbeit im Unternehmen durch Aufgeschlossenheit und gegenseitiges Vertrauen fördern.
Dazu gehören insbesondere:
Durch aufgeschlossene, vertrauensvolle Zusammenarbeit die Verbundenheit aller Mitarbeiter untereinander und zum Unternehmen stärken. Mitarbeiter zielorientiert führen. Tätigkeiten der Mitarbeiter koordinieren; Aussprachen über Probleme regelmäßig durchführen. Fehlentwicklungen und Konflikte aufzeigen, Vorgesetzte und Beteiligte darüber informieren und Gegenmaßnahmen gemeinsam erarbeiten. Sich der sozialen Verantwortung und Fürsorgepflicht bewußt sein und danach handeln.

3. Kommunikation verbessern

Die Kommunikation auf allen Ebenen durch rechtzeitige und klare Information sowie umfassenden Erfahrungsaustausch verbessern.
Dazu gehören insbesondere:
Notwendige Informationen rechtzeitig und genau an Mitarbeiter, Vorgesetzte und interessierte Stellen weitergeben; Verständnis sicherstellen. Erfahrungsaustausch auch bereichs- und funktionsübergreifend intensivieren. Den Zusammenhang der Aufgaben mit den Unternehmenszielen darlegen, Abteilungsziele in Unternehmensziele einordnen. Für konstruktive Kritik der Mitarbeiter aufgeschlossen sein; kritisches Mitdenken und Initiative fördern. Das Unternehmen loyal und selbstbewußt nach außen vertreten. Auf tatsachenbezogener Berichterstattung bestehen; Gerüchten entgegenwirken. Verbindungen zu Geschäftspartnern pflegen; Beziehungen zur Öffentlichkeit verbessern.

4. Verantwortung übertragen

Das Verantwortungsbewußtsein, die Kreativität und die Leistungsbereitschaft der Mitarbeiter durch Übertragen von Aufgaben und Befugnissen steigern.
Dazu gehören insbesondere:
Jedem Mitarbeiter unter Berücksichtigung seiner Fähigkeiten klare Verantwortungsbereiche und Vollmachten übertragen; nur dann eingreifen, wenn das Erreichen vereinbarter Ziele gefährdet ist. Eigenverantwortlichkeit, Initiative und Selbstkontrolle fördern. Individuelle Arbeitsziele und

Prioritäten gemeinsam mit den Mitarbeitern im Rahmen der vorgegebenen Aufgaben festlegen. Realistische Pläne und Budgets gemeinsam erarbeitern; ihre Erreichung kontinuierlich und systematisch kontrollieren und durch geeignete Maßnahmen für die Einhaltung sorgen. Für hohe Produktivität sorgen. Verantwortung für Entscheidungen von Mitarbeitern auch übernehmen, wenn sie nicht den eigenen Vorstellungen entsprechen, aber die Zielerreichung sichergestellt ist.

5. Motivation stärken

Das Engagement der Mitarbeiter durch Anerkennung ihrer Persönlichkeit und Leistung, durch konstruktive Kritik und leistungsgerechte Bezahlung stärken.
Dazu gehören insbesondere:
Neue Mitarbeiter sorgfältig einarbeiten, ihnen den Wert ihrer Tätigkeit verdeutlichen und sie mit dem Unternehmen vertraut machen. Mitarbeiter regelmäßig beurteilen, Ergebnisse offen mit ihnen im Rahmen eines Beurteilungs- und Fördergesprächs diskutieren und ggf. überdenken. Anerkennung und Kritik aussprechen; Maßnahmen zur Beseitigung aufgetretener Mängel und Schwächen ergreifen. Bezahlung an der Leistung und am Erfolg orientieren. Gegenüber Anliegen von Mitarbeitern aufgeschlossen sein; Änderungswünsche sorgfältig prüfen.

6. Mitarbeiter fördern

Die Mitarbeiter entsprechend ihren Fähigkeiten sowie den Erfordernissen und Möglichkeiten des Unternehmens fördern und auf die künftigen Aufgaben und Anforderungen rechtzeitig vorbereiten.
Dazu gehören insbesondere:
Durch stetige Weiterbildung die Mitarbeiter auf künftige Entwicklungen vorbereiten. Durch zielgerichtete und rechtzeitige Auswahl, Weiterbildung, Förderung und ggf. Umsetzung und Umschulung die Qualifikation der Mitarbeiter sicherstellen. Fachliche Fähigkeiten und Führungspotential erkennen; sinnvolle Entwicklungsmöglichkeiten aufzeigen und unterstützen. Auf Mitarbeiter einwirken, daß sie zu ihrer Weiterbildung Eigeninitiative ergreifen und Beiträge leisten. Nachwuchs durch Heranführen an qualifizierte Aufgaben und gezielte Bildungsmaßnahmen fördern.
Stellvertreter benennen, Nachfolger rechtzeitig vorschlagen [Text Nr. 2.1]

VERHALTENSLEITSÄTZE konstituieren sich stets als einfache Aneinanderreihung unverbundener Sprechhandlungen nach dem Prinzip der Aufzählung. Das gewünschte Verhalten kann auch als SELBSTVERPFLICHTUNG präsentiert werden (s. u.) Der Übergang von VERHALTENSLEITSÄTZEN zur IDEALBESCHREIBUNG kann fließend sein, wie der folgende Text zeigt:

Die Anforderungen an die Führungspersönlichkeit

Auch oder gerade bei kooperativem Führungsstil muß geführt werden. Das stellt hohe Anforderungen an die Person des Führenden. Jeder muß sich im klaren sein, daß Führen keine leichte und bequeme Aufgabe ist. Von der Führungsperson werden folgende *Eigenschaften* gefordert:

- Sie ist in jeder Hinsicht Vorbild.
- Sie setzt sich für jede Aufgabe voll ein - ob groß oder unbedeutend, angenehm oder unangenehm. *Sie muß bereit sein, Dinge zu tun, die andere nicht tun.*
- Sie zeigt Entschlossenheit und trifft Entscheidungen. *Dem Unternehmen entstehen mehr Verluste durch Unentschlossenheit als durch Fehlentscheidungen.*
- Sie erkennt Aufgaben und Probleme rechtzeitig und packt sie an, auch wenn sie unangenehm sind. *Sie muß bereit sein, den Stier bei den Hörnern zu nehmen.*
- Sie ist ein guter Gefolgsmann. *Wer unter Euch der Größte sein will, der muß Diener aller sein.*
- Sie fühlt sich nicht bedroht - und hat auch nichts Bedrohliches an sich.
- Sie entwickelt ihre eigenen Fähigkeiten weiter und ist kreativ. *Sie stellt die Uhr nicht nach anderen.*
- Sie stellt das Unternehmensziel über das persönliche Ziel. *Das Wichtigste muß sein: "Wir haben gewonnen".*
- Sie hat Autorität durch Persönlichkeit.
- Sie zeigt Ziele auf, gibt die Richtung an - und geht voraus [Teiltext von Nr. 49.1].

3.1.2.3 Unternehmensphilosophie (Selbstverständnis eines Unternehmens)

Der Ausdruck "Unternehmensphilosophie" ist hier Bezeichnung für eine Textsorte, wobei ich mich an Ausführungen von R. LAY orientiere, der ebenfalls mit diesem Ausdruck ein sprachliches Dokument meint. Ein "Philosophie" genannter Text kann sich thematisch auf Unternehmens- oder Mitarbeiterführung beziehen oder auf beides. Zweierlei ist im folgenden nicht gemeint, wenn ich den Ausdruck verwende:

Ich verstehe den Begriff "Philosophie" nicht im Sinne von 'Stil' oder 'Methode', wie es der folgende Kurztext tut, der gerade **keine** Führungs**philosophie** in meinem Sinne ist, obwohl der Text sich selbst als eine solche bezeichnet. Das Funktionssignal steht hier im Widerspruch zur tatsächlichen Funktion als Resultat der Auswahl und Verknüpfung der Sprechhandlungen:

Führungsphilosophie

Bei Leistungs- und erfolgsorientierter Führung nach eindeutigen Zielen werden die Mitarbeiter unter Berücksichtigung ihrer persönlichen und sachlich-fachlichen Fähigkeiten eingesetzt.
Die enge Verbindung unserer Mitarbeiter zu ihrem Unternehmen zeigt sich in der Übereinstimmung mit den Unternehmenszielen und -grundsätzen [Teiltext aus Nr. 5].

Ich verwende den Begriff "Philosophie" auch nicht ganz in der Weise, wie es BLEICHER (1994b,57-114) tut, der Werthaltungen, Unternehmens- und Menschenbilder im Zusammenhang mit Philosophien bespricht und auch die Vision als Erscheinungsform einer "Philsophie" mitbehandelt. Am nächsten kommt BLEICHERs "Selbstverständnis" eines Unternehmens (ebda S. 83) dem von mir Gemeinten, wobei freilich das unternehmerische Selbstverständnis nicht verwechselt werden darf mit einer imagefunktionalen Selbstdarstellung oder einem rein informationsfunktionalen Unternehmensprofil.

Ich verstehe unter dem Begriff "Unternehmensphilosophie" folgendes:

UNTERNEHMENSPHILOSOPHIE nenne ich eine Textsorte mit einer normativ-orientierenden kommunikativen Funktion, wobei die informationsfunktionale **Er**mittlung des Textes mit einer normativ-orientierenden kommunikativen Funktion bei der **Ver**mittlung einhergeht. Die konstitutive Sprechereinstellung einer (UNTERNEHMENS-)PHILOSOPHIE ist das FÜR-WAHR-HALTEN und das FÜR-RICHTIG-HALTEN. D. h., es geht um Annahmen, Überzeugungen, Gewißheiten und Vermutungen der Emittenten bezüglich vergangener, gegenwärtiger und zukünftiger Erfolge und Mißerfolge bzw. Erfolgs- und Mißerfolgschancen.

R. LAYs Definition veranschaulicht und vertieft das Gesagte:

'Unternehmensphilosophie' bezeichnet das zu sich selbst gekommene allgemeine Bewußtsein eines Unternehmens. Zu sich selbst kommt es, wenn Menschen versuchen, es zu formulieren und sprachlich dokumentieren, um es reflektieren zu können. Die Unternehmensphilosophie ist also nicht identisch mit irgendwelchen idealen Wertvorstellungen, die sich Vorstände oder Unternehmensberater gemacht haben, um das Unternehmensimage durch eine neue 'Corporate Identity' zu verbessern. Sehr wohl ist es dagegen möglich, eine redlich dokumentierte Unternehmensphilosophie dazu zu verwenden, kritisch die Schwachstellen im 'allgemeinen Sein' eines Unternehmens ausfindig zu machen. Durch eine geschickte Personalpolitik ist es einigen - selbst größeren - Unternehmen mit langem Atem gelungen, Strukturen (allgemeines Sein) zu ändern und somit auch eine an Idealen orientierte Unternehmensphilosophie zu entwickeln. Durch Belohnung erwünschter Interaktionsmuster (beziehungsweise Bestrafung unerwünschter) ist es möglich - wenn diese Methoden mit klar definierten Zielvorgaben angewandt und zureichend lange durchgehalten werden - , das Sein des Unternehmens zu ändern und so mittelbar auch das Bewußtsein. Hier sind vor allem die Weisen ('pattern') der dominanten Führungsinteraktionen erheblich. Kaum etwas prägt Sein und Bewußtsein stärker als Zwang und Angst. Dominieren sie, ist Führen zur Exekution von Systeminteressen degeneriert. Die Annahme, eine Unternehmensphilosophie ließe sich durch Vorstandsbeschluß dekretieren, entspringt meines Wissens ausnahmslos dem

Gehirn unbedarfter Unternehmensberater, die ein schnelle Mark zu schätzen wissen [LAY 1996,151f.].

Leitfrage

Die UNTERNEHMENSPHILOSOPHIE antwortet auf die Frage "Was sind nach unserem Dafürhalten die Schwächen und Stärken unseres Unternehmens, ihre Ursachen, und was halten wir für richtig mit Blick auf eine künftige positive Unternehmensentwicklung?

Leittext

Den folgenden Leittext habe ich ausgewählt, weil die Sprechereinstellungen sehr deutlich zum Ausdruck gebracht werden und weil entsprechende Prädikate des Wissens/Sehens etc. den "philosophischen" Charakter des Textes besonders gut sichtbar machen, auch wenn der Text gelegentliche "Einschüsse" von Selbstverpflichtungen enthält. Die sprachlichen "Philosophie-Signale" hebe ich im folgenden durch Fettdruck hervor:

Die Unternehmensphilosophie

Die erfolgreiche Entwicklung unserer Gesellschaft **führen wir** auf den bei uns kultivierten Führungsstil, auf unsere konsequente Markenartikelpolitik und auf unsere internationale Ausrichtung **zurück**. Um die Kontinuität dieses Erscheinungsbildes zu sichern, bekennen wird uns zu den folgenden Grundsätzen:

1. Als international tätiges deutsches Unternehmen **bejahen wir** einen fairen leistungsorientierten Wettbewerb. Unsere besten Chancen **sehen wir** in allen marktwirtschaftlich orientierten Ländern.
2. Zur Sicherung der langfristigen Eigenständigkeit unseres Unternehmens **halten wir** die Aufrechterhaltung einer gesunden Ertragskraft und die sich daraus ergebenden Möglichkeiten der Selbstfinanzierung **für wichtig**.
3. Wir gliedern unsere Geschäftstätigkeit in die vier Sparten [...], die für ihre Produktprogramme die weltweite Verantwortung von der Forschung und Entwicklung über die Fertigung bis zur Vermarktung tragen. Zur Nutzung aller möglichen Synergien im Unternehmen **halten wir** neben den Sparten einige spartenübergreifende Zentralfunktionen **für erforderlich**.
4. Im Vordergrund unserer unternehmerischen Arbeit steht die Weiterentwicklung der Tätigkeitsgebiete unserer Sparten, auf denen wir entsprechende Erfahrungen besitzen. Im Rahmen dieser Zielsetzung verfolgen wir auch Kooperationen und Akquisitionen. Wir wollen jedoch nicht auf der Stufe des Handels oder der Herstellung von Vorprodukten tätig werden.

5. Unabhängig von unserer Spartenorientierung wollen wir ein einheitliches Unternehmen bleiben, das eine international abgestimmte Strategie verfolgt. Um die Vergleichbarkeit der Sparten- und Zentralfunktionen sicherzustellen, richten wir unsere Planungs-, Steuerungs- und Kontrollsysteme unternehmenseinheitlich aus.
6. Bei der Unterschiedlichkeit der Geschäftsfelder und Regionen, in denen wir tätig sind, müssen unsere Organisationsstruktur, unsere Arbeitsweise und unsere Planungsvorgaben auf die unterschiedlichen Anforderungen der einzelnen Sparten und Märkte eingestellt sein.
7. Wir **halten** kurze Entscheidungswege **für wichtig** und **sind davon überzeugt, daß** überschaubare Organisationseinheiten die beste Voraussetzung für ein erfolgreiches Arbeiten bilden.
8. Neben der regelmäßigen Verbesserung der vorhandenen Erzeugnisse **erkennen wir** die Notwendigkeit, in allen Sparten fortlaufend neue Produkte von hoher Qualität zu entwickeln. Daher wollen wir der Forschung und Entwicklung sowie dem Einsatz moderner Technologien künftig eine höhere Bedeutung geben. Dabei **hat** die internationale Ausrichtung unserer Entwicklungsarbeit **ein besonderes Gewicht**.
9. Wir **fühlen uns** einer langfristig orientierten internationalen Markenartikelpolitik **verpflichtet**. Wir streben deshalb keine kurzfristigen, spektakulären Erfolge an, sondern eine stetige Entwicklung mit dauerhaften Beziehungen zu allen Geschäftspartnern.
10. Wir richten alle unsere Produkte und Leistungen an den Bedürfnissen unserer Verbraucher aus. Der partnerschaftlichen Zusammenarbeit mit dem Handel **messen wir eine große Bedeutung bei.**
11. Entsprechend der dem Fortschritt verpflichteten Tradition von [XY] **nehmen wir** unsere soziale Verantwortung besonders **ernst.**
12. Die Auswahl, Förderung und Weiterbildung unserer Mitarbeiter gehören zu unseren **wichtigsten** Aufgaben. Denn ihre Fähigkeiten, Einsatzbereitschaft und Leistungen bestimmen letztlich unseren Erfolg [Teiltext aus Nr. 14; die Hervorhebungen durch Fettdruck stammen von mir; H. E.].

Kommentar

Der Leittext zeigt weitgehend eine deskriptive Entfaltung des Themas, wobei Varianten hier mehr explikative und argumentative Elemente enthalten können. Bei der Themenwahl dominiert in der Regel der Bezug zur Unternehmenspolitik, wobei einige Äußerungen auch Führung und Zusammenarbeit betreffen können. Einige wenige Texte wie z. B. ein Teiltext aus Nr. 35.4 thematisieren jedoch auch als Ganztext ein sog. "Führungsgrundverständnis", d. h. eine Führungsphilosophie im eigentlichen Sinne. Bei manchen Textexemplare sind die Übergänge zu Merkmalen anderer Textsorten wie z. B. AUSDRUCKSFUNKTIONAL-KOMMISSIVE UNTERNEHMENSLEITSÄTZE, LEITBILD oder ERLÄUTERUNG (s. o.) fliessend. Solche Texte haben Teil an mehreren Textsorten.

3.1.2.4 Leitbild

Eine genügend große Teilmenge der von mir erhobenen Texte verdichtet sich zu einem Textkomplex, der auf drei Fragen antwortet (vgl. WITTBERG 1994,4):

- Wer sind wir?
- Was wollen wir?
- Wie verhalten wir uns?

Diesen drei Fragen entsprechen die folgenden Teiltexte, die nicht unbedingt in der hier präsentierten Reihenfolge realisiert werden müssen:

- informationsfunktionaler Texttyp,
- ZIELSETZUNGSKANON/ABSICHTSERKLÄRUNG,
- allgemeine geschäftspolitische LEITSÄTZE/SELBSTVERPFLICHTUNG.

LEITBILDER haben unternehmensinterne Adressaten (Führungskräfte, Mitarbeiter der Führungskräfte, alle Unternehmensmitarbeiter) wie externe Adressaten, darunter vor allem die Kunden aber auch Lieferanten, Anteilseigner, Behörden, Öffentlichkeit etc. Nach WITTBERG erhoffen sich viele Emittenten von LEITBILDERN nach außen hin eine imagefördernde Wirkung und nach innen hin Orientierung und Motivation (vgl. WITTBERG 1994,4f.) Eine geringere Anzahl von Emittenten erhofft sich von LEITBILDERN eine "Lenkungsfunktion". Es ist zu vermuten, daß die befragten Top-Manager hierbei am ehesten an diejenigen Teiltexte gedacht haben, die ich als ZIELSETZUNGSKANON und als geschäftspolitische LEITSÄTZE beschreibe. Zur Abgrenzung von anderen Verwendungsmöglichkeiten des Leitbild-Begriffes sei darauf hingewiesen, daß ich den Ausdruck "Leitbild" als Begriff für einen Textsortenkomplex (s. o.) verwende, nicht als Bezeichnung eines Texttyps oder für einen Mikrotext. Aus den Darlegungen in BLEICHER (1994a,51-64) wird nämlich ersichtlich, daß hier der Ausdruck "Leitbild" als Oberbegriff verwendet wird, der - wie die Beispiele zeigen - Visionen, Verhaltensleitsätze, philosophieartige Texte, lehrhafte Texte und - so in BLEICHER (1994b,510) - auch Verfassungstexte umfaßt.

Leittext

Ein großes Problem bei der Klärung der textlichen Verhältnisse war die Komplexität mancher Texte bzw. Textsammlungen. Textsortenkomplexe wie das LEITBILD oder die ALLGEMEINE FÜHRUNGSANWEISUNG können ihrerseits wieder mit anderen Texten zu einer Broschüre vereinigt werden. So ist der im folgenden abgedruckte Leittext Teil einer Broschüre mit dem Titel *Führungsgrundsätze*, die daneben noch personalpolitische Grundsätze zur Personalplanung und -entwicklung sowie einen PFLICHTENKANON (s. o.) enthält:

[Vorwort]

[...] Unternehmen, ebenso wie die Menschen, die in ihnen arbeiten, beachten die Erfahrungswerte, die Pflichten und Rechte, die zur reibungslosen und erfolgreichen Zusammenarbeit führen. Wir, die Geschäftsleitung, sind oft gefragt worden, wo darüber etwas nachzulesen ist. Deshalb haben wir aufgeschrieben, welche Feststellungen es aus unserer Sicht zum Unternehmen [i. e. LEITBILD; H. E.] und zu seiner Personalpolitik gibt und welche Führungsgrundsätze in unserer Praxis gelten [i. e. PFLICHTENKANON, wobei der Ausdruck "Führungsgrundsätze" sich im Gegensatz zum Broschürentitel auf einen Teiltext bezieht", H. E.] Es sind generelle Überlegungen und Folgerungen, die sich daran knüpfen. Ihre Gültigkeit behalten sie solange, bis neue Erfahrungen Änderungen bringen. Inzwischen aber können sie uns helfen, auftretende Fragen zu beantworten und etwaige Probleme zu lösen. Neu zu uns kommende Mitarbeiter werden durch sie informiert.

Regeln und Grundsätze sind so gut wie der Wille, der hinter ihnen steht. Der gute Wille aller Beteiligten jedoch reicht nicht aus, wenn er nicht getragen wird von gegenseitigem Verständnis und Vertrauen. Gute Zusammenarbeit wird jedem einzelnen Mitarbeiter helfen, Freude und Erfüllung in seiner Arbeit zu finden und uns allen, der deutschen [XY]-Gruppe, den gemeinsamen Erfolg sichern. [Ort u. Datum] [Unterschrift des Vorstandsvorsitzenden]

Unternehmen

[XY] [BESCHREIBUNG des Unternehmens und seiner Betätigungsfelder; H. E.]

[XY] ist ein weltweit tätiges Unternehmen. Seine Führungsgesellschaft ist die [XY] AG [...] Das Aktienkapital der Gesellschaft ist breit gestreut und mehrheitlich in [...] Besitz.

An den deutschen [XY]-Gesellschaften ist die [XY] AG direkt oder indirekt, allein oder mehrheitlich beteiligt. In der Mehrzahl sind diese Gesellschaften führungsmäßig in der [XY]-Gruppe Deutschland GmbH zusammengefaßt [...].

[XY] produziert und verkauft [...] und leistet damit einen Beitrag zur Versorgung der Bevölkerung und zur Verbesserung der Lebensbedingungen in vielen Ländern. Darüber hinaus betätigt sich [XY] auch in den Bereichen [...].

[XY]-Erzeugnisse sind überwiegend Markenartikel. Sie unterliegen den Grundsätzen eines hohen Qualitätsstandards, einer ständigen Kontrolle und einer laufenden Weiterentwicklung von Nutzen und Sicherheit für den Verbraucher [...] .

Mit der Entwicklung neuer Produkte und der Errichtung neuer Produktionsstätten trägt [XY] den unterschiedlichen Bedürfnissen und Notwendigkeiten in den verschiedenen Ländern Rechnung. Auch in der Bundesrepublik Deutschland erschließt, entwickelt und bearbeitet [XY] Märkte, ohne diese beherrschen zu wollen. [XY] stellt sich dem Wettbewerb und sucht die faire Auseinandersetzung mit der Konkurrenz.

Unternehmensziele [=ZIELSETZUNGSKANON; H. E.]

[XY] hat sich zum Ziel gesetzt, Ertragskraft und Wachstum des Unternehmens langfristig so zu sichern, daß seine Unabhängigkeit erhalten bleibt. Unternehmerisches Denken und Handeln, Sparsamkeit und Wirtschaftlichkeit sind Voraussetzungen dafür. Mit dieser Unternehmenspolitik will [XY]

- den Mitarbeitern Arbeitsplätze mit leistungsgerechter Entlohnung sichern,
- den Anteilseignern eine angemessene Verzinsung des zur Verfügung gestellten Kapitals gewährleisten,
- den Geschäftspartnern eine faire und korrekte Zusammenarbeit bieten,
- durch Zahlung von Steuern und Abgaben dazu beitragen, daß die öffentlichen Aufgaben erfüllt werden können.

Die deutsche [XY]-Gruppe begrüßt es, daß sie ihre Aufgaben im Rahmen der Prinzipien der sozialen Marktwirtschaft erfüllen kann. Sie unterstützt daher alle Bemühungen um Erhaltung und Weiterführung diese Wirtschaftsordnung.

["MUSTERMISCHUNG" aus ALLGEMEINEN GESCHÄFTSPOLITISCHEN LEITSÄTZEN UND SELBSTVERPFLICHTUNGEN (als speziellen Leitsätzen); H. E.:]

Forschung und Entwicklung

Zur Sicherung der Wirtschaftskraft und zur Erhaltung der Wettbewerbsfähigkeit leistet [XY] einen bedeutenden Beitrag auf den Gebieten Forschung und Entwicklung. Sowohl in eigenen Laboratorien und Betriebsstätten als auch in Zusammenarbeit mit externen Einrichtungen werden zukunftsorientierte Ergebnisse erzielt. [XY] betreibt dazu eine zentrale Grundlagenforschung und eine zentral koordinierte, aber dezentral durchgeführte und an den Bedürfnissen und Möglichkeiten der Länder orientierte Technologie-Entwicklung. In nationalen und internationalen Gremien arbeitet [XY] mit, um über die eigenen Interessen hinaus Gesamtentwicklungen positiv zu beeinflussen.

Weitere Schwerpunkte sind die Entwicklung neuer und die Verbesserung bestehender Systeme und Techniken der Unternehmensführung, des Marketing, des Verkaufs, der Warenverteilung, der allgemeinen Verwaltung und anderer geschäftlicher Aktivitäten.

Die deutsche [XY]-Gruppe nimmt das weltweit vorhandene Wissen und die Erfahrung von [XY] über die 'Beratungsgesellschaft für [XY] Produkte AG' [...] in Anspruch.

Mitarbeiter

[XY] weiß, daß der wirtschaftliche Erfolg wesentlich auf der Leistung der Mitarbeiter beruht. Daher bekennt sich [XY] zum Prinzip der Leistung und fühlt sich verpflichtet, gute Voraussetzungen für die Zusammenarbeit zu schaffen, Mitarbeiter zu fördern und ihre Leistungen anzuerkennen.

Das [XY]-Management ist gleichermaßen national als auch international orientiert: Während angestrebt wird, die Führung der nationalen Märkte nach Möglichkeit einheimischen Führungskräften zu übertragen, ist die oberste Führungsebene international besetzt. Der Austausch von Mitarbeitern zwischen verschiedenen Ländern wird daher gefördert.

Die deutsche [XY]-Gruppe erkennt nicht nur die bestehenden Gesetze auf arbeits-, betriebsverfassungs- und sozialrechtlichem Gebiet an, sondern ergänzt sie durch eigene Leistungen und

Vorsorgemaßnahmen. Sie unterstützt Mitarbeiter, die bereit sind, öffentliche Aufgaben zu übernehmen, im Rahmen der gegebenen Möglichkeiten. Andererseits erwartet [XY] ein loyales Verhalten seiner Mitarbeiter gegenüber dem Unternehmen in der Öffentlichkeit.

Gesellschaft

[XY] ist sich der Verantwortung gegenüber der menschlichen Gesellschaft und der Umwelt bewußt und geht im wirtschaftlichen Handeln den Weg der Redlichkeit und Ehrlichkeit. Weder Herstellung noch Umsatz oder Ertrag dürfen zu Lasten der Gesundheit von Menschen gehen. Qualität und Sicherheit der Erzeugnisse haben Vorrang vor anderen Überlegungen. Herstellungsverfahren, Vertriebsmethoden und Verbrauchsvorschriften für Produkte unterliegen einer strikten und ständigen Kontrolle. [XY] ist bereit, an der Erstellung internationaler Regelungen mitzuwirken und sie anzuerkennen, soweit sie nicht unverzichtbaren Grundsätzen zuwiderlaufen. [XY] informiert die Öffentlichkeit regelmäßig und umfassend über Tätigkeiten und Ergebnisse des Unternehmens.

Organisation

[XY] hat als weltweit tätiges Unternehmen Tochtergesellschaften in vielen Ländern der Erde. Sie werden von der Führungsgesellschaft nach Regionen, Produkten und Funktionen gesteuert, koordiniert und überwacht. In ihren Märkten verfolgen die Gesellschaften eigenständig die gestellten Ziele. Sie passen hierzu ihre Organisationsstrukturen den jeweiligen Markt- und Größenverhältnissen an.

In Deutschland sind rechtlich selbständige Teilkonzerne in der [XY]-Gruppe Deutschland GmbH als Gleichordnungskonzern juristisch zusammengefaßt. Die eigentliche Organisation wird, soweit rechtlich möglich, nach anderen Gesichtspunkten (Produktgruppen, Wettbewerbssituationen, Größe von Tochtergesellschaften u. a.) gestaltet. Details der Organisation werden in Organigrammen festgehalten. Das Organigramm der Deutschen [XY]-Gruppe unterscheidet 'Operative Gesellschaften' und 'Zentrale Funktionen'.

Die operativen Gesellschaften sind innerhalb der ihnen zugewiesenen Produktbereiche markt- und wettbewerbsorientiert. Sie sind verantwortlich für Produktion und Vermarktung ihrer Erzeugnisse, deren Weiterentwicklung und Innovation unter Inanspruchnahme der zentralen Institutionen, für unmittelbar zur Geschäftstätigkeit erforderliche Administration sowie letztendlich für den Ertrag. Die zentralen Funktionen leisten Führungs- und gemeinsame Dienstleistungsarbeiten.

Die gesamtunternehmerische Führung und Kontrolle erfolgt durch die Generaldirektion mit Unterstützung durch den Geschäftsführungsausschuß. Jeweils eigene Geschäftsleitungen führen die operativen Gesellschaften und treffen firmenbezogene Entscheidungen. Firmenübergreifende Arbeitskreise behandeln Fachfragen und koordinieren diese für die gesamte Gruppe [Textsortenkomplex aus Nr. 61; 1982].

Kommentar

Der Teiltext, der die Frage "Wie verhalten wir uns?" beantwortet, ist im vorliegenden Falle eine Mischung aus allgemeinen geschäftspolitischen LEITSÄTZEN (s. u.) und speziellen Leitsätzen, hier SELBSTVERPFLICHTUNGEN. Textexemplare nach dem Muster des hier vorgestellten LEITBILDES mit isolierter Führungsthematik sind im Textkorpus nicht belegt. Inbezug auf die Verbindlichkeitsgestaltung fällt auf, daß das Vorwort des Leittextes sich auf den *gute[n] Wille[n] aller Beteiligten* und *gegenseitige[s] Verständnis und Vertrauen* beruft, ein deutlicher Hinweis auf den normativ-orientierenden Grundtenor des LEITBILDES und auf die Grenzen des kommunikativen Funktionstyps, der kein striktes Reglement ist.

Textsortenvarianten und Gestaltungsspielräume

Es gibt LEITBILDER, die sich in bezug auf die textliche Kohärenz unterscheiden. Neben dem zitierten Leittext, der einen relativ hohen Anteil an Textverknüpfungsmitteln und semantischen Zusammenhängen (Kohäsion) aufweist, gibt es weniger kohärente LEITBILDER und Reduktionsvarianten. Bei diesen dominiert eine strikt deskriptive Themenentfaltung, wobei die unverbundenen Äußerungen nicht weiter zu größeren thematischen Einheiten zusammengefaßt werden, jedenfalls nicht zu Einheiten, welche die explizite oder implizite Teiltextgrenze überspringen. Die Grenze zwischen dem Identitäts-Statement, das auf die Frage "Wer sind wir?" bzw. genauer "Was ist unser Betätigungsfeld?" antwortet, habe ich im folgenden Beispiel durch eine Linie hervorgehoben und von den allgemeinen geschäftspolitischen LEITSÄTZEN abgesetzt. Diese Grenze wird im Text selbst nicht markiert. Der - wenn man so will - dritte Teiltext, wird durch eine Zwischenüberschrift vom Kontext abgehoben und markiert:

Betätigungsfeld
Unser Betätigungsfeld ist die Schnittstelle zwischen Mensch und Maschine.

Kunde
Wir orientieren unsere Aktivitäten an den Ansprüchen unserer Kunden.
Mitarbeiter
Wir fühlen uns einander und dem Unternehmen verpflichtet.
Führung
Wir pflegen einen kooperativen Umgang miteinander, deshalb kann sich jeder Mitarbeiter im Rahmen der unternehmerischen Ziele entsprechend seinen persönlichen Fähigkeiten entfalten.

Gewinn
Voraussetzung für die Zukunftssicherung unseres Unternehmens ist das Erwirtschaften eines angemessenen Gewinns.
Gesellschaft und Umwelt
Wir sehen uns als aktiven Teil der bestehenden gesellschaftlichen Ordnung.
Für eine gesunde Umwelt leisten wir unseren Beitrag.

Aus den Leitgedanken abgeleitete allgemeinverbindliche Ziele
[...]
Kunde
Wir streben mit unseren Kunden eine längerfristige und partnerschaftliche Beziehung an. Mit innovativen Lösungen möchten wir künftige Bedürfnisse abdecken und den Menschen den Umgang mit Maschinen erleichtern. Unsere Entwicklungen setzen den Standard der Märkte von morgen.
[....]
Gewinn
Wir gestalten unsere Leistungen so, daß sie für unsere Kunden ihren Preis wert sind und wir über diesen Preis einen angemessen Gewinn erzielen können [...] [Sequenzen aus Text Nr. 70.1; 1992].

Neben diesen LEITBILD-VARIANTEN existiert noch eine LEITBILD-VARIANTE in Form eines Mikrotextes bzw. einer LEITBILD-FORMEL (s. u. Kap. 3.4.3), die aus einer einzigen Setzung oder einem Satz besteht. Die funktionale und strukturelle Dreiteilung entfällt hier. Die LEITBILD-FORMEL kann einen Führungs- und/oder Unternehmensgrundsatz zum Ausdruck bringen.

Schließlich gibt es noch die thematische Variation, die nicht uninteressant ist und zeigt, daß Texte wie die hier besprochenen im großen und ganzen doch sehr sensibel auf Veränderungen der Unternehmensumwelten reagieren und sowohl Veränderungen der ökonomischen Rahmenbedingungen nebst Veränderungen theoretischer Konzepte als auch Veränderungen des Zeitgeistes reflektieren. Bestes Beispiel hierfür ist die (Wieder-)Entdeckung des Kunden in modernen LEITBILDERN, wie eine Umfrage unter 1000 Top-Managern ergab:

Charakteristisch für die Unternehmen, die ein Leitbild besitzen, ist deren unbedingte Kundenorientierung. Die Kunden haben für 91.7 % der befragten Unternehmen erste Priorität in ihrer Geschäftstätigkeit. Mit einem individuellen, von der Konkurrenz wohlunterschiedenen Leistungsangebot treten diese Unternehmen in den Markt und sichern sich somit Wettbewerbsvorteile. Ihre Stärke vermögen 94 % der Unternehmen treffsicher zu identifizieren; ihre Angaben zeugen von einem Qualitäts-, Innovations-, Flexibilitäts- und Servicestreben, das noch vor 10 Jahren in den Leitbildern in diesem Ausmaß unbekannt war [WITTBERG 1994,4].

3.1.2.5 Vision

Der Begriff der "Vision" hat in jüngster Zeit Karriere in der Management- und Betriebswirtschaftslehre gemacht (vgl. SCHERMERHORN/HUNT/OSBORN 1991,6). Damit verbunden ist gewissermaßen ein Paradigmenwechsel: Nicht mehr Führen mit Belohnung ist angesagt, sondern Führen mit Charisma[42]:

Heute steht in der nordamerikanischen Managementlehre neben der sog. transaktionalen Führung die sog. transformationale Führung im Vordergrund. Die transaktionale Führung versucht, Mitarbeiter durch Belohnung zu motivieren. Die transformationale Führung hingegen plädiert für Veränderungen durch Führungskräfte mit Charisma [BLEICHER 1994b,101f.].

Wenn Begriffe zu schnell Karriere machen, hat das nicht nur positive Folgen, sondern auch negative. Hierzu gehören:

- Der Begriff "Vision" wird durch inflationären Wortgebrauch abgenutzt.
- Es kursieren hochgradig funktionalistische Darstellungen über Sinn und Zweck einer Unternehmensvision mit mehr oder weniger seltsamen Anleitungen, wie man Visionen "macht".
- Es kursieren hochgradig abstrakte und synkretistische Darstellungen zum Thema "Unternehmensvision".

Aus diesen Gründen ist in der Tat Vorsicht beim Umgang mit dem Begriff der Vision angebracht, und es hat deshalb auch zu Recht nicht an warnenden Stimmen gefehlt, die der Ökonomie einen "schlüpfrige[n] und anmaßende[n]" Umgang mit der "Erbin der Utopien". (KAEHLBRANDT 1995,21) vorgeworfen haben.[43] Aller-

42 Angestoßen hat die Diskussion um visionäre Führung Henry Mintzberg: Power in and around organizations. Englewood Cliffs/NY 1983; vgl. BLEICHER (1994b,101) und das Kapitel "Wesen und Wirkung des Charisma" in Max WEBER: Wirtschaft und Gesellschaft. Grundriß der verstehenden Soziologie. 5. Aufl. Tübingen 1980 [Erstausgabe 1922], 5. Abschnitt § 1.

43 Der im folgenden zitierte Standpunkt gibt eine sehr subjektive Meinung wieder und verkürzt die Dinge vielleicht allzu sehr auf einen - wohl typisch deutschen - künstlichen Gegensatz zwischen "bösen" Pragmatikern und "hehren" Sinnsuchern. Aber auch kirchengeschichtlich ging es zum einen oft genug um Brot, also um Pragmatisches, und zum anderen

dings ist man nicht auf externe Kritik alleine angewiesen, weil zum Glück auch die Betriebswirtschaftslehre selbst das Problem schon früh erkannt hat:

Was die Diskussion über Vision und Führung schwierig und verschwommen macht, sind die unterschiedlichen Inhalte, die mit beiden Begriffen in Verbindung gebracht werden [HENZLER 1988,20].

Für meine Fragestellung ist wichtig:

Der Begriff "Vision" bezeichnet im folgenden eine (schriftlich) formulierte Textsorte, angezeigt durch die Großschreibung VISION. Klar ist, daß in anderen Kontexten "Vision" auch nichtsprachliche Erscheinungen wie Träume und Erscheinungen bezeichnet. Solche Träume, Erscheinungen, Gesichter etc. müssen sprachlich, in jedem Fall aber symbolisch, vermittelt werden. Solche ungeschriebenen Visionen können auf sehr vielen verschiedenen Arten vermittelt werden. Dazu braucht man sich nicht unbedingt einer Textsortenform zu bedienen, wobei hinzukommt, daß strenge Gestaltungsregeln ohnehin nicht existieren, d. h. daß der Gestaltungs-

---

wird auch hier der Begriff "Vision" semantisch wie pragmatisch und kommunikativ-funktional wohl kaum auf einen einzigen und stets zweckfreien Nenner gebracht werden können. In der einzelsprachlichen Textsortengeschichte wäre schließlich eine produktive Übertragung von Textsorten - angeregt durch fremdsprachliche Vorbilder - aus einem Kommunikationsbereich in den anderen nichts Neues. HENZLER (1988,23) äußert die Vermutung, daß es stets Unternehmer mit Visionen gab, daß man aber Visionen heute "möglicherweise anders als früher formuliert". Es wäre sicher lohnend, den textlichen Gestaltungsformen von Visionen unter den Bedingungen verschiedener Gesellschaftsformen und Rollenträgern (z. B. Eigentümerunternehmer versus angestellter Manager) nachzugehen. Wie auch immer, der folgende Kommentar ist Stoff genug zum Nachdenken und zum produktiven Streit: "Nach dem Ende der ideologischen Meisterdenker und ihrer politischen Utopien ist die Ökonomie als einzige große Disziplin scheinbar unbelastet und zukunftsträchtig übriggeblieben. Damit ist die Versuchung groß, ihr über das Materielle hinaus auch die Befriedigung des Bedürfnisses nach Sinn und Orientierung abzuverlangen. Nun kann der Markt vieles - mit langfristiger gesellschaftlicher Sinnstiftung ist er allein jedoch überfordert. Das Utopievakuum nutzend, sind die selbsternannten Visionäre aufgebrochen, den Graben zwischen materialistischem Pragmatismus und Sehnsucht nach Sinn zuzuschütten, indem sie beides schlicht für identisch erklären. Das Schlüpfrige und Anmaßende daran ist weniger die Auffassung selbst als die Art ihrer semantischen Verbrämung. Wer Sinn und Zweck in eins setzt, sollte den Mut haben, auf den Heiligenschein zu verzichten, und seine Ansichten schnörkellos zur Diskussion stellen. Die Betriebswirtschaft soll die Welt ernähren. Das Erklären muß sie noch üben - oder sie sollte es anderen überlassen" (KAEHLBRANDT 1995,21).

spielraum im Falle von VISIONEN sehr groß sein wird (vgl. HENZLER 1988,22). Trotzdem aber darf man nicht die Textsorte VISION mit anderen Formen der Vermittlung von Visionen verwechseln. Visionen können sich niederschlagen in Leitsätzen, Planungsprämissen, Aktionsprogrammen und anderen, nichtsprachlichen symbolischen Kommunikationsformen.

Eine VISION ist keine ABSICHTSERKLÄRUNG

Bei ABSICHTSERKLÄRUNGEN bleibt die Sprechereinstellung des Beabsichtigens als subjektiv zum Ausdruck gebrachtes Signal des Sprecherwillens ein zentrales Textsortenkriterium. Bei VISIONEN oder visionsartigen Texten tritt neben das Wollen die Erwartung hinzu, und der Sachverhalt kann sprachlich-formal losgelöst von der Gesprächsrolle des Sprecher-Ichs vermittelt werden. Für die Erwartung des Emittenten gilt: Es besteht kein Zweifel am Eintreten des Erwarteten. Als pragmatischer Unterschied zu ABSICHTSERKLÄRUNGEN kommt bei VISIONEN hinzu, daß - zumindest indirekt - das Handeln der anderen gefordert ist, weshalb Visionen auch Warnungs- und Mobilisierungszwecken dienen können und normative Elemente enthalten. Bei ABSICHTSERKLÄRUNGEN geht es hingegen nicht um das Handeln der Adressaten, sondern um das Handeln des Emittenten.

Der im folgenden ausschnittweise zitierte Text, der sich selbst als *Vision* bezeichnet, ist nach den oben genannten Kriterien eine ABSICHTSERKLÄRUNG[44], zumindest in dem Teil, der ausdrücklich zur zentralen Aussage erhoben wird. Die einleitenden Äußerungen haben Prognosecharakter (s. u.) Sie sind aufgrund ihrer Allgemeinheit nicht oder nur wenig geeignet, konkrete Handlungsnormen zu spezifizieren:

---

44 Die Abstraktheit der letzten Textaussage macht zusammen mit der Modalisierung und der fehlenden Verbindlichkeitsregelung deutlich, daß es sich nicht um einen ZIELSETZUNGS-KANON im engeren Sinne eines normativ-regulierenden Textes handelt. Man kann sich über den visionären oder prognostischen Gehalt der Eingangsformulierung streiten. Die zulässige modale Lesart von "werden" legt jedenfalls eine VERMUTUNG/PROGNOSE nahe. Im übrigen ist auch die in BLEICHER (1994a,56f.) abgedruckte "Vision" der Hilti AG kein prototypisches Beispiel, da sie u. a. Absichtserklärungen und normativ-lehrhafte Sequenzen enthält und Wertbegriffe anhäuft.

Die Vision.

Die Zukunft wird national und international von einer starken unternehmerischen Dynamik geprägt sein. Zahlreiche Veränderungen werden sich beschleunigen. In einer Zeit des schnellen Wandels braucht [XY] als erfolgreiches Unternehmen eine Vision als Grundlage für seine Strategien, ein konkretes Zukunftsbild mit mutigen Fernzielen.
Der Linie folgend,

- den Kundennutzen zu steigern,
- Vorteile gegenüber den Wettbewerbern zu erzielen und
- die innere Schlagkraft zu erhöhen

wurde die Vision 2000 schriftlich fixiert:

Wir wollen:

- in den kommenden zehn Jahren durch Steigerung der Qualität in allen Bereichen im Vergleich zur Branche überproportional wachsen,
- [...]
- eine angemessene Rendite erzielen,
- unser Image als dynamisches Unternehmen weiter ausbauen,
- intern bei den Mitarbeitern wie auch extern bei unseren Kunden und in der Öffentlichkeit Begeisterung für unser Tun wecken.

Dabei bilden Esprit, Excellence und Effizienz die Eckpfeiler unseres Denkens und Handelns [Teiltext aus Nr. 91.7].

Eine VISION ist keine UNTERNEHMENSPHILOSOPHIE

Für die Textsorte UNTERNEHMENSPHILOSOPHIE gelten andere Wahrheitsbedingungen (s. o.), und zwar geht es um subjektives Für-Wahr- und Für-Richtig-Halten. Im Unterschied dazu ist die Sprechereinstellung im Falle von VISIONEN die des Erwartens. Noch entscheidender ist jedoch: Die UNTERNEHMENSPHILOSOPHIE ist gegenwartsbezogen und beruht auf vergangener Erfahrung, die VISION ist zukunftsbezogen.

Eine VISION ist keine IDEALBESCHREIBUNG

Für VISIONEN gilt: ihr Eintreffen in der Zukunft wird erwartet. IDEALBESCHREIBUNGEN hingegen haben rein normativen Charakter und fungieren gewissermaßen als zeitlos gültige allgemeinste Zielvorstellungen, die nur in einem nichtempirischen Sinne "wahr" sein können, was heißen soll, daß niemand zu einem bestimmten Zeitpunkt nach dem Sprechzeitpunkt sagen kann, die IDEALBESCHREIBUNG habe sich als falsch oder richtig erwiesen. VISIONEN hingegen können sich als falsch oder nur bedingt zutreffend erweisen. Ein weiterer Un-

terschied ist ein referentieller Unterschied: IDEALBESCHREIBUNGEN referieren auf typisierte Größen (z. B. "**der** erfolgreiche Vorgesetzte") während VISIONEN sich zumindest partiell auf bekannte und empirisch vorfindbare Größen ("unser Unternehmen") beziehen.
VISIONEN thematisieren auch Unternehmensumwelten, wohingegen die BESCHREIBUNG eines idealen Unternehmens oder einer idealen Führungskraft stets auf das Unternehmen selbst bezogen ist. IDEALBESCHREIBUNGEN sind wertebasiert. Man kann auch sagen, sie beschreiben etwas, was wünschenswert ist. VISIONEN basieren nicht (so sehr) auf Wünschen und Werten als allgemeinsten Zielen, sondern auf Beobachtung, Analyse, antizipierendem und extrapolierendem Denken. IDEALBESCHREIBUNGEN zielen stets auf Positives, während es bei VISIONEN zumindest logisch nicht ausgeschlossen ist, daß sie auch negative künftige Zustände "an die Wand malen", etwa aus Warnungs- oder Mobilisierungsgründen.

Eine VISION ist keine PROGNOSE

Gemeinsam ist VISIONEN und PROGNOSEN (s. o.) der Zukunftsbezug. Ein prognostizierter Sachverhalt ist unabhängig von dem Wollen des Emittenten und soll nicht - jedenfalls nicht primär - einstellungsverändernd wirken. Eine VISION ist abhängig vom Wollen des Emittenten und soll bei den Adressaten Einstellungen verändern und Aktionen auslösen. Mit VISIONEN ist der unbedingte Wille des Sprechers zur Veränderung eines gegenwärtigen Zustandes verbunden, der als negativ empfunden wird. Während PROGNOSEN informationsfunktionale Texte sind, haben VISIONEN Appellcharakter und einen normativen Anspruch. Schließlich gibt es nur im Falle von PROGNOSEN explizite sprachliche Mittel, die den Sicherheitsgrad der Aussage markieren, wähend VISIONEN keinen Spielraum für ein Abwägen von Wahrscheinlichkeiten lassen:

Telekonferenzen // 1995 werden wir **wahrscheinlich** zum erstenmal kleine Geschäftsführer-Tagungen im Rahmen von Telekonferenzen abhalten [Prognostische Äußerung aus dem Textkomplex Nr. 35.2; Hervorhebung durch Fettdruck von mir, H. E.].

HENZLER (1988,21) nennt als Kriterien für Visionen den Zukunftsbezug (s. o.), die Bindung an eine Person und die bildhafte Darstellung. Feste Regeln für die Ausgestaltung von Visionen gibt es seiner Ansicht nach nicht (vgl. ebda S. 22), aber Visionen, die wirksam sein wollen, müssen bestimmte Voraussetzungen erfüllen:

- Die Vision muß erreichbar sein, sie darf keine Utopie sein. Die Visionen von Henry Ford über 'Autos für jedermann' und von Max Grundig über das 'Radio (Volksempfänger) in jedem deutschen Haushalt' hatten einen klaren Realitätsbezug. Visionen, die - wie häufig in der Literatur - in der Nähe von Träumen angesiedelt sind, taugen nicht für das Unternehmensgeschehen [...].
- Die Vision spiegelt die persönliche Überzeugung eines Unternehmensführers wider [...] [man könnte hinzufügen, daß Visionen ohne ego involvement der Emittenten undenkbar sind; H. E.].
- Die Vision muß einen bisherigen Zustand nachhaltig verändern [...].
- Die Vision muß eine Wettbewerbsarena mit wirtschaftlichem Erfolgspotential aufzeigen [HENZLER 1988,21].

HENZLER fügt hinzu, daß Visionen teilweise "sehr vage formuliert und von außen kaum nachvollziehbar" (ebda S. 22) seien und trotzdem starken Einfluß auf die unternehmerischen Aktionen und Prozesse hätten:

Eine Vision wirkt im Unternehmen oft als impliziter Schiedsrichter für das Handeln in Grenzsituationen. Oder, in einem anderen Bild: Unternehmensvisionen sind der 'Kompaß' für die ständige Auswahl besserer Alternativen bzw. die laufende Korrektur fehlgeleiteter Entwicklungen [HENZLER 1988,22].

Interessant ist ferner, daß HENZLER der Ansicht ist, daß es heute vielen Unternehmensführern an "gestalterischer Vorstellungskraft und vielleicht auch an Mut" (ebda S. 23) für visionäre Entwürfe fehlt. Letzteres kann man auch so deuten, daß der Visionär seine Existenz mit der Vision verbindet und - gewissermaßen als pragmatische Voraussetzung - bereit ist, für seine Vision gescholten oder ausgelacht zu werden. Wenn dies der Fall ist, wären ein reduktionistisches Imageverständnis und eine einseitige Orientierung am Image und an der sog. öffentlichen Meinung mitverantwortlich für die fehlende visionäre Kraft. Man wird aber auch noch an einen anderen Erklärungszusammenhang denken können: Wir leben in einer Zeit, für die die Textsorten PROGNOSE (vom Wetterbericht bis zur Wahlprognose) und MEINUNGSUMFRAGE typisch sind. Neben der Dominanz beider Textsorten im öffentlichen Leben scheint ein gewisser weltlicher Fatalismus und eine pessimistische Grundstimmung in unseren Alltag eingekehrt zu sein, obwohl die Zukunft prinzipiell offen ist.[45]

---

45 Möglicherweise erleichtert uns auch die Werbung den Verzicht auf Visionen, weil sie einer genußsüchtig gemachten Gesellschaft die "power of now" predigt.

Was den Nutzwert von Visionen für Unternehmen betrifft, so gehen die Meinungen dahin, daß Unternehmen dann einen besonderen Nutzen von Visionen haben, wenn grundlegende Veränderungen und Neuorientierungen anstehen. Keine Vision entworfen zu haben, ist für J. KOTTER ein Kardinalfehler bei Veränderungsprozessen:

Bei jeder Transformationsbestrebung, die ich beobachtet habe, entwarf die Führungskoalition ein Bild von der Zukunft, das relativ leicht zu verstehen war und Kunden wie Aktionäre und Mitarbeiter ansprach. Eine Vision weist immer über die Zahlen in den üblichen Fünfjahresplänen hinaus. Auf hilfreiche Weise verdeutlicht sie die Richtung, in der sich eine Organisation bewegen muß. Eine erste Skizze stammt zumeist von einem einzelnen und ist anfänglich noch etwas unscharf. Doch hat sich die Koalition erst einmal 3, 5 oder sogar 12 Monate damit beschäftigt, entsteht durch genaue Analyse und mit einiger Phantasie eine wesentlich verbesserte Vision. Nach und nach nimmt dann auch eine Strategie zum Realisieren dieser Vision Gestalt an. [...] Ohne eine sinnlich erfahrbare klare Vision kann eine Transformationsbestrebung leicht zu einer Anhäufung von verwirrenden und miteinander unvereinbaren Projekten geraten, die die Organisation in die falsche Richtung oder ins Nirgendwo führen. Ohne eine stimmige Vision werden die Umgestaltung des Rechnungswesens, die völlig neue Leistungsbewertung der Personalabteilung, das Qualitätsprogramm der Fertigung und die andere Verkaufs- und Vertriebskultur sich schwerlich auf eine sinnvolle Weise ergänzen. Bei mißglückten Transformationen wird man vielfach auf jede Menge Pläne, Direktiven und Programme stoßen, aber nicht auf eine Vision. So gab es im Fall eines Unternehmens gut zehn Zentimeter dicke Merkbücher, in denen die Veränderungsmaßnahmen haargenau beschrieben wurde - Verfahrensweisen, Zielvorgaben, Methoden und Fristen, in ermüdenden Einzelheiten durchbuchstabiert. Aber an keiner Stelle fand sich eine unmißverständliche und überzeugende Aussage dazu, wohin das alles führen soll. Kaum überraschend, daß die meisten Beschäftigten, mit denen ich sprach, entweder verwirrt oder befremdet waren. Die großen dicken Bücher hatten sie weder zu gemeinsamem Handeln getrieben noch zu Veränderungen angespornt. Tatsächlich bewirkten sie wahrscheinlich eher das Gegenteil [John P. KOTTER: Acht Kardinalfehler bei der Transformation. In: Harvard Business manager 3, 1995, S. 23f.].

Die wichtigsten Merkmale einer VISION in Zusammenfassung

Die folgenden Kriterien erheben nicht den Anspruch, vollständig zu sein. Die Liste sollte eher als ein Provisorium verstanden werden. Sie ist offen für Veränderungen, Verbesserungen und Korrekturen, weil die Problematik im Grunde eine Spezialuntersuchung verlangt:

- Textfunktion: VISIONEN haben eine normativ-orientierende Funktion in der Kommunikation des Unternehmens.

- Praxis- und Wirkungsziele: VISIONEN zielen auf eine Veränderung des status quo, der als negativ empfunden wird. Sie haben Veränderungs- und Mobilisierungsfunktion. Sie können begeistern (bei positivem Gehalt) oder warnen (bei negativem Gehalt). Indem sie begeistern, schaffen sie Verbindungen zwischen Personen, die einzeln und für sich genommen, sich längst mit dem status quo abgefunden zu haben scheinen. VISIONEN können befreiend wirken, indem sie eine Möglichkeit zeigen, sich von geistigen, materiellen oder personellen Fesseln zu lösen.
- Weltbezug: VISIONEN referieren auf zukünftige Welten.
- Sprechereinstellung: Bei VISIONEN scheinen sich mehrere Einstellungen der Emittenten zum propositonalen Gehalt (Aussagegehalt) zu überlagern: WOLLEN, ERWARTEN (bei positiver Vision)/BEFÜRCHTEN (bei negativer Vision) und eine normative (deontische) Einstellung.
- Pragmatische Bedingungen: Das Eintreten der positiven Vision bzw. das Verhindern der negativen Vision liegt im Interesse des Emittenten, und er unterstellt das gleiche Interesse bei den Adressaten, auch wenn er mit Widerständen rechnet. Adressaten müssen nicht nur die Zeitgenossen sein, sondern können auch künftige Generationen sein. Dem Visionär ist an der "Rettung" oder am "Heil" der Adressaten gelegen.
- Wahrheitsbedingung: zu einem Zeitpunkt nach dem Sprechzeitpunkt kann man von einem visionären Inhalt sagen, er sei eingetroffen oder nicht. Man kann die Vision an der Wirklichkeit überprüfen.
- Entstehungsbedingungen: Visionen sind kreative Höchstleistungen auf der Basis von Beobachtung, Analyse, Antizipation und Extrapolation.
- In der Regel sind Visionen mit einer bestimmten Persönlichkeit (Rolle) verbunden, die ein hohes ego involvement zeigt und den Mut zum Scheitern aufbringt. Der Emittent verknüpft seine Existenz mit der Vision.
- Bedingungen des propositonalen Gehaltes: Eine VISION muß so formuliert sein, daß ihr visionäres Ziel erreicht werden kann, sie darf also keine utopischen Züge haben.
- Die sprachliche Realisiation: VISIONEN müssen konkret und anschaulich formuliert sein, bildhaft und nicht spröde. Es geht um qualitative Darstellungen, nicht um quantitative. Zahlen passen nicht zum Stil der VISION.
- Themabedingungen: Grundsätzlich haben VISIONEN positive wie negative Gehalte. In der Unternehmenskommunikation werden nur positive VISIONEN diskutiert und - wie es scheint - formuliert. VISIONEN haben szenarischen Charakter, d. h. daß VISIONEN (Mikrotexte als visionäre Formel einmal ausgeblendet) mehr oder weniger kohärente Texte sind, deren Aussagegehalt in

Szenen gefaßt wird. Eine Paragraphenstruktur eignet sich nicht als Darstellungsform für VISIONEN.

Ich stelle im folgenden zwei Leittexte vor, die die Textsorte VISION mehr oder weniger gut repräsentieren und kommentiere sie kurz:

Leittext A:

Vision
Wenn Kunden - weltweit - Bedarf an Imaging Produkten haben, kommen sie zuerst zu [XY].

Der Geschäftsbereich Imaging Systeme wird die Konkurrenz - weltweit - mit Abstand überflügeln, um die Bedürfnisse der Kunden und deren Erwartungen nach hochwertigen Produkten und entsprechendem Service zu befriedigen.

Wir werden einer der erfolgreichsten Geschäftsbereiche unseres Unternehmens sein, mit einer leistungsorientierten Organisation, in der die persönliche Anerkennung jedes einzelnen Mitarbeiters, die Sicherheit und der Umweltschutz einen hohen Stellenwert besitzen [Teiltext von Nr. 33.3].[46]

Leittext B:

Visionen [...] Information // [...] Die moderne Informationstechnik [...] eröffnet Managern neue Möglichkeiten der Unternehmensführung. Wir haben die Mittel zur Hand, die Betriebe flexibler zu organisieren und dadurch kann der Vorteil großer wie kleiner Einheiten genutzt werden. Der heute noch viele Energien absorbierende Gegensatz von zentraler und dezentraler Kontrolle wird schwinden, und bislang unerschlossene Potentiale an Kreativität und Dynamik werden auf allen betrieblichen Ebenen freigesetzt. die meiste Arbeit wird von Projektteams erledigt, die sich zeitweise zusammenfinden und auch über räumliche und sprachliche Distanzen hinweg eng kooperieren. Dagegen gehören rigide Organigramme, die Menschen fest an bestimmte Arbeitsplätze binden, der Vergangenheit an. Dank der modernen Informations- und Kommunikationstechnik bei [XY] wird es sehr transparent, wer - wann - aus welchen Gründen - wie - was entscheidet, denn: hochentwickelte Expertensysteme helfen bei diesen Entscheidungsprozessen und dokumentieren sie sehr sorgfältig. Das heißt aber auch: Es werden künftig Erfahrung und Wissen in Datenbanken abgespeichert und nicht mehr in den Köpfen langjähriger, qualifizierter Mitarbeiter festgehalten [Sequenz aus dem Textkomplex Nr. 35.2].

46 Die VISION ist hier einer SELBSTVERPFLICHTUNG vorangestellt. Möglicherweise wirkt hier das ältere Muster nach, das aus der Kombination "ZIELSETZUNGSKANON + PFLICHTENKANON" bestand.

Kommentar zu Text A:

Die zentrale Aussage steht im ersten Satz, der auch als Mikrotext und visionäre Formel verwendet werden könnte. Auffallend ist, daß hier im Unterschied zum Futur der Folgeäußerungen das generalisierende Präsens verwendet wird, wodurch unterstrichen wird, daß am Eintreten des visionären Gehaltes nicht zu zweifeln ist bzw. daß das Gesagte gilt. Die Folgeäußerungen entfalten und konkretisieren das Thema der visionären Formel, wobei der kommissive Gehalt der letzten Textäußerung und der hohe Anteil an Wertbegriffen nicht zu übersehen ist. Das ist zusammen mit der hypotaktischen Struktur des Satzes ein deutlicher Hinweis auf die Grenzen dieses Textes als visionärer Text, der zudem keine Personen als Urheber nennt.

Kommentar zu Text B:

Hier liegt ein relativ kohärenter Textauszug vor, der am Ende auf eine visionäre Formel zuläuft, die auch für sich genommen verwendet werden könnte. Diese Formel trägt deutliche Züge einer impliziten Kritik am status quo, weshalb hier nicht mehr von einer PROGNOSE gesprochen werden kann und der Textausschnitt durchaus prototypische Züge einer VISION erkennen läßt. An anderer Stelle der Broschüre treten als Urheber der VISION die Eigentümer-Unternehmer in Erscheinung, d. h. wir haben es nicht wie bei Text A mit einem unpersönlichen Text zu tun. Der normativ-orientierende Charakter wird im textlichen Vorfeld der VISION deutlich gemacht.[47]

47 Ein großer Nachteil der Broschüre, die mehrere funktionsverschiedene Teiltexte zusammenbindet, besteht in den sehr mangelhaften metatextlichen Signalen für die makrostrukturelle Gliederung des Broschüreninhalts. Man hat als Leser große Mühe herauszufinden, welche Sequenzen zu welchen Teiltexten gehören, und wo die Grenzen der Teiltexte liegen. Man hat den Eindruck, als ob eine Werbeagentur dem Inhalt dieser Texte nicht gewachsen war und sich stattdessen mit Bildern getröstet hat, die sie ohne jede Rücksicht auf textliche Zusammenhänge hineingestreut hat, frei nach dem Motto, eine Vision muß ja auch etwas mit Sehen zu tun haben, was nicht falsch ist, aber dem Leser nicht weiterhilft.

3.1.2.6 Idealbeschreibung

Bei den von mir erhobenen Texten finden sich prototypische IDEALBESCHREIBUNGEN nur unter den Führungsgrundsätzen. Sie beschreiben die ideale Führungskraft. IDEALBESCHREIBUNGEN sind stets Ausdruck geistiger Setzungen und haben normativen Charakter. Beschrieben wird nicht vorgefundene Wirklichkeit sondern erwünschte Wirklichkeit. IDEALBESCHREIBUNGEN referieren nicht auf konkrete Größen und Sachverhalte sondern auf typisierte Größen und sind nicht in einem empirischen Sinne "wahr" oder "falsch", sondern sinnvoll/sinnlos oder nützlich/nutzlos etc. Bei folgenden Belegen handelt es sich um typisierte Ausdrücke: *der erfolgreiche Vorgesetze* (Text Nr. 75.5) bzw. *der Manager von morgen* (Text Nr. 35.2). Die IDEALBESCHREIBUNG eines Vorgesetzten antwortet auf die Leitfrage "Wie verhält sich ein guter Vorgesetzter?".

Leittext

Wer Führungspositionen übernehmen will, sollte folgendes beachten // Versucht man einmal, mit wenigen Sätzen den erfolgreichen Vorgesetzten zu skizzieren, müßte er etwa so aussehen: Er fordert seine Leute heraus (statt sie durch lasche Vorgaben einzuschläfern oder fortwährend um ihre Gunst zu buhlen). Er fördert die Initiative und ermutigt seine Mitarbeiter; in seiner Umgebung findet man Angestellte, die ihre Arbeit selbständig schaffen (statt gedemütigte oder entmutigte Befehlsempfänger). Er glaubt an die Vorzüge der Teamarbeit und ist für Änderungen aufgeschlossen (statt einzelgängerisch allein auf eigenen Vorstellungen zu beharren). Er informiert bereitwillig und entwickelt gemeinsam mit den Mitarbeitern Ansätze zur Lösung von Problemen (statt Informationen zurückzuhalten und als Machtmittel zu benutzen). Er äußert sich anerkennend, wenn ein Mitarbeiter gute Arbeit leistet (statt dies als selbstverständlich hinzunehmen). Er bemerkt schlechte Arbeit und weist darauf hin (statt aus Angst vor Konflikten kommentarlos darüber hinwegzugehen). (DIE ZEIT, 21.10.1977) [Teiltext von Nr. 75.5].

Das Unternehmen hat hier einen Text, der ursprünglich in der Wochenzeitung "Die Zeit" veröffentlicht wurde, in seinen "Handreichungen für Führungskräfte" wiederabgedruckt. Es fällt auf, daß der Text auch negative Sachverhalte thematisiert, was in den sonstigen Führungsgrundsätzen selten der Fall ist. Ausnahme ist die implizite Abwertung des status quo in VISIONEN. Die Themenentfaltung ist deskriptiv, die Sprechereinstellung normativ. Dem orientierenden Charakter des Textes entspricht der Hinweis der Unternehmensleitungen, es handele sich bei diesem Teiltext und anderen um "Handreichungen" für die Führungskräfte.

Textsortenvarianten und Gestaltungsspielraum

Die Übergänge z. B. zu VERHALTENSLEITSÄTZEN sind fließend, wie das in Kap. 3.1.2.2 zitierte Beispiel zeigt, bei dem die typisierenden Ausdrücke schwächer sind und der empfehlende Charakter stärker ist (*Die Anforderungen an die Führungspersönlichkeit*). Ein Teiltext aus Nr. 35.2 signalisiert eine HANDLUNGSEMPFEHLUNG, indem das Modalverb *sollen* verwendet wird, und er situiert den Sachverhalt in der Zukunft, was eher zu einer VISION passen würde. Gleichwohl wird man ihn zu den IDEALBESCHREIBUNGEN zählen können, da die zentrale Sprechhandlung *Der Manager von morgen soll [X tun]* auch ohne weiteres ersetzt werden könnte durch eine Äußerung wie "Der moderne Manager/der Manager neuen Typs tut X". Ich zitiere den Text ohne die ihn begleitenden Bilder, auf denen eine männliche Person am Schreibtisch das Gesagte mimisch und gestisch in Szene setzt:

Der Manager von morgen soll:

Sich selbst motivieren: Eigeninitiative zeigen
Sachverhalte intuitiv erfassen: Wichtiges herausfiltern
Kreativ arbeiten: Über den Horizont des Unternehmens blicken
Sensibel sein: Zukünftige Entwicklungen erspüren, schwache Signale erkennen
Spontan sein: Entscheidungen schnell treffen
Strategisch denken: Wechselwirkungen erkennen und ausnutzen
Phantasievoll führen: Visionen entwickeln und vermitteln
Aufopferungsbereit sein: Sich für nichts zu schade sein
Kritisch sein: Vorgesetzte als Partner, nicht als Befehlsgeber sehen
Improvisieren können: Wissen stets präsent haben
Glaubwürdigkeit verbreiten: Hinter dem Produkt stehen
Mut haben: Risiken eingehen, Chancen nutzen [Teiltext aus Nr. 35.2]

3.1.2.7 Zusammenfassung und Überblick über die FG-/UG-Verteilungsspezifik

Eine Teilmenge der von mir erhobenen unternehmenspolitischen Texte, Führungs- und Unternehmensgrundsätze, läßt sich mehr oder weniger klar den folgenden normativ-orientierenden Textsorten zuweisen:

- WERTEKANON
- VERHALTENSLEITSÄTZE (für das Führen von Mitarbeitern)

- UNTERNEHMENSPHILOSOPHIE (= SELBSTVERSTÄNDNIS)
- UNTERNEHMENSLEITBILD
- VISION
- IDEALBESCHREIBUNG (einer Führungskraft)

Nimmt man die Gebrauchshäufigkeit als Kriterium für die Zuweisung einer Textsorte zum Zentrum oder zur Peripherie des Textsortenspektrums, dann gehören die VERHALTENSLEITSÄTZE für das Führen von Mitarbeitern, die UNTERNEHMENSPHILOSOPHIE und das LEITBILD ohne Zweifel zum Zentrum, wohingegen WERTEKANON und IDEALBESCHREIBUNG zur Peripherie gehören. Die VISION bewegt sich von der Peripherie zum Zentrum, d. h. sie ist in den 70er und bis Mitte der 80er Jahre nicht belegt, aber macht sich in den späten 80er Jahren und in den 90er Jahren deutlich bemerkbar, wobei noch so mancher Text, der sich als "Vision" bezeichnet in Wirklichkeit eine ABSICHTSERKLÄRUNG ist oder eine Mustermischung. Im Prinzip könnte es auch reine FÜHRUNGSPHILOSOPHISCHE TEXTE geben; der einzige Beleg mit diesem Titel entspricht jedoch nicht den Anforderungen an die Textsorte. Führungsphilosophische Bemerkungen begegnen zum Teil in den Einleitungen von Grundsätzen der Mitarbeiterführung und Zusammenarbeit.

Die folgende Übersicht verdeutlicht die Verteilungsspezifik im Hinblick auf folgende Parameter:

- Zugehörigkeit der Textsorten zu Zentrum oder Peripherie des Textsortenspektrums nach dem Kriterium der Gebrauchsfrequenz,
- thematische Ausrichtung der Textsorten auf allgemeine Unternehmensgrundsätze oder Führungsgrundsätze im Sinne von Grundsätzen der Personalführung und Zusammenarbeit,
- der Autonomiegrad der Texte (s. die Hinweise in Kap. 3.1.1.3).

Textsorte	Zentrum	Autonomie			Thema		
		frei	potentiell frei	nur gebunden	nur FG	nur UG	FG+UG
WERTEKANON	-	-	+	+	-	-	+
VERHALTENSLEIT-SÄTZE	+	+	+	-	+	-	-
UNTERNEHMENS-PHILOSPHIE[1])	+	+	+	-	-	-	+
FÜHRUNGSPHI-LOSOPHIE [2])							
LEITBILD	+	+	+	-	-	-	+
VISION	[3])	-	+	-	-	-	+
IDEALBESCHREIBUNG	-	-	+	+	-	-	+

1) Die UNTERNEHMENSPHILOSOPHIEN des Textkorpus enthalten deutlich mehr UG als FG.
2) Prinzipiell sind führungsphilosophische Texte nicht ausgeschlossen, im Textkorpus sind jedoch keine eindeutigen Fälle belegt.
3) Für VISIONEN wurde eine Bewegung von der Peripherie hin zum Zentrum festgestellt (s.o.).

3.1.3 Normativ-instruierende Textsorten

Instruierende Texte sind eine besondere Variante von Texten mit Appellfunktion (vgl. BRINKER 1988,103). Der Emittent will in solchen Texten nicht zu einer unmittelbaren Handlung veranlassen, sondern über bestimmte Handlungsschritte, Handlungsmöglichkeiten und Bedingungen informieren. Die kommunikative Funktion von instruierenden Texten kann man als Wenn-Dann-Relation beschreiben: Wenn jemand X tun will, dann befolge er die Regeln A, B, C (vgl. ebda

S. 104). Die Textfunktion von Instruktionen ist also gleichsam ambivalent (vgl. MÖHN 1991,184) oder - wie man auch sagen kann - die Funktionen des Appellierens und Informierens scheinen einander zu überlagern, wobei im situativen Rahmen eines Arbeitsverhältnisses auch noch die normative Dimension von Instruktionen zu berücksichtigen ist.[48] Zur typischen Verwendungssituation von Instruktionstexten gehört offenbar, daß der Emittent und der Adressat gleichermaßen an dem Informationsaustausch interessiert sind, damit die Instruktion zustande kommen kann (vgl. BRINKER 1988,104), denn offensichtlich folgt die Notwendigkeit von Instruktionen aus einem Gefälle zwischen Experten- und Laienwissen bzw. dem Wissen von Personen, die Experten werden wollen.[49] Hinzu kommt, daß es ab einer gewissen Komplexität von Organisationen und Gemeinschaftshandlungen nicht mehr möglich ist, ausschließlich direkt zu kommunizieren. Schriftliche Instruktionen sind daher auch eine Folge des Verlustes an Unmittelbarkeit von Interaktionen (vgl. MÖHN 1991,195):

---

48 Wenn ich privat ein Gerät in Betrieb nehmen will, ist es mir selbst überlassen, mit welcher Sorgfalt ich versuche, die Instruktion umzusetzen. Im Rahmen eines Arbeitsverhältnisses steht es mir nicht mehr frei, mit technischen oder anderen Instruktionen umzugehen, wie ich will. Im ersten Fall spricht MÖHN (1991,193) von "bi-intentionale[r] instruktive[r] Textfunktion".

49 In unseren Ausbildungsinstitutionen herrscht eine seltsame und kaum öffentlich diskutierte Unwucht zwischen der Vermittlung von Fachwissen und Führungs- und Kooperationswissen, obwohl jedermann weiß, daß die Qualität von Arbeitsergebnissen nicht nur eine Folge des Sachverstandes ist, sondern auch eine Folge der Zusammenarbeit. Möglicherweise spielt bei der Verdrängung solcher fundamentaler Fakten auch die Nachwirkung des romantischen Geniekultes und die protestantische Ethik eine Rolle. Letzteres deutet AEBLI an, wenn er schreibt: "Der denkende und lernende Mensch ist kein Robinson, er ist auch kein Max Weberscher Protestant, der sich in Einsamkeit über seine Bewährung vor Gott befragt. Er kann auf die Hilfe von Menschen zählen, die mehr wissen als er. Ich habe in meiner protestantisch-aufklärerisch-liberalen Vergangenheit so viel einsames Suchen und Arbeiten gesehen, daß mir die Einsicht in das mittelalterlich-katholische Denken und Philosophieren und die in diesem lebendige Idee der Angewiesenheit des Menschen auf Stützung und Hilfe, und die Idee einer Autorität, die willens und fähig ist, Halt und Hilfe zu vermitteln, eines Tages als notwendiges Korrelat zum Rousseauschen Selberdenken, Selbersuchen und Selberfinden erschienen ist. Darum wohl die starke Betonung der geleiteten Begriffsbildung in diesem Buch. Doch Anleitung bedeutet nicht, daß sich der Denker im Fahrstuhl zu den hierarchischen Spitzen der zu lernenden Begriffe befördern lassen könnte. Anleitung bedeutet, daß der Lerner Hinweise bekommt, was zu tun sei. Aber Anleitung führt zu nichts, 'außer man tut es', möchte man mit Erich Kästner sagen" (Hans AEBLI: Denken: Das Ordnen des Tuns. Bd. II, Stuttgart 1981,372).

Bei der unmittelbaren Aufforderung geht es demgegenüber weniger darum, Kenntnisse zu vermitteln und dem Rezipienten die Erweiterung seiner Handlungskompetenz zu ermöglichen; im Vordergrund steht vielmehr das Interesse des Emittenten an der Durchführung der in der Proposition [i. e. der Satzaussage] bezeichneten Handlung [BRINKER 1988,104].

Offene Fragen

Grundsätzlich besteht im Falle von Instruktionen ein hoher linguistischer Klärungsbedarf inbezug auf die Identifizierung der dominierenden Textfunktion und inbezug auf die Modellierung von Situationskonstellationen (vgl. MÖHN 1991,184). Deshalb soll hier auch nicht verschwiegen werden, daß im folgenden die eine oder andere Klassifizierungsentscheidung überdacht werden sollte. Das gelingt aber besser, wenn überhaupt erst einmal eine Entscheidung gefallen ist. Insbesondere kann man darüber nachdenken, ob tatsächlich alle Untermuster der Textsorte UNTERNEHMENSLEITSÄTZE normativ-instruierenden Charakter haben, oder ob sie teilweise den normativ-orientierenden und regulierenden zuzurechnen sind. Gewiß ist, daß es im Bereich der UNTERNEHMENSLEITSÄTZE Mustermischungen gibt, die Anteil an mehreren Normtypen haben (s. u.) Ferner müßte man weiter darüber nachdenken, wie sich Instruktionstexte zu den LEHRHAFTEN TEXTEN verhalten und ob und inwiefern z. B. ein unternehmensphilosophischer KATECHISMUS nicht auch instruieren will.

Textsortenwechsel

Wo die Sprechhandlungen, aus denen sich die Texte konstituieren, den Charakter von REGELN haben, spricht man von TECHNISCHEN REGELN, wobei klar ist, daß dies für Interaktionen nur bedingt zutreffen kann. Aber ebenso klar ist, daß man sich im Management eine Zeitlang sehr viel von solchen technischen Regeln für die Steuerung des Führungs- und Kooperationsverhaltens erhofft hat. Solche Hoffnungen werden natürlich von Beratern gehegt und gepflegt, denen daran gelegen ist, REZEPTE oder LEITFÄDEN zu verkaufen. Die Zeit solcher Textsorten scheint allerdings vorbei zu sein. Damit deutet sich ein weiterer Textsortenwandel, genauer ein Textsortenwechsel, innerhalb des von mir beobachteten Zeitraumes und Textsortenspektrums an. REZEPTE und LEITFÄDEN werden abgewählt, Texte mit größerem Interpretationsspielraum, höherer Kohärenz, weniger apodiktischen Formulierungen und strengen Verbindlichkeitsregelungen werden hinzugewählt. Das folgende Zitat aus einer Einleitung ist ein Beleg, der diese Beobachtung stützt:

Denkanstöße

Die neue Struktur der Unternehmensgruppe [XY] soll uns die Gelegenheit geben, über das Thema 'führen' und 'geführt werden' nachzudenken. Diese Broschüre [...] verzichtet ganz bewußt auf Führungs- oder Verhaltensgrundsätze, da Dogmen der modernen, situationsorientierten Führungskultur im Unternehmen nicht gerecht werden. Sie finden auf den einzelnen Seiten dieser Broschüre eindeutige Aussagen über das vom Unternehmen angestrebte Führungsverhalten [...]. Dabei ist die subjektive Interpretation des einzelnen gewünscht. Die Arbeitsgruppen, die am Anfang dieser Broschüre standen, haben sehr schnell erkannt, daß es uns nicht weit bringt, Normen und Regelwerke [...] aufzustellen. Vielmehr wird sich jeder auf verschiedene Weise angesprochen fühlen und seine Position selbst definieren. Sicherlich in einem immer wiederkehrenden Prozeß. Wer also auf den folgenden Seiten einen Leitfaden erwartet, der ihm Gesetzmäßigkeiten zum 'Führen' an die Hand gibt, wird sich enttäuscht sehen [...]. Ihr [Name des Unternehmensleiters] [Ort und Jahr] [Sequenz aus Text Nr. 65].

Nach diesen Vorbemerkungen komme ich zu den Textsorten im einzelnen.

3.1.3.1 Anleitung

Es geht bei der ANLEITUNG wie bei allen im folgenden zu besprechenden instruierenden Textsorten um das Anleiten zu einem bestimmten Handeln, sei es die richtige Art der Mitarbeiterführung oder die richtige Art der Unternehmensführung. ANLEITUNGEN sollen instruierende Texte genannt werden, die relativ kohärent sind, spürbaren Gebrauch von sprachlichen Mitteln der Kohäsion machen (s. u.), das Thema auch explikativ entfalten und keine bzw. nur eine schwache "Paragraphenstruktur" aufweisen, was u. a. daraus resultiert, daß ANLEITUNGEN größere Zusammenhänge erklären wollen und nicht nur einzelne Handlungsschritte vorgeben.

Der folgende Leittext instruiert Führungskräfte über die richtige Art und Weise der Mitarbeiterführung:

Leitfrage

Die (Führungs-)Anleitung antwortet auf die Frage "Wie muß ich meine Mitarbeiter führen?" bzw. "Was muß ich wie tun, um eine erfolgreiche Führungskraft zu sein?".

Leittext

Der folgende Text richtet sich an die Führungskräfte des Unternehmens und instruiert sie über das von der Unternehmensleitung gewünschte einheitliche Führungsverhalten im Unternehmen. Dem hier zitierten Text ist als potentiell unabhängiger Teiltext ein unternehmensgeschichtlicher ÜBERBLICK vorangestellt, der - in stützender Funktion - in die SELBSTVERPFLICHTUNG des Unternehmens mündet, die Kontinuität zu wahren. Diesen Teiltext lasse ich hier aus und zitiere nur die ANLEITUNG:

[XY] Handreichungen

Vorwort

Führungsregeln bieten eine Unterstützung beim Vorbereiten von Entscheidungen; sie nehmen der Führungskraft diese Entscheidungen nicht ab. Sie sind gemeinsame Grundlage für alle Mitglieder des Führungsteams und sollten zu einem einheitlichen Führungsverhalten anleiten. [...].

1. Delegation von Verantwortung

Sorgen Sie dafür, daß jeder der Ihnen direkt unterstellten Mitarbeiter - und nur um diese geht es hier - eine Stellenbeschreibung bekommt, in der Aufgabe, Kompetenz und Verantwortung klar abgegrenzt sind. Ermutigen Sie ihn, in diesem Rahmen selbständig zu handeln und zu entscheiden ('Delegationsbereich'). Das bedeutet natürlich, daß Sie selbst im Delegationsbereich ihrer Mitarbeiter insoweit nicht mehr handeln und entscheiden, auch wenn der Mitarbeiter versuchen sollte, Ihnen die Verantwortung oder die Entscheidung wieder zuzuspielen ('Rückdelegation'). Wenn ein Mitarbeiter trotz Ihrer Hilfe und Anleitung nicht bereit und in der Lage ist - notfalls schrittweise - , die alleinige Verantwortung für sein Tun und Lassen im Rahmen der Stellenbeschreibung zu übernehmen, so ist er für die Aufgabe ungeeignet, und Sie sind verpflichtet, ihn auszuwechseln oder abzulösen.

2. Zielsetzung

Setzen Sie Ihren Mitarbeitern konkrete, realistische Arbeitsziele (Schwerpunkte) und Termine (Prioritäten). Klären Sie den Mitarbeiter dabei über die zur Verfügung stehenden Mittel und Möglichkeiten auf und weisen Sie ihn auf die Notwendigkeit von deren wirtschaftlichstem Einsatz hin. Beteiligen Sie den Mitarbeiter an der sachlichen und zeitlichen Zielfestsetzung und halten Sie die Ziele schriftlich fest. Überwachen Sie regelmäßig die vorgesehenen Termine.

3. Koordination

Koordinieren Sie die Tätigkeiten, die Leistungsbereitschaft und die Zusammenarbeit Ihrer Mitarbeiter im Sinne des Gesamtzieles Ihres Bereiches. Hierzu können Sie befristet Einzel- und Sonderaufträge ohne Rücksicht auf die Delegationsbereiche erteilen.

4. Förderung

Arbeiten Sie neue Mitarbeiter sorgfältig ein und fördern Sie alle Mitarbeiter entsprechend ihren Fähigkeiten, indem Sie deren Initiative, Einfallsreichtum und schöpferisches Denken zur freien Entfaltung bringen und sie da, wo es nötig ist, selbst unterweisen oder sie am Entwicklungs- und Förderungsprogramm der Firma teilnehmen lassen. Machen Sie, soweit das möglich ist, für jeden Mitarbeiter einen individuellen Aufstiegs- und Gehaltsentwicklungsplan. Helfen Sie ihm darüber hinaus beruflich und menschlich in jeder geeigneten Weise.

5. Dienstaufsicht und Erfolgskontrolle

Als Vorgesetzter haben Sie über die Tätigkeit Ihrer Mitarbeiter - nicht über deren Person - Dienstaufsicht und Erfolgskontrolle auszuüben. Dienstaufsicht heißt Stichprobenkontrolle, also die unregelmäßige Prüfung eines Vorgangs von A bis Z auf ordnungsgemäße Arbeitsweise und Erledigung (und zwar sowohl in fachlicher als auch in führungsmäßiger Hinsicht). Eine Totalkontrolle ('alles über meinen Schreibtisch') ist damit nicht gemeint. Erfolgskontrolle ist die gewissenhafte Prüfung - unter Berücksichtigung aller Umstände -, ob und wie der Mitarbeiter innerhalb eines bestimmten Zeitraumes das vorgegebene Ziel seiner Stelle oder ein Einzelziel erreicht hat. Der Mitarbeiter ist, im Gegensatz zur Dienstaufsicht, vor einer beabsichtigten Erfolgskontrolle zu informieren und danach über das Ergebnis in Kenntnis zu setzen. Ziehen Sie die Konsequenzen aus Dienstaufsicht und Erfolgskontrolle, indem Sie entweder Kritik an der Arbeit üben oder die Leistung des Mitarbeiters anerkennen.

6. Beurteilung und Beratung

Führen Sie mit jedem Mitarbeiter mindestens einmal im Jahr ein ausführliches und offenes Beratungs- und Beurteilungsgespräch und protokollieren Sie dessen Ergebnis. Beurteilen Sie dabei die Qualifikation (die Leistung und den Erfolg) des Mitarbeiters im Hinblick auf das Ziel seiner Stelle. Lassen Sie sich bei ihrem Urteil nur von seinem Arbeitsverhalten leiten und nicht von seinen persönlichen Eigenschaften. Sagen Sie ihm, wo seine Stärken und Schwächen liegen, und machen Sie einen Plan, um diese auszugleichen. Erkunden Sie seine eigenen Berufswünsche. Prüfen Sie bei dieser Gelegenheit, ob der Mitarbeiter nach seiner Funktion, Leistung und nach Lohn- oder Gehaltshöhe gerecht eingestuft ist.

7. Information

Informieren Sie Ihre Mitarbeiter laufend über alles, was sie wissen müssen, um in ihrem Delegationsbereich sachgerecht handeln und entscheiden zu können. Geheimhaltung ist die schlechteste Art von Personalpolitik. Lassen Sie sich bei außergewöhnlichen Fällen von Ihren Mitarbeitern beraten und treffen Sie erst dann die Entscheidung. Begründen Sie Ihre Entscheidung ausführlich, insbesondere wenn diese vom Rat Ihrer Mitarbeiter abweicht.

8. Führen mit Stäben

Die Stabsstellen sind der Unternehmensleitung direkt unterstellt. Sie beraten als Spezialisten in Sach- und Führungsfragen die Unternehmensleitung und die Linienvorgesetzten. Dabei haben sie in der Regel kein Weisungsrecht.

9. Sicherheit
Sie sind als Vorgesetzter für die Sicherheit Ihrer Mitarbeiter verantwortlich. Treffen Sie also die nötigen Sicherheitsvorkehrungen zum Schutz Ihrer Mitarbeiter gegen Unfälle [Teiltext von Nr. 75.5].

Kommentar

Illokutionen und Illokutionsstruktur

Der Text besteht - neben ERKLÄRUNGEN und FESTSTELLUNGEN - aus den zahlenmäßig dominierenden ANWEISUNGEN, die auch in explikativen Zusammenhängen verwendet werden können und dann Voraussetzungen und Folgen nennen. Viele ANWEISUNGEN signalisieren die Art und Weise eines Tuns oder Verhaltens. Beispiele für die hier genannten Textbausteine sind:

ANWEISUNG mit Hinweis auf das Wie der geforderten Handlung:

[...] fördern Sie alle Mitarbeiter [...], indem Sie deren Initiative [...] zur [...] Entfaltung bringen.

(Bedeutungs-)ERKLÄRUNG:

Dienstaufsicht heißt Stichprobenkontrolle.

Explikative Sprechhandlungssequenz, bestehend aus zwei FESTSTELLUNGEN, wobei die erste eine Handlungsvoraussetzung und die zweite eine Handlungsfolge nennt:

Sie sind als Vorgesetzter für die Sicherheit Ihrer Mitarbeiter verantwortlich. Treffen Sie also die nötigen Sicherheitsvorkehrungen zum Schutz Ihrer Mitarbeiter gegen Unfälle.

Themenentfaltung und Themenstruktur

Das Thema wird deskriptiv mit deutlich spürbaren explikativen Anteilen entfaltet. Die Themenstruktur zeigt Ähnlichkeiten mit derjenigen des AUFGABEN-/ PFLICHTENKANONS ("Delegieren", "Ziele setzen", "Informieren" etc.).

Weltbezug und Sprechereinstellung

(Führungs-)ANLEITUNGEN beziehen sich nicht auf eine konkrete Situation, sondern auf Situationsmuster. D. h. daß der Adressat bestimmte Handlungen, die das Muster vorgibt, realisieren muß, wenn er am Handlungserfolg interessiert ist. Die Sprechereinstellung, die allen instruierenden Texten zugrunde liegt ist deontisch/normativ. Es gilt: Man hält die vorgeschriebenen Handlungen für erforderlich, um ein bestimmtes Handlungsresultat zu erzielen.

Emittenten und Adressaten

Mit dem Text wendet sich die Unternehmensleitung an die Führungskräfte des Unternehmens.

Verbindlichkeitsregelung

Der Instruktionscharakter setzt voraus, daß die Adressaten gleichermaßen am Handlungserfolg interessiert sind wie die Emittenten. Sprachlichen Ausdruck findet das in der Wahl des Titels *Handreichungen* und im einleitenden Hinweis auf den Unterstützungscharakter des Textes. Es wird eine Verbindlichkeit mittleren Grades gewählt. Zum EMPFEHLUNGSCHARAKTER, den das Modalverb *sollte* signalisiert, paßt der Verzicht auf SANKTIONSREGELUNGEN:

Sie [i. e. die Führungsregeln] [...] sollten zu einem einheitlichen Führungsverhalten anleiten.

Sprachliche Realisierung

Die folgenden sprachlichen Mittel und Verfahren werden nicht zufällig vermehrt in ANLEITUNGEN gebraucht und sind in anderen Textsorten wie z. B. dem PFLICHTENKANON unüblich.

Aufforderungssätze mit dem Höflichkeitsimperativ[50] als eine Spielart des Partnersatzes[51]:

Überwachen Sie regelmäßig die vorgesehenen Termine.

Hervorhebungsformeln und -mittel:

[...] - und **nur um diese geht es hier** - [...]; Lassen Sie sich bei Ihrem Urteil **nur** von seinem Arbeitsverhalten leiten [...].

Syntaktische Textverknüpfungsmittel und lexikalische Formen der Wiederaufnahme:

Setzen Sie [...] realistische Arbeitsziele [...] Klären Sie **dabei** über die [...] Mittel und Möglichkeiten auf [...]; **Beurteilen** Sie [...] die Qualifikation [...]des Mitarbeiters im Hinblick auf das Ziel seiner Stelle. Lassen Sie sich bei Ihrem **Urteil** nur von seinem Arbeitsverhalten leiten [...].

Modale Angaben und Angabesätze:

Koordinieren Sie die Tätigkeiten [...] **im Sinne des Gesamtzieles Ihres Bereiches**; [...] fördern Sie alle Mitarbeiter entsprechend ihren Fähigkeiten, **indem Sie deren Initiative [...] zur freien Entfaltung bringen [...].**

Informationsstruktur:

Der Text berücksichtigt den Erwartungshorizont der Adressaten:

Als Vorgesetzter haben Sie über die Tätigkeit Ihrer Mitarbeiter - **nicht über deren Person** [i. e. 'Charakter'; H. E.] - Dienstaufsicht und Erfolgskontrolle auszuüben.

---

50 Ein anderer Text verwendet das Personalpronomen der 1. Person Plural, das man auch als Signal für das gemeinsame Interesse der Kommunikationspartner interpretieren kann: "Um schließlich sicherzugehen, daß die Information beim Adressaten richtig ankommt, stellen wir dessen Empfangsbereitschaft fest, indem wir Rückmeldung verlangen oder als Empfänger selber eine solche unaufgefordert übermitteln" (Segment aus Text Nr. 100.1).

51 In anderen Instruktionstextsorten findet sich auch der Fragesatz.

Textsortenvarianten und Gestaltungsspielräume

Die Variation betrifft vor allem den Gehalt an explikativen Sequenzen und die Kohärenz. Manche Texte mischen Elemente des AUFGABEN-/PFLICHTENKANONS mit Elementen der ANLEITUNG bzw. allgemein instruierenden Textsorten.

3.1.3.2 Geschäftspolitische und andere Unternehmensleitsätze

Ich unterscheide mono- und polyfunktionale UNTERNEHMENSLEITSÄTZE, je nachdem ob ein bestimmter Leitsatztyp dominiert oder ob funktionsverschiedene Leitsätze zu einem Text kombiniert werden. Ein Untermuster besteht weitgehend aus den Bausteinen ABSICHTSERKLÄRUNG und SELBSTVERPFLICHTUNG. Dieses ausdrucksfunktional-kommissive und beziehungsorientierte Untermuster wird in Abschnitt 3.3.3 vorgestellt und erläutert. Hier sind jedoch zunächst drei andere Muster vorzustellen, bei denen kommissive Sprechhandlungen gar nicht oder nur in geringer Zahl vorkommen. Es sind dies WERTE-/WISSENSORIENTIERTE LEITSÄTZE, WEGORIENTIERTE LEITSÄTZE sowie POLYFUNKTIONALE oder ALLGEMEINE GESCHÄFTSPOLITISCHE LEITSÄTZE. Alle drei Muster wenden sich in erster Linie an die Unternehmensleitung und die Führungskräfte, in zweiter Linie an alle Mitarbeiter des Unternehmens. Es ist anzunehmen, daß die Texte daneben aber auch - zumindest indirekt - externe Adressaten anvisieren, um diese zu informieren oder dem Unternehmen geneigt zu machen.

Untermuster der Textsorte UNTERNEHMENSLEITSÄTZE sind

- WERTE- und ERFAHRUNGSORIENTIERTE LEITSÄTZE,
- WEGORIENTIERTE LEITSÄTZE,
- GESCHÄFTSPOLITISCHE (POLYFUNKTIONALE) LEITSÄTZE,
- AUSDRUCKSFUKTIONAL-KOMMISSIVE UNTERNEHMENSLEITSÄTZE (s. Kap. 3.3.3).

WERTE- und ERFAHRUNGSORIENTIERTE LEITSÄTZE versus WEGORIENTIERTE UNTERNEHMENSLEITSÄTZE

WERTE- und ERFAHRUNGSORIENTIERTE LEITSÄTZE sind flexible LEITSÄTZE, weil sie über verschiedene Situationskonstellationen hinweg angewendet werden können, wohingegen WEGORIENTIERTE LEITSÄTZE relativ konkrete und direkte Handlungsanweisungen sind, die nur einen geringen Interpretationsspielraum lassen. Bei der richtigen Anwendung von WERTE- und ERFAHRUNGSORIENTIERTEN LEITSÄTZEN ist der Normadressat in ungleich höherem Maße gefordert, wenn es um die angemessene Einschätzung einer konkreten Entscheidungssituation geht. WEGORIENTIERTE LEITSÄTZE sind gleichsam situationsenthobene Regeln mit Rezeptcharakter, nur daß REZEPTE (s. u.) ihre Textkohärenz aus einer konkreten und abgeschlossenen Situationskonstellation herleiten ("Wie führe ich ein Kritikgespräch?"), während WEGORIENTIERTE LEITSÄTZE ihre Kohärenz im wesentlichen der Ausrichtung auf ein allgemeinstes Ziel ("Unternehmenserfolg") verdanken.

WERTE- und ERFAHRUNGSORIENTIERTE UNTERNEHMENSLEITSÄTZE

Leitfrage

WERTE- u. ERFAHRUNGSORIENTIERTE UNTERNEHMENSLEITSÄTZE antworten auf die Frage "Was sind die Maßstäbe dafür, daß ich als Manager richtig entscheide und handle?".

Leittext

Handlungsmaximen (1985)

Handlungsmaxime 1:

Jede Führungsebene hat eine Vorbildfunktion für die Nachgeordneten hinsichtlich der Realisierung der Unternehmensziele und -strategien durch
- *Effizienz des Arbeitseinsatzes,*
- *Sparsamkeit und Mitteleinsatz,*
- *konstruktive Zusammenarbeit.*

Ein Unternehmen kann auf Dauer nur so gut sein wie die Führungsspitze und die Mitarbeiter nur so gut wie das Vorbild des Vorgesetzten. Dieses Vorbild gibt jedem Mitarbeiter genau die Orientierungshilfe jenseits konkret meßbarer Ziele und direkter Anweisungen, um zu erkennen, was - im Sinne des Unternehmens - erwünscht ist.

Handlungsmaxime 2:

Das Unternehmensinteresse geht vor Ressortinteressen: bei jeder Einzelentscheidung sind die Gesamtkonsequenzen zu berücksichtigen.

Alle Entscheidungen und Aktivitäten sollten im wohlverstandenen Interesse des Gesamtunternehmens und nicht um kurzsichtiger Vorteile eines Fachbereiches willen erfolgen. Wir müssen bereit sein, die Verantwortung für die Folgen unseres Handelns auch "in der zweiten oder dritten Ableitung" zu übernehmen, d. h. für das Unternehmen oder die Umwelt oder die Gesellschaft.

Handlungsmaxime 3:

Exzellent führen erfordert die volle Identifikation mit dem Unternehmen.

Wer nicht von BMW als Unternehmen und von den BMW-Zielen überzeugt ist, kann seine Mitarbeiter nicht exzellent und motivierend führen - höchstens im technokratisch-rationalen Sinn, nicht jedoch im emotionalen Bereich. Die umfassende Motivation ist für hervorragende Leistungen jedoch unverzichtbar.
Diese Identifikation mit dem Unternehmen, seinen Aufgaben und Zielen verlangt, daß die Loyalität zur eigenen Gruppe im Konfliktfall den Unternehmensinteressen unterzuordnen ist.

Handlungsmaxime 4:

Entscheidungen oder Beschlüsse sind intelligent auszuführen, sie sind aber auszuführen.

Zu den unverzichtbaren Aufgaben gehört es, daß Entscheidungen und Beschlüsse nicht nur gefaßt werden, sondern auch, daß die Beschlüsse ausgeführt werden, und zwar in dem Sinn und Geist, in dem sie gefaßt wurden. Es ist dem Unternehmen nicht gedient, wenn Beschlüsse buchstabengetreu, wörtlich genommen und ohne Beachtung spezifischer Umstände oder neuer Informationen ausgeführt werden.
Daraus folgt, daß Abweichungen von den Vorgaben erlaubt und sogar erwünscht sind, *wenn* es die Umstände erfordern.
Die Entscheidungsgremien sind auf abweichende Realisierungen rechtzeitig hinzuweisen, damit sie ggf. ihre Entscheidungen überprüfen können.

Handlungsmaxime 5:

Konstruktive Kritik zu üben und zu ertragen ist Pflicht jedes Mitarbeiters.

Wenn wir bessere Leistungen, bessere Produkte anbieten wollen, dann müssen wir das Vorhandene kritisch prüfen und auch unsere eigenen Entscheidungen in Frage stellen. Wir müssen bereit sein, uns selbst jeden Tag kritisch zu prüfen in unseren Meinungen und Handlungen.
Die Verpflichtung zu kritischer Haltung, die aber nicht in Rund-um-Kritik am Mittagstisch ausarten darf, sondern konstruktiv auf Veränderung, auf Verbesserung gerichtet sein muß, sollte BMWtypisch sein.

Handlungsmaxime 6:

Probleme lösen - nicht Schuldige suchen.

Dem Unternehmensinteresse dient es mehr, wenn die Ursachen von Problemen und nicht die Verursacher gefunden werden. Dazu können wir alle beitragen, indem wir nicht zulassen, daß der Überbringer schlechter Nachrichten oder der Verursacher kritisiert wird, sondern die Sache selbst.
Allerdings müssen wir auch bereit sein, in Fällen, in denen Probleme ihre Ursache in fehlendem Format einzelner Mitarbeiter haben, die Konsequenzen mit aller Sachlichkeit zu ziehen - im Unternehmensinteresse.

Handlungsmaxime 7:

Jeder darf Fehler machen - nur nicht zu viele und vor allem nicht den Fehler, ihn zum Schaden des Unternehmens zu verschleiern.

Dazu bedarf es keiner weiteren Erläuterungen.

Handlungsmaxime 8:

Die Kompetenz der anderen, der Fachstellen anerkennen, heißt auch, konstruktives Hinterfragen anderer Fachstellen akzeptieren und kompetent beantworten.

Fachstellen, die in Aussagen, Handlungen und Entscheidungen überzeugen, werden in ihrer spezifischen Kompetenz überzeugen. Die Fachstellen müssen jedoch bereit sein, sich frühzeitig mit kritischen Fragen zu einem Projekt auseinanderzusetzen und nicht erst zu einem Zeitpunkt, wo nur noch eine "Ja-oder-nein"-Entscheidung - voller Unbehagen, aber ohne konkrete Ansatzpunkte für Fragen - möglich ist.

Handlungsmaxime 9:

Beherrschbare Risiken eingehen.

Wir wollen - und müssen als Unternehmer - Risiken eingehen, d. h. wir müssen unter Unsicherheit entscheiden.
Jeder sollte für sich selbst (überschaubare) Risiken eingehen, auch bei der Gefahr von Mißerfolgen. Wir brauchen etwas mehr Mut von uns allen bei guten Ideen, auch wenn sie nicht zu beweisen sind.
Je größer das absolute Risiko erscheint, desto mehr Aufwand zur Informationsbeschaffung sollte betrieben werden, aber wir sollten alle Risiken eingehen, die nach bestem Wissen und Gewissen beherrschbar erscheinen. Dort wo *Überzeugung* und *Kompetenz* zu spüren ist, wo persönliches Engagement besteht, das Risiko eines Vorhabens auf sich zu nehmen, werden auch riskant erscheinende Projekte akzeptiert.

Handlungsmaxime 10:

Leistung verlangt Gegenleistung.

In Anerkennung des Leistungsprinzips kommt zuerst die Leistung für das Unternehmen und dann die Gegenleistung des Unternehmens; diese Gegenleistung muß allerdings der Leistung (des einzelnen oder der Gruppe) in anerkannter Weise gerecht entsprechen.
Dabei ist die Leistungshonorierung nicht nur auf Entgelt zu beschränken, sondern auch im nicht materiellen Bereich möglich, z. B. durch Lob, Förderung, Weiterbildung, neue Aufgaben.
Wir müssen uns an einem überdurchschnittlichen Anspruchsniveau messen. Durchschnittliche Leistungen sind eben zu wenig, wenn wir eine Spitzenposition im Wettbewerb anstreben. Dies verlangt auch eine kritische Selbstbeurteilung.

Handlungsmaxime 11:

Nur der Kunde entscheidet über die Güte unserer Leistungen.

Man kann auch sagen, nur der Kunde entscheidet über die Existenzberechtigung von BMW. Jeder von uns sollte immer wieder bei allen Entscheidungen prüfen, was damit für den Kunden erreicht wird. Nur wenn wir zufriedene Kunden und von BMW überzeugte Kunden haben, können wir auf Dauer Erfolg haben. Grundvoraussetzung ist, daß wir die Bedürfnisse unserer Kunden wirklich ganzheitlich akzeptieren und zum Maßstab unserer Entscheidungen machen.

Handlungsmaxime 12:

BMW muß für alle externen Beziehungen als

- *kompetenter,*
- *fairer,*

- *verläßlicher*
Partner gelten.

Jeder Mitarbeiter hat im Außenverhältnis (von Presse-Aussagen bis zum Ratschlag des Werkstattmeisters) einen kompetenten Eindruck bei seinen Gesprächspartnern zu erzielen; er muß immer den Eindruck erwecken, daß er etwas von seiner Sache versteht. Zusätzlich hat ein BMW-Mitarbeiter immer einen verläßlichen Eindruck zu machen, d. h. auf seine Zusagen muß man sich verlassen können. Insgesamt müssen BMW-Mitarbeiter fair gegenüber ihren Partnern sein, seien es kleine Zulieferanten, große Unternehmen oder ein Kunde. Alle Vereinbarungen, Verträge müssen in fairer Weise erfüllt werden, Streitigkeiten sind möglichst fair zu beenden.

Handlungsmaxime 13:

Gültige Gesetze und Vorschriften werden von BMW erfüllt; eine Beeinflussung erfolgt nur im Rahmen der geltenden Spielregeln.

Wir sind bereit, alle Gesetze, die in den politischen Gremien beschlossen werden, zu erfüllen. Im Vorfeld der Erarbeitung dieser Gesetze nehmen wir jedoch im Rahmen der bestehenden Spielregeln intensiven Einfluß.
Für unsere internationalen Aktivitäten erfordert diese Maxime, daß wir uns ebenso den jeweiligen gültigen nationalen Gesetzen/Vorschriften und Geschäftsgebräuchen unterwerfen, auch wenn sie gegen unsere Moralbegriffe oder Rechtsempfinden sind: wir wollen BMW-Produkte exportieren, nicht aber unsere Gesellschaftsordnung.

Mit diesen Maximen werden sich die von uns geplanten Strategien der nächsten Jahre in einer BMW-typischen Weise realisieren lassen. "Typisch BMW" soll sich nicht nur auf die Eigenschaften unserer Produkte beziehen, sondern auch auf das Verhalten der BMW Führungskräfte und das Verhalten ihrer Mitarbeiter, das sich an den gesamten Handlungsmaximen orientiert [BMW-Handlungsmaximen, zit. nach LENK/MARING 1992,366-372].

Kommentar

Die zentralen Textbausteine (Sprechhandlungen) werden Maximen genannt und bilden einen Maximenkanon, der Textstatus hat, also potentiell selbständig verwendet werden könnte. Mit Ausnahme der siebten werden alle Maximen erläutert. Von werte- und erfahrungsorientierten Leitsätzen spreche ich deshalb, weil die normative Kraft der Leitsätze nicht so sehr dem Willen des Emittenten entspringt, sondern sich bestimmten Wertsetzungen und Einsichten (in Wirkungszusammenhänge) verdankt: Dem entsprechen die epistemischen Redehintergründe und explizierenden Äußerungssequenzen.

PRIORITÄTENSETZUNG (ENTSCHEIDUNGSREGEL):

Das Unternehmensinteresse geht vor Ressortinteressen [...].

Auf diese zentrale ENTSCHEIDUNGSREGEL folgen dann REGELN vom Typ, wie sie bereits vorgestellt worden sind, z. B. EMPFEHLUNGEN und GEBOTE:

Alle Entscheidungen sollten im wohlverstandenen Interesse des Gesamtunternehmens und nicht um kurzsichtiger Vorteile eines Fachbereiches willen erfolgen [EMPFEHLUNG].

Wir müssen bereit sein, die Verantwortung für die Folgen unseres Handelns [...] zu übernehmen, d. h. für das Unternehmen oder die Umwelt oder die Gesellschaft [GEBOT, in das sich der Emittent miteinschließt].

Explikative Herleitung von ERLAUBNIS und bedingtem WUNSCH:

Daraus folgt, daß Abweichungen von Vorgaben erlaubt sind und sogar erwünscht sind, wenn es die Umstände erfordern.

Textsortenvarianten und Gestaltungsspielräume

Der Leittext macht deutlich, daß WERT- und ERFAHRUNGSORIENTIERTE LEITSÄTZE in einer gewissen Nähe zum LEITFADEN steht, der allerdings ungleich stärker zu allgemeingültigen, gesetzesmäßigen Aussagen tendiert (*Menschen mit Verantwortung engagieren sich stärker*) und nominale oder infinitivische Setzungen weitgehend ausschließt, weil die Sprechereinstellung des FÜR-WAHR-HALTENS zu finiten Aussagen zwingt. Ein LEITSATZ wie *Probleme lösen - nicht Schudige suchen* (s. o.) ist nicht wahr, sondern zweckmäßig. Der oben zitierte Leittext macht auch deutlich, daß die Übergänge zu anderen Textsorten fließend sind, denn strenggenommen sind GEBOT und SELBSTVERPFLICHTUNG systemfremde Bausteine:

Jeder Mitarbeiter hat im Außenverhältnis (von Presse-Aussagen bis zum Ratschlag eines Werkstattmeisters) einen kompetenten Eindruck bei seinen Gesprächspartnern zu erzielen [aus den "Erläuterungen" zu Maxime 12].
Gültige Gesetze und Vorschriften werden von BMW erfüllt [Maxime 13].

WEGORIENTIERTE UNTERNEHMENSLEITSÄTZE

WEGORIENTIERTE UNTERNEHMENSLEITSÄTZE bilden auch gemeinsam mit ZIELSETZUNGSKANONS oder programmatischen Texten eine oft "Konzept" genannte Einheit.

Leitfrage

WEGORIENTIERTE UNTERNEHMENSLEITSÄTZE antworten auf die Frage "Was müssen wir als Manager tun, um das Ziel X zu erreichen?" bzw. "Auf welchem Weg erreichen wir das Ziel X?".

Leittext

Auf die Unterschiede zwischen WEGORIENTIERTEN LEITSÄTZEN und WERTE- und ERFAHRUNGSORIENTIERTEN LEITSÄTZEN sowie auf die Nähe zu rezepthaften Aussagen habe ich oben bereits hingewiesen. Deshalb sei hier nur noch auf die deskriptive Themenentfaltung, auf den Kanoncharakter (Leitsatz-Sammlung) und die für instruierende Texte typische Wahl infinitivischer Setzungen (*Know-how-Vorsprung schaffen und erhalten*) hingewiesen.

Unternehmensleitlinien (1990)
[...]

Operatives Handeln

Anspruchsvolle wissenschaftlich-technische Leistungen, aufeinander abgestimmte Produktionsstrukturen sowie intensive kundennahe Marktbearbeitung sind Schlüssel zu unserem Unternehmenserfolg. Leitlinien dazu sind:

- Know-how-Vorsprung schaffen und erhalten [...]
- Starke Marktstellung aufbauen und verteidigen [...]
- Vorteilhafte Integrationstiefe und Verbundstrukturen schaffen [...]
- Ertragskraft durch verstärktes internationales Engagement in wichtigen Märkten steigern [...]
- Effizienz steigern und Kosten senken [...]
- Qualitätssicherung als wesentliche Voraussetzung des Erfolges betreiben und als wichtige Führungsaufgabe handhaben [...]
- Interessen in Gemeinschaftsunternehmen langfristig orientieren [...]

Mitarbeiter

Leistung, Qualifikation, Kreativität, Einsatzbereitschaft, Mobilität und Loyalität der Mitarbeiter sind wichtige Voraussetzungen für den Erfolg unseres Unternehmens. Leitlinien dazu sind:
- Persönlich und fachlich geeignete Mitarbeiter gewinnen und entsprechend ihren Fähigkeiten und Leistungen einsetzen
- Anforderungs- und leistungsgerecht entlohnen bei angemessenen Sozialleistungen
- Kooperativ führen und auf der Basis von Information, Zielvereinbarung und Delegation vertrauensvoll und in gegenseitiger Achtung zusammenarbeiten
- Mitarbeiter durch systematische und gezielte Aus- und Weiterbildung fördern
- Qualifizierten Führungsnachwuchs - auch für internationale Aufgaben - heranbilden. Führungspositionen bevorzugt aus den eigenen Reihen besetzen
- Mit den Arbeitnehmer-Vertretungen auf Basis der jeweiligen Landesgegebenheiten vertrauensvoll zusammenarbeiten

Forschung und Entwicklung

Marktorientierte Innovationen in Produkten und Verfahren sind Voraussetzungen für unseren Erfolg. Leitlinien dazu sind:
- Den wissenschaftlich-technischen Fortschritt aus führender Position mitgestalten und dadurch im internationalen Wettbewerb technologischen und zeitlichen Vorsprung gewinnen
- Auf Arbeitsgebiete konzentrieren, die ein hohes Maß an wissenschaftlich-technischem Können voraussetzen
- Einsatz der Mittel an langfristigen Markt- und Ertragserwartungen ausrichten und zukunftsweisende Arbeitsgebiete erschließen
- Unseren Kunden innovative Problemlösungen anbieten
- Unter Einbeziehung aller Forschungs- und Entwicklungskapazitäten der BASF-Gruppe und unter Ausschöpfung aller Synergiemöglichkeiten Schwerpunkte an den jeweils günstigsten Standorten bilden
- Den technischen Fortschritt zum Schutz der Umwelt nutzen; die Entwicklung umweltfreundlicher Produkte und Verfahren sowie produktbezogener Entsorgungskonzepte nachdrücklich verfolgen
- Forschungsprojekte zur Rohstoff- und Energieeinsparung fördern. Durch Verfahrensverbesserungen dazu beitragen, daß Nebenprodukte vermieden, verringert oder verwertet werden
- Die Zusammenarbeit mit der Grundlagenforschung fördern
- Verantwortlich mit dem Wissen umgehen. Chancen und Risiken neuer Erkenntnisse und Techniken im Dialog mit Wissenschaft und Öffentlichkeit sorgfältig abwägen

Umweltschutz und Arbeitssicherheit

Die BASF versteht Umweltschutz und Arbeitssicherheit als ständige Aufgabe und festen Bestandteil ihres Handelns. Leitlinien dazu sind:

- Wirtschaftliche Belange haben keinen Vorrang gegenüber dem Umwelt- und Arbeitsschutz
- Produkte erzeugen, die sicher herzustellen, sicher zu verwenden und sicher zu entsorgen sind. Auf die Sicherheit von Betrieb und Arbeit größte Sorgfalt verwenden
- Belastungen von Mensch und Umwelt bei Herstellung, Lagerung, Transport, Vertrieb und Verwendung der Produkte minimieren
- Als notwendig Erkanntes aus eigenem Antrieb auch ohne gesetzliche Verpflichtung oder behördliche Auflagen in Angriff nehmen
- Anlagen, Produkte, Emissionen und Entsorgung eigenverantwortlich überwachen
- Den wissenschaftlichen und technischen Fortschritt bei Umweltschutz und Produktsicherheit als eigene wichtige Aufgabe vorantreiben
- Das Umwelt- und Sicherheitsbewußtsein aller Mitarbeiter fördern
- Die Kunden im Bemühen um eine sichere, umweltfreundliche Weiterverarbeitung der Produkte unterstützen, durch Information für eine sachgerechte Handhabung der Produkte sorgen
- Im offenen Dialog mit der Öffentlichkeit das Wissen über Umweltschutz und Produktsicherheit mehren, den Wissens- und Erfahrungsaustausch mit Behörden und Verbänden, Politik und Wissenschaft pflegen

Finanzen

Die Verwirklichung der Unternehmensziele bedarf einer dauerhaft guten Ertragskraft und einer soliden Finanzstruktur. Leitlinien dazu sind:
- Eine Bilanzpolitik verfolgen, mit der die notwendige Transparenz in Ergebnisrechnung und Bilanz gewährleistet wird und die allen erkennbaren Risiken rechtzeitig durch ausreichende Vorsorgemaßnahmen Rechnung trägt
- Wachstum in erster Linie aus eigener Kraft finanzieren
- Eigenkapitalrenditen anstreben, welche die finanzielle Sicherheit gewährleisten und ein solides Fundament für weiteres Wachstum darstellen
- In der Gewinnverwendung den berechtigten Erwartungen der Anteilseigner, der Substanzerhaltung sowie der Eigenkapitalbildung Rechnung tragen
- Unsere Aktionäre im In- und Ausland sachgerecht über die Entwicklung der BASF informieren und zu einer angemessenen Bewertung der BASF-Aktie beitragen [Unternehmensleitlinien der BASF-Gruppe, zit. nach LENK/MARING 1992, 355-359].

GESCHÄFTSPOLITISCHE (POLYFUNKTIONALE) LEITSÄTZE

POLYFUNKTIONALE UNTERNEHMENSLEITSÄTZE fassen Leitsätze (Regeln) unterschiedlichen Typs und kommunikativ-funktionaler Ausrichtung zusammen, weshalb sie als Antwort auf einen Komplex von Fragen zu verstehen sind: "Wie verhalten wir uns in bestimmten Situationen, was müssen wir tun, um unsere Ziele zu erreichen (= wegorientierte Leitsätze oder Aussagen mit Instrumentcharakter), was wollen wir tun, wozu verpflichten wir uns und woran orientieren wir uns? Der Instruktionscharakter polyfunktionaler Leitsätze variiert von Text zu Text und kann auch gegen Null tendieren. Der im folgenden zitierte Leittext ist von der Unternehmensleitung erlassen und verbindlich erklärt worden:

Textsortenvarianten und Gestaltungsspielräume

Die GESCHÄFTSPOLITISCHEN LEITSÄTZE variieren nach dem Mischungsverhältnis, in dem die verschiedenen Leitsatztypen - ethische Leitsätze wie z. B. die Ablehnung von Spekulationsgeschäften eingeschlossen - zueinander stehen und nach zusätzlichen Aufwand an textlichen "Attraktivmachern" (Bilder, Graphiken, Farbe etc.). Die Bandbreite reicht von nüchtern-sachlichen Textexemplaren mit sehr präziser Diktion, die im Unternehmens selbst hergestellt worden sind, bis hin zu bunt gestalteten Broschüren, die von externen Werbeagenturen bearbeitet worden sind und die gelegentlich etwas weniger präzise ausfallen, dafür aber umso mehr als Imageträger wirken. Obwohl der explizit formulierte Anspruch auf Verbindlichkeit oft in vielen Fällen derselbe ist, wirken letztere nicht selten informativ-unterhaltender und daher weniger streng bzw. verbindlich. Die Leitsatztypen ähneln denen, die im LEITBILD verwendet werden, sie sind aber textstrukturell nicht bzw. nicht so eindeutig auf eine funktionale Dreigliedrigkeit (s. o.) hin ausgerichtet.

Leittext

[XY] AG Unternehmensleitlinien

Die Unternehmensleitlinien der [XY] Aktiengesellschaft [...] sind das Ergebnis einer eingehenden Diskussion in allen Betriebsgliederungen. Wir haben die Leitlinien für uns selbst formuliert; sie beschreiben unser Selbstverständnis [dieser Teiltext wird im folgenden nicht zitiert; H. E.], setzen Maßstäbe und dienen zur Orientierung in der täglichen Arbeit. Die Leitlinien sind für Unternehmensleitung und Mitarbeiter verbindlich und treten zum 1. Juli 1991 in Kraft.
Der Vorstand [Unterschriften des Vorstands]

[Es folgt ein informationsfunktionaler Teiltext, der die Unternehmensidentität und den Unternehmenszweck beschreibt; H. E.].

Geschäftspolitik

'Wir wollen ein eigenständiges privatwirtschaftliches Unternehmen bleiben'

Unsere Eigenständigkeit hat wesentlich zu unserem Erfolg beigetragen. Sie wird auch in Zukunft eine wichtige Bedeutung haben. Chancen und Risiken, die sich aus der Veränderung der nationalen und internationalen Rahmenbedingungen ergeben, sind ständig mit einzubeziehen.
Voraussetzung für Eigenständigkeit ist die Sicherung unseres Marktes. Dies ist nur möglich, wenn wir unser Versorgungsgebiet erhalten. Dazu müssen wir unsere Leistungsfähigkeit ständig den Anforderungen anpassen. Die Strombeschaffung müssen wir wirtschaftlich weiter optimieren; dabei sind auch strategische Gesichtspunkte zu berücksichtigen. Aus volks- und betriebswirtschaftlichen Gründen ist die Versorgung bis zur 'letzten Lampe' unser Ziel.

Wir müssen vor allem
- moderne Techniken in Erzeugung, Verteilung und Verwaltung anwenden,
- Rationalisierungsmaßnahmen durchführen,
- Arbeitskraft und Material wirtschaftlich einsetzen,
- unsere Wettbewerbsfähigkeit stärken und
- stets eine kompetenter Ansprechpartner für alle unsere Kunden sein.

Der Erfolg unserer Arbeit schlägt sich in unserer Finanzkraft nieder. Sie ist Grundlage für die hohe Eigenfinanzierung unserer Investitionen und begründet unsere Kreditwürdigkeit.
Wir bemühen uns, einen angemessene Ertrag zu erwirtschaften und die finanzielle Stärke des Unternehmens zu erhalten und zu mehren. Dadurch bieten wir unseren Aktionären eine solide und dauerhafte Kapitalanlage. Grundlage des Erfolgs sind motivierte und qualifizierte Mitarbeiterinnen und Mitarbeiter.
Konflikte zwischen den Unternehmenszielen sind so zu lösen, daß den Unternehmensinteressen im ganzen bestmöglich Rechnung getragen wird.

'Wir brauchen unsere Kunden, unsere Kunden brauchen uns'

Wir sind für alle unsere Kunden vor Ort ein Partner, der sie zu jeder Zeit im gewünschten Umfang sicher, preiswert und umweltfreundlich mit Energie und sonstigen Dienstleistungen bedient.
Unsere Kunden beliefern wir in Stadt und Land zu gleich günstigen Preisen und Bedingungen.
Dadurch tragen wir zu einer optimalen Entwicklung und zur notwendigen Chancengleichheit von Stadt und Land bei.
Besonderen Wert legen wir auf langfristige, von Vertrauen getragene Beziehungen zu unseren Kunden. Wir bemühen uns, ihre Anliegen zügig, unbürokratisch und flexibel zu bearbeiten. Wir wollen unsere Korrespondenz und Angebote, das Tarifsystem und die Abrechnung einfach und verständlich gestalten. Zu unseren Kunden sind wir höflich und hilfsbereit, leisten einen fachmännischen Service und bieten umfassende, offene Informationen.
Der zufriedene Kunde ist unser Ziel.

'Das Ansehen unseres Unternehmens zu mehren ist Aufgabe aller Mitarbeiter'

Wir müssen die Aktivitäten des Unternehmens überzeugend darstellen und in der Öffentlichkeit Vertrauen schaffen, indem wir die Zusammenhänge und Besonderheiten der Energieversorgung aufzeigen und erläutern.
Es ist unser Ziel, die Öffentlichkeit stets aktuell, umfassend und richtig zu informieren.
Zu einer offenen und sachbezogenen Diskussion mit allen relevanten Gruppen der Gesellschaft sind wir bereit. Wir pflegen den Dialog mit Kunden, Geschäftspartnern und der Öffentlichkeit, um sachgerechte Lösungen zu erreichen.
Wir versorgen unsere Kunden kostengünstig und zuverlässig. Dabei bemühen wir uns, unsere Umwelt wirksam zu schützen. Unsere Maßnahmen zeigen, daß wir umweltbewußt handeln und umweltverträglich arbeiten.
Das Ansehen eines Unternehmens in der Öffentlichkeit wird durch seine Mitarbeiter geprägt. Deshalb muß sich jeder unserer Mitarbeiter bewußt sein, daß er zum Bild des Unternehmens in der Öffentlichkeit beiträgt.

'Qualifizierte und leistungswillige Mitarbeiter tragen entscheidend zum Erfolg unseres Unternehmens bei'

Wir brauchen Mitarbeiter, die bereit sind, Verantwortung zu übernehmen und sich mit den Zielen unseres Unternehmens identifizieren. Dabei erwarten wir, daß alle Mitarbeiter der [XY] ihre Aufgaben engagiert, gewissenhaft und kreativ erfüllen, kostenbewußt handeln und dem Umweltschutz den entsprechend hohen Stellenwert einräumen.
Die Arbeitsleistung des einzelnen Mitarbeiters wird durch gerechte Bezahlung und gute soziale Leistungen anerkannt. Die Mitarbeiter werden durch gezielte Weiterbildungsmaßnahmen gefördert und ihren Fähigkeiten entsprechend eingesetzt.
Wir setzen auf Vorgesetzte und Mitarbeiter, die partnerschaftlich führen und zusammenarbeiten, sich gegenseitig achten und durch ihr Verhalten das gute Betriebsklima fördern.
Arbeitssicherheit und Schutz der Gesundheit vor Gefährdungen bei der Arbeit sind uns Anliegen und Verpflichtung und haben Vorrang vor anderen Unternehmenszielen.
Durch den Einsatz moderner Arbeits- und Organisationsmittel schaffen wir gute Arbeitsbedingungen.
Unternehmensleitung, Betriebsrat und Sprecherausschuß arbeiten vertrauensvoll zusammen zum Wohle des Unternehmens und der Mitarbeiter [Teiltext aus Nr. 54].

3.1.3.3 Rezept und Checkliste

Von REZEPTEN oder rezeptähnlichen Texten spreche ich dann, wenn ein instruierender Text sich auf ein bestimmtes Situationsmuster bezieht und die Art und Weise der richtigen Handlungsausführung vorgibt. Der Übergang zur Textsorte CHECKLISTE ist insofern naheliegend, weil es bei den von mir erhobenen Texten um Resultate aus Interaktionen geht, nicht um produktbezogene Handlungsanweisungen im Stile der Gebrauchsanweisung. Rezeptartige Texte sind kohärenter und enthalten einen höheren Anteil informierender Äußerungen. REZEPTE und CHECKLISTEN erscheinen im Textkorpus stets als Teil von komplexen Texten, die Führungsgrundsätze beschreiben. REZEPTE und CHECKLISTEN sind in der Regel dort anzutreffen, wo es um die Beschreibung von Führungsinstrumenten geht. Weil die hier vorzustellenden Texte im Grunde wenig problematisch sind, möge der Abdruck von Leittexten genügen, um den Leser zu orientieren:

Rezeptartiger Leittext

Loben

Eine überzeugende Führungspersönlichkeit kann es sich *leisten* zu loben!
Beim Aussprechen von Lob und Anerkennung sollte beachtet werden:

- Das Lob gezielt auf die Person und die Leistung ausrichten.
- Wahr, offen und einfach reden
- Freude und echtes Interesse zeigen
- Den Mitarbeiter das Lob spüren lassen
- Bestätigung ausdrücken ('Nur weiter so')

Im Normalfall wird Lob unter vier Augen ausgesprochen. Bei öffentlicher Anerkennung ist zu berücksichtigen, daß sie bei anderen - oft unbewußt - Kritik und Neid bewirken kann. Deshalb soll diese Form der Anerkennung nur bei außergewöhnlichen Leistungen angewandt werden [Teiltext aus Nr. 49.1].

CHECKLISTE

CHECKLISTEN sind gedächtnisentlastende Hilfsmittel, daher steht bei ihnen nicht Kohäsion im Vordergrund, sondern die Ökonomie der Informationsverarbeitung. Stichwörter oder Fragenkataloge kommen zum Einsatz. Der im folgenden abgedruckte Leittext ist Teil eines komplexen Ganzen und bezieht sich thematisch auf die Art und Weise, wie ein Vorgesetzter die Arbeitsergebnisse seiner Mitarbeiter kontrollieren soll:

Leittext

Die Kontrolle

Der Prozeß der Zielerreichung wird durch regelmäßige Kontrolle begleitet. Die Kontrolle orientiert sich an den Zielvereinbarungen und vollzieht sich in folgenden Schritten:

1. Analysieren der Arbeitsergebnisse

- Wie lautete unser Ziel?

- Was haben wir erreicht?
- Gibt es Abweichungen?
- Wenn ja, wo und warum?

2. Bewerten der Arbeitsergebnisse

- Was ist gut?
- Was ist weniger gut?

3. Steuern (Einflußnahme auf künftige Ziele)

- Was kann in die künftige Zielvereinbarung übernommen werden?
- Wo müssen Korrekturen erfolgen?

Merke: Auftretende Abweichungen oder Fehler werden als Chance genutzt, um daraus zu lernen [Teiltext aus Nr. 28.1].

3.1.3.4 Vorgangs- und Funktionsbeschreibung

Bei VORGANGS- und FUNKTIONSBESCHREIBUNGEN handelt es sich ebenfalls stets um Teiltexte größerer textlicher Ganzheiten. Die Leitfrage lautet für Vorgangsbeschreibungen "Wie wird der Vorgang X ausgeführt?". Für Funktionsbeschreibungen lautet sie "Was ist X und wozu dient X?".

VORGANGSBESCHREIBUNG

Charakteristisch ist die Wahl des Passivsatzes und die damit verbundene Umwertung der Informationsstruktur: Die Akteure können ausgeblendet werden, die nicht-personalen Größen ("Ziele"/"Aufgaben" etc.) werden in die Subjektposition des Satzes gebracht. Das Ganze ermöglicht einen ökonomischen Thema-Rhema-Wechsel und das syntaktische Zusammenrücken von referenzidentischen Ausdrücken:

Ziele vereinbaren

Gemeinsam mit den Mitarbeiterinnen und Mitarbeitern werden Aufgaben und **Ziele** vereinbart. **Die Ziele** werden so eindeutig und verständlich formuliert, daß die Planung und Durchführung kontrollierbar sind [...] [Sequenz aus Text Nr. 28.1; Hervorhebung durch Fettdruck von mir; H. E.].

Leittext

Die Unternehmensführung [...]

Durchführung

In jedem Geschäftsjahr legen die Geschäftsbereiche und Produktsparten ihre strategischen und operativen Ziele mit den entsprechenden Planzahlen für die nächsten Planungsperioden fest. Die strategischen Ziele werden in Zielehandbüchern der Geschäftsführung und der einzelnen Geschäftsbereiche/Produktsparten dokumentiert und in Form von Aktions- bzw. Projektplänen weiter detailliert. Diese Einzelpläne enthalten alle relevanten Angaben wie Verantwortlichkeiten, Termine und Kontrollen. Die operativen Ziele werden von der Zentralen Unternehmensplanung zusammengefaßt, ergänzt und auf ihre Widerspruchsfreiheit und Ausrichtung auf das Gesamtunternehmensziel überprüft. Die Geschäftsführung entscheidet über notwendige Korrekturen und verabschiedet die Planung für die nächste Periode als verbindliche Grundlage der Geschäftsaktivitäten. In regelmäßigen Abständen werden Soll/Ist-Vergleiche vorgenommen und notwendige Korrekturmaßnahmen zur Zielerreichung beschlossen. Zeigt sich im laufenden Geschäftsjahr, daß einzelne Ziele nicht realisierbar sind, so müssen unmittelbar Zielkorrekturen vorgenommen und Auswirkungen und Konsequenzen überprüft werden [Teiltext aus Nr. 91.9, an den sich die im folgenden abgedruckte Funktionsbeschreibung unmittelbar anschließt].

FUNKTIONSBESCHREIBUNG

Leittext

Nutzen [i. e. der Unternehmensplanung; s. o.]

Die Unternehmensplanung soll unser Unternehmen in die Lage versetzen, auf die sich verändernde Umwelt aktiv einzuwirken und unsere Organisation entsprechend markt- und zukunftsorientiert zu gestalten.

Die Unternehmensplanung dient:

- zur Steuerung und Kontrolle des Unternehmens anhand der quantitativen Maß- und Zielzahlen,
- zum rechtzeitigen Erkennen von Veränderungen durch permanente Analyse der externen und internen Einflußgrößen,
- zum aktiven Planen und gemeinsamen Handeln aller Bereiche im Hinblick auf das unternehmerische Gesamtziel,
- zur Sicherstellung der Mittel, die für die Realisierung der Ziele notwendig sind,
- zur Motivation der Mitarbeiter durch Delegation von Einzelzielen,
- zur Förderung regelmäßiger Planungsgespräche über Arbeitsfortschritte,
- der ergebnisorientierten Führung des Unternehmens.

Die Unternehmensplanung soll als Führungs- und Motivationsinstrument die Aktivitäten unserer verschiedenen Bereiche entwickeln, koordinieren, auf gemeinsam akzeptierte Ziele lenken und die Zielerreichung kontrollieren [Teiltext aus Nr. 91.7, der sich an den oben abgedruckten Leittext unmittelbar anschließt].

3.1.3.5 Zusammenfassung und Überblick über die FG-/UG-Verteilungsspezifik

Eine Teilmenge der von mir erhobenen unternehmenspolitischen Texte, Führungs- und Unternehmensgrundsätze, läßt sich mehr oder weniger klar den folgenden normativ-instruierenden Textsorten zuweisen:

- ANLEITUNG
- UNTERMUSTER von UNTERNEHMENSLEITSÄTZEN[52]
  - WERTE- und ERFAHRUNGSORIENTIERTE LEITSÄTZE
  - WEGORIENTIERTE LEITSÄTZE
  - GESCHÄFTSPOLITISCHE LEITSÄTZE[53]
- REZEPT
- CHECKLISTE
- VORGANGSBESCHREIBUNG
- FUNKTIONSBESCHREIBUNG

Nach dem Kriterium der Gebrauchshäufigkeit gehören die UNTERNEHMENS-LEITSÄTZE in jedem Fall zum Zentrum des von mir untersuchten Textsortenspektrums. REZEPT, CHECKLISTE, VORGANGS- und FUNKTIONSBESCHREIBUNG kommen stets als gebundene Teiltexte vor, und zwar in der Regel dort, wo es um die Beschreibung von Führungsinstrumenten geht. Man kann mit guten Gründen - bezogen auf Texte, die Führungsgrundsätze explizieren wollen, die FUNKTIONSBESCHREIBUNG ebenfalls als zentrale Textsorte werten. REZEPT, CHECKLISTE, ANLEITUNG und VORGANGSBESCHREIBUNG gehören eher zur Peripherie.

Die folgende Übersicht verdeutlicht die Verteilungsspezifik der Textsorten im Hinblick auf folgende Parameter:

---

52 Nicht-instruierende Untermuster sind AUSDRUCKSFUNKTIONAL-KOMMISSIVE UNTERNEHMENSLEITSÄTZE (s. u.).

53 Mit allen oben beschriebenen Einschränkungen.

- Zugehörigkeit der Textsorten zu Zentrum oder Peripherie des Textsortenspektrums nach dem Kriterium der Gebrauchsfrequenz,
- thematische Ausrichtung der Textsorten auf allgemeine Unternehmensgrundsätze oder Führungsgrundsätze im Sinne von Grundsätzen der Personalführung und Zusammenarbeit,
- der Autonomiegrad der Texte (s. die Hinweise in Kap. 3.1.1.3).

Textsorte	Zentrum	Autonomie			Thema		
		frei	potentiell frei	nur gebunden	nur FG	nur UG	FG+UG
ANLEITUNG	-	-	+	-	+	-	-
WERTE- und ERFAHRUNGS-ORIENTIERTE LEITSÄTZE	+	+	+	-	-	-	+
WEGORIENTIERTE LEITSÄTZE	+	+	+	-	-	-	+
GESCHÄFTSPOLI-TISCHE LEITSÄTZE	+	+	+	-	-	-	+
REZEPT	-	-	+	+	+	-	-
CHECKLISTE	-	-	+	+	+	-	-
VORGANGS-BESCHREIBUNG	-	-	+	+	-	-	+
FUNKTIONSBE-SCHREIBUNG	+	-	+	+	-	-	+

3.2 Informativer Texttyp

3.2.1 Deskriptiv und explikativ informierende Textsorten

Da ich bei meiner Anfrage an die Unternehmen über die Wahl der Begriffe "Führungs- und Unternehmensgrundsätze" dominant informationsfunktionale Textsorten aus der Analyse von vorneherein ausgeschlossen hatte, ist es nicht verwunderlich, daß alle Texte, die hier in Frage kommen, in gebundener Form belegt sind, und zwar als Teiltexte komplexer Ganzheiten. Autonome informationsfunktionale Textsorten, die hier nicht erfragt wurden, sind z. B. der UNTERNEHMENS-STECKBRIEF oder der GESCHÄFTSBERICHT.

3.2.1.1 Deskriptive Darstellung (Unternehmensdarstellung)

Die deskriptive DARSTELLUNG findet sich sehr oft als Teil des oben erwähnten UNTERNEHMENSLEITBILDES. Sie antwortet auf die Leitfrage "Wer sind wir?" oder "Was ist das Betätigungsfeld unseres Unternehmens?". In den Texten selbst findet man für die hier gemeinten Teiltexte Bezeichnungen wie "Unternehmensidentität", "Unternehmenszweck" oder auch "Unternehmensprofil". Seltener kommt es vor, daß sachliche DARSTELLUNGEN sich auf die Unternehmensumwelt beziehen und diese analysieren.

Leitfrage

Was für ein Unternehmen ist X, und was ist sein Betätigungsfeld?

Leittext

Das Unternehmen

[XY] ist als Unternehmensgruppe der Investitionsgüterindustrie traditionell in den Produktfeldern Papier-, Strömungs-, Antriebs- und Zerspanungstechnik tätig. [XY] betreibt selbständige Produktionsfirmen in vielen Ländern und hat Vertriebsniederlassungen rund um den Globus.
Außer der Herstellung von Maschinen und Anlagen umfaßt das Leistungsspektrum auch Engineering und Verfahrenstechnik.
[XY] verfolgt eine marktnahe, offensive Strategie.
Hohe Kundenbezogenheit und zukunftsgerichtete technische Leistung sind Maßstäbe für unser Handeln. Wir erfüllen unsere Aufgaben mit optimaler Wirtschaftlichkeit - zum Nutzen unserer Kunden.

Die Konzernleitung führt die [XY]-Unternehmensgruppe gesamtverantwortlich in kooperativem Stil innerhalb des Rahmens von Gesetzen, Firmensatzung, Gesellschafterausschuß und gewachsenen Werten und Grundorientierungen. Sie handelt in engem Kontakt mit den Belegschaftsorganen und den Mitarbeitern.
Das Stammhaus [...] ist das Zentrum der Firmengruppe [Teiltext aus Nr. 91.7].

Der Umfang solcher Texte kann variieren. Er ist in der Regel nicht viel umfangreicher als der hier zitierte. Daneben sind auch Reduktionsvarianten belegt, wie das folgende Beispiel zeigt, das das Betätigungsfeld vorstellt:

Die Gruppe [XY] entwickelt, plant, fertigt und vertreibt Maschinen. Peripherieaggregate und Anlagen für die Verarbeitung von Kunststoffen und erbringt damit in direktem Zusammenhang stehende Dienstleistungen. Die Gruppe [XY] ist auf den Arbeitsgebieten

- Kunststoff-Spritzguß
- Blasformen
- Folienherstellung und
- Extrusion

tätig. Sie operiert weltweit [Teiltext aus Nr. 10].

3.2.1.2 Erläuterung/Kommentar

Erläuternde oder kommentierende Texte begegneten schon bei der Darstellung von WERTE- und ERFAHRUNGSORIENTIERTEN UNTERNEHMENSLEITSÄTZEN (s. o.) ERLÄUTERUNGEN findet man aber auch bei normativ-regulierenden Texten, wo sie auch strukturell als zusammenhängender Teiltext, z. B. als Anhang, präsentiert werden. ERLÄUTERUNGEN sind stets auf andere Texte bezogen. Die Leitfrage lautet "Was muß ich wissen, um den Text X voll verstehen, einschätzen und anwenden zu können?" Dieser spezifische kommunikative Zweck ist der Grund dafür, daß sich der im folgenden abgedruckte Leittext ausschließlich an die Führungskräfte wendet, wohingegen das Grundsatzdokument selbst auch den Mitarbeitern zugänglich ist.

Leittext

Erläuterungen zu den Grundsätzen der Führung und Zusammenarbeit

Nicht zur Weiterleitung an die Mitarbeiter bestimmt, sondern zur Unterstützung der Kommunikation der Grundsätze mit den Mitarbeitern

Zielvereinbarungen

Ziele werden nicht 'von oben' vorgegeben, sondern nach Diskussion mit dem einzelnen Mitarbeiter vereinbart. Hierzu stehen dem Vorgesetzten Informationen zu den übergeordneten Unternehmenszielen und den gegebenen Rahmenbedingungen, z. B. Prognosen über gesamtwirtschaftliche Entwicklung, Markt- und Wettbewerbssituation etc.), zur Verfügung.
Zielvereinbarungen und Mitarbeiter-Entwicklung werden durch das Instrument '[XY]-Mitarbeiter-Gespräch' unterstützt.

Bewertung der Arbeitsergebnisse und Förderung der Mitarbeiter

Die Arbeitsergebnisse werden laufend mit den betreffenden Mitarbeitern besprochen, wobei der Vorgesetzte zum Ausdruck bringt, was er von diesen Ergebnissen hält und somit dem Mitarbeiter Gelegenheit gibt, Stärken und Schwächen zu erkennen. Unter Kritik wird in diesem Zusammenhang nicht nur die negative sondern auch die positive Beurteilung der Arbeitsleistung verstanden.
Neben der Weiterentwicklung der bereits vorhandenen Fähigkeiten ist es von besonderer Wichtigkeit, die bisher noch nicht genutzten Möglichkeiten des Mitarbeiters zu fördern und auszuschöpfen.
Die Förderung der Mitarbeiter darf sich nicht auf die Erfordernisse des eigenen Verantwortungsbereichs beschränken. Geeignete Mitarbeiter werden auch dahingehend gefördert, neue Aufgaben in anderen Unternehmensbereichen zu übernehmen. Die Befürchtung, einen qualifizierten Mitarbeiter zu verlieren, darf kein Grund sein, diesen Mitarbeiter nicht nach allen Kräften und Möglichkeiten zu fördern.

Fehler

Fehler lassen sich, insbesondere in Lernphasen, nicht völlig vermeiden. Als Lernchance genutzt können sie auch zur Entwicklung des Mitarbeiters beitragen.

Entscheidungen

Nicht jede Entscheidung wird sinnvollerweise von der Unternehmensleitung bzw. Geschäftsführung getroffen. Entscheidungsprozesse finden auf den verschiedenen Ebenen des Unternehmens statt, nämlich dort, wo für den jeweiligen Fall der größte Sachverstand vorhanden ist. Das schließt auch die bereichsübergreifende Zusammenarbeit ein.

Schwachstellenanalyse

Aufgabe eines jeden Mitarbeiters ist es, auf Fehler und Schwächen in organisatorischen Abläufen zu achten und Vorschläge zu ihrer Beseitigung beizusteuern

Soziale Kompetenz und Glaubwürdigkeit

Auch der Vorgesetzte ist nicht frei von Gefühlsregungen und persönlichen Sichtweisen. Dies nicht zu unterdrücken macht ihn als Mensch glaubwürdig.
Dazu gehört auch das Bemühen um Humor und die Fähigkeit, nicht alles tierisch ernst zu nehmen.

Der Vorgesetzte nutzt Gutmütigkeit ('Leidensbereitschaft') des Mitarbeiters nicht aus, z. B. die Bereitschaft zur Übernahme zusätzlicher Aufgaben trotz bereits gegebener Überlastung.

Unternehmensorientierung

Das 'Denken in gesamtunternehmerischen Zusammenhängen' wird unterstützt durch regelmäßige Informationen über die Unternehmensentwicklung und aktuelle Entscheidungen der Unternehmensleitung.

Kundenorientierung

Hiermit ist nicht nur das kundenorientierte Verhalten nach außen, also gegenüber unseren direkten Kunden, den Verbrauchern, Lieferanten und anderen Geschäftspartnern gemeint, sondern auch ein entsprechendes Verhalten gegenüber den Kollegen innerhalb des eigenen Hauses.
Hierzu gehört insbesondere:

- Veränderungen des Umfeldes erkennen
- sich den Herausforderungen stellen
- kreative Lösungen zu finden und dabei auch ungewohnte Wege zu gehen
- Bedingungen zu schaffen, die Kreativität zulassen

Dabei werden die von diesen Prozessen Betroffenen mit ihren Ideen und Vorstellungen von Anfang an einbezogen.

Organisationsstruktur

Das Organigramm ist nicht zur Darstellung von hierarchischen Ebenen und Unterstellungsverhältnissen erstellt worden, sondern zu Erläuterung von funktionalen Zusammenhängen, Zuständigkeiten bzw. Verantwortlichkeiten.
Flache Hierarchie bedeutet, daß die Anzahl unterschiedlicher Ebenen im Unternehmen bewußt gering gehalten wird, wobei auf sinnvolle Leitungsspannen (= Anzahl der direkt unterstellten Mitarbeiter) geachtet werden muß [ERLÄUTERUNGEN zu Text Nr. 98.1].

Textsortenvarianten und Gestaltungsspielräume

Gelegentlich findet man in einer Broschüre als Textsortenvariante der ERLÄUTERUNG auch ein BEGRIFFSGLOSSAR im Anhang [Teiltext Nr. 5].

3.2.1.3 (Führungs-)Leitfaden

Ein LEITFADEN ist eine kurzgefaßte Darstellung zur Einführung in ein Wissensgebiet. Unter den von mir erhobenen Texte, die Führungsgrundsätze explizieren wollen, gibt es einige wenige, die nach diesem Muster aufgebaut sind, aber gemessen an lehrbuchartigen Leitfäden Reduktionsvarianten oder Textmustermischungen sind. Der Führungsleitfaden antwortet auf die Frage "Was muß ich wissen, um als

Führungskraft richtig zu führen?". Der LEITFADEN richtet sich an die Führungskräfte. Die Sprechereinstellung ist das "Für-wahr-Halten". Dominierende Sprechhandlungen (Illokutionen) sind Gesetzesaussagen (nomothetische Aussagen mit Wahrheitsanspruch). Der Leitfadencharakter ist vor allem im Abschnitt über *Leistung und Zusammenarbeit* deutlich ausgeprägt. Die Art der Themenentfaltung ist explikativ, deskriptiv und z. T. auch argumentativ.

Leittext

Leitsätze für Führungskräfte

Wer führt, trägt Verantwortung - für sein Arbeitsgebiet und für seine Mitarbeiter. Das ist heute schwieriger als gestern. Die Menschen unserer Zeit haben eine andere Einstellung zur Leistung und zur Zusammenarbeit. Aber auch die Struktur unserer Arbeitswelt hat sich gewandelt: der Anteil der fachlich qualifizierten Mitarbeiter nimmt zu. Diese Veränderungen stellen den Führungskräften neue Aufgaben. Die "Leitsätze " sollen helfen, die gestiegenen Anforderungen zu bewältigen.

Leistung und Zusammenarbeit

Klare Ziele setzen

Die Arbeitsteilung läßt viele Mitarbeiter nicht mehr ohne weiteres die Zusammenhänge ihrer Arbeit überblicken. Das erschwert das Verständnis für die eigene Aufgabe; die persönliche Beziehung zur Arbeit geht dabei leicht verloren. Es genügt daher nicht, den Mitarbeitern die zur Ausführung der Arbeit unbedingt notwendigen Anweisungen zu geben. Wer Mitarbeit und Mitdenken fördern will, muß die Zusammenhänge zwischen Einzelaufgabe und übergeordneten Zielen sichtbar machen. Nur klare Zielvorstellungen geben den Mitarbeitern die Chance zur Selbstkontrolle ihrer Arbeit.

Verantwortung übertragen

Besser als die Einzelanweisungen und Zwischenkorrekturen ist die Übertragung von Aufgaben, die der Mitarbeiter - sobald er dazu fähig ist - selbständig und in eigener Verantwortung übernimmt. Durch das gemeinsame Erarbeiten von Zielen und die Besprechung abgeschlossener Arbeiten kann der Mitarbeiter erfolgreicher angeleitet werden. Das entbindet den Vorgesetzten zwar nicht von seiner Verantwortung, entlastet ihn aber von Kleinarbeit. Er gewinnt so mehr Zeit für neue Fragen sowie für Überlegungen über die Arbeit und die Förderung seiner Mitarbeiter. Menschen mit Verantwortung engagieren sich stärker, gewinnen rascher Erfahrungen und erzielen bessere Leistungen. Nachwuchskräfte bereiten sich auf diese Weise auch auf Führungsaufgaben vor.

An Entscheidungen beteiligen

Die Spezialisierung und höhere fachliche Anforderungen verlangen mehr als bisher Teamarbeit. Das gilt schon für die Planung gemeinsamer Aufgaben. Für den Vorgesetzten ist es eine gute Gelegenheit, Wissen und Fähigkeiten der Mitarbeiter zu aktivieren, sie zu Vorschlägen anzuregen und sich auch mit Vorstellungen auseinanderzusetzen, die von seinen eigenen abweichen. Seine Mitarbeiter werden häufig auf ihrem Spezialgebiet mehr Wissen und Erfahrung besitzen als er. Wer an der Entscheidungsfindung beteiligt ist, wird sich auch mit der Entscheidung identifizieren.

Arbeitsergebnisse besprechen

Wer Arbeitsergebnisse nicht bloß feststellt, sondern sie mit seinem Mitarbeiter bespricht, gibt Leistungsanreize. Auch eine gute Arbeit verdient Besprechung. Dadurch wächst das Selbstvertrauen des Mitarbeiters, er wird weitere Erfolge suchen. Andererseits soll der Mitarbeiter aus Schwierigkeiten und Fehlern lernen. Daher sind Korrekturen oder Kritik an nicht befriedigenden Leistungen unerläßlich. Der Mitarbeiter muß allerdings dabei auch seine Auffassung darlegen können.

Zusammenarbeit aktivieren

Der geniale Einzelgänger ist in unserer arbeitsteiligen Industriegesellschaft selten geworden. Zusammenarbeit bestimmt mehr denn je den Erfolg des einzelnen und des Unternehmens. Der Vorgesetzte schafft dazu die Plattform: Er legt zunächst Aufgaben und Zuständigkeiten fest. Bei der Besprechung der Aufgaben und Arbeitsergebnisse - vor allem im Kreis mehrerer Mitarbeiter - soll er zeigen, daß es auf die gemeinsame Leistung und nicht nur auf die des einzelnen ankommt. Kooperationsfreundliches Verhalten verdient ausdrückliche Anerkennung.
Das Verhalten gegenüber dem einzelnen hat Rückwirkungen auf die anderen Mitarbeiter. Das soll der Vorgesetzte berücksichtigen. Die gute Zusammenarbeit mit anderen Dienststellen und innerhalb des Führungskreises ist eine wesentliche Voraussetzung für die Erfüllung der vielfältigen Aufgaben des Unternehmens. Wie sich der Vorgesetzte hier verhält, wirkt als Beispiel für seine Mitarbeiter.

Gegenseitig informieren

Die Integration der Aufgaben im Unternehmen verlangt wechselseitige Information. Sie steigert die Leistungsbereitschaft und Leistungsfähigkeit des einzelnen und hilft Doppelarbeit vermeiden. Notwendig sind nicht nur Informationen, die unmittelbar mit der täglichen Arbeit in Beziehung stehen. Wichtig sind auch Mitteilungen über wesentliche organisatorische und

geschäftspolitische Fragen. Auf diese Weise gewinnen die Mitarbeiter ein besseres Verständnis für die Probleme des Unternehmens und seine Einordnung in Wirtschaft und Gesellschaft.
Der Informationsfluß ist keine Einbahnstraße. Mitarbeiter sollen auch ihren Vorgesetzten informieren. Hierzu muß er ihnen Gelegenheit geben.

Einsatz und Förderung der Mitarbeiter

Maßarbeit bei der Aufgabenstellung

Eine Aufgabe soll den Fähigkeiten und Erwartungen des Mitarbeiters entsprechen. Arbeitsfreude und Arbeitserfolg hängen entscheidend davon ab. Der Mitarbeiter will weder überfordert noch unterfordert werden. Er weiß, daß seine Berufslaufbahn an den Arbeitserfolg gebunden ist. Überforderung und Unterforderung hemmen die Entfaltung und mindern die Leistungsbereitschaft.

Offenheit in der Beurteilung

Jeder Mitarbeiter hat das Recht zu wissen, wie seine Leistungen und sein Verhalten beurteilt werden. Der Vorgesetzte soll hierüber mit dem Mitarbeiter von Zeit zu Zeit ausführlich sprechen, mit ihm konkrete Arbeitsziele festlegen und die beiderseitigen Vorstellungen über die weitere berufliche Entwicklung klären. Über eine ungünstige Beurteilung und mögliche Folgen ist dem Mitarbeiter rechtzeitig Klarheit zu geben. Regelmäßige schriftliche Beurteilungen sollen entwicklungsfähige Nachwuchskräfte frühzeitig erkennen lassen. Das ist gerade in unserem Unternehmen wichtig, weil wir Führungskräfte in erster Linie aus den eigenen Reihen gewinnen.

Lernen endet nicht mit dreißig

Der technische und wirtschaftliche Fortschritt verlangt ständiges Lernen. Die Mitarbeiter sollen zur Nutzung der vielfältigen Bildungseinrichtungen des Unternehmens angehalten werden. Über die Weiterbildung für die unmittelbare Arbeit hinaus ist hier die langfristige Förderung zu beachten. Unsere innerbetriebliche Aus- und Weiterbildung ist auf die Mitwirkung unserer Führungskräfte angewiesen. Es wird erwartet, daß sie ihr berufliches Wissen und ihre Erfahrungen auch in diesem größeren Rahmen weitergeben.

Förderung durch neue Aufgaben

Die Fähigkeiten des einzelnen dürfen nicht nur für den eigenen Verantwortungsbereich, sondern müssen für das Unternehmensganze voll zur Wirkung kommen. Ressortegoismus verletzt hier gleichermaßen die Interessen des Mitarbeiters wie die des Unternehmens. Kann ein entwicklungsfähiger Mitarbeiter im bisherigen Bereich nicht mehr weiterkommen, soll der Vorgesetzte zusammen mit den Personaldienststellen eine Versetzung einleiten. Eine langfristige Planung des Aufgabenwechsels ist besonders bei Führungsnachwuchskräften im Hinblick auf deren spätere Aufgabe wichtig. Angesichts der wachsenden Spezialisierung führt nur dieser Weg zu der Breite praktischer Erfahrungen, die vor allem für Aufgaben im Oberen Führungskreis unerläßlich ist. Strebt ein Mitarbeiter aus Gründen der beruflichen Entwicklung selbst eine Versetzung an, soll er sobald als möglich freigegeben werden.

Leistungsgerechtes Einkommen

Grundlage für eine leistungsgerechte Einkommensbemessung ist die Bewertung der Arbeitsaufgabe. Nach dieser Bewertung richtet sich auch die Einstufung in die Tarifgruppe oder die übertarifliche Rangstufe. Nur im Rahmen der gestellten Aufgabe kann also die berufliche Qualifikation bei der Bezahlung berücksichtigt werden. Auch aus diesem Grund soll der Vorgesetzte seine Mitarbeiter mit Aufgaben betrauen, die ihren Fähigkeiten möglichst gut entsprechen. Leistungsunterschiede bei gleichartigen Tätigkeiten sollen durch individuelle Abstufung innerhalb einer Einkommensgruppe entgolten werden. Änderungen der Bezüge sind stets im Zusammenhang mit der Bezahlung der anderen Mitarbeiter zu sehen. Vorgesetzte und Personaldienststellen überprüfen regelmäßig die Einkommen und sorgen so für die leistungsgerechte Bezahlung der Mitarbeiter.

Soziale und gesellschaftspolitische Verantwortung

Das Unternehmen trägt soziale Verantwortung für die Mitarbeiter. Dem müssen die Vorgesetzten bei der Führung der Mitarbeiter gerecht werden. Wir haben Einrichtungen zur sozialen Sicherung, zur Gesundheitsvorsorge und zu Leistungsförderung. Unser Unternehmen hilft Mitarbeitern, die unverschuldet in Not geraten oder die in sonstigen persönlichen Schwierigkeiten Rat und Unterstützung brauchen. Diese Hilfe soll vor allem tüchtigen Mitarbeitern zugute kommen, deren soziale Situation dies geboten erscheinen läßt. Die Vorgesetzten sollen auf diese Möglichkeiten hinweisen und gegebenenfalls eine Verbindung mit den zuständigen Stellen vermitteln.

Beruflich stark beanspruchte sowie ältere Mitarbeiter sind vor Überforderung zu schützen. Jungen Mitarbeitern, vor allem in der Berufsausbildung, gebührt besonders sorgfältige Anleitung und berufliche Förderung. Für ihre Weiterbildung und für ihren Gesundheitsschutz sind besondere Vorkehrungen getroffen. Sie zu nutzen und den jungen Mitarbeitern Anregungen für ihre weitere Entwicklung zu geben gehört zu den Führungsaufgaben.

Das Unternehmen muß sich nicht nur im wirtschaftlichen und technischen Wettbewerb, sondern auch in der gesellschaftspolitischen Entwicklung behaupten. Der Führungsstil und das soziale Verständnis der Vorgesetzten bestimmen in starkem Maße das Bild des Unternehmens in der Öffentlichkeit. Ihre Bereitschaft, loyal mit den Betriebsvertretungen zusammenzuarbeiten, wirkt sich nicht nur im Unternehmen, sondern auch auf das Verhältnis der Sozialpartner aus. Die Mitwirkung in Verbänden und Organisationen der Wirtschaft sowie die Übernahme von Ehrenämtern bis hin zum politischen Engagement auf der Grundlage unserer Verfassung sind wichtige Beträge zur Erhaltung einer freien Gesellschaftsordnung. Die Vorgesetzten sollen daher für eine entsprechende Initiative ihrer Mitarbeiter aufgeschlossen sein.

Führen erfordert Loyalität gegenüber dem Unternehmen, aber auch das Vertreten der eigenen Überzeugung, wenn die Sache und die Verantwortung für die Mitarbeiter es verlangen [Text Nr. 81.1].

Textsortenvarianten und Gestaltungsspielräume

Leitfadenähnliche Texte erscheinen gelegentlich in funktionsfremder Textumgebung. Diese "Einschüsse" beziehen sich meist auf das Thema "Motivation" und geben sich so als spätere Zutat zu erkennen.

3.2.2 Persuasiv-informierende Textsorte

3.2.2.1 Imagedarstellung

Die persuasiv-informierende Textsorte, die das Unternehmen vorstellt, könnte man auch IMAGEDARSTELLUNG nennen. Der Ausdruck "Selbstdarstellung" ist zwar auch geläufig, aber m. E. zu neutral, um die werbliche Funktion der hier vorzustellenden Textsorte zum Ausdruck zu bringen. Das entscheidende Kriterium ist die Vorhandensein von Sprechhandlungen des EIGENLOBS, wie das folgende Beispiel zeigt, das eine Antwort auf die Frage "Wie wollen wir gesehen werden?" gibt.

Leittext

Die Unternehmenskultur

Unter Unternehmenskultur verstehen wir die in unserer [...] Geschichte gewachsenen Werte und Grundorientierungen, denen wir uns verpflichtet fühlen und die wir bewußt weiterentwickeln. Das Kräftefeld, in dem sich Denken und Handeln der [XY]-Gruppe bewegen, wird symbolisiert durch die Leitgedanken:

Esprit
Wir wachsen und erreichen unsere Ziele durch Innovationskraft, Pioniergeist und Engagement jedes einzelnen. Wir nutzen solide Maschinenbautradition und High-Tech-Erkenntnisse, um unsere Welt verantwortlich mitzugestalten. Wir forschen und entwickeln mit dem Ziel, immer wieder originäre und innovative Lösungen hervorzubringen.

Excellence
Wir sind von der Tradition ein deutsches Unternehmen, das auf allen Kontinenten beste Qualität liefert. Wir produzieren Spitzentechnik und setzen im Markt immer wieder Maßstäbe. Wir sind führend in technischer Kompetenz, Präzision und hervorragendem Service.

Effizienz
Wir stehen für eine erfolgsorientierte Unternehmensführung und für wirtschaftliches Handeln zum Nutzen unserer Kunden. Wir zeichnen uns aus durch ganzheitliches Denken, hohes fachliches Können und den Leistungswillen aller Mitarbeiter.
Wir bekennen uns zur individuellen Leistung und Zusammenarbeit aller als Voraussetzung für den Unternehmenserfolg der [XY]-Gruppe [Teiltext aus Nr. 91.7].

3.2.3 Narrativ-informierende Textsorte

3.2.3.1 Unternehmensgeschichtlicher Überblick

Bei der Charakterisierung des Unternehmens (s. o.) kann die Darstellung der Unternehmensgeschichte einen großen Raum einnehmen, überwiegend die narrative Themenentfaltung und das Erzähltempus der Vergangenheit verwendet werden. Solche Texte nenne ich UNTERNEHMENSGESCHICHTLICHER ÜBERBLICK (ABRISS). Es fällt aber auf, daß die von mir erhobenen und in Frage kommenden Texte stets den Charakter von Teiltexten haben und daß noch mindestens eine andere textinterne Funktion hineinspielt: Der ÜBERBLICK soll - im Leittext wie in allen anderen Texten - Kontinuität signalisieren: Die Geschichte des Unternehmens wird zur Verpflichtung für Gegenwart und Zukunft, Innovation ist Teil der Tradition. Das quantitative Kriterium, die Anzahl der narrativen Sequenzen, berechtigt, den Leittext als narrativen Text aufzufassen, was ich einfachheitshalber auch getan habe. Man kann aber auch den Leittext als Mischung eines deskriptiven und narrativen Musters ansehen oder einwenden, der geschichtliche Abriß habe im Text selbst die Funktion, den Schlußteil strategisch vorzubereiten und den Schlußappell zu stützen. Der narrative Teil hat dann gleichsam Hilfsfunktion, indem er den Schlußappell legitimiert, der vom Unternehmen Offenheit für neuartige technische Aufgaben fordert.

Leittext

Unternehmensgrundsätze

1. Unternehmensentwicklung: Kontinuität und Wandel

Im Jahre 1854 gründete Heinrich Witzenmann unsere Firma als Schmuckfabrik. Von 1885 bis zur Jahrhundertwende wurde sie aufgrund der Erfindung des Metallschlauchs durch Heinrich Witzenmann, der einer Schmuckkettenform eine technische Funktion gab, zur Metallschlauch-Fabrik gewandelt. Die Erfindung des Metallschlauchs im Sommer 1885 durch Heinrich Witzenmann und seinen Partner Eugène Levavasseur hat einen engen inneren und äußeren Zusammenhang zur Witzenmannschen Schmuckfabrik, in der Juwelenschmuck und Ketten noch bis 1904 hergestellt wurden.
Heinrich Witzenmann hatte in einem bestimmten Moment der technischen Entwicklung den einfachen und deshalb gerade auch genialen Einfall, die Metallversteifung zum Schlauchkörper, den elastischen Schlauchstoff aber zur dichtenden Einlage, nämlich in Fadenform, zu machen. So entstand etwas ganz Neues als technisches Element und technische Funktion. In seiner Form aber war dies Neue durch eine in der Witzenmannschen Fabrik auch hergestellte Schmuckkettenform, die sogenannte Gänsgurgelkette, angeregt.
Unser Unternehmen hat neben seinem Erzeugnisprogramm auch Rechtsform und Namen und selbstverständlich die Art der in ihm betriebenen Fertigung ganz gewandelt. Der Gründer unseres Unternehmens, Heinrich Witzenmann, verkörpert die Kontinuität im geschichtlichen Wandel. Wir als Pforzheimer Firma sehen deshalb die Unternehmensentwicklung seit 1854 als Einheit.
Als Hersteller von Metallschläuchen, Metallbälgen, Kompensatoren und Metallrohren haben wir den begründenden und bis heute noch wesentlichen Anteil an der über 100jährigen Geschichte eines in Pforzheim entstandenen, heute über die ganze Welt ausgedehnten, sehr viele Produktionsstätten umfassenden Industriezweigs.
In den über acht Jahrzehnten dieses Jahrhunderts entwickelte sich die Breite der Möglichkeiten, die schon in der ersten Form lagen, entsprechend dem bis heute gültigen Warenzeichen HYDRA, der vielköpfigen griechischen Sagen-Schlange.
Im Zeitraum der letzten 50 Jahre erfolgte die totale Zerstörung am 23. Februar 1945 und danach der Wiederaufbau, räumlich eigentlich auf einem zu kleinen Gelände, darum aber glücklicherweise zur Konzentration gezwungen.
Ein Unternehmen, dessen Gegenstände sich in laufender Entwicklung befinden, und das in die konjunkturellen, strukturellen und politischen Gegebenheiten hineingestellt ist, erlebt nicht nur gute Zeiten, sondern auch schwierige Krisen. Nur im bewußten fortschreitenden Wandel, nicht im starren Festhalten am Erreichten kann die Dauer erhalten werden. Dies gilt erst recht für ein altes Unternehmen. Geistige Beweglichkeit und Zusammenarbeit begründen auch den Erfolg in der Zukunft.
Unsere Produkte - Leitungselemente - sind besonders vielgestaltig und finden äußerst weite Verwendung in allen Bereichen der Technik. Die Haupterzeugnisse und deren Herstellungsverfahren an den sich laufend verändernden Anforderungen der neuzeitlichen Technik auszurichten, ist eines unserer Hauptanliegen.

Die Produkte selbst müssen laufend optimiert werden, denn schwer zu vereinbarende Anforderungen an hohe Beweglichkeit und lange Lebensdauer bei wachsenden mechanischen, thermischen und chemischen Beanspruchungen sind zu erfüllen. Unser Unternehmen muß höchste Qualität sicherstellen und immer versuchen, neue Verwendungen zu finden, insbesondere auch in neuen technischen Gebieten. Es muß offenbleiben für neuartige technische Aufgaben [Teiltext von Nr. 95.1; ich danke der Unternehmensführung für die Erlaubnis, den Firmennamen nennen zu dürfen; H. E.].

3.2.4 Präskriptiv-belehrende Textsorten

Eine nicht geringe Zahl von Texten hat lehrhaften Charakter. Charakteristisch für diese ist eine Illokutionsstruktur, die sich aus funktional dominierenden direktiven Sprechhandlungen und stützenden repräsentativen Sprechhandlungen zusammensetzt. Die direktiven Äußerungen sagen, was zu tun ist, die repräsentativen Äußerungen sagen, wie die Dinge sind. Die mit lehrhaften Texten verbundene Sprechereinstellung ist das FÜR-ERFORDERLICH-HALTEN (vgl. POLENZ 1985,220). Das folgende Beispiel veranschaulicht den einfachsten Fall einer kohärenten direktiv-repräsentativen oder deontisch-epistemischen Äußerungssequenz aus exhortatio (Ermahnung) und doctrina (Lehre):

Exhortatio:

Urteilen Sie gerecht und so objektiv wie möglich.

Doctrina:

Ein Vorgesetzter, der ungerecht urteilt, untergräbt seine Autorität; solche Urteile wirken gleichzeitig demotivierend. Ihre Mitarbeiter haben dafür ein feines Empfinden [Sequenz aus Text Nr. 20.1].

Die sprachlichen Realisierungsmöglichkeiten sind groß, beispielsweise können die deontischen Äußerungen auch mit Hilfe von Modalverben ausgedrückt werden. Auch unterscheiden sich die Textmuster nach Art und Beschaffenheit der Informations- und Argumentationsstruktur. Die Informationsstruktur reflektiert beispielsweise das vom Emittenten vermutete adressatenseitige Vorwissen. Variieren können auch die Anteile deskriptiver, explikativer und argumentativer Entfaltungsmöglichkeiten des Themas. Variieren kann der Sprachstil, je nachdem wie anschaulich-bildhaft oder abstrakt-theoretisch die Inhalte dargestellt werden. Lehrhafte Texte thematisieren sowohl Unternehmensgrundsätze als auch Grundsätze für Führung und Zusammenarbeit. Im folgenden gebe ich - ohne ausführliche Kommentare - einen Überblick über die wichtigsten Textsorten und ihre Gestaltungsspielräume.

3.2.4.1 Belehrung

Charakteristisch für die BELEHRUNG ist die starke Partnerbezogenheit. Der Appell richtet sich an eine angesprochene Person oder Personengruppe und verwendet den Imperativ. Dadurch wird die Realisierung eines Geschehens oder Seins am unmittelbarsten und ausdrücklichsten gefordert. An die Stelle des höflichen Imperativs ("Urteilen Sie gerecht ...!") kann auch der Imperativ der zweiten Person Singular oder Plural treten ("Redet miteinander!"). Diese Form des Imperativs - das Kirchen-Du - hebt gleichsam alle hierarchischen Unterschiede zwischen den Adressaten auf, sie werden als eine Gemeinschaft Gleicher angesprochen. Die repräsentativen Äußerungsanteile unterscheiden die BELEHRUNG von den oben vorgestellten VERHALTENSLEITSÄTZEN, die eine nur eingliedrige Großstruktur besitzen, d. h. reine Regelsammlungen sind. Beim FÜHRUNGSLEITFADEN fehlt der Partnerbezug, insofern ist auch diese Textsorte im Prinzip makrostrukturell eingliedrig, und zwar bezogen auf die repräsentative Illokutionsstruktur. Lernerfolg kann nicht befohlen werden. Daraus folgt, daß lehrhafte Texte sich bezüglich der Verbindlichkeitsgestaltung von normativ-regulierenden Texten unterscheiden. Die Freiheit des Adressaten bleibt in der Regel gewahrt, weshalb lehrhafte Texte meist an die innere Zustimmung derselben appellieren und nicht "in Kraft gesetzt werden":

Die beigefügten 10 Thesen sind als praktische Hinweise für die tägliche Arbeit gedacht, die - von Zeit zu Zeit in Erinnerung gerufen - unsere verantwortungsvolle Führungsaufgabe erleichtern können. Geschäftsführung [Segment aus Text Nr. 20.1].

Die Leitsätze zum Führungsstil dienen uns als Spielregeln und sind gleichzeitig ein Kompaß, der uns die Richtung anzeigt, in die wir uns bewegen werden. Gelingt es, den hier festgelegten Kurs einzuhalten, dann gehört die Zukunft und der Erfolg uns, den Menschen von [XY]! [Firmenname] Geschäftsleitung [Sequenz aus Text Nr. 76].

Als Leittexte zitiere ich eine mehr rational-appellierende (A) und eine mehr emotional-appellierende Belehrung (B):

Leittext A (rationale Variante)

10 Thesen zur Führung

1. Versetzen Sie sich in die Lage Ihres Mitarbeiters. Überlegen Sie, wie Sie selbst Inhalt und Form einer Entscheidung oder Weisung aufnehmen, welche Begründung Sie selbst erwarten würden.
   Mitarbeiter reagieren grundsätzlich nicht anders als Vorgesetzte. Die eigene Reaktion kann daher Maßstab sein für die der Mitarbeiter.
2. Arbeiten Sie neue Mitarbeiter gut ein.
   Vertraut sein mit Arbeitsaufgabe und -umwelt ist Voraussetzung für optimale Leistung. Nicht zufriedenstellende Leistung ist nicht immer eine Folge fehlender Qualifikation; sie kann auch auf mangelhafte Einarbeitung zurückzuführen sein.
3. Sehen Sie zuerst die Stärken und dann erst die Schwächen Ihrer Mitarbeiter.
   Mitarbeiter mit nur starken Seiten gibt es nicht; Schwächen können durch Hinweise und Anleitung weitgehend ausgeglichen werden.
4. Geben Sie Mitarbeitern alle Informationen, die sie für ihre Arbeit benötigen. Vergessen Sie auch nicht die 'Umfeldinformationen', die sachlich nicht notwendig erscheinen mögen, subjektiv aber wichtig sind.
   Sachinformationen sind eine Selbstverständlichkeit. Informationen, die die betrieblichen Zusammenhänge aufzeigen, stärken die Identifizierung mit dem Unternehmen und erhöhen die Arbeitszufriedenheit.
5. Vertrauen Sie der Leistungsbereitschaft und Leistungsfähigkeit Ihrer Mitarbeiter; geben Sie ihnen genügend Freiraum für ihre Arbeit.
   Ihre Mitarbeiter haben in der Regel eine positive Grundeinstellung zu ihrer Tätigkeit wie Sie selbst auch. Freiraum schafft Selbstvertrauen, Verantwortungsbereitschaft und Vertrauen zur Führung.
6. Beteiligen Sie Ihre Mitarbeiter an der Vorbereitung von Entscheidungen.
   Ihre Mitarbeiter sind bereit mitzudenken. Einbeziehen in die Entscheidungsvorbereitung fördert Anregungen und Vorschläge; das geistige Potential Ihrer Mitarbeiter wird genutzt.
7. Urteilen Sie gerecht und so objektiv wie möglich.
   Ein Vorgesetzter, der ungerecht urteilt, untergräbt seine Autorität; solche Urteile wirken gleichzeitig demotivierend. Ihre Mitarbeiter haben dafür ein feines Empfinden.
8. Vergewissern Sie sich, ob Ihre Entscheidungen und Weisungen auch ausgeführt werden; vermeiden Sie dabei den Eindruck von Mißtrauen.
   Sie können Aufgaben und die für ihre Durchführung erforderlichen Kompetenzen delegieren - für den Erfolg Ihres Bereiches sind jedoch Sie gegenüber Ihrem Vorgesetzten verantwortlich.
9. Fördern Sie Ihre Mitarbeiter.
   Kein geeigneter Mitarbeiter darf zurückgehalten werden, wenn er an anderer Stelle des Unternehmens beruflich weiterkommen kann.
10. Vergessen Sie nicht, daß persönliche Anerkennung zur Selbständigkeit Ihrer Mitarbeiter beiträgt.

Berufliche Tätigkeit ist nicht nur ein Mittel zum Geldverdienen und damit zur Sicherung des Lebensstandards. Jeder Mitarbeiter sucht Befriedigung in seiner Arbeit; Lob und konstruktive Kritik tragen dazu bei [Text Nr. 20.1].

Leittext B (emotionale Variante)

Erfolgreich arbeiten - Leitsätze zum Führungsstil

[Einleitung]

Du bist wichtig! **Führen durch Achtung vor dem Mitarbeiter**

Jeder einzelne ist ein wichtiger Teil des ganzen Unternehmens. Der höchste Wert ist die Achtung des anderen Menschen. Dies ist die Grundlage jeder gemeinsamen Arbeit. Aus ihr leiten sich die Spielregeln zwischen Mitarbeitern und Vorgesetzten ab.

Fordere Dich und andere! **Führen heißt, Vorbild sein und Mitarbeiter zur Leistungsbereitschaft gewinnen**

Auf nichts ist ein Mensch so stolz wie auf seine eigene Leistung.
Vorbilder zeigen, wie besondere Leistungen erbracht werden und spornen an.

Wie heißt Dein Ziel für diesen Tag? **Führen mit Zielvorgabe**

Erfolgreiches und sinnvolles Arbeiten ist ohne Ziel nicht denkbar.
Das Unternehmensziel besteht wie ein Mosaik aus kleinen Bausteinen. Wird jedes Einzelziel erreicht, ist der Erfolg gesichert. Führungskräfte geben Orientierungshilfe, um ein Ziel zu erreichen. Ziele müssen bekannt und anerkannt sein.

Traue anderen gut Leistungen zu! **Führen durch Übertragen von Aufgaben, Kompetenz und Verantwortung**

Viele Schultern tragen leichter! Erst das Übernehmen und Übertragen von Aufgaben ermöglicht gute Leistungen. Dazu muß auch Verantwortung übernommen werden. Wer Verantwortung hat, bekommt auch die notwendigen Kompetenzen.

Sei offen und ehrlich! **Führen durch Vertrauen**

Gemeinsames Arbeiten geht nicht ohne Spannung und unterschiedliche Meinungen. Aus unterschiedlichen Auffassungen ergeben sich am Ende oft die besseren Lösungen. Dies gelingt jedoch nur dann, wenn wir uns offen und ehrlich begegnen.

Redet miteinander! **Führen durch umfassende Information**

Informationen sind wie Licht in dunklen Straßen. Allein durch sie und ihre richtige Weitergabe werden Standpunkte, Aufgaben und Ziele deutlich. Wer unzureichend informiert ist, wird ängstlich. Es fehlen dann Selbstvertrauen und auch das Vertrauen in andere.

Kannst Du zuhören? **Führen durch aufgeschlossene und faire Gespräche**

Viele Probleme, die erfolgreiches Arbeiten behindern, entstehen durch Mißverständnisse. Ursache dafür sind mangelnde Geduld und Fähigkeit, dem anderen zuhören zu können oder zu wollen. Aktives Zuhören und Nachfragen ist aufmerksames Verhalten. Wer richtig zuhört, schafft die Voraussetzung für faire Gespräche und vermeidet Mißverständnisse.

Zusammenarbeit mußt Du wollen. Jeden Tag. **Führen durch Kooperation**

Gemeinsames Wollen kann man nicht herbeireden. Nur vorgelebtes, gemeinsames Handeln macht deutlich, welche Vorteile für jeden damit verbunden sind.

Trefft Entscheidungen und tragt sie gemeinsam! **Führen durch Beteiligung der Mitarbeiter an Entscheidungen**

Entscheidungen haben die Aufgabe von Wegweisern. Sie zeigen den Weg an, auf dem das Ziel erreicht werden soll. Fehlen diese Wegweiser, traut sich niemand Bewegung zu. Bevor eine Gruppe einen Weg geht, muß sie sich vergewissern, daß alle Beteiligten das Ziel erreichen wollen.

Erkenne die Leistung anderer an! **Führen durch Motivation**

Nichts macht einen Menschen so glücklich und so stolz wie die Anerkennung durch andere! Lob für erbrachte Leistungen befähigt Menschen, sich erneut anzustrengen. Kritik ist auch eine Form der Anerkennung. Sie soll helfen, künftig so zu handeln, daß ein Lob möglich wird.

Durch Kontrolle kannst Du Vertrauen nicht ersetzen! **Führen durch Vertrauen und gemeinsame Ergebniskontrolle**

Autofahren ist ständiges Kontrollieren und lenkendes Korrigieren. Wird dies nur einen Augenblick vernachlässigt, droht Gefahr. Nicht anders ist jede Kontrolle im Unternehmen zu verstehen - sie dient allein der Sicherheit. Dabei hat Selbstkontrolle Vorrang vor Fremdkontrolle.

Die Zukunft fordert den Besseren! **Führen durch Förderung und Weiterbildung**

Stillstand in Industrie und Wirtschaft wird es nie geben. Die Anforderungen an uns alle werden stetig weiter steigen. Nur wer dazulernt und sich weiterentwickelt, kann die Zukunft positiv gestalten. Lernen ist die entscheidende Zukunftsinvestition.

[Text Nr. 76; Hervorhebungen durch Fettdruck von mir; H. E.]

3.2.4.2 (Unternehmensphilosophische) Lehrhafte Darstellung

LEHRHAFTE DARSTELLUNGEN sprechen den Adressaten weder direkt an wie die BELEHRUNG, noch setzen sie das Subjekt der Satzaussage allein beim Rollenträger an. LEHRHAFTE DARSTELLUNGEN setzen bei der Sache an. Entscheidend ist, daß sie Erkenntnisse, Einsichten und Erfahrungen vom Standpunkt des Emittenten vermitteln und stets den Bezug auf das eigene Unternehmen und seine Geschichte wahren. BELEHRUNGEN und LEITFÄDEN können unverändert von jedem anderen Unternehmen übernommen werden, LEHRHAFTE DARSTELLUNGEN aber nicht. Als Leittext zitiere ich einen Teiltext aus Nr. 50.1, den man genauer auch als UNTERNEHMENSPHILOSOPHISCHE LEHRHAFTE DARSTELLUNG bezeichnen könnte:

Leittext

Honeywell Unternehmensgrundsätze

Ein Unternehmen, das in das zweite Jahrhundert seiner Geschichte eintritt, ist etwas Besonderes. Wenige Firmen erreichen dieses Alter; noch wenigere können über einen so langen Zeitraum hinweg ihre Lebendigkeit bewahren und innerhalb ihres Industriezweiges eine führende Position halten. Ed Spencer, der Leiter des Gesamtunternehmens, führt diesen Erfolg zu einem ganz wesentlichen Teil auf das Festhalten an den Grundsätzen des Unternehmens, den "Honeywell Principles", zurück: Wertvorstellungen und Überzeugungen, die im Laufe vieler Jahre entstanden sind und die den Kernbereich der Unternehmenskultur bilden.
Die "Principles" gehen zurück auf Harold Sweatt, der in der Nachfolge seines Vaters William R. Sweatt das Unternehmen von 1934-1961 27 Jahre lang geleitet und wesentlich dazu beigetragen hat, Honeywell zu dem zu machen, was es heute ist. Sie wurden kürzlich überarbeitet und liegen mit dieser Broschüre erstmals in einer deutschen Übersetzung vor.
Jeder Honeywell-Mitarbeiter sollte die in den "Principles" niedergelegten Grundsätze kennen und sie in seinem eigenen Arbeitsbereich anwenden. Das Handeln nach diesen Grundsätzen ist eine wichtige Voraussetzung dafür, daß Honeywell auch im zweiten Jahrhundert seiner Unternehmensgeschichte erfolgreich bleibt.

Dr. Helmut Hoss
Vice President
Region Deutschland und Österreich

Gewinne

Das Erwirtschaften von Gewinn ist für die Stabilität und das kontinuierliche Wachstum eines Unternehmens unerläßlich.
Von Honeywell werden Geschäftsergebnisse erwartet, die den Ergebnissen anderer führender internationaler Unternehmen entsprechen oder diese übertreffen.

Das Erwirtschaften eines angemessenen Gewinns ist für den Bestand eines Unternehmens und die Arbeitsplatzsicherheit seiner Mitarbeiter von ausschlaggebender Bedeutung. Das ist die Kernaussage des ersten "Honeywell Principle", mit dem erklärt wird, warum die stetige Ergebnisverbesserung zu den wichtigsten Langzeitzielen des Unternehmens gehört.
Honeywell erwirtschaftet trotz weltweiter Rezessionserscheinungen, hoher Inflation und stärker werdendem Wettbewerbsdruck gegenwärtig befriedigende Ergebnisse. Etwa ein Fünftel des weltweiten Umsatzes wird in Europa erzielt.
Geschäftserfolge erwartet das Unternehmen in Zukunft vor allem aufgrund seines "know hows" bei der Integration von Computer-, Regel- und Kommunikationssystemen und der Entwicklung umfassender Systemlösungen zur Energieeinsparung und Produktivitätssteigerung. Ein stetiges Wachstum gibt uns die Möglichkeit, die erforderlichen Investitionen in Produktentwicklungsprogramme und neue Technologien vorzunehmen, damit wir im Wettbewerb um diese Zukunftsmärkte bestehen und die Position des Unternehmens weiter verbessern können.
Von gleicher Bedeutung für den Erfolg von Honeywell ist das Ansehen, welches das Unternehmen in Wirtschaft und Öffentlichkeit genießt. Wenn wir unseren Platz in der Spitzengruppe halten wollen, müssen wir darauf achten, daß wir gleich hohe oder höhere Gewinne als andere führende internationale Unternehmen erzielen. Die Bilanzen, in denen die Ergebnisse und andere Finanzzahlen ausgewiesen werden, sind ein wichtiger Anhaltspunkt für die augenblickliche Position und die Zukunftsaussichten eines Unternehmens. Gute Zahlen schaffen Vertrauen bei Investoren und Anteilseignern, die zusätzliches Investitionskapital bereitstellen können.
Jeder Mitarbeiter kann zur Ergebnisverbesserung beitragen. Die dezentrale Struktur des Unternehmens führt dazu, daß allen Mitarbeitern die Bedeutung ihrer Arbeit für das Ergebnis des jeweiligen Bereiches bewußt ist. Aktivitäten zur Qualitätsverbesserung - ein weltweiter Prozeß bei Honeywell - geben die Möglichkeit, mit Verbesserungsvorschlägen zur Vereinfachung von Arbeitsabläufen, zur Produktivitätssteigerung und Kostenreduzierung beizutragen.
Honeywell muß auch unter schwierigen wirtschaftlichen Gegebenheiten und großem Wettbewerbsdruck in der Lage sein, finanzielle Ergebnisse zu erzielen, die seine Position in der Gruppe der führenden internationalen Unternehmen festigen. Ein konsequentes Ergebnisdenken lohnt sich für alle, die am Erfolg des Unternehmens beteiligt sind. Wichtig aber ist, daß das Erreichen unserer finanziellen Ziele auch im Einklang mit den anderen Grundsätzen des Unternehmens steht. [...]

Integrität

Integrität im Verhalten gegenüber Kunden, Mitarbeitern, Anteilseignern, Lieferanten, Regierungen und Nachbarn ist für Honeywell eine hohe Verpflichtung.

Integrität ist für Honeywell von Beginn an ein Schlüsselbegriff gewesen. Mit Integrität meinen wir die Verpflichtung zu aufrichtigem und fairem Verhalten. Honeywell's Geschäftsgebaren sowie die Qualität seiner Produkte und Leistungen genießen einen guten Ruf. Honeywell-Mitarbeiter verhalten sich am Arbeitsplatz oder nach außen hin den hohen Maßstäben entspre-

chend, die das Unternehmen sich gesetzt hat, auch wenn sie in ihrer eigenen Persönlichkeit unterschiedliche Ideen, Interessen und Wertvorstellungen haben.
Honeywell genießt in der Öffentlichkeit hohes Ansehen für Integrität und Verantwortungsbewußtsein gegenüber der Allgemeinheit. Das hat zur Schaffung eines positiven Bildes des Unternehmens in Wirtschaft und Öffentlichkeit beigetragen. In Geschäftsbeziehungen zu Kunden geben unsere Verkäufer z. B. oft auch unparteiischen Rat, um Lösungen zu finden, die den Anforderungen des Kunden entsprechen. Wenn wir an einem unserer Produkte einen Fehler feststellen, werden wir das Erforderliche tun, um alle ausgelieferten Exemplare zu überprüfen.
Integrität macht uns als Unternehmen nicht weniger dynamisch. Im Gegenteil, wir schaffen dadurch bessere Voraussetzungen für dauerhafte Beziehungen zu unseren Geschäftspartnern.
Honeywell nimmt aufgrund des Integritätsprinzips lieber eine Geschäftsmöglichkeit nicht wahr, als diesen Unternehmensgrundsatz zu verletzen. Deshalb hat das Ansehen des Unternehmens in den 100 Jahren seines Bestehens einen gleichbleibend hohen Rang behalten.
Integrität ist nicht nur unabdingbar im Umgang mit unseren Kunden, sondern auch im Verhalten am Arbeitsplatz. Das Integritätsprinzip ist die Basis für unsere Verpflichtung zur Zusammenarbeit und zu fairem Verhalten zwischen Vorgesetzten und Mitarbeitern. [...]

Kunden

Honeywell hat es sich zur Aufgabe gemacht, seinen Kunden Produkte, Systeme und Leistungen zu liefern, die höchsten Standards entsprechen und gemeinsam mit ihnen Lösungen zu erarbeiten.

Ohne die vertrauensvolle und erfolgreiche Zusammenarbeit mit einem immer größer werdenden Kundenstamm kann Honeywell nicht wachsen. Ohne die Anregungen von Kunden wären die Produkte von Honeywell nicht wettbewerbsfähig. Ohne Kundentreue würde Honeywell dem Wettbewerb die Tür öffnen. Kurz gesagt, Honeywell könnte ohne gute Kundenbeziehungen nicht überleben und - wie wir glauben - auch unsere Kunden brauchen Honeywell für ihr Wachstum. So etwa hat ein Kundendienstleiter das Verhältnis Honeywell/Kunden beschrieben. Deshalb ist auch das dritte "Honeywell Principle", das die Zusammenarbeit mit Kunden und das Bestreben, ihre Anforderungen zu erfüllen, umschreibt, ein ganz wesentlicher Bestandteil der Unternehmensphilosophie.
Der hohe Rang, den wir der Qualität "Gemeinsamkeit" zumessen, und der auch in unserem Firmenmotto "Gemeinsam finden wir die Lösung" zum Ausdruck kommt, ist besonders charakteristisch für Honeywell. Jedes erfolgreiche Unternehmen bemüht sich um seine Kunden, für Honeywell sind Kunden aber zugleich die wichtigsten Partner bei der Erarbeitung von Lösungen. Die Zusammenarbeit mit unseren Kunden und das Eingehen auf ihre Ideen und Wünsche ist der beste Weg zu dem Ziel, ihnen das liefern zu können, was sie benötigen.
Die Berücksichtigung der Wünsche unserer Kunden geht Hand in Hand mit unserer Zielsetzung, die besten Produkte und die besten Dienstleistungen zu bieten. Im Bereich MICRO SWITCH wird z. B. der Großteil der vielen Tausend verschiedenen Schalter ausschließlich zu dem Zweck entwickelt, bestimmte Kundenwünsche zu erfüllen. In Europa wurden sogenannte "Centers of

Excellence" mit dem Ziel gebildet, das Unternehmen noch marktnäher und nachfrage-orientierter zu machen. Unsere Fabriken sind nicht nur für die Herstellung von Standardprodukten, sondern auch für die Fertigung nach speziellen Kundenwünschen und umfassendes Kundentraining eingerichtet. Anwender geben uns wichtige Hinweise für die Produktentwicklung.
Das Image des Unternehmens wird nicht zuletzt auch durch unseren schnell verfügbaren und zuverlässigen Technischen Kundendienst geprägt. Honeywell ist stolz darauf, einen Service von hoher Qualität bieten zu können. Unsere Mitarbeiter sind immer bereit, Kunden auch über das übliche Maß hinaus zu helfen, um möglichst langfristige Geschäftsbeziehungen aufzubauen.
Immer mehr Unternehmen wählen die Lieferanten danach aus, ob diese die Gewähr für langfristige Geschäftsbeziehung bieten können. Das Beispiel zum Teil jahrzehntelanger erfolgreicher Zusammenarbeit mit vielen zehntausend Kunden in aller Welt zeigt, daß Honeywell dafür der richtige Partner ist. [...]

Mitarbeiter

Der Erfolg von Honeywell hängt von der erfolgreichen Arbeit seiner Mitarbeiter ab. Das Unternehmen bemüht sich, ohne Ansehen von Alter, Herkunft, Geschlecht, Behinderung oder Nationalität, die bestqualifizierten Mitarbeiter zu gewinnen, aktiv zu fördern und leistungsgerecht zu bezahlen.
Honeywell schafft Arbeitsbedingungen mit direkter, offener Kommunikation, hoher Arbeitssicherheit und guten Möglichkeiten für persönliche Weiterentwicklung und Entfaltung. Honeywell respektiert die Würde und die Persönlichkeit des Einzelnen und fördert aus Überzeugung ein Klima des Vertrauens, der Zusammenarbeit und der Mitarbeiterbeteiligung.

Der Erfolg von Honeywell hängt entscheidend von der erfolgreichen Arbeit seiner Mitarbeiter ab. Jeder, der bei Honeywell arbeitet - ob als Manager, der für die Leitung eines Bereichs, für die Motivation und Führung seiner Mitarbeiter verantwortlich ist, ob als Mitarbeiter im Feld, der langfristige Geschäftsbeziehungen zu unseren Kunden aufbaut, oder als Lagerarbeiter, der für die ordnungsgemäße Bestandsüberwachung von Waren zuständig ist - jeder spielt in seiner Funktion eine wichtige Rolle bei der Erreichung der Unternehmensziele. Die Personalpolitik von Honeywell orientiert sich an der Bedeutung des einzelnen Mitarbeiters für das Unternehmen, durch dessen Leistungen und Fähigkeiten neue Ideen, Problemlösungen und Arbeitsmethoden entwickelt werden. Unsere Richtlinien für Beförderungen, Training, Personalentwicklung und leistungsgerechte Bezahlung zielen darauf ab, persönliche Weiterentwicklung und Entfaltung zu ermöglichen.
Der schnelle Wandel, der für unseren Industriezweig charakteristisch ist, bringt es mit sich, daß unsere Arbeitsweise weniger formell ist als bei anderen Unternehmen. Die Mitarbeiter werden dazu ermuntert, über Abteilungs- und Bereichsgrenzen hinaus zusammenzuarbeiten, zur Entscheidungsfindung beizutragen, neue Ideen und Verbesserungsvorschläge einzubringen. Tatsächlich haben wir einige unserer besten Ergebnisse in erster Linie durch bereichsübergreifende Teamarbeit erzielt. Zudem wird viel getan, um die Mitarbeiter durch ihre Vorgesetzten, durch Mitarbeiterzeitschriften und andere Informationsquellen über den Geschäftsverlauf und ihren

Anteil daran zu informieren. Auf diese Weise sollen Zusammenarbeit und Beteiligung auf allen Ebenen des Unternehmens gefördert werden.
Honeywell bemüht sich, hochqualifizierte Mitarbeiter zu gewinnen und sie entsprechend ihren besonderen Fähigkeiten einzusetzen. Für Training und Weiterentwicklung der Mitarbeiter wird auf allen Ebenen viel Geld aufgewendet, um sicherzustellen, daß sie über die erforderlichen technischen Kenntnisse verfügen und sich auch im zwischenmenschlichen Bereich richtig verhalten.
Honeywell ist bekannt für seine interne Personalförderung. Seine Entlohnungs- und Gehaltsrichtlinien orientieren sich laufend an den Gegebenheiten des Marktes. Individuelle Fähigkeiten, Können und Leistung werden honoriert. Viele Geschäftsbereiche haben spezielle Programme und Auszeichnungen für außerordentliche Leistungen ihrer Mitarbeiter.
Für Honeywell gilt der Grundsatz, den privaten Bereich seiner Mitarbeiter zu respektieren. Die Beachtung der Würde des Einzelnen ist ebenso wichtig - ob beim Zuhören, wenn ein Mitarbeiter ein persönliches Problem schildert; beim Entwickeln einer fairen Regelung im Konfliktfall oder bei der Bereitstellung einer neuen Position für einen Mitarbeiter, der aus Gesundheitsgründen seine bisherige Arbeit nicht mehr ausüben kann.
Das Mitarbeiter-Prinzip unterstreicht die Bedeutung, die die Mitarbeiter zu allen Zeiten für das Unternehmen Honeywell hatten. Ein gutes Betriebsklima kann nur durch die Beteiligung und den Einsatz jedes einzelnen erreicht werden. Unser Ziel ist es, Verhältnisse zu schaffen, die es den Mitarbeitern ermöglichen, individuell oder im Team Leistungen zu erbringen und dafür auch honoriert zu werden. Unsere niedrige Personalfluktuation zeigt, daß das Mitarbeiter-Prinizip Gültigkeit hat und Honeywell ein Unternehmen ist, für das es sich lohnt zu arbeiten. [...]

Qualität

Qualität - unserer Produkte, ihrer Applikation und unserer Serviceleistungen - ist eine Grundvoraussetzung für die Stetigkeit unseres Erfolges als Unternehmen. Jeder Mitarbeiter ist mitverantwortlich für die Qualität aller Leistungen bei Honeywell. Qualität ist das Resultat eines Arbeitsumfeldes, in dem das Erreichen höchster Standards Ziel gemeinsamer Anstrengungen ist.

Das Qualitätsprinzip kommt in der Produktqualität und in schnell verfügbaren, zuverlässigen Serviceleistungen zum Ausdruck - immer dann also, wenn bestmögliche Arbeit geleistet wurde. Das Erreichen und Einhalten höchster Standards bei Produkten und Technischem Kundendienst ist eine entscheidende Voraussetzung für die langfristige Loyalität unserer Kunden und eine stetige Verbesserung unserer Ergebnisse.
Auf höchste Qualität und Zuverlässigkeit kommt es gerade bei komplexen Systemapplikationen an, z. B. überall da, wo etwa das Versagen eines Prozessleitsystems zu großem Schaden für ein Unternehmen führen, oder wo buchstäblich ein Leben von der Qualität eines von uns gelieferten medizinelektronischen Systems abhängen kann. Honeywell verfügt deshalb über ein weit gespanntes Programm von Aktivitäten, die darauf abzielen, Qualität von Beginn des Entwicklungs- und Herstellungsprozesses an in das Produkt hineinzubauen.

Die Qualität der Kundendienstleistungen ist ein weiterer ganz wesentlicher Faktor für die Zufriedenheit unserer Kunden. Oft fällt sie beim Kaufentschluß stärker ins Gewicht als Preise oder Produkteigenschaften. Gute Unterstützung während und auch nach der Garantiezeit führt zu langfristigen und erfolgreichen Geschäftsverbindungen mit unseren Kunden.
Wegen der Wichtigkeit des Qualitätsprinzips sind weltweit Programme zur Qualitätsverbesserung eingeführt worden, damit jeder Mitarbeiter erkennt und versteht, was Qualität für ihn und seine Aufgabe bedeutet. Das Erreichen höchster Qualitätsstandards setzt die Beteiligung und das Engagement der Mitarbeiter aller Unternehmensbereiche voraus, da jeder einzelne in seiner Funktion das Gesamtbild des Unternehmens mitprägt. Verbesserungsvorschläge sowie Zusammenarbeit und Kommunikation über Abteilungs- und Bereichsgrenzen hinweg können dazu beitragen, daß Fehler und Qualitätsprobleme schon im Ansatz vermieden werden.
Während wir unsererseits Produkte und Leistungen laufend verbessern müssen, um Spitzenpositionen am Markt zu halten oder zu erreichen, müssen wir unsere Lieferanten dazu anhalten, ihrerseits Qualitätsverbesserungsprogramme einzuführen, um sicherzustellen, daß die Materialien und Bauteile, die wir verwenden, höchsten Qualitätsstandards entsprechen. [...]

Entscheidungsprozeß

Nachhaltiges Wachstum ist Voraussetzung für das erfolgreiche Abschneiden eines Unternehmens. Erreichbar ist dies durch wohlüberlegtes Eingehen von Risiken, durch Innovation, durch unternehmerisches Denken und Handeln. Honeywell hat sich für eine dezentralisierte Unternehmensstruktur entschieden, bei der Entscheidungen auf der jeweils niedrigstmöglichen Ebene getroffen werden.

Alle Unternehmen, die sich mit fortgeschrittenen Technologien befassen, müssen in der Lage sein, auf Änderungen der Marktgegebenheiten, des gesamtwirtschaftlichen Klimas oder auf Wettbewerbsdruck schnell und wirkungsvoll zu reagieren. Die getroffenen Entscheidungen haben Auswirkungen auf ganze Unternehmensbereiche, auf Ergebnisse, Produkte und auf Kunden. Wenn Honeywell ein erfolgreiches Unternehmen mit guten Ergebnissen bleiben will, muß der Prozeß der Entscheidungsfindung eine schnelle Reaktion auf veränderte Gegebenheiten gewährleisten.
Das Firmenmotto "Gemeinsam finden wir die Lösung" beschreibt das Verhältnis zu unseren Kunden und die Weise, in der wir mit ihnen zusammenarbeiten. Es drückt zugleich aus, daß Honeywell sich für eine Form der Unternehmensführung entschieden hat, bei der die Entscheidungsbefugnis dezentralisiert und auf die verschiedenen Ebenen des Unternehmens verteilt ist. Der Entschluß, diesen Weg einzuschlagen, baut auf der Überzeugung auf, daß die, die am besten über eine Arbeit Bescheid wissen, in aller Regel diejenigen sind, die die Arbeit auch tatsächlich tun. Aus diesem Grunde werden unsere Mitarbeiter dazu ermuntert, zur Entscheidungsfindung in ihrem unmittelbaren Aufgabenbereich beizutragen.
Ohne neue Ideen und Veränderungen in der Arbeitsweise des Managements und der Art der Unternehmensführung kann kein Unternehmen sich weiterentwickeln. Ebenso wie wir erwarten, daß unsere Mitarbeiter mit Kunden zusammenarbeiten, um innovative Lösungen für deren An-

forderungen zu entwickeln, erwarten wir von den innovativ und unternehmerisch Denkenden unter uns, daß sie neue Wege zur Verbesserung unserer Arbeitsweise aufzeigen können.
Mitarbeiter des Produkt- und Systemvertriebs im Bereich Industrieautomation haben beispielsweise unlängst erkannt, daß viele Hersteller hochtechnologischer OEM-Produkte (OEM - Original Equipment Manufacturer - Erstausrüster) in den seltensten Fällen die Möglichkeit haben, ihre Produkte ohne ein entsprechendes Service-Angebot in Europa zu verkaufen. Mit dem EURO 3 SERVICE wird Herstellern von OEM-Produkten, die auf den europäischen Märkten aktiv werden wollen, nunmehr eine funktionsfähige Service-Organisation angeboten, die sich auf die große Zahl hochqualifizierter Service-Ingenieure stützen kann, über die Honeywell verfügt. Das Ergebnis war eine Verbreiterung unserer Kunden- und Geschäftsbasis.
Im Prozeß der Entscheidungsfindung müssen alle denkbaren Alternativen erwogen und schließlich der wirkungsvollste Weg für das Lösen eines Problems gefunden werden. Damit sind zwangsläufig Risiken verbunden, aber ohne das Eingehen von Risiken würden viele Innovationen unterbleiben, die für die Entwicklung unseres Unternehmens unerläßlich sind. Nehmen wir z. B. das EXCEL-System. Trotz erheblicher Risiken wurde beschlossen, den Verkauf freizugeben. Heute ist es eines der erfolgreichsten europäischen Honeywell-Produkte. [...]

Unternehmen und Gesellschaft

Honeywell hält sich als Unternehmen in einer Weise an geltende Gesetze und Regelungen, die dauerhaftes Ansehen für Integrität und Verantwortungsbewußtsein gegenüber der Allgemeinheit in allen Ländern schafft, in denen es vertreten ist. Das Unternehmen ermutigt Mitarbeiter, sich in gesellschaftlichen und politischen Fragen zu engagieren. Honeywell führt seine Geschäfte in einer Weise, die Rücksicht auf Umweltbelange nimmt und natürliche Resourcen erhält.

Kein erfolgreiches Unternehmen operiert ohne Bezug zu den gesellschaftlichen Entwicklungen. Es trägt Verantwortung gegenüber seinen Mitarbeitern, gegenüber der Gemeinde, in der es seinen Sitz hat, dem Land und der Umwelt, in der es sich bewegt. Deshalb enthält das abschließende "Honeywell Principle" ein Bekenntnis zur Verpflichtung gegenüber Wertvorstellungen, die Honeywell für ein Unternehmen als ebenso gültig ansieht wie für jeden einzelnen. Honeywell-Mitarbeiter werden dazu ermutigt, am politischen Geschehen auf allen Ebenen teilzunehmen und ihre Fähigkeiten und ihr Wissen zur Unterstützung örtlicher Organisationen einzusetzen - Berufs- oder Wirtschaftsverbänden, politischen oder sozialen Organisationen.
Honeywell, das in 85 Ländern vertreten ist, ist sich der zunehmenden Bedeutung von Regierungsentscheidungen für wirtschaftliches Handeln bewußt. Das Unternehmen informiert sich laufend über die soziale und politische Entwicklung, um rechtzeitig Änderungen des Wirtschaftsverlaufs vorauszusehen und bei seinen Planungen berücksichtigen zu können.
Die Auseinandersetzung mit neuen gesellschaftlichen Bedingungen für die Unternehmenstätigkeit wird eine der größten Herausforderungen der kommenden Jahre für das Management aller internationalen Unternehmen sein. Die Fragen, um die es in erster Linie gehen wird, werden eher im externen als im internen Bereich liegen, eher sozialer und politischer als ökonomischer

Natur sein. Gesetzgebung und öffentliche Meinung werden einen weit größeren Einfluß auf die Ergebnisse der Unternehmen haben.
In Europa wird Honeywell in immer stärkerem Maße nicht nur durch die Politik der verschiedenen nationalen Regierungen berührt, sondern auch durch die Gesetzgebung des Europäischen Parlaments, z. B. hinsichtlich Schutzbestimmungen für Mitarbeiter, Verbraucher- und Umweltschutz, Gesundheit und Sicherheit, Investitionspolitik und Industrieansiedlung. Eine Beteiligung am Prozeß der politischen Willensbildung in Europa ist unerläßlich - sowohl auf der Ebene der Europäischen Gemeinschaft wie auf nationaler Ebene. Honeywell steht in regelmäßiger Verbindung zu verschiedenen Regierungsstellen, um Informationen auszutauschen und die Regierungsvertreter auf Anliegen hinzuweisen. Das Unternehmen ist zudem aktives und führendes Mitglied vieler europäischer Handelskammern und unterhält Mitgliedschaften in den meisten größeren Wirtschafts- und Technikerverbänden, die in seinen verschiedenen Geschäftszweigen bestehen.
Das Engagement auf örtlicher Ebene umfaßt ein breites Spektrum an Aktivitäten. In den USA wendet Honeywell mehr als drei Prozent seiner Gewinne vor Steuern - 1985 etwa 8,5 Millionen Dollar - für Spenden und Zuwendungen an Wohlfahrtsorganisationen, Sozialeinrichtungen, Einrichtungen und Initiativen im Bildungsbereich, sowie für Wissenschaft und Kunst auf. In den USA ebenso wie in vielen anderen Ländern sind Honeywell-Mitarbeiter in hohem Maße persönlich in sozialen Projekten und örtlichen Organisationen engagiert, die in den meisten Fällen auch von seiten des Unternehmens gefördert werden. Jährlich wird eine Auszeichnung für soziales Engagement von Mitarbeitern vergeben.
In einigen Ländern stellt Honeywell Trainingsmöglichkeiten für arbeitslose oder benachteiligte Jugendliche zur Verfügung, indem es ihnen die Möglichkeit gibt, Fertigkeiten zu erlernen, die ihnen bei der Arbeitsplatzsuche von Nutzen sein können. Wir veranstalten zudem in den USA und in Europa jährlich mit dem "Honeywell Futurist Competition" einen Hochschulwettbewerb, bei dem die kreativsten Ideen über mögliche technologische Entwicklungen in den nächsten 25 Jahren ausgezeichnet werden.
In Deutschland vergibt das Unternehmen seit 1979 jährlich den "Ludger Westrick-Preis" an Persönlichkeiten und Organisationen, die sich in besonderer Weise für Partnerschaft in der Wirtschaft und für den sozialen Frieden eingesetzt haben. Neben Persönlichkeiten wie Professor Oskar von Nell-Breuning und dem ehemaligen Gewerkschaftsführer und Bundesminister Georg Leber wurden vor allem Organisationen ausgezeichnet, die sich in besonderer Weise um die Bildung und Ausbildung vor allem benachteiligter junger Menschen verdient gemacht haben. [...]

In den "Honeywell Principles" sind die Grundsätze unseres Unternehmens für die Zusammenarbeit im eigenen Bereich, mit Geschäftspartnern, Regierungsbehörden und Nachbarn niedergelegt. Keiner dieser Grundsätze steht für sich allein: Qualität ist eng verknüpft mit dem Qualitätsbewußtsein der Mitarbeiter; sie bestimmt zudem unser Bild beim Kunden. Die Verpflichtung zur Integrität im Geschäftsverhalten hat Auswirkungen auf die Arbeitsweise jedes einzelnen Bereiches und das Verhältnis von Unternehmen und Gesellschaft.

Honeywell beschäftigt im 100. Jahr seines Bestehens weltweit 94000 Mitarbeiter in 85 Ländern. Die Beachtung dieser Grundsätze ist eine wichtige Voraussetzung dafür, daß wir unsere wirtschaftlichen Ziele auch im zweiten Jahrhundert der Unternehmensgeschichte erreichen.

Gemeinsam finden wir die Lösung.

Honeywell

[Honeywell Unternehmensgrundsätze; ich danke der Unternehmensleitung für die Erlaubnis, den Text mit Erwähnung des Firmennamens zitieren zu dürfen; H. E.]

3.2.4.3 Gleichnis

Charakteristisches Merkmal für die gleichnishafte Darstellung eines Sachverhaltes ist die Wahl von Analogien. Der Handlungs- und Lernimpuls soll durch Zustimmung und Übertragung von Einsichten zustandekommen, die auf der Bildebene formuliert werden. Erläuterungen und Konkretisierungen können den analogen Darstellungen hinzugefügt werden, um die Interpretation des Adressaten in die richtige Richtung zu lenken. Ich zitiere als Leittext die Führungsgrundsätze der Ploenzke Gruppe (*Führen im Team*, 1990) nach dem Abdruck in BLEICHER (1994a,60f.):

Leittext

[Bild: Jazzband] **Individualität integrieren** // Bei der Jazzmusik kommt es auf die Integration kreativer Umsetzungen an. Jeder Musiker ist ein Solist, der das Musikstück mit seiner Individualität interpretiert. Die Harmonie der Band basiert auf der Fähigkeit des Musikers, seine Emotionen im richtigen Moment einzusetzen und das Thema neutral an die übrigen Mitglieder weiterzugeben. Individualität und Integrationsfähigkeit lassen die verschiedenen Ausdrucksweisen zu einem homogenen Ganzen verschmelzen und eröffnen damit neue Betrachtungsweisen.// **Wir sind eine Gruppe von Individualisten. Um optimale Ergebnisse zu erzielen, müssen wir Kreativität und Kommunikation fördern.**

[Bild: Segelboot mit Besatzung] **Ziele festlegen** // Das Segelboot trägt seine Besatzung zum gewünschten Ziel. Sogar gegen den Wind. Der Weg zum Ziel muß nicht immer geradlinig sein. Wenn jeder seine Aufgabe erfüllt, ob er das Segel bedient, das Ruder führt, navigiert oder das Boot in der Balance hält, wird auch ein schwieriger Kurs erfolgreich gemeistert. Der einzelne muß das Größtmögliche leisten. Die Summe der Anstrengungen und die Strategie entscheiden über das Ergebnis. //

Erfolgreiche Projekte sind keine Einzelleistung. Jeder einzelne trägt mit dem Erreichen seines Teilzieles zum Gesamterfolg bei.

[Bild: Fischer bei Netzarbeiten] **Verbindungen schaffen** // Der Mensch erst macht durch Knoten aus einem Garn das Netz. Das eindimensionale Garn erhält durch diese Verbindung Fläche und Festigkeit. Die Geschicklichkeit des Menschen entscheidet über die Güte des Netzes. Das richtige Netz mit den richtigen Maschen wird den gewünschten Ertrag bringen. Damit es seine Aufgabe erfüllt, muß es sorgfältig geknüpft und immer wieder gepflegt werden. //
Jeder von uns profitiert von den Verbindungen, die er zu anderen knüpft und pflegt.

[Bild: Bergsteiger auf dem Gipfel] **Sicherheit geben** // Was sie verbindet, ist das gemeinsame Ziel. Der Bergführer entscheidet, auf welchem Weg das Ziel erreicht werden kann. Dabei beachtet er mehrere Faktoren: das Wetter, die Ausrüstung und die persönlichen Fähigkeiten der Teilnehmer. Das Tempo richtet sich nach dem schwächsten Glied der Kette. Der Weg zum Gipfel wird in mehrere Teilziele aufgeteilt, die von allen erreichbar sind. In schwierigen Situationen gibt das Seil Sicherheit. Der einzelne kann sich auf die Hilfe seiner Kameraden verlassen. //
Wir orientieren uns an den Teilzielen, ohne das Gesamtziel aus den Augen zu verlieren. Das Team gibt dem Mitarbeiter Sicherheit und stellt sich auf dessen individuelle Fähigkeiten ein.

[Bild: Trainer auf dem Fußballfeld] **Gemeinsam erfolgreich sein** // Der erfahrene Trainer sieht den Erfolg langfristig. Sportler müssen aufgebaut werden, um die optimale Leistung zu erbringen. Der Trainer steigert langsam die Kondition und Beweglichkeit und sorgt für das richtige Umfeld. Die Dauer und Intensität des Trainings will richtig gewählt sein, damit die Entwicklung kontinuierlich abläuft. Für ein optimales Zusammenspiel wählt der Trainer geeignete Spieler aus und stimmt sie aufeinander ab. Stärken der einzelnen werden kombiniert, Schwächen möglichst kompensiert.//
Der Erfolg des Teams wird auch der Erfolg des Trainers [Text Nr. 65, zit. nach BLEICHER 1994a,60f.].

3.2.4.4 (Führungs-)Doktrin

Als DOKTRIN bezeichne ich Texte, die - zumindest satzsemantisch - von der Nennung einer persönlichen Instanz als normgebende Autorität absehen und an die Stelle einer persönlichen Autorität eine Sachautorität einsetzen, hinter der man sich verbergen kann aber nicht muß. Der Leittext deutet eine personale Instanz zumindest implizit an, indem er von "Erwartungen" spricht, freilich ohne die syntaktische Leerstelle mit einem Agens zu besetzen. In den entsprechenden Äußerungen verschmelzen deontische und epistemische Redehintergründe zu einer einzigen syntaktischen Einheit und bilden den Baustein oder die Bausteine für einsätzige oder mehrsätzige Texte. Die Textsorte DOKTRIN besteht überwiegend oder ausschließlich aus solchen deontisch-epistemischen Äußerungen. Unter den lehrhaften Texten, die sich auf die Mitarbeiterführung und Zusammenarbeit beziehen, ist die DOKTRIN - stets mit Bezug auf kooperative Führungskonzepte - die am häufigsten verwirklichte Textsorte. Sie begegnet allerdings stets nur in Form gebundener Teiltexte.

Leittext

Leitlinien für Führung und Zusammenarbeit

1. [=Einleitung und Funktionsbeschreibung des Führungskonzeptes; H. E.]

2. Führungsstil

Erwartungen an den Vorgesetzten

Der kooperative Führungsstil verlangt vom Vorgesetzten:

- die Bereitschaft zu Information und Kommunikation,
- durch Glaubwürdigkeit und Offenheit eine vertrauensvolle Arbeitsatmosphäre zu schaffen,
- ein starkes Engagement, gemeinsam Lösungen zu erarbeiten und Konsensentscheidungen herbeizuführen,
- den Mut, Entscheidungen zu treffen und diese den Mitarbeitern gegenüber zu begründen,
- ein bewußtes Eingehen auf die Sorgen und Bedürfnisse des einzelnen Mitarbeiters,
- sich für die Förderung und die Entwicklung der Mitarbeiter einzusetzen,
- Beurteilungs- und Bewertungsmaßstäbe offenzulegen,
- Fehlleistungen konstruktiv zu besprechen.

Erwartungen an den Mitarbeiter

Der kooperative Führungsstil verlangt vom Mitarbeiter:

- sich für die Grundsätze und Ziele des Unternehmens zu engagieren,
- für sich selbst anspruchsvolle Ziele zu formulieren,
- sich konstruktiv kritisch mit den Bedingungen seines Arbeitsbereichs auseinanderzusetzen,
- in seinem Zuständigkeitsbereich selbständig zu handeln, zu entscheiden und Verantwortung zu tragen,
- für die eigene Fort- und Weiterbildung initiativ zu werden,
- den Mut, persönliche Ansichten und Eindrücke zu äußern,
- den Vorgesetzten offen und rechtzeitig zu informieren,
- im Falle von Konflikten zweckdienliche Lösungen anzustreben [Teiltext aus Nr. 40].

3.2.4.5 (Unternehmensphilosophischer) Katechismus

Charakteristisch für die Textsorte KATECHISMUS ist neben der lehrhaften kommunikativen Funktion das Textstrukturmuster in Form von Frage-Antwort-Sequenzen. Dieses Muster begegnet bei den von mir erhobenen und zum Erhebungszeitraum gültigen Texten nur einmal, und zwar als UNTERNEHMENSPHILOSOPHISCHER KATECHISMUS, der Teil der Honeywell Unternehmensgrundsätze ist (s. o. Kap. 3.2.4.2).

Leittext

[...]

> "Honeywell ist in der Lage, Ergebnisse zu erzielen, die uns einen Platz in der Spitzengruppe der erfolgreichsten Unternehmen sichern. Aufgrund unseres "know how's" und unserer Erfahrungen als führendes Unternehmen für Regel- und Automatisierungssysteme und namhafter Computerhersteller haben wir gute Chancen, auch als Anbieter modernster integrierter Informations-, Kommunikations- und Automatisierungssysteme für Gebäude und Produktionsanlagen eine führende Rolle zu spielen."
>
> Ed Spencer

F: Warum steht das Gewinnprinzip an erster Stelle?

A: Das Gewinnprinzip steht an erster Stelle, weil finanzielle Stärke entscheidend für unseren Erfolg ist. Wichtige Voraussetzungen dafür sind die stetige Weiterentwicklung unserer Produktlinien und der Fortschritt, den wir bei der Steigerung von Produktivität und Qualität überall im Unternehmen erzielen können. Nur wenn wir unsere Ergebnisse stetig verbessern, können wir das für ein langfristiges Bestehen des Unternehmens notwendige Wachstum erreichen.

F: Was kann ich als Einzelner zur Ergebnisverbesserung beitragen?

A: Es gibt zwei Schlüsselfaktoren für die Ergebnisverbesserung: Produktivitätssteigerungen und niedrige Betriebskosten. Deshalb investiert Honeywell in die Weiterbildung seiner Mitarbeiter und die stetige Verbesserung von Ausrüstung und Betriebseinrichtungen. Jeder kann einen Beitrag zum Gesamtergebnis leisten, wenn er sich über die Auswirkungen seiner Arbeit auf das Ergebnis seines Bereichs bewußt ist und - wenn nötig - Verbesserungsvorschläge macht.

[...]

> "Integrität im Umgang miteinander sowie eine direkte, offene und faire Art der Zusammenarbeit tragen entscheidend zu unserem Erfolg bei."
>
> Ed Spencer

F: Ich weiß, Honeywell ist ein seriöses Unternehmen, aber was bedeutet das für mich?

A: Honeywell erwartet von jedem Mitarbeiter, daß er sich am Arbeitsplatz oder wenn er das Unternehmen nach außen hin vertritt, dem Integritätsprinzip entsprechend verhält. Unsere Integrität als Unternehmen hängt davon ab, daß jeder einzelne Mitarbeiter sich diesem Unternehmensgrundsatz gegenüber verpflichtet fühlt.

F: Ich kann mir unter Integrität im Verhalten gegenüber Kunden, Anteilseignern oder Behörden etwas vorstellen, aber was ist mit Integrität innerhalb des Unternehmens gemeint?

A: Es ist wichtig, daß wir bei unserer Arbeit aufrichtig zueinander sind. Wenn Sie erwarten, daß Ihr Vorgesetzter sich Ihnen gegenüber offen und fair verhält, versteht es sich von selbst, daß er dasselbe auch von Ihnen erwarten muß. Das Gleiche gilt für jeden, der mit Ihnen zusammenarbeitet. Das Integritätsprinzip ist für die Zusammenarbeit innerhalb des Unternehmens ebenso wichtig ist [sic!] wie für das Verhalten gegenüber Kunden.

[...]

"Die enge Zusammenarbeit mit unseren Kunden in aller Welt zur Erfüllung ihrer Anforderungen ist der Schlüsselfaktor unseres Erfolges und die Grundlage unseres Firmenmottos 'Gemeinsam finden wir die Lösung'."

Ed Spencer

F: In meiner Abteilung wissen wir nicht genug über die Wünsche der Kunden, um beurteilen zu können, ob wir richtig liegen. Was kann getan werden, um das zu ändern?

A: Der Kundenorientierung wird immer mehr Wert beigemessen. Diese Entwicklung wird weitergehen. Überall im Unternehmen werden Programme eingeführt, die dazu dienen sollen, allen Mitarbeitern die Schlüsselrolle deutlich zu machen, die jeder einzelne bei der Arbeit für den Kunden spielt. Diese Programme werden dann erfolgreich sein, wenn jeder Mitarbeiter sich immer wieder fragt: "Wer sind meine Kunden? Was kann ich bei der Arbeit für sie besser machen?".

F: Meine Abteilung hat nichts mit dem Verkauf zu tun. Warum müssen wir uns Gedanken über das Kundenprinzip machen?

A: Obwohl nicht jeder Honeywell-Mitarbeiter direkten Kundenkontakt hat, haben wir alle Kunden. Jeder von uns gibt Leistungen weiter - indem er Zahlen erarbeitet, ein Bauteil, eine Leiterplatte oder auch nur einen persönlichen Rat zum Gesamtprozess beiträgt. Wir alle spielen eine Rolle bei der Festigung der Zusammenarbeit Honeywell/Kunde. Stellen Sie sich die Verärgerung des Kunden über ein nicht richtig montiertes Produkt, einen zu späten Kundendienstanruf oder eine fehlgeleitete Rechnung vor. Die Zufriedenheit des Kunden ist das Ergebnis vieler Faktoren. Zum Zusammenspiel dieser Faktoren tragen alle Bereiche des Unternehmens bei.

[...]

"Unsere kooperative und informelle Arbeitsweise ist in allen Betriebsstätten spürbar. Einer der Gründe dafür, daß wir modernste Technologien beherrschen und das Vertrauen unserer

Kunden erwerben konnten, ist die Tatsache, daß wir schnell, ohne Formalitäten und direkt miteinander sprechen können."

Ed Spencer

F: Was bedeutet das Mitarbeiter-Prinzip für meine berufliche Entwicklung?

A: Es gibt vielfältige Möglichkeiten, sich durch Aufgaben, die eine Herausforderung darstellen, durch Weiterbildung, ein gutes Kommunikationsklima oder durch die Arbeit im Team beruflich und persönlich weiterzuentwickeln. Der Erfolg hängt letztlich vom Willen jedes einzelnen ab, diese Möglichkeiten wahrzunehmen.

F: Warum sind so wenige Frauen in leitenden Positionen des Unternehmens?

A: Durch den zunehmenden Bewußtseinswandel in der Gesellschaft haben Frauen heute mehr Möglichkeiten als in der Vergangenheit. Da immer mehr Frauen eine Tätigkeit in der Wirtschaft anstreben, unternimmt Honeywell die notwendigen Schritte, um Frauen die gleichen Chancen wie anderen qualifizierten Kandidaten für den Aufstieg und eine erfolgreiche Tätigkeit im Unternehmen zu geben. Bei Honeywell haben Frauen heute schon Positionen wie die des Personalmanagers einer ganzen Region, des Direktors für Public Relations, des stellvertretenden Leiters der obersten Rechtsabteilung oder des Leiters der Personalabteilung der Hauptverwaltung Offenbach inne. Diese Entwicklung wird sich in dem Maße fortsetzen, in dem immer mehr qualifizierte Kandidatinnen für leitende Positionen des Unternehmens zur Verfügung stehen.

[...]

"Honeywell hat es sich zur Aufgabe gemacht, seinen Kunden fehlerfreie wettbewerbsfähige Produkte und Dienstleistungen zu liefern, die genau den gegebenen Anforderungen entsprechen. Unser Name muß für unsere Kunden, für uns selbst und für unsere Lieferanten gleichbedeutend mit Qualität sein."

Mike Bonsignore
President Honeywell Europe

F: Was ist mit 'Qualität aller Leistungen' gemeint?

A: Mit 'Qualität aller Leistungen' ist gemeint, daß der Qualitätsstandard des Unternehmens von den Leistungen jedes einzelnen abhängt. Alle Bereiche haben etwas mit Qualität zu tun. Jeder muß mit dazu beitragen, unsere Gesamtleistung zu verbessern - z. B. indem er dafür sorgt, daß Mitteilungen so schnell wie möglich an die richtigen Leute weitergegeben werden, indem er Berichte sorgfältig präsentiert oder indem er gewährleistet, daß jedes Produkt unter Verwendung der besten Bauteile auf die effektivste Weise montiert wird. 'Qualität aller Leistungen' heißt auch, sicherzustellen, daß unsere Kunden einen Service von hoher Qualität erhalten, nicht nur in technischer Hinsicht, sondern auch in der Art und Weise, wie man sich ihnen gegenüber auf allen Ebenen des Unternehmens verhält.

F: Wie kann man im eigenen Bereich zur Qualitätsverbesserung beitragen?

A: Versetzen Sie sich einmal in die Lage der Anwender der Produkte und Leistungen, die Sie für Kunden herstellen oder für andere Mitarbeiter im Unternehmen erbringen. Wie werden diese von den Empfängern gesehen? Entsprechen sie den Anforderungen? Wie könnten sie weiter verbessert werden? Mit dem Bestreben, bestmögliche Lösungen zu finden, können im eigenen Arbeitsbereich wesentliche Beiträge zur Qualitätsverbesserung geleistet werden. Dadurch wird zugleich die Qualität der Unternehmensleistung insgesamt verbessert.

[...]

"Es ist unvermeidlich, daß von Zeit zu Zeit auch Fehlentscheidungen getroffen werden. Das, was wir daraus lernen, trägt jedoch dazu bei, es bei zukünftigen Entscheidungen besser zu machen. Die Geschichte von Honeywell - unser anhaltendes Wachstum und unser stetiger Erfolg - zeigen, daß über die Jahre hinweg die richtigen Entscheidungen getroffen worden sind."

Ed Spencer

F: Wird man bei Honeywell tatsächlich zu unternehmerischem Denken ermuntert?

A: In einer Organisation von der Größe Honeywells muß es bestimmte Richtlinien geben, um die Einheitlichkeit unserer Arbeitsabläufe zu gewährleisten, insbesondere weil wir in vielen Ländern tätig sind und weltweit Betriebsstätten unterhalten. Das bedeutet jedoch nicht, daß für unternehmerisches Denken kein Spielraum besteht. Im Gegenteil, die Unternehmensstruktur ermuntert Mitarbeiter aller Ebenen, über neue Wege zur Verbesserung unserer Geschäftsmöglichkeiten nachzudenken. Neue Ideen und Veränderungen, radikal oder evolutionär, tragen ihren Teil zur Weiterentwicklung und zum Wachstum von Honeywell bei.

F: Was passiert, wenn ich eine Entscheidung treffe, die sich als falsch erweist?

A: Honeywell bestärkt die Initiative und Innovationsbereitschaft seiner Mitarbeiter, weil bekannt ist, daß die Angst, Fehler zu machen, lähmend wirken kann. Es ist wichtig, zwischen einer falschen und einer schlechten Entscheidung zu unterscheiden. Wenn gewissenhaft alles unternommen worden ist, um das Risiko auf ein vertretbares Maß zu begrenzen und die entsprechenden Genehmigungen eingeholt wurden, braucht kein Honeywell-Mitarbeiter Angst davor zu haben, eine Fehlentscheidung zu treffen. Honeywell erwartet allerdings von seinen Mitarbeitern, daß sie aus ihren Erfahrungen lernen und zukünftig bessere Entscheidungen treffen.

[...]

F: Warum ist es so wichtig, sich zu engagieren?

A: Kein Unternehmen kann ohne Bezug zu gesellschaftlichen Entwicklungen operieren. Wenn wir den Ruf genießen, ein Unternehmen zu sein, das sich seiner Verantwortung der Allgemeinheit gegenüber bewußt ist, wird das damit verbundene Ansehen z. B. mit dazu beitragen, daß engagierte und qualifizierte junge Mitarbeiter sich für uns entscheiden. Verantwortungsbewußtes Verhalten der Allgemeinheit gegenüber ist zwar nur ein Element unseres Ansehens als Unternehmen; es wird allerdings in Zukunft zunehmend an Bedeutung gewinnen.

F: Wie verhält sich Honeywell in Fragen des Umweltschutzes und der Erhaltung natürlicher Resourcen?

A: Ein wesentlicher Schwerpunkt der Unternehmenstätigkeit von Honeywell hat mit der Erhaltung von Resourcen zu tun - besonders mit der Einsparung von Energie. Honeywell ist eines der weltweit führenden Unternehmen für die Energie-Einsparung. Mit Entwicklung und Verkauf jedes Produkts, das in diesen Bereich fällt, liefern wir einen Beitrag zur Erhaltung natürlicher Resourcen. Von uns entwickelte Technologien dienen zudem der Suche nach neuen Energiequellen. Ein eigener Unternehmensbereich befaßt sich mit der Umweltforschung und Umwelttechnik. Wir führen laufend Programme zur Überwachung der Umweltbelastung durch, zu denen jetzt auch eine unternehmensweite Untersuchung über Gebrauch und Handhabung von Materialien hinzukommt, deren Abfälle Sondermüllcharakter haben [...] [Teiltext aus Nr. 50.1, ich danke der Unternehmensleitung für die Erlaubnis, den Firmennamen nennen zu dürfen; H. E.].

3.2.5 Zusammenfassung und Überblick über die FG-/UG-Verteilungsspezifik

Eine Teilmenge der von mir erhobenen unternehmenspolitischen Texte, Führungs- und Unternehmensgrundsätze, läßt sich mehr oder weniger klar den folgenden informationsfunktionalen Textsorten, darunter die meisten mit indirekten normativen Anspruch, zuweisen:

- Sachbetonte DARSTELLUNG des Unternehmens
- ERLÄUTERUNG/KOMMENTAR
- (FÜHRUNGS-)LEITFADEN
- IMAGEDARSTELLUNG
- UNTERNEHMENSGESCHICHTLICHER ÜBERBLICK
- BELEHRUNG
- UNTERNEHMENSPHILOSOPHISCHE LEHRHAFTE DARSTELLUNG
- GLEICHNIS
- DOKTRIN
- KATECHISMUS

Nach dem Kriterium der Gebrauchshäufigkeit gehören die UNTERNEHMENSDARSTELLUNG, die IMAGEDARSTELLUNG, die BELEHRUNG sowie die LEHRHAFTE DARSTELLUNG nebst (FÜHRUNGS-)DOKTRIN zum Zentrum des von mir erhobenen Textsortenspektrums. Eher zur Peripherie gehören die Textsorten ERLÄUTERUNG, (FÜHRUNGS-)LEITFADEN, GLEICHNIS, KATECHISMUS und UNTERNEHMENSGESCHICHTLICHER ÜBERBLICK.

Die Übersicht verdeutlicht die Verteilungsspezifik der Textsorten im Hinblick auf folgende Parameter:

- Zugehörigkeit der Textsorte zu Zentrum oder Peripherie des erhobenen Textsortenspektrums nach dem Kriterium der Gebrauchsfrequenz,
- thematische Ausrichtung der Textsorte auf Unternehmensgrundsätze oder Grundsätze für Führung und Zusammenarbeit,
- Autonomiegrad der Texte (s. die Hinweise in Kap. 3.1.1.3).

Textsorte	Zentrum	Autonomie			Thema		
		frei	potentiell frei	nur gebunden	nur FG	nur UG	FG+UG
UNTERNEHMENSDARSTELLUNG	+	-	+	+	-	+	-
ERLÄUTERUNG/ KOMMENTAR	-	-	-	+	-	-	+
(FÜHRUNGS-) LEITFADEN	-	+	+	-	+	-	-
IMAGEDARSTELLUNG	+	+	+	-	-	-	+
UNTERNEHMENSGESCHICHTLICHER ÜBERBLICK	-	-	-	+	-	+	-
BELEHRUNG	+	+	+	-	+	-	-
UNTERNEHMENSPHILOSOPHISCHE LEHRHAFTE DARSTELLUNG	+	+	+	-	-	-	+
GLEICHNIS	-	+	+	-	+	-	-

[Textsorte	Zentrum	Autonomie			Thema		]
		frei	potentiell frei	nur gebunden	nur FG	nur UG	FG+UG
DOKTRIN	+	-	+	+	+	-	-
KATECHISMUS	-	-	+	+	-	-	+

3.3. Ausdrucksfunktional-kommissiver Texttyp

3.3.1 Absichtserklärung, Selbstverpflichtung, Vereinbarung und Versprechen

Es geht in diesem Kapitel um ausdrucksfunktional-kommissive Texte vom Typ ABSICHTSERKLÄRUNG und SELBSTVERPFLICHTUNG, aber auch um einzelne kommissive, d. h. selbstverpflichtende, Äußerungen, die z. B. im Dienste der Verbindlichkeitsgestaltung von Texten stehen, die Führungs- und/oder Unternehmensgrundsätze explizieren wollen. Unter "Absichtserklärung" und "Selbstverpflichtung" verstehe ich einerseits einzelne Äußerungen im Sinne von Einstellungsbekundungen des Emittenten und andererseits Texte, die sich mehr oder weniger aus solchen Äußerungen als Bausteinen aufbauen. Was die Texte betrifft, so geht es bei der Einordnung eines Textes als SELBSTVERPFLICHTUNG oder ABSICHTSERKLÄRUNG um ein Dominanzphänomen. Mal überwiegen Äußerungen des einen, mal die des anderen Typs, mal stehen beide Äußerungstypen in einem ausgewogenen Verhältnis zueinander oder überlagern sich, so daß man gut daran tut, nur einen einzigen Texttyp anzunehmen, den man als ausdrucksfunktional-kommissiven Typ charakterisieren kann. Das Wesen der (Einzel-)Äußerungen ABSICHT ERKLÄREN und (SICH) SELBST VERPFLICHTEN kann man besser verstehen, wenn man diese Einstellungsbekundungen mit der Sprechhandlung VERSPRECHEN vergleicht.

Ich gehe in diesem Kapitel wie folgt vor:

Ich erläutere zunächst die Begriffe "Ausdrucksfunktion", "kommissiver Sprechakt" und "Einstellungsbekundung".

Dann erläutere ich, was unter einer ABSICHTSERKLÄRUNG, einer SELBSTVERPFLICHTUNG, einer (Betriebs-)VEREINBARUNG und unter einem VERSPRECHEN zu verstehen ist, wobei ich klare (prototypische) Beispiele anführe.

Ich diskutiere einige weniger klare Fälle, die in den von mir erhobenen Texte begegnen und erwähne das grundsätzliche Problem der Übertragbarkeit der Sprechakttheorie auf die von mir untersuchten Texte bzw. Texthandlungen.

Ich wende mich den Texten zu, die Führungs- und Unternehmensgrundsätze explizieren wollen, und stelle zwei kommissive Möglichkeiten der Verbindlichkeitsgestaltung vor: SELBSTVERPFLICHTUNG und BETRIEBSVEREINBARUNG.

Schließlich stelle ich drei Leittexte vor und kommentiere diese kurz.

Begriffserläuterungen: Ausdrucksfunktion, kommissive Sprechakte und Einstellungsbekundungen

Der Begriff "Ausdrucksfunktion" geht zurück auf das Organonmodell des sprachlichen Zeichens, das Karl BÜHLER 1934 in seiner "Sprachtheorie" vorgestellt hat. Zuvor hatte er statt von "Ausdruck" auch von "Kundgabe" gesprochen und diese von der Appellfunktion und der Darstellungsfunktion unterschieden. Anstelle von "Darstellung" hat man gelegentlich modifizierend und korrigierend auch von der Informationsfunktion des sprachlichen Zeichens gesprochen.[54] In Beziehung zum Hörer, dessen Verhalten das Zeichen steuern sollt, spricht BÜHLER vom (komplexen) sprachlichen Zeichen als Signal, in Beziehung zu den Sachverhalten, die das Zeichen darstellt, spricht er vom Symbol, und das Sprachzeichen ist

Symptom (Anzeichen, Indicium) kraft seiner Abhängigkeit vom Sender, dessen Innerlichkeit es ausdrückt [BÜHLER 1934,28].

Nach COSERIU ist BÜHLERS Aussage so zu verstehen, daß die Funktion des Zeichens in Bezug auf den Sprecher darin bestehe, den psychischen Zustand oder auch ganz allgemein den Zustand des Sprechers (Emittenten) 'kundzutun' oder 'auszudrücken' (vgl. COSERIU 1994,73):

Das Zeichen [Das kann als komplexes Zeichen auch ein Text sein; H. E.] sei also in dieser Hinsicht Kundgabe, Manifestation des Sprechers, es sage etwas über ihn aus, z. B. ob er sich

54 Vgl. COSERIU (1994,91).

zum Zeitpunkt des Sprechens in ruhiger Stimmung oder in rasendem Zorn befindet und vieles andere mehr [COSERIU 1994,73].

Unter der Ausdrucksfunktion des sprachlichen Zeichens kann sehr viel mehr als das Sprachsymptom im engeren Sinne verstanden werden, das unbeabsichtigt Hinweise auf die innere Verfassung, regionale Herkunft etc. des Sprechers gibt. Ein großer Teil dessen, was man unter BÜHLERS Begriff der Ausdrucksfunktion verstehen kann, findet sich bei den sog. propositonalen Einstellungen der Sprechakttheorie wieder (vgl. POLENZ 1985,212):

Damit sind Attitüden/Einstellungen des Sprechers/Verfassers zum propositionalen Gehalt (Aussagegehalt) gemeint, von Gewißheit und Vermutung über Distanzierung und Bewertung bis zu Wollen, Erwarten, Hoffen usw. In der deutschsprachigen Sprachpragmatik ist dafür das allgemeinverständlichere Fachwort 'Sprechereinstellungen' üblich geworden [POLENZ 1985,212].

Sprechereinstellungen, die explizit geäußert werden, nenne ich Einstellungsbekundungen: ABSICHTERKLÄREN, SICH VERPFLICHTEN, SICH BEKENNEN, FÜR-WAHR-HALTEN, FÜR-ERFORDERLICH-HALTEN etc. sind Beispiele für Sprechereinstellungen. Sprechereinstellungen dürfen nicht mit Sprechhandlungen verwechselt werden. Sprechereinstellungen verbinden sich regelhaft mit bestimmten Sprechhandlungen. Beispielsweise verbinden sich die Einstellungen ABSICHT und VERPFLICHTUNG mit der Sprechhandlung VERSPRECHEN:

Wer jemandem etwas (P) VERSPRICHT, kann zu P [i.e. Proposition; H. E.] noch keine Wahrheitswert-Einstellung haben, sondern hat nur die ABSICHT und VERPFLICHTUNG, künftig P zu tun [POLENZ 1985,213].

Trägerstruktur der Illokution:	**Hiermit verspreche ich Dir,**
Trägerstruktur der Proposition:	**daß ich komme.**
Sprechereinstellung 1:	Sprecher hat die **ABSICHT**, zu kommen.
Sprechereinstellung 2:	Sprecher **VERPFLICHTET** sich, zu kommen.

Wenn die situativen Voraussetzungen erfüllt sind, kann man ein VERSPRECHEN auch äußern, indem man z. B. nur die Absicht bekundet: "Ich will ganz bestimmt kommen". Aber nicht jedes Bekunden einer Absicht oder einer Verpflichtung ist identisch mit dem Vollzug der Sprechhandlung VERSPRECHEN.

VERSPRECHEN ist wie GELOBEN, GARANTIEREN, VEREINBAREN, SCHWÖREN, ANBIETEN, DROHEN, WETTEN usw. eine Sprechhandlung, die in die Klasse der sog. Kommissiva fällt. Zurück geht die Rede von den sog. kommissiven oder selbstverpflichtenden Sprechhandlungen auf John L. AUSTIN[55], wonach der Sinn kommissiver Äußerungen darin besteht , den Sprecher auf ein bestimmtes Verhalten festzulegen oder zu verpflichten. AUSTIN wertete das ABSICHTSERKLÄREN noch als kommissiven Sprechakt, was später SEARLE korrigierte. Nach SEARLE ist die Äußerung einer psychischen Einstellung zwar eine wesentliche Bedingung für einen Sprechakt, selbst und für sich genommen ist das Erklären einer Absicht oder eines Wunsches jedoch (noch) kein Sprechakt (s. u.).

ABSICHTSERKLÄRUNG, SELBSTVERPFLICHTUNG, VERSPRECHEN und VEREINBARUNG

Die ABSICHTSERKLÄRUNG als Einstellungsbekundung

Eine ABSICHTSERKLÄRUNG ist eine Einstellungsbekundung des Emittenten inbezug auf das eigene künftige Tun oder Lassen. Sie ist rein informierend und nicht-bindend und kann im Grunde jederzeit korrigiert werden ("Ich hab's mir anders überlegt"). ABSICHTSERKLÄRUNGEN sind ihrem Wesen nach einseitige Äußerungen, weil keinerlei Zwangs- oder Verpflichtungsstrukturen etabliert werden, von denen der Adressat betroffen wäre. Der Emittent muß auch nicht einem Wunsch oder Interesse des Adressaten an der Emittentenhandlung entsprechen. Eine ethische Komponente existiert weder im Hinblick auf den Adressaten, noch im Hinblick auf auf das Tun des Emittenten. Absichtserklärungen sind also ethisch neutral.

Beispiel: Auf die Frage "Was hast du vor?" kann jemand wie folgt seine Absicht erklären: "Ich will verreisen?" Zahlreiche andere sprachliche Realisierungsweisen sind denkbar. Entsprechend kann die folgende Erklärung einer Unternehmensleitung als Antwort auf dieselbe Frage "Was habt ihr vor?" verstanden werden. Die Antwort dient zum Informieren der Öffentlichkeit und zur internen Orientierung:

> Wir wollen [...] unser Image als dynamisches Unternehmen weiter ausbauen [Segment aus Text Nr. 91.7].

---

55 Vgl. John Langshaw AUSTIN: Zur Theorie der Sprechakte (How to do things with Words; 1962). Dt. Bearbeitung von Eike von Savigny. 2. Aufl. Stuttgart 1979,176.

Die SELBSTVERPFLICHTUNG als Einstellungsbekundung

Zwei Dinge unterscheiden die SELBSTVERPFLICHTUNG von der ABSICHTSERKLÄRUNG:

- Die SELBSTVERPFLICHTUNG als "individuelle Veranstaltung" zielt nicht so sehr auf eine einzelne Handlung des Emittenten, sondern eher auf ein Verhalten bzw. die Änderung eines Verhaltens. Der Emittent sieht die Notwendigkeit der Verhaltensänderung, muß sich aber z. T. gegen starke innere Zwänge behaupten (s. u. Verhaltensmodifikation in der Wirtschaft).
- Die SELBSTVERPFLICHTUNG als "soziale Veranstaltung" erwächst als Folge der Einsicht in den Wirkungszusammenhang von Freiheit und Kontingenz, d. h. Begrenztheit. Mit anderen Worten: Wer von seiner Freiheit rücksichtslosen Gebrauch macht, muß langfristig mit Einschränkungen dieser Freiheit (durch Natur oder Mitmenschen) rechnen:

> Welchen Raum gesteht man ihm [i. e. dem Menschen] zur einen wie zur anderen Seite hin zu [i. e. zu Freiheit bzw. zu ihrer Einschränkung]? Respekt vor der Freiheit des anderen, Rücksicht auf seine Bedürfnisse und - im Idealfall - die Einsicht, daß Freiheit und Kontingenz einander entsprechen und zum gegenseitigen Nutzen führen können, darin liegt der normative Kerngehalt des [ethischen; H. E.] Selbstverpflichtungsbegriffs, der bei der Freiheit seinen Ausgang nimmt, dabei aber der Tatsache Rechnung trägt, daß diese praktisch nur als 'endliche Freiheit' anzutreffen und zu verwirklichen ist [WOLLASCH 1996,173].

Die SELBSTVERPFLICHTUNG als **soziale Veranstaltung** ist problematischer Natur, denn hier tritt das Subjekt als Träger der Verpflichtung mit einem ethischen Anspruch an die Öffentlichkeit, der einem ungedeckten Scheck vergleichbar ist. Je abstrakter formuliert wird, umso höher ist der Wert des Schecks - und die Gefahr, daß er ungedeckt ist. Gedeckt wird dieser Scheck nur durch Taten und Schritte in die richtige Richtung, und selbst dann kann noch hinter der scheinbar guten Tat eine höchst egoistische Absicht stecken. In jedem Fall gilt für die SELBSTVERPFLICHTUNG, daß zwar wie im Falle der ABSICHTSERKLÄRUNG keine Zwangsstruktur für den Emittenten etabliert wird, daß aber andererseits pragmatische und propositionale Zusatzbedingungen gelten müssen, damit man sinnvollerweise von einer SELBSTVERPFLICHTUNG sprechen kann. Zur Situationskonstellation gehört bei einer SELBSTVERPFLICHTUNG die Einsicht in Freiheit und Kontingenz d. h. der andere Kommunikations-"Partner" ist wesentlich stärker "im

Spiele" als bei der ABSICHTSERKLÄRUNG, die lediglich Informationszwecken dient und Zwecken der Handlungskoordinierung.

Beispiel einer SELBSTVERPFLICHTUNG als "individuelle Veranstaltung":

Konstruiert sei der Fall des Rauchers, der aufhören will aber nicht kann. Um sich selbst unter Druck zu setzen, verpflichtet er sich, seinem Gegenüber immer dann fünf Euro zu geben, wenn er zur Zigarette greift bzw. dabei ertappt wird. Die Äußerung könnte wie folgt lauten: "Du bekommst von mir fünf Euro, solltest Du mich noch einmal rauchen sehen!"

Beispiel einer SELBSTVERPFLICHTUNG als "soziale Veranstaltung" aus den von mir erhobenen Texten:

Verantwortung für die Umwelt

Rücksicht auf die Umwelt ist Teil all unseres Handelns. Wir entwickeln Produkte und Verfahren so, daß sie ihren Zweck sicher und mit geringstmöglicher Umweltbelastung erfüllen. Wir machen sparsamen Gebrauch von Rohstoffen und Energie und bemühen uns ständig, Abfälle in jeder Form zu reduzieren. Es ist unsere Pflicht, unvermeidbaren Abfall unter Einsatz neuester Technologie sicher zu entsorgen [Sequenz aus Text Nr. 21.3; zu den anderen Sequenzen s. u.].

Es ist für die linguistische, ethische und betriebswirtschaftliche Diskussion wichtig, verschiedene Verwendungsweisen der Begriffes auseinanderzuhalten:

- Mit "Selbstverpflichtung" kann die unternehmensinterne (kommissive) Regelung bzw. Gestaltung der Verbindlichkeit eines Textes gemeint sein, der Führungs- und/oder Unternehmensgrundsätze explizieren will. Über die kommunikative Funktion des Textes, sei es z. B. ein regulierender oder orientierender Text, ist damit noch nichts gesagt (vgl. das Textbeispiel unten). Eine rechtliche Regelungsart mit kommissivem Charakter ist die BETRIEBSVEREINBARUNG (s. u.).
- Mit "Selbstverpflichtung" kann der unternehmensexterne Hinweis auf einen intern gebrauchten Text gemeint sein, über dessen kommunikative Funktion damit ebenfalls noch nichts gesagt sein muß. Wenn ein Unternehmen Führungsgrundsätze einführt, dann ist dies rechtlich gesehen ein freiwilliger Akt. Das Unternehmen könnte sein Handeln gegenüber dem Staat z. B. als eine Selbstverpflichtung auf mehr partizipativ-demokratische Werte ansehen. In welcher sprachlich-kommunkativen Form diese Werte nach innen vermittelt

werden, ist damit noch nicht gesagt. Was auf der Ebene Umwelt (Staat) - Unternehmen als Selbstverpflichtung (der Unternehmensleitung) erscheint, kann auf der Ebene Unternehmensleitung - Mitarbeiter des Unternehmens in fremdverpflichtender Weise - z. B. mittels PFLICHTENKANON - umgesetzt werden. Formaljuristisch hinwiederum könnte man argumentieren, daß die Arbeitsverhältnisse durch freiwilligen Vertrag zustandekommen und daß dadurch die Trägerschaft der externen Selbstverpflichtung nach innen ausgeweitet wird. Wer sich also als Mitarbeiter nicht selbst verpflichtet fühlt, hätte dann als Mittel, die Selbstverpflichtung nicht auf sich zu beziehen, die Kündigung.

- Mit "Selbstverpflichtung" kann ein Text gemeint sein, der sich überwiegend aus kommissiven Sprechakten und Einstellungsbekundungen aufbaut.
- Mit "Selbstverpflichtung" bzw. "Verpflichtung" ist eine Sprechereinstellung gemeint. Wird diese geäußert, kann man von einer Einstellungsbekundung sprechen.
- Eine "Selbstverpflichtung" (als Sprechereinstellung) kann notwendige Voraussetzung für den gelungenen Vollzug einer Sprechhandlung sein, z. b. eines Versprechens (s. u.).

Die Selbstverpflichtung als Normtyp in der Wirtschaft

In die Privatunternehmen und in den öffentlichen Sektor hat die Methode der Verhaltensmodifikation durch Selbstverpflichtung seit den frühen siebziger Jahren Eingang gefunden. Die meisten Interventionsprogramme waren amerikanisch (vgl. EUNSON 1990,110-113).[56] Das "Selbstmanagement" durch Verhaltensmodifika-

---

56 Im Wege des Selbstmanagement wurden Dinge ausprobiert wie das Formulieren eines sog. "Selbstverpflichtungsvertrages". Ein Beispiel für einen solchen "Selbstverpflichtungsvertrag" zitiert EUNSON (1990,112). Er fragt auch danach, ob die Verhaltensmodifikation funktioniert oder bedenklich ist. Daß der Mensch einen schwachen Willen hat und höchst erfinderisch ist, wenn es darum geht, sich selbst zu überlisten oder etwas vorzumachen, hat Astrid Lindgren in ihrer Erzählung "Pippi [Langstrumpf] zieht in die Villa Kunterbunt ein" trefflich geschildert. Ich zitiere die folgende Passage, weil eine Theoriesprache die Dinge wohl nicht besser auf den Punkt bringen könnte: "Annika fragte ängstlich: 'Wohnst du hier ganz allein?' 'Aber nein, Herr Nilsson und das Pferd wohnen ja auch hier.' 'Ja aber, ich meine, hast du keine Mutter und keinen Vater hier?' 'Nein, gar nicht', sagte Pippi vergnügt. 'Aber wer sagt es dir, wenn du abends ins Bett gehen sollst und all so was?' 'Das mache ich selbst', sagte Pippi. 'Erst sage ich es ganz freundlich, und wenn ich nicht gehorche, dann sage ich es noch mal streng, und wenn ich dann immer noch nicht hören will, dann gibt es Haue.' Ganz verstanden Thomas und Annika das nicht, aber sie dachten, daß es vielleicht

tion war zuvor meist in therapeutischen Situationen mit zurückgebliebenen Menschen eingesetzt worden. Populär wurde die Verhaltensmodifikation als Interventionsmethode für Unternehmen

durch die 'One Minute Manager'-Bücher von Blanchard, Johnson und Lorber [...]. Diese verwendeten kognitive, d. h. nicht-behaviouristische Begriffe wie Zielsetzung, aber sie verwendeten auch behaviouristische Hilfsmittel wie Lob (positive Verstärkung) und Verweis (Bestrafung), A-B-C-Analyse usw. Johnson hat die Zielsetzung-Lob-Verweis-Sequenz in Büchern verwendet, die sich an Mütter und Väter bei der Kindererziehung wandten [...] [EUNSON 1990,111].

Neben der Verhaltensmodifikation hat es weitere Gründe dafür gegeben, daß die Idee der Selbstverpflichtung "Karriere" machte:

Bei Skandalen in der Finanzwelt, in der Politik oder im Sport liest man in der Presse immer wieder die Forderung nach einem 'Ehrenkodex'. Tatsächlich sind in der jüngeren Vergangenheit in den verschiedensten gesellschaftlichen Bereichen, in den Wissenschaften, in der Medizin und im sozial-caritativen Bereich, vor allem aber in der Wirtschaft zahlreiche selbstverpflichtende Erklärungen, Verhaltensgrundsätze u. ä. entstanden. Im völkerrechtlichen Bereich arbeiten die UNO-Vollversammlung und ihre Tochterorganisationen FAO oder ILO, aber auch die EU oder die OECD in den letzten Jahren verstärkt mit dem Instrument der Selbstverpflichtung. Auf nationaler Ebene gilt dies für Wirtschaftsverbände, die für Problembereiche wie die Werbung oder den Umweltschutz selbstbeschränkende Branchenabkommen entwickeln. In Anlehnung an traditionelle berufsständische Kodizes entstehen daneben Leitbilder für moderne Berufsfelder wie den EDV- oder PR-Bereich. In Unternehmen setzt sich dieser Trend fort [WOLLASCH 1996,159f.][57]

In soziologischer Sicht gelten für selbstverpflichtende Normen folgende Bedingungen:

Sender und Empfänger der Norm sind identisch. Das bedeutet, die norm(durch)setzende Autorität ist nicht außerhalb des Unternehmens - beispielsweise in Gestalt des Gesetzgebers angesiedelt, sondern wird vom Unternehmen selbst verkörpert. Die Selbstverpflichtung ist Ausdruck seiner Autonomie, wenngleich einzuräumen ist, daß diese in der Realität durch politische und gesellschaftliche Rahmenbedingungen begrenzt ist. Die Idee der Selbstverpflichtung setzt jedoch bei den faktisch gegebenen Handlungsspielräumen an und zielt darauf, diese in eigener Regie selbstverantwortlich zu gestalten. In diesem Sinne läßt sich sagen, daß das Charakteristische an

---

ein ganz praktisches Verfahren wäre'.

57 Aus rechtlicher Sicht ist an Kodizes der Gesichtspunkt der Deregulierung interessant: "Vor dem Hintergrund der bestehenden Gesetzgebung und Rechtsordnung sollen sie dazu beitragen, gegebene Handlungsspielräume verantwortlich zu gestalten" (WOLLASCH 1996,161).

Kodizes die Freiwilligkeit ist. Diese qualifiziert sie als ethische Normen [...] Ethische Normen bedürfen statt dessen [i. e. der zwangsweisen Durchsetzung von Rechtsnormen; H. E.] der bewußten freien Zustimmung eines Individuums. Ethisches Handeln setzt Autonomie voraus, Autonomie der Subjekte im einzelnen ebenso wie in ihrer kollektiven Verfaßtheit. Ihren spezifischen sprachlichen Ausdruck findet unternehmensethische Selbstverpflichtung daher auch nicht in einem direktiven 'Du sollst', sondern in einem mehr oder weniger emphatischen 'Wir sind' bzw. 'Wir wollen'. Allerdings ist hier von Fall zu Fall zu prüfen, wer sich tatsächlich hinter einem solchen 'Wir' verbirgt. Dieses kann für das gesamte Unternehmen stehen oder nur für die Mitarbeiter, für Mitarbeiter in Führungspositionen zusammen mit der Unternehmensspitze oder für die Unternehmensleitung allein. Auch wenn das gesamte Unternehmen als Träger der ethischen Selbstverpflichtung erscheint, gilt doch umgekehrt, daß zu einer solchen Übernahme von Verantwortung praktisch nur die Unternehmensführung in der Lage ist. Sie ist die einzige Größe im Unternehmen, die über die in der Idee der Selbstverpflichtung vorausgesetzte Unabhängigkeit (Macht) verfügt [WOLLASCH 1996,169f.].

Die Sprechhandlung VERSPRECHEN

Im VERSPRECHEN kommt die Verbindlichkeit und die Zweiseitigkeit der Beziehung zwischen Emittenten und Adressaten am stärksten zum Ausdruck. Die Absicht, eine bestimmte Handlung auszuführen, und die Absicht, sich mit der Äußerung eines Satzes zur Ausführung der Handlung zu verpflichten, sind Teilbedingungen der Sprechhandlung VERSPRECHEN. Für das VERSPRECHEN gilt ferner eine Situation bestimmter Art als notwendige Bedingung für den Vollzug der Sprechhandlung:

Ein entscheidender Zug solcher Gelegenheiten oder Situationen scheint darin zu bestehen, daß der, dem etwas versprochen wird, wünscht (verlangt, das Bedürfnis hat usw.), daß etwas getan wird, und daß der, der das Versprechen gibt, diesen Wunsch (dies Verlangen, dies Bedürfnis usw.) erkennt [John R. Searle: Sprechakte. Frankfurt a. M. 1971,90].[58]

Ich stelle im folgenden die Regeln vor, die nach SEARLE für den Vollzug eines VERSPRECHENS gelten:

1. **Normale Eingabe- und Ausgabe-Bedingungen**
   [i. e. beispielsweise die Verständlichkeit der Äußerung; H. E.]
2. **In der Äußerung von T drückt S die Proposition aus, daß p**
   ["T" steht für 'Term', "S" für 'Sprecher' und "p" für 'Proposition'. Proposition meint die Satzbasis oder semantische Trägerstruktur, die unabhängig von der Illokution oder der kommu-

58 Originaltitel: Speech Acts. Cambridge University Press 1969.

nikativen Funktion der Äußerung ist: "Öffne das Fenster!", "Kannst du das Fenster öffnen?", "Das Fenster ist offen": p = 'daß das Fenster offen ist'; Illokution$_1$ = Aufforderung, Illokution$_2$ = Frage, Illokution$_3$ = Feststellung].

3. **Indem S ausdrückt, daß p, sagt S einen zukünftigen Akt A von S aus.**
Im Fall des Versprechens bestimmt das Mittel, das die illokutionäre Rolle anzeigt, auch bestimmte Merkmale der Proposition. Bei einem Versprechen muß von dem Sprecher ein Akt ausgesagt werden, der nicht in der Vergangenheit liegen darf [...] Die Bedingungen 2 und 3 werde ich Bedingungen des propositionalen Gehalts nennen [...]

4. **H** [i. e. Hörer] **sähe lieber S' Ausführung von A** [i. e. Akt oder Handlung] **als die Unterlassung von A, und S glaubt, H sähe lieber seine Ausführung von A als die Unterlassung von A.**
Eine wichtige Unterscheidung zwischen Versprechen einerseits und Drohungen andererseits besteht darin, daß ein Versprechen eine feste Zusage ist, etwas für jemanden zu unternehmen, nicht gegen ihn [...] Ein Versprechen ist unvollständig, wenn das Versprochene etwas ist, was der, dem es versprochen wird, gar nicht will; ferner ist es unvollständig, wenn der, der das Versprechen gibt, nicht glaubt, daß der, dem er etwas verspricht, dieses auch wünscht, denn ein vollständiges Versprechen muß ja als Versprechen und nicht als Drohung oder Warnung gemeint sein. Außerdem verlangt ein Versprechen im Gegensatz z. B. zu einer Aufforderung normalerweise eine Gelegenheit oder Situation bestimmter Art, die zu einem Versprechen auffordert [...] [s. o.].

5. **Es ist sowohl für S als auch für H nicht offensichtlich, daß S bei normalem Verlauf der Ereignisse A ausführen wird.**
Hierbei handelt es sich um eine allgemeine Bedingung für viele verschiedene Arten von illokutionären Akten, die besagt, daß der Akt einen Sinn oder Zweck haben muß [...]. Es ist unsinnig, etwas zu versprechen, wenn allen Beteiligten klar ist, daß ich das Versprochene ohnehin tun werde. Wenn ich ein solches Versprechen gebe, müssen meine Zuhörer meine Äußerung so auffassen, als ob ich glaubte, es sei nicht offensichtlich, daß ich das Versprochene sowieso täte. Ein glücklich verheirateter Mann, der seiner Frau verspricht, sie nicht in der nächsten Woche zu verlassen, ruft wahrscheinlich eher Besorgnis als Beruhigung hervor [...] Bedingungen wie die vierte und fünfte nenne ich Einleitungsbedingungen. Obwohl sie nichts über die Natur des Aktes aussagen, ist ohne sie kein gelungenes Versprechen möglich.

6. **S beabsichtigt, A zu tun.**
Der Unterschied zwischen aufrichtigen und unaufrichtigen Versprechen besteht darin, daß der Sprecher bei einem aufrichtigen Versprechen die Absicht hat, das Versprochene zu tun, bei einem unaufrichtigen dagegen nicht. Außerdem glaubt der Sprecher bei einem aufrichtigen Versprechen, daß es ihm möglich ist, die versprochene Handlung auszuführen (bzw. sie zu unterlassen) [...] Ich nenne die sechste Bedingung die Bedingung der Aufrichtigkeit.

7. **Es liegt in der Absicht von S, sich mit der Äußerung von T zur Ausführung von A zu verpflichten.**
Das wesentliche Merkmal eines Versprechens besteht in der Übernahme einer Verpflichtung zum Vollzug einer bestimmten Handlung. Ich glaube, daß das Versprechen (und andere Glieder derselben Familie, wie zum Beispiel Gelübde) sich durch diese Bedingung von

anderen Arten illokutionärer Akte unterscheidet. Es ist zu beachten, daß in der obigen Bedingung nur von der Absicht des Sprechers die Rede ist. (Durch die folgenden Bedingungen wird klar werden, wie jene Absicht verwirklicht wird.) Sie ist jedoch eindeutig eine notwendige Bedingung für den Vollzug eines Versprechens, denn wenn ein Sprecher zeigen kann, daß er bei seiner Äußerung jene Absicht nicht im Sinn hatte, so gilt das als Beweis dafür, daß seine Äußerung gar kein Versprechen war. Daß zum Beispiel Mr. Pickwick der Frau nicht wirklich versprochen hat, sie zu heiraten, wissen wir deshalb, weil uns bekannt ist, daß er nicht die dazu notwendige Absicht hatte. Ich nenne die obige Bedingung die wesentliche Bedingung.

8. **S beabsichtigt (I-i), bei H die Erkenntnis (K) zu bewirken, daß die Äußerung von T als S' Übernahme der Verpflichtung zur Ausführung von A anzusehen ist. S beabsichtigt, K durch die Erkenntnis von I-i zu bewirken, und es liegt in seiner Absicht, daß I-i auf Grund von (mittels) Hs Kenntnis der Bedeutung von T erkannt wird.**
   Die Formulierung dieser Bedingung ergibt sich auf Grund unserer Grice korrigierenden Analyse dessen, was es heißt, daß ein Sprecher eine Äußerung als ein Versprechen meint. Es ist die Absicht des Sprechers, einen bestimmten illokutionären Effekt dadurch zu erzeugen, daß er den Zuhörer dazu bringt zu erkennen, daß er jenen Effekt hervorzurufen beabsichtigt [...]. Wie wir bei der nächsten Bedingung sehen werden, ist es auf Grund der Regeln möglich, die in der wesentlichen Bedingung 7 ausgedrückte Intention dadurch zu erreichen, daß man eine Äußerung macht. Wie das geschieht, auf welche Weise dem Sprecher das gelingt, beschreibt die Bedingung 8.
9. **Die semantischen Regeln des Dialekts** [i. e. der historischen Einzelsprache], **den S und H sprechen, sind von solcher Beschaffenheit, daß T** [i. e. der Term] **korrekt und aufrichtig dann und nur dann geäußert wird, wenn die Bedingungen 1-8 erfüllt sind.**
   Diese Bedingung soll deutlich machen, daß der Gebrauch des vom Sprecher geäußerten Satzes zum Vollzug eines Versprechens auf den semantischen Regeln der Sprache beruht [...] [John R. SEARLE: Sprechakte. Frankfurt a. M. 1971, S. 88-94].

Zur sprachlichen Realisierungsform von VERSPRECHEN heißt es ebda S. 108f:

Ein illokutionärer Akt kann ohne die Verwendung eines expliziten Indikators der illokutionären Rolle [z. B. "hiermit verspreche ich"] vollzogen werden, wenn der Kontext und die Äußerung deutlich machen, daß die wesentliche Bedingung erfüllt ist. Auch wenn ich bloß sage, "Ich will es für dich tun", gilt diese Äußerung als Versprechen und wird als ein solches aufgefaßt, wenn aus dem Zusammenhang deutlich hervorgeht, daß ich damit eine Verpflichtung anerkenne (oder übernehme usw.). Es ist in der Tat selten nötig, ausdrücklich "Ich verspreche" zu sagen [SEARLE, Sprechakte S. 108f.].

Die Sprechhandlung VEREINBAREN und das rechtliche Regelungsinstrument der BETRIEBSVEREINBARUNG

VEREINBAREN ist eine kommissive (Rahmen-)Sprechhandlung bzw. eine Textsorte, mittels derer sich beide Seiten dazu verpflichten, eine bestimmte Handlung zu vollziehen (vgl. BRINKER 1988,109):

Selbstverpflichtende Texte sind in der Regel stark institutionalisiert; sie sind deshalb meistens durch eine direkte Signalisierung der Textfunktion gekennzeichnet, und zwar durch explizit performative Formeln mit den Verben *versprechen, sich verpflichten, schwören, übernehmen, sich bereit erklären, garantieren, sich verbürgen, wetten, anbieten* usw.). Die Obligationsfunktion ist eng verbunden mit thematischen Einstellungen voluntativer und intentionaler Art (z. B. *ich beabsichtige, habe vor, plane, werde, bin entschlossen* usw.). Der Emittent kann dadurch den Grad an Bereitschaft ausdrücken, den thematisierten Sachverhalt [i. e. die Proposition; H. E.] zu realisieren [BRINKER 1988,110].

Die BETRIEBSVEREINBARUNG ist ein rechtliches Regelungsinstrument, das in den §§ 77 und 88 des Betriebsverfassungsgesetzes verankert ist:

Betriebsvereinbarungen sind von Betriebsrat und Arbeitgeber gemeinsam zu beschließen und schriftlich niederzulegen. Sie sind von beiden Seiten zu unterzeichnen [...] Der Arbeitgeber hat die Betriebsvereinbarungen an geeigneter Stelle im Betrieb auszulegen [...] Betriebsvereinbarungen gelten unmittelbar und zwingend. Werden Arbeitnehmern durch die Betriebsvereinbarung Rechte eingeräumt, so ist ein Verzicht auf sie nur mit Zustimmung des Betriebsrats zulässig. Die Verwirkung dieser Rechte ist ausgeschlossen [...] Betriebsvereinbarungen können, soweit nichts anderes vereinbart ist, mit einer Frist von drei Monaten gekündigt werden [...] [Ausschnitte aus § 77 BetrVG].

Hinweis auf ein methodisches Problem und Diskussion von einigen kommissiven Äußerungen aus den von mir erhobenen Texten

Das grundsätzliche methodische Problem besteht in der Übertragbarkeit der Sprechakttheorie auf schriftliche Kommunikation und auf zusammengesetzte Handlungen, also Handlungen, an denen verschiedene Emittenten in verschiedenen - offiziellen - Rollen beteiligt sind. Die Probleme sind in der jüngsten Vergangenheit diskutiert worden, hier muß der Verweis darauf genügen, daß ich das Problem sehe, die Fülle des Materials jedoch eine Vertiefung an dieser Stelle nicht zuläßt.

Ich stelle nun einige Äußerungen aus den von mir erhobenen Texten vor und erörtere ihren kommunikativen Status:

Darum wollen wir [...] bei allem, was wir tun, Kompetenz beweisen [Segment aus Text Nr. 52.2].

Kommentar: Emittent ist der Vorstand. Der propositionale Gehalt ist mit "Kompetenz beweisen" (= 'kompetent sein') umschrieben. Für eine prototypische SELBSTVERPFLICHTUNG fehlt es der Einstellungsbekundung an der konkreten Bezogenheit auf das Spannungsverhältnis von Freiheit und Kontingenz. Die Äußerung ist also eher eine ABSICHTSERKLÄRUNG der Firma gegenüber externen Adressaten. Da der Sinn von sprachlichen Äußerungen stets auch Produkt der Rekonstruktion durch den Rezipienten ist, kann man nicht ausschließen, daß intern ein Mitarbeiter des Unternehmens die Äußerung als INDIREKTE FORDERUNG interpretiert, daß man sich anzustrengen habe.

Wir wollen in den kommenden zehn Jahren durch Steigerung der Qualität in allen Bereichen im Vergleich zur Branche überproportional quantitativ wachsen [Segment aus Text Nr. 91.7]

Kommentar: Als Emittenten treten die Eigentümer-Unternehmer in Erscheinung. Die Äußerung ist eher als eine ABSICHTSERKLÄRUNG zu interpretieren. Für eine ZIELSETZUNG ist die Verwendung des Modalverbs "wollen" wenig typisch, hinzu kommt, daß die Proposition für eine Zielsetzung konkreter sein müßte oder sollte. Worin das quantitative Wachstum besteht, wird nicht gesagt. Wachsen könnte die Mitarbeiterzahl, der Umsatz, die Eigenkapitalrendite, Produktpalette etc. Damit entfällt strenggenommen das Kriterium der Operationalisierbarkeit. Die Vagheit der Aussage ist also einem motivierenden und werbenden Text mehr angemessen als einem regulierenden. Für die Lesart SELBSTVERPFLICHTUNG fehlt der Bezug auf das Spannungsverhältnis von Freiheit und Kontingenz.

Nur wenn Sie gerne unser Kunde sind, kommen Sie auch gerne wieder [...]. Deshalb bestehen wir auf Sorgfalt. Wir behandeln Ihr Auto so, wie Sie es behandeln. Mit Sorgfalt [...] [Unterschriften von Firmenleitung und Belegschaft eines Kleinbetriebes] [Sequenz aus Text Nr. 99].

Kommentar: Emittenten sind Firmenleitung und Belegschaft einer Kfz-Firma. Der Text ist in Plakatform publiziert, damit die (Werkstatt-)Kunden ihn wahrnehmen und lesen können. Gleiche Plakate finden sich in allen (Vertrags-)Werkstätten des Großunternehmens aus der Automobilbranche. Es handelt sich bei der Äußerung *Deshalb bestehen wir auf Sorgfalt* vordergründig um eine SELBSTVERPFLICHTUNG. Pragmatisch und informationsökonomisch auffallend - und wohl charakteristisch für Werbetexte, die ja nicht ihrer Logik willen rezipiert werden - ist die Verteidigungshaltung des Textes: Wer besteht wem gegenüber auf Sorgfalt: das Großunternehmen gegenüber der Kfz-Werkstatt, die Werkstatt gegenüber dem Kunden, die Geschäftsführung der Werkstatt gegenüber den Mitarbeitern der Werkstatt? Möglicherweise hat diese Spannung ihre Ursache im Emittenten-"Splitting", das von denen, die den Text formuliert haben, nicht sorgsam genug bedacht worden ist. Die Äußerung bzw. Äußerungssequenz ist kein VERSPRECHEN, da Regel 5 und 7 (s. o.) nicht bzw. nicht uneingeschränkt gelten. Eine (ernsthafte) SELBSTVERPFLICHTUNG kommt allerdings - wie auch eine (ernsthafte) ABSICHTSERKLÄRUNG aus logischen Gründen nicht in Betracht: *Wir behandeln Ihr Auto so, wie Sie es behandeln* setzt voraus, daß - wenn man die Aussage ernst nimmt, der Emittent sich den durchaus unterschiedlichen Gewohnheiten des jeweiligen Fahrzeughalters anpassen wollte und danach handeln würde. Was hier logisch gesehen die ganze Äußerung als verunglückt erscheinen läßt, ist pragmatisch gesehen noch kein "verunglückter" Text, weil Werbe- oder Imagetexte sehr viel mehr Widersprüchlichkeiten tolerieren als kommunikative Äußerungen in anderer Funktion.

Nur wenn Sie gerne unser Kunde sind, kommen Sie auch gerne wieder. Deshalb versprechen wir Ihnen mehr Service [...] [Sequenz aus Text Nr. 99; s. o.].

Kommentar: Der Gebrauch des explizit performativen Verbs *versprechen* legt nahe, daß es sich bei der Äußerung um die Sprechhandlung VERSPRECHEN handelt. Man wird hier einwenden können, daß die Hinwendung zu mehr Service nicht einem konkreten Individuum gilt, sondern aus Wettbewerbsgründen eine Sachnotwendigkeit ist. Infolgedessen kann aufgrund von Regel 5 der Adressat auch vermuten, daß der Emittent auch beim normalen Verlauf der Dinge die versprochene Handlung ausführen wird, um im Markt zu überleben. Die Kundenfreundlichkeit ist also eine Folge des ureigenen Interesses, zumindest in Zeiten harten Wettbewerbs. Wie dem auch sei, bei der Einschätzung der obigen Äußerung wird man nicht sagen können, sie sei prototypisch für die Sprechhandlung VERSPRECHEN. Im übrigen ist es auffallend, daß die von mir erhobenen Texte das Verb "versprechen" insgesamt sehr selten verwenden.

Verpflichtung gegenüber Mitarbeitern

[...] Wir sind bestrebt, jedem Mitarbeiter dabei zu helfen, seine Fähigkeiten zu entwickeln und sein Leistungsvermögen voll einzusetzen [...] [Segment aus Text Nr. 11.1].

Kommentar: Hier überlagern sich VERPFLICHTUNG und ABSICHTSERKLÄRUNG. Hinter der Äußerung kann sowohl eine altruistische Absicht stehen als auch rationelles Kosten-Nutzen-Denken oder eben beides. Probleme bei der Deutung der Äußerung als VERSPRECHEN gibt es bei der Anwendung von Regel 5 (s. o.), denn auch beim normalen Verlauf der Dinge müßte dem Unternehmen daran gelegen sein zu helfen, daß der Mitarbeiter sein Leistungsvermögen voll einsetzen kann. Daß es Situationen gibt, in denen Mitarbeiter die Äußerung als VERSPRECHEN interpretieren und seine Einlösung fordern, ist mit dem hier Gesagten vereinbar. Fest steht, daß die Äußerung aufgrund der besonderen Situationskonstellation nicht prototypisch ist für ein im Hinblick auf die Erfüllung der Regeln vollständiges VERSPRECHEN.

3.3.2 Kommissive Formen der Verbindlichkeitsgestaltung

Zwei verschiedene Arten der expliziten kommissiven Verbindlichkeitsgestaltung sind im Textkorpus belegt: die BETRIEBSVEREINBARUNG und die SELBSTVERPFLICHTUNG. Beide Rahmensprechhandlungen beziehen sich auf Texte, die Grundsätze für Mitarbeiterführung und Zusammenarbeit explizieren wollen.

Betriebsvereinbarung

Für die Sprechhandlung VEREINBAREN gilt, daß sich beide Kommunikationspartner zu einem bestimmten künftigen Tun (und Lassen) bindend verpflichten. Die Betriebsvereinbarung ist eine rechtsverbindliche Regelungsform (s. o.) Bei den von mir erhobenen Texten wird nur sehr selten von ihr Gebrauch gemacht.[59] Ich zi-

59 Es hat sich in Umfragen gezeigt, daß rechtsverbindliche Regelungsformen für Führungsgrundsätze (Weisung qua Direktionsrecht, Regelung qua Arbeitsvertrag/Tarifvertrag etc.) auf Vorbehalte stoßen. "Freiwillige Betriebsvereinbarungen werden immer dann als zweckmäßig erachtet, wenn mit dem Betriebsrat auch in Fragen der Führung eng und gut kooperiert wird, der Betriebsrat über eine starke Verhandlungsposition verfügt und der Betriebsrat einen kompetenten Gesprächspartner oder Interessenvertreter auch bei Führungsfragen darstellt" (WUNDERER/KLIMECKI 1990,177).

tiere im folgenden die performativen Rahmensprechhandlungen einer Betriebsvereinbarung über Führungsgrundsätze:

Betriebsvereinbarung

Nr. 1/83

Führungsgrundsätze Gültig ab: 01.09.1983

Vorstand und Gesamtbetriebsrat der [XY] AG vereinbaren folgende Führungsgrundsätze

[Es folgt der Text der die Grundsätze für Führung und Zusammenarbeit expliziert; H. E.]

Schlußbestimmungen

Diese Betriebsvereinbarung tritt am 01.09.1983 in Kraft. Zum gleichen Zeitpunkt werden die Führungsgrundsätze vom Februar 1974 außer Kraft gesetzt.
Die Betriebsvereinbarung kann mit einer Frist von 3 Monaten zum Ende eines Kalendervierteljahres schriftlich gekündigt werden.

[Ort und Datum]
Gesamtbetriebsrat [7 Unterschriften] [XY] AG [10 Unterschriften]
[Sequenz aus Text Nr. 92.1]

Selbstverpflichtung

In Umfragen unter Führungskräften gaben 82 % der Befragten an, daß sie die weitgehende Selbstverpflichtung von Führungskräften auf Führungsgrundsätze für wichtiger hielten als eine rechtliche Normierung (vgl. WUNDERER/KLIMECKI 1990,180). Bei den von mir erhobenen Texten findet man dementsprechend verschiedene Formen der Verpflichtung von Führungskräften durch Beteiligung am Gestaltungs- und Verabschiedungsprozess. Freilich sind explizite Selbstverpflichtungserklärungen, wie sie das folgende Beispiel zeigt, eher selten und erklären sich durch ihre Entstehungsgeschichte:

[XY] Regeln zu Führung und Zusammenarbeit

'Mitarbeiterführung' und 'Verbesserung der Zusammenarbeit durch zielorientiertes Verhalten' - das waren die Themen der Seminare für die Leitenden Angestellten, die in den vergangenen Jahren [...] veranstaltet wurden [...] es gab eine Fülle von Hinweisen und Anregungen [...] Diese [...] wurden [...] in einer Gesprächsrunde zwischen Vorstand und Bereichsleitern spontan und stichwortartig als 'Regeln zu Führung und Zusammenarbeit' festgehalten. Die auf solche pragmatische Weise entstandenen Regeln können verständlicherweise nicht vollständig sein, aber doch Anspruch auf Verbindlichkeit erheben. Mit ihnen wird ein Anfang gemacht, der sich nach weite-

ren Erfahrungen und Diskussionen letztlich zu einem vollständigen Katalog von Führungsgrundsätzen unseres Unternehmens entwickeln soll.
[Ort und Datum] [XY] AG Der Vorstand

[Es folgt eine Präambel und der Text, der die Führungsgrundsätze expliziert; H. E.]

Regel 6
Wir verpflichten uns, die Regeln einzuhalten [...].
[Sequenzen aus Text Nr. 71.]

Kommentar

Eine gewisse Spannung entsteht bei dieser Art der Verbindlichkeitsregelung dadurch, daß im Anschluß an die Bekundung der Selbstverpflichtung keine Hinweise auf die Subjekte, die sich verpflichten, gegeben werden. Für das Vorwort hat der Vorstand verantwortlich gezeichnet. Dort wurden aber auch die Bereichsleiter als Subjekte erwähnt. Allerdings vermeidet das Vorwort die Darstellung von Vorstand und Bereichsleitern als Kollektivsubjekt. Die Präambel verkompliziert die Verhältnisse weiter, insofern hier von *Mitarbeitern auf allen Stufen* gesprochen wird, was man auch so interpretieren kann, als würde die Trägerschaft der Selbstverpflichtungssubjekte qua Direktionsrecht indirekt oder implizit ausgeweitet.

3.3.3 Ausdrucksfunktional-kommissive Unternehmensleitsätze (Beziehungsorientierte UL)

Inwieweit bei den von mir erhobenen Texten ausdrucksfunktional-kommissiven Typs das ABSICHTSERKLÄREN oder das SELBSTVERPFLICHTEN überwiegt, und welche nicht-kommissiven Sprechhandlungen und Äußerungen begegnen, das ist von Text zu Text verschieden. Es erscheint mir wenig sinnvoll zu sein, von reinen ABSICHTSERKLÄRUNGS- und reinen SELBSTVERPFLICHTUNGS-TEXTEN zu sprechen oder angesichts der oben angedeuteten Probleme die Sprechhandlungen des VERSPRECHENS zu quantifizieren. Wie auch immer die Verhältnisse im einzelnen liegen, man wird wohl allgemein von UNTERNEHMENSLEITSÄTZEN sprechen dürfen, die eine programmatische Komponente und eine beziehungsorientierte Selbstverpflichtungskomponente enthalten. Ich stelle im folgenden eine umfangreichere Variante und zwei Reduktionsvarianten als Vertreter der Textsorte KOMMISSIV-PROGRAMMATISCHE UNTERNEHMENSLEITSÄTZE vor:

Leittext A

Unternehmensgrundsätze

Oberste Leitlinie für alle geschäftlichen Aktivitäten sind folgende Unternehmensgrundsätze:

Achtung vor dem einzelnen

Wir bekennen uns zur Achtung vor den Rechten und der Würde jeder einzelnen Mitarbeiterin und jedes einzelnen Mitarbeiters.

Darum will das Unternehmen

- seinen Mitarbeiterinnen und Mitarbeitern helfen, ihre Anlagen zu entwickeln und ihre Fähigkeiten optimal einzusetzen;
- nach Leistung bezahlen und fördern;
- für eine Arbeitsbeziehung zwischen den Führungskräften und ihren Mitarbeiterinnen und Mitarbeitern eintreten, die auf gegenseitiger Achtung aufgebaut ist;
- sicherstellen, daß jede Mitarbeiterin und jeder Mitarbeiter in fairer Weise gehört wird und Meinungsverschiedenheiten gerecht gelöst werden.

Dienst am Kunden

Es ist unser Bestreben, das kundenfreundlichste Unternehmen der Branche zu sein. Deshalb halten wir es für unsere Pflicht, unseren Kunden den bestmöglichen Service zu bieten. Dies gilt für alle Unternehmensbereiche.

Daher wollen wir

- die aktuellen und zukünftigen Bedürfnisse unserer Kunden kennen und sie gemeinsam mit ihnen in strategische Entwicklungskonzepte umsetzen;
- unsere Produkte und Dienstleistungen zum Nutzen unserer Kunden weiterentwickeln;
- durch hervorragende Wartung und Unterstützung unseren Kunden helfen, unsere Erzeugnisse und Dienstleistungen auf bestmögliche Weise zu nutzen;
- unsere Beziehung zu Partnerfirmen so gestalten, daß auch deren Dienstleistungen für unsere Kunden den größtmöglichen Nutzen erbringen.

Spitzenleistung - unser Leitmotiv

Unser gesamtes Handeln wird von dem Ziel bestimmt, sowohl in unseren Produkten und Dienstleistungen als auch in unseren Geschäftsprozessen Spitzenleistungen zu erbringen. Wir wollen, daß Qualität als Markenzeichen der [Firma XY] verstanden wird. Dies erfordert von jedem einzelnen von uns die ständige Bereitschaft, Qualitätsarbeit zu leisten.

Darum wollen wir

- bei neuen Entwicklungen führend sein; insbesondere in Technologie und Qualität der Produkte;
- unsere Arbeit auch an den Fortschritten anderer messen;
- unsere Pläne ändern, wenn es den Geschäftserfordernissen entspricht;
- auf allen Gebieten wettbewerbsfähig sein und alle Möglichkeiten der Produktivitätssteigerung und Kostensenkung nutzen;
- bei allem, was wir tun, Kompetenz beweisen.

Effektive Führung

Unser Erfolg hängt von engagierten, fachlich kompetenten und unternehmerisch denkenden Führungskräften ab, die es verstehen, die Mitarbeiterinnen und Mitarbeiter für die Ziele des Unternehmens zu gewinnen. [Wechsel vom kommissiven zum direktiven Stil; H. E.] Daher sollen die Führungskräfte

- nach den Unternehmensgrundsätzen handeln;
- Mitarbeiterinnen und Mitarbeiter so führen, daß diese ihre Aufgaben in hervorragender Weise erfüllen;
- enge Zusammenarbeit mit Mitarbeiterinnen und Mitarbeitern pflegen;
- für Weiterbildung und Weiterentwicklung der Mitarbeiterinnen und Mitarbeiter sorgen;
- Richtlinien und Entscheidungen ihrer Vorgesetzten beachten, aber auch den Mut haben, diese - wenn nötig - in Frage zu stellen;
- neuen Ideen aufgeschlossen gegenüberstehen.

Verpflichtung gegenüber den Aktionären

Wir sind unseren Aktionären gegenüber verpflichtet, die durch ihre Investitionen unser wirtschaftliches Handeln ermöglichen.
Deshalb sind wir gehalten,

- mit dem uns anvertrauten Kapital sorgfältig umzugehen;
- eine angemessene Rendite zu erwirtschaften;
- alle Gelegenheiten für ein stetiges und ertragreiches Wachstum wahrzunehmen.

Faires Verhalten gegenüber Lieferanten

Unser Verhalten gegenüber Lieferanten von Gütern und Dienstleistungen soll fair und unvoreingenommen sein [Wechsel zurück zum kommissiven Stil; H. E.].
Daher wollen wir

- Lieferanten nach der Qualität ihrer Erzeugnisse und Dienstleistungen, nach ihrer Zuverlässigkeit und der Wettbewerbsfähigkeit ihrer Preise auswählen;
- beim Abschluß von Verträgen die legitimen Interessen sowohl der Lieferanten als auch unseres Unternehmens berücksichtigen;
- Verträge nach dem Prinzip von Treu und Glauben abwickeln;
- unangemessene Abhängigkeit der Lieferanten von unserem Unternehmen vermeiden;
- die Wettbewerbsfähigkeit der Lieferanten durch Know-how-Transfer stärken.

Verantwortung gegenüber der Gesellschaft

Als Wirtschaftsunternehmen tragen wir staatsbürgerliche Verantwortung auf nationaler und internationaler Ebene. Wir fühlen uns deshalb verpflichtet, zur Weiterentwicklung der Gesellschaft beizutragen. Gesellschaftliche Verantwortung heißt für uns, die Bedingungen mitzugestalten, unter denen Menschen gern leben und arbeiten.
Daher wollen wir

- Chancengleichheit für alle - unabhängig von Rasse, Hautfarbe, Religion, Nationalität, Alter und Geschlecht;
- im Wettbewerb fair sein aus Achtung vor unseren Mitbewerbern und vor dem Gesetz;

- gemeinnützige Projekte unterstützen, vor allem in den Bereichen Wissenschaft und Forschung, Bildung und Ausbildung, Umweltschutz und Soziales, Kultur und Sport, Medizin und Behinderte;
- verantwortungsbewußt dafür Sorge tragen, daß durch unsere Geschäftstätigkeit eine Belastung der Umwelt möglichst vermieden wird, indem wir natürliche Ressourcen schonen, umweltfreundliche Technologien entwickeln, eigenverantwortlich strenge Maßstäbe setzen;
- bei der Gestaltung der wirtschafts- und gesellschaftspolitischen Rahmenbedingungen unsere Unterstützung anbieten, wenn unsere Erfahrung von Nutzen sein kann [Teiltext aus Nr. 52.2].

Leittext B

Verantwortung für den wirtschaftlichen Erfolg auf lange Sicht

Wir erwirtschaften angemessene finanzielle Ergebnisse durch qualitatives Wachstum und ständige Erneuerung einer ausgewogenen Geschäftsstruktur, so daß wir das Vertrauen all jener rechtfertigen, die auf unser Unternehmen bauen - Aktionäre, Mitarbeiter/innen, Geschäftspartner und Öffentlichkeit. Wir werden unsere langfristige Zukunft nicht durch die Maximierung des kurzfristigen Gewinns gefährden.

Gesellschaftliche Verantwortung

Wir sind ein vertrauenswürdiges, gegenüber der Gesellschaft offenes Unternehmen. Mit unserer Geschäftstätigkeit wollen wir einen sinnvollen Beitrag zur Lösung globaler Probleme und zum Fortschritt der Menschheit leisten. Wir sind uns unserer Verantwortung bewußt, wenn wir neue Erkenntnisse in Wissenschaft und Technik zur kommerziellen Anwendung bringen. Wir wägen Nutzen und Risiko bei allen Aktivitäten, Verfahren und Produkten sorgfältig ab.

Verantwortung für die Umwelt

Rücksicht auf die Umwelt ist Teil all unseres Handelns. Wir entwickeln Produkte und Verfahren so, daß sie ihren Zweck sicher und mit geringstmöglicher Umweltbelastung erfüllen. Wir machen sparsamen Gebrauch von Rohstoffen und Enegie und bemühen uns ständig, Abfälle in jeder Form zu reduzieren. Es ist unsere Pflicht, unvermeidbaren Abfall unter Einsatz neuester Technologie sicher zu entsorgen.

Führung

Die Wahrnehmung unserer drei gleichrangigen Verantwortungen verlangt eine aufgeschlossene und engagierte Führung [Wie bei Leittext A: Wechsel zum direktiven Stil; H. E.] // Unsere Führungskräfte gehen mit dem guten Beispiel voran. Sie müssen über Weitblick, Mut, menschliches Verständnis und Sinn für die Realität verfügen. [Wechsel zurück zum kommissiven Stil; H. E.] Wir bauen auf gerichtete Eigenständigkeit, d. h. wir geben unseren Mitarbeitern/innen einen Rahmen vor und gestehen ihnen die Freiräume und die Unterstützung zu, die sie für die Erfüllung ihrer Aufgaben brauchen. Wir fördern und belohnen ein unternehmerisches und risikobereites Verhalten unserer Mitarbeiter/innen [Teiltext aus Nr. 21.3].

Leittext C

In der weltoffenen Tradition unserer Bank fühlen wir uns unseren Kunden partnerschaftlich verpflichtet. Wir bekennen uns zu den Prinzipien des fairen Wettbewerbs auf Basis der sozialen Marktwirtschaft und einer freiheitlichen Gesellschaftsordnung. Im Mittelpunkt unserer unternehmerischen Strategien und Konzepte steht der Kunde. Auf allen Ebenen der Bank steht unternehmerisches Denken und Handeln im Vordergrund. Unsere Mitarbeiter bestimmen durch ihre Leistung entscheidend den Unternehmenserfolg. Alle Mitarbeiter sind sich bewußt, daß sie dazu beitragen, das Bild der Bank in der Öffentlichkeit zu prägen. Die Kommunikation in der [XY] Bank vollzieht sich offen und vermittelt Zielsetzungen, Grundsätze und Wertmaßstäbe nach innen und außen [Teiltext aus Nr. 22].

3.3.4 Bekenntnis

Wie im Falle der ABSICHTSERKLÄRUNG und SELBSTVERPFLICHTUNG so handelt es sich auch bei dem BEKENNTNIS um eine Einstellungsbekundung des Emittenten. Ein BEKENNTNIS ist eine wertbezogene Einstellungsbekundung. Bei den von mir erhobenen Texten begegnen bekennende Äußerungen sowohl in Führungs- als auch in Unternehmensgrundsätzen. Äußerungen mit dem Status eines (Teil-)textes bleiben allerdings selten. Das Leitbeispiel verwendet ein einziges Satzgefüge, wobei sieben Adverbialnebensätze des Grundes den inhaltlichen Informationskern entfalten. Die Neigung zum einsätzigen Text verbindet den Leittext mit einer ähnlichen Tendenz, wie man sie vom Urkundenstil her kennt, der ebenfalls Feierlichkeit und Verpflichtung durch Verstärkung des ausdrucksseitigen Aufwandes signalisiert. Daß das Bekenntnis meist bei Führungsgrundsätzen begegnet, die kooperativen Ideen verpflichtet sind, dürfte mit der hohen Werteorientierung dieser Modelle zusammenhängen, die gelegentlich auch zum feierlich-getragenen Sakralstil neigen und Textmusteranleihen bei LITANEI und CREDO machen, wie der Leittext zeigt.

Leittext

Grundsätze der Zusammenarbeit

Das Leitbild unseres Hauses stellt hohe Anforderungen an uns alle. Wir alle **bekennen** uns deshalb zur kooperativen Führung.

Weil

- kooperative Führung eine hohe Übereinstimmung zwischen persönlichen Zielen und Unternehmenszielen anstrebt.
- kooperative Führung Motivation und Leistungsbereitschaft fördert.
- kooperative Führung den Umgang miteinander und die Zusammenarbeit in einer Atmosphäre von Verständnis, Vertrauen und gegenseitiger Achtung zum Ziel hat.
- kooperative Führung uns in die Lage versetzt, eigenverantwortlich zu handeln.
- kooperative Führung eine faire Beurteilung der Leistungen und des Arbeitsverhaltens ermöglicht.
- kooperative Führung beinhaltet, daß wir entsprechend unseren Neigungen und Fähigkeiten gefördert und für zukünftige Anforderungen qualifiziert werden.
- kooperative Führung zu einem Verhalten führt, durch das jeder einzelne Vorbild für andere ist [Teiltext aus Nr. 28.1].

3.3.5 Zusammenfassung und Überblick über die FG-/UG-Verteilungsspezifik

Eine Teilmenge der von mir erhobenen Führungs- und Unternehmensgrundsätze läßt sich mehr oder weniger klar den folgenden ausdrucksfunktionalen und kommissiven Textsorten zuordnen:

- BETRIEBSVEREINBARUNG (als rechtliches Instrument der Verbindlichkeitsregelung)
- SELBSTVERPFLICHTUNG (als kalkulatives Instrument der Verbindlichkeitsgestaltung)
- PROGRAMMATISCH-KOMMISSIVE UNTERNEHMENSLEITSÄTZE
- BEKENNTNIS

Nach dem Kriterium der Gebrauchshäufigkeit gehören nur die PROGRAMMATISCH-KOMMISSIVEN UNTERNEHMENSLEITSÄTZE zum Zentrum des von mir erhobenen Textsortenspektrums.

Die folgende Übersicht verdeutlicht die Verteilungsspezifik der Textsorten im Hinblick auf folgende Parameter:

- Zugehörigkeit der Textsorte zu Zentrum oder Peripherie des von mir erhobenen Textsortenspektrums nach dem Kriterium der Gebrauchshäufigkeit,
- thematische Ausrichtung des Textes auf Unternehmensgrundsätze oder Grundsätze für Führung und Zusammenarbeit,
- Autonomiegrad des Textes (s. die Hinweise in Kap. 3.1.1.3).

Textsorte/Verbindlichkeitsgestaltung	Zentrum	Autonomie			Thema		
		frei	potentiell frei	nur gebunden	nur FG	nur UG	FG+UG
PROGRAMMATISCH-KOMMISSIVE UNTERNEHMENSLEITSÄTZE	+	+	+	-	-	-	+
BEKENNTNIS	-	-	+	+	+	-	-
Kommissive Formen der Verbindlichkeitsgestaltung:							
BETRIEBSVEREINBARUNG	-			+[1]	+	-	-
SELBSTVERPFLICHTUNG	-			+[1]	+	-	-

[1]) Im Skopus (Wirkungsbereich) der Verbindlichkeitsgestaltung steht der jeweilige Text, der die Führungsgrundsätze expliziert. Insofern sind die verbindlichkeitsgestaltenden Rahmenäußerungen stets gebundene metatextliche Äußerungen.

3.4 Mikrotexte

Unter Mikrotexten verstehe ich textwertige Sätze oder Setzungen. Ein bekanntes Beispiel für Mikrotexte sind z. B. Sprichwörter. Ich unterscheide Mikrotexte und

Reduktionsvarianten von Textsorten, die in der Regel mehrsätzige textwertige Äußerungen sind. Reduktionsvarianten habe ich in den vorangegangenen Kapiteln vorgestellt. In der Regel sind die im folgenden zitierten Mikrotexte "Attraktivmacher" oder zusammenfassende Kernaussagen, also textliche "Beigaben". Nur wenige Mikrotexte haben Plakatform und werden selbständig veröffentlicht.

3.4.1 Mobilisierender Slogan

Der mobilisierende Slogan hat einen starken Appellcharakter, sei es infolge der Verwendung von Ausdrucksformen der Aufforderung oder infolge des Einsatzes von rhetorischen Mitteln:

Unsere Philosophie // Zufriedene Kunden // Zufriedene Mitarbeiter // Zufriedene Kapitalgeber [Text Nr. 49.2; Plakat].

Ideenreiche Köpfe, // schöpferische Hände, // motivierte Herzen [Segment aus Text Nr. 35.4].

Hierzu zähle ich auch Äußerungen, die mehr den Charakter einer Parole/Losung oder eines Mottos haben:

Das Angebot heißt jetzt: 'Ein Lernsystem: Cybernetic' [Segment aus Text Nr. 35.2].

Unser Auftrag lautet daher: Begleiten wir [XY] durch unser gemeinsames Handeln und Tun 'auf dem Weg zum Lernunternehmen' [Segment aus Text Nr. 35.4].

Gemeinsam finden wir die Lösung [Honeywell-Motto; Segment aus Text Nr. 50.1].

3.4.2 Informierende Sentenz

Informierende Sentenzen trifft man oft in Führungsgrundsätzen von mittelständischen Unternehmen an. Sie zeigen, daß im Unterschied zu Großunternehmen hier noch literarische und alltagsweltliche Texttraditionen nachwirken:

Wer unter Euch der Größte ist, der muß Diener aller sein [Segment aus Text Nr. 49.1].

Stillstand ist Rückschritt [ebda].

Es gibt nichts Gutes, außer man tut es [ebda].

3.4.3 Orientierende Leitbildformel

Orientierende Leitbildformeln nenne ich solche Mikrotexte, die ein Leitbild im Sinne eines 'Ideals' mit wenigen Worten umschreiben. Die Leitbildvorstellung oder Idealvorstellung ist nicht zu verwechseln mit der Textsorte LEITBILD.

Leitbildformeln

Zusammenarbeit und Führung in unserem Unternehmen orientieren sich am Leitbild einer Leistungsgemeinschaft qualifizierter, motivierter und engagierter Mitarbeiter [Segment aus Text Nr. 93.2].

[Die Firma XY] ist ein ganzheitlich verstandenes, internationales Unternehmen, das mit seinen Produkten und Leistungen in eine Umwelt vielfältig vernetzter Systeme eingebettet ist [Segment aus Text Nr. 35.4].

3.4.4 Zitate

In einigen Fällen werden Führungs- und Unternehmensgrundsätze zusätzlich dadurch expliziert, daß man historische Persönlichkeiten (Firmengründer) oder Führungspersönlichkeiten der Gegenwart (Unternehmensleiter) zu Wort kommen läßt. Zitate von Personen mit gleichsam natürlicher Autorität sind z. B.:

'Als Lebensziel möchte ich nicht nur ein erfolgreicher Unternehmer sein, sondern allen meinen Mitarbeitern die Möglichkeit bieten, sich menschlich weiterentwickeln zu können' [Der Firmengründer; Segment aus Text Nr. 102.1].

'Unsere kooperative und informelle Arbeitsweise ist in allen Betriebsstätten spürbar. Einer der Gründe dafür, daß wir modernste Technologien beherrschen und das Vertrauen unserer Kunden erwerben konnten, ist die Tatsache, daß wir schnell, ohne Formalitäten und direkt miteinander sprechen können.' [Der Leiter des Gesamtunternehmens; Segment aus Text Nr. 50.1].

3.5 Textmustermischung

Bei den von mir erhobenen Texten finden sich vor allem sechs Arten von Textmustermischungen. Ich nenne sie Mustervariation, Musteraddition, Musterinklusion, Musterkonflikt, Musterstilisierung und Musterverkleidung bzw. -attrappen.[60]

Textmustervariation

Von Textmustervariation oder Textmusterverschränkung spreche ich zum einen vor allem mit Blick auf die verschiedenen Regeltypen, die in den von mir erhobenen Texten nicht selten nebeneinander stehen.[61] Es gibt Texte, die nur einen einzigen Regeltyp realisieren wie z. B. der PFLICHTENKANON als Summe von GEBOTEN. Es gibt aber auch Texte, die (fast) das ganze Potential an Regeltypen nutzen. Solche Texte meine ich hier, wenn ich von Textmusterverschränkungen spreche. Es geht dabei um die Verwendung von Regeln verschiedenen Typs. Von Textmusterverschränkung kann nicht die Rede sein, wenn auf eine Regelformulierung eine (stützende) Regelbegründung oder entfaltende Erklärung folgt. Zum anderen spreche ich von Textmustervariation oder -verschränkung dann, wenn ein Ganztext vorliegt, der sich aus zwei oder mehr potentiell selbständigen Teiltexten größeren Umfangs aufbaut, wobei die Teiltexte verschiedenen Textsorten angehören.

Textmustervariation als Regelvariation

Regel 6

Wir verpflichten uns, die Regeln einzuhalten.

- Unser Handeln hat Vorbildcharakter.
- Jeder Mitarbeiter hat das Recht, sich auf diese Regeln zu berufen und sich an seinen zuständigen Vorgesetzten zu wenden sowie bei nicht zu klärenden Unstimmigkeiten den Vorstand anzurufen.
- Ergänzungs- und Änderungsvorschläge für diese Regeln können von jedem Mitarbeiter einem hierfür geschaffenen Gremium unterbreitet werden [Sequenz aus Text Nr. 71].

---

60 Vgl. EBERT (1995a) und SANDIG (1989), LERCHNER (1990). Der Ausdruck "Mustermischung" geht zurück auf Jochen REHBEIN: "Zur pragmatischen Rolle des Stils. In: Germanistische Linguistik 1983,21-48.

61 Erinnert sei an die Ausführungen von L. HOFFMANN (1992,138), der die verschiedenen Textarten - hier Regeltypen genannt - von Gesetzestexten vorgestellt hat.

Kommentar: Grundsätzlich kann man sagen, daß zumindest zwei Regeltypen in diesem Textsegment variiert werden. Die erste Textäußerung ist eine SELBST-VERPFLICHTUNG von Führungskräften, die dritte und vierte Äußerung fällt unter den Regeltyp RECHT. Ein Problem stellt die Beziehung zwischen erster und zweiter Textäußerung dar: Die zweite kann als eine RECHTFERTIGUNG der ersten aufgefaßt werden. Dann handelt es sich um eine Stützungsbeziehung.[62] Die zweite Äußerung kann aber auch als autonome Äußerung angesehen werden, die funktional unbetimmt oder mehrdeutig ist. Man kann sie als SELBSTVERGEWISSERUNG, SELBSTVERPFLICHTUNG oder IDEALBESCHREIBUNG mit normativem Anspruch deuten.

Textmustervariation als Kombination von musterverschiedenen Teiltexten mit ähnlicher Funktion

Ein Beispiel für diese Art von Mustervariation ist Text Nr. 50.1 (s. o. unter KATECHISMUS und LEHRHAFTE DARSTELLUNG. Die Honeywell-Broschüre hat einen Gesamtumfang von 31 Seiten und den Charakter eines komplexen Textes, der sich aus verschiedenen Teiltexten aufbaut. Der Ganztext hat lehrhaften Charakter. Die musterverschiedenen Teiltexte verbreiten sich wie folgt über jeweils ein Thema: LEHRHAFTE DARSTELLUNG (linke Seite), ZITAT des Leiters des Gesamtunternehmens (rechte Seite oben), KATECHISMUS (untere Hälfte der rechten Seite). Das Gesamtthema der Doppelseite, aus der ich Ausschnitte zitiere, ist der Kunde:

Ohne die vertrauensvolle und erfolgreiche Zusammenarbeit mit einem immer größer werdenden Kundenstamm kann Honeywell nicht wachsen. Ohne die Anregungen von Kunden wären die Produkte von Honeywell nicht wettbewerbsfähig [...]. So etwa hat ein Kundendienstleiter das Verhältnis Honeywell/Kunden beschrieben. Deshalb ist auch das dritte "Honeywell Principle", das die Zusammenarbeit mit Kunden und das Bestreben, ihre Anforderungen zu erfüllen, umschreibt, ein ganz wesentlicher Bestandteil der Unternehmensphilosophie [...] [Unternehmensphilosophische lehrhafte Darstellung].

"Die enge Zusammenarbeit mit unseren Kunden in aller Welt zur Erfüllung ihrer Anforderungen ist der Schlüsselfaktor unseres Erfolges und die Grundlage unseres Firmenmottos 'Gemeinsam finden wir die Lösung'." Ed Spencer [Zitat des Leiters des Gesamtunternehmens]

---

62 Das zeigt die Ersetzungsprobe: "Wir verpflichten uns, die Regeln einzuhalten [,denn] unser Handeln hat [für unsere Mitarbeiter] Vorbildcharakter."

F: In meiner Abteilung wissen wir nicht genug über die Wünsche der Kunden, um beurteilen zu können, ob wir richtig liegen. Was kann getan werden, um das zu ändern?
A: Der Kundenorientierung wird immer mehr Wert beigemessen [...]. Überall im Unternehmen werden Programme eingeführt, die dazu dienen sollen, allen Mitarbeitern die Schlüsselrolle deutlich zu machen, die jeder einzelne [...] für den Kunden spielt [...].
F: Meine Abteilung hat nichts mit dem Verkauf zu tun. Warum müssen wir uns Gedanken über das Kundenprinzip machen?
A: Obwohl nicht jeder Honeywell-Mitarbeiter direkten Kundenkontakt hat, haben wir alle Kunden [...]. Die Zufriedenheit des Kunden ist das Ergebnis vieler Faktoren. Zum Zusammenspiel dieser Faktoren tragen alle Bereiche des Unternehmens bei [Teiltext aus Nr. 50.1, s. o. Kap. 3.2.4.2 und 3.2.4.5].

Textmusteraddition

Während bei der Textmustervariation - den Fall der Regelvariation einmal ausgenommen - funktionsverschiedene Teiltexte themenzentriert ineinander verschränkt sind, folgen bei der Textmusteraddition funktions- und/oder musterverschiedene Teiltexte aufeinander. Ein typisches Beispiel sind solche Texte, bei denen Führungsgrundsätzen Unternehmensziele vorangestellt worden sind. Dieses Verfahren entsprach im wesentlichen einer Empfehlung des Arbeitgeberverbandes und hatte einen motivationspsychologischen Hintergrund (vgl. HOFFMANN 1989,172 Anm. 20). Der folgende Text addiert in diesem Sinne einen unternehmenspolitischen ZIELSETZUNGSKANON mit einem RECHTE- u. PFLICHTENKANON (Titel der Broschüre: *Führungsgrundsätze*):

Führungsgrundsätze

Unternehmensziele

sind:

1. Die gesicherte Stromversorgung und die ordnungsgemäße Durchführung des Personen-Nahverkehrs zu vertretbaren Tarifen und Preisen,
2. das Erwirtschaften befriedigender Ergebnisse bei ausreichender Finanzkraft des Unternehmens,
3. die Wahrung der gegenüber der Öffentlichkeit bestehenden Pflichten und der sozialen Verantwortung gegenüber den Mitarbeitern.

1. Übertragung von Verantwortung

Die Führung im Unternehmen beruht auf der Übertragung von Aufgaben, Befugnissen und Verantwortung. Das setzt Verantwortungsbereitschaft in einem fest umrissenen Aufgabenbereich voraus, innerhalb dessen der Mitarbeiter berechtigt und verpflichtet ist, selbständig zu entscheiden und zu handeln [...].

2. Pflichten und Rechte des Vorgesetzten

Der Vorgesetzte hat die ihm gestellten Führungsaufgaben wahrzunehmen; dafür trägt er die Verantwortung. Insbesondere bedeutet dies: [...] [Es folgen neun REGELN; H. E.].

3. Pflichten und Rechte des Mitarbeiters

Das Verhalten und die Leistung der Mitarbeiter sind für den Unternehmenserfolg von entscheidender Bedeutung. Zur Erreichung der in den Stellenbeschreibungen vorgegebenen Ziele sollen sich die Aufgaben, Befugnisse und die daraus entstehende Verantwortung in einem ausgewogenen Verhältnis befinden. Für den Mitarbeiter bedeutet dies hinsichtlich der Wahrnehmung seiner Rechte und Pflichten insbesondere: [...] [Es folgen neun REGELN; H. E.].

4. Allgemeines

Das Ansehen des Unternehmens soll durch einwandfreies Verhalten in der Öffentlichkeit und durch vertrauensvolle Zusammenarbeit innerhalb und außerhalb des Betriebes gewahrt und verbessert werden. Arbeitsrechtliche und sonstige Normen bleiben unberührt. Der Betriebsrat hat von den vorliegenden Führungsgrundsätzen zustimmend Kenntnis genommen. Diese Führungsgrundsätze treten am 1. Februar 1978 in Kraft.
[Name der Firma] Der Vorstand [2 Unterschriften] [Text Nr. 55].

Ein anderes Beispiel für Textmusteraddition ist die Kombination eines programmatischen Teiltextes (ZIELSETZUNGSKANON oder ABSICHTSERKLÄRUNG)mit WEGORIENTIERTEN UNTERNEHMENSLEITSÄTZEN. Dieser Textsortenkomplex wird oft UNTERNEHMENSKONZEPT genannt.

Textmusterinklusion

Textmusterinklusion liegt vor, wenn ein Teil des Textes funktions- und strukturverschiedenen vom Kotext ist. Das folgende Beispiel zeigt, daß Abschnitt 5 (Thema "Motivation") LEITFADENCHARAKTER hat, während der Kotext ein RECHTE- u. PFLICHTENKANON ist. Ich zitiere im folgenden aus dem unmittelbaren Vor- und Nachtext nur Ausschnitte. Abschnitt 5 zitiere ich in vollem Wortlaut:

[XY] Führungsleitsätze [...] **4. Information** // Der Vorgesetzte gibt seinen Mitarbeitern entsprechend deren Aufgabenbereich umfassende Informationen. Darüber hinaus haben die Mitarbeiter Anspruch auf fachübergreifende Informationen [...] Mitarbeiter, die Anzeichen für erhebliche Fehlentwicklungen, Gefahren, größere Schwierigkeiten erkennen, haben ihre Vorgesetzten umgehend zu informieren.

5. Motivation // Der Leistungsstandard unseres Unternehmens wird in erheblichem Umfang von der Leistungsfähigkeit und der Leistungsbereitschaft der Mitarbeiter beeinflußt; um diese zu erhalten und zu steigern, bedarf es der Motivation durch die Vorgesetzten. Motivation setzt voraus, daß der Vorgesetzte die Erwartungen seiner Mitarbeiter an ihre Arbeit, ihren Arbeitsplatz und den Vorgesetzten kennt und sich darüber hinaus mit ihren individuellen Zielvorstellungen auseinandersetzt. Nur so wird es ihm gelingen, die Interessen der Mitarbeiter in Übereinstimmung mit denen des Unternehmens zu bringen. Motivation in diesem Sinne entsteht insbesondere dadurch, daß der Vorgesetzte

- durch sein Führungsverhalten die Leistung der Mitarbeiter positiv beeinflußt,
- seine Mitarbeiter gleich und gerecht behandelt,
- sie bei der Erfüllung ihrer Aufgaben unterstützt,
- ihre Eigeninitiative fördert,
- sie an seiner Willensbildung beteiligt,
- berechtigte Kritik entgegennimmt,
- selbst konstruktive Kritik übt,
- angemessene Anerkennung ausspricht und
- sie als gleichberechtigte Gesprächspartner betrachtet.

6. **Überwachung** // Der Vorgesetzte überwacht innerhalb seines Funktionsbereiches Arbeitsfortschritt, Arbeitsverhalten und Arbeitsergebnisse seiner Mitarbeiter [...]. Die Überwachung ist vom Vorgesetzten so durchzuführen, daß sie geeignet ist, beim Mitarbeiter Verständnis zu wecken [...] Engagement und Leistungsbereitschaft der Mitarbeiter sollen durch die Überwachung nicht beeinträchtigt werden [...]. Die Führungskräfte haben ihre Mitarbeiter unter Beachtung der einschlägigen Gesetze und Verordnungen über Unfallverhütung und Arbeitssicherheit zu führen [Text Nr. 42.1].

Textmusterkonflikt

Ein Textmusterkonflikt liegt vor, wenn mehr oder weniger funktional heterogene Teiltexte aufeinanderstoßen und eine mehr formale als inhaltlich-funktionale Struktureinheit bilden. Ein solcher Textmusterkonflikt liegt vor in der Präambel der in Kap. 3.1.1 zitierten Rombach-GRUNDORDNUNG. Die Wahl des urkundenstilistischen Ausdrucks *Präambel* weckt die Erwartung, daß der Leser über das Ziel des Textes informiert wird und daß der Text legitimiert wird. Die Präambel beginnt jedoch mit einer Formulierung des Unternehmenszweckes (Mission), formuliert dann das unternehmenspolitische Selbstverständnis und schließt die Formulierung der Unternehmensziele an (s. o.), bevor im fünften Absatz das *Ziel der Führungsgrundsätze* beschrieben wird, der Geltungsbereich festgelegt und die Art der Legitimierung mitgeteilt wird. Auf diese Weise kommt ein Textteil zustande, der zumindest als Präambel in funktionaler Hinsicht überladen erscheint.

Textmusterstilisierung

Sprachliche Teilhandlungen, die in einen funktionsverschiedenen Kotext integriert sind und diesen überformen oder ihm eine andere funktionale oder ideologiestilistische Färbung geben sollen, nenne ich musterstilisierende Texthandlungen. Bei dem folgenden Beispiel wird ein AUFGABEN-/PFLICHTENKANON pseudo-dialogisch anmoderiert durch z. T. umgangssprachlich saloppe Zustimmungs- und Begeisterungsausdrücke, die in einem auffallenden Kontrast zum Verwaltungssprachlichen Kotext stehen.. Ich zitiere aus Kap. 5 dieser Führungsgrundsätze:

STARK: Jede/r Vorgesetzte ist verantwortlich für die Leistungsfähigkeit und Leistungsbereitschaft seiner/ihrer Mitarbeiter/innen. Im Rahmen dieser Personalförderungsverantwortung soll der/die Vorgesetzte aktiv auf den/die Mitarbeiter/in zugehen und ihm/ihr die erforderliche Hilfestellung anbieten.

- Der/Die Vorgesetzte hat den/die Mitarbeiter/in seinen/ihren Fähigkeiten entsprechend einzusetzen.
- Er/Sie hat die Kommunikation zu seinen/ihren Mitarbeiter(n)/innen untereinander zu fördern [Sequenz aus Text Nr. 60.2].

Hier die Liste der anderen Anmoderierungssignale von Text Nr. 60.2: **ABGEMACHT:**, **TATKRÄFTIG:**, **EINVERSTANDEN:**, **NATÜRLICH:**, **FAIR:**, **ALLES KLAR:**, **SELBSTREDEND:**, **ERSTKLASSIG:** und **OKAY:**.

Textmusterverkleidung

Textmusterverkleidung liegt dann vor, wenn ein konventionell erwartbares Muster von einem anderen Muster überformt wird. SANDIG 1989,146) erwähnt z. B. den Fall, wo eine Reklame-Anzeige als enzyklopädischer Artikel verkleidet wird. Ich zitiere mit Text Nr. 69 den Fall, wo ein AUFGABEN- u. PFLICHTENKANON in Form einer ERLÄUTERUNG präsentiert wird:

Wir verstehen die Aufgabe als Mitarbeiter so, daß er

- die ihm übertragenen Aufgaben sachgerecht und rationell erledigt [...],
- Anweisungen annimmt, durchführt, sich kontrollieren und - wo es berechtigt ist - Kritik gelten läßt,
- sich dem Unternehmen gegenüber loyal verhält, seine ganze Arbeitskraft einsetzt und ethische Grundsätze gegenüber dem Unternehmen, seinen Kollegen und Geschäftspartnern beachtet [...] [Sequenz aus Text Nr. 69].

Gründe für Textmustermischungen bei FG und UG

Nicht wenige Texte richten sich an mehrere Adressaten und appellieren nach innen, wo sie nach außen informieren wollen. Organisationen neigen zu einem scheinbar rationellen Textbildungsverfahren nach dem Prinzip "Textanbau geht vor Textneubau". Als Folge stehen dann funktions- und strukturverschiedene Passagen nebeneinander. An der Textproduktion sind oft mehrere Emittenten beteiligt, die verschiedene kommunikative Ziele verfolgen können. Demokratische Prestigetexte wie das Grundgesetz sowie betriebs- und sozialwissenschaftliche Prestigetexte machen ihren Einfluß auf die Textbildung von Führungs- und Unternehmensgrundsätzen geltend. In einigen (wenigen) Fällen kann nicht ausgeschlossen werden, daß mangelnde Text(bildungs)kompetenz mit im Spiel ist.

3.6 An den Grenzen der Textualität

Ich kann hier nicht auf die Überlegungen von BRINKER (1988a), HARWEG (1975) und HARWEG (1983) eingehen, die Wichtiges zum Thema Textualität gesagt haben und das man stärker berücksichtigen müßte, wenn man - was allerdings ein Thema für sich ist - die von mir erhobenen Texte auf den Grad ihrer Texthaftigkeit untersuchen wollte. Ich will hier nur eine vielleicht etwas gewagte Hypothese formulieren: Es drängt sich einem der Eindruck auf, als würden die von mir erhobenen Texte über die Zeit hinweg - von den 60er zu den 90er Jahren - an Textualität gewinnen, was sicher einen Grund in der Abwendung vieler Unternehmen von bürokratischen Regelungsformen hat. Möglicherweise spielt auch die zunehmende Einsicht eine Rolle, Unternehmens- und Mitarbeiterführung ganzheitlich zu sehen und (wieder?) in größeren Zusammenhängen zu denken. Wie dem auch sei, an den Grenzen der Textualität befinden sich vor allem die MERKMALLISTE und die GRAPHIK.

3.6.1 Anforderungsmerkmale (Merkmalliste)

Führungsgrundsätze werden auch im Zusammenhang mit Fragen der Führungskräfte-Entwicklung thematisiert und schriftlich fixiert. Die Vermittlung der wichtigsten Anforderungen kann aus Gründen der Informationsökonomie und Veranschaulichung mittels Merkmalliste geschehen. Der folgende Leittext erläutert zunächst die Merkmale und gibt dann eine Übersicht in Listen- oder Tabellenform.

Leittext

Grundanforderungen für Führungsfunktionen im [XY] Konzern

Präambel

Bedeutung der Anforderungsmerkmale:

Die nachfolgenden Anforderungsmerkmale wurden im Rahmen der Workshops mit einer repräsentativen Anzahl von Führungskräften als Grundlage für die Formulierung von Grundanforderungen für Führungsfunktionen im [XY] Konzern erarbeitet. Sie beziehen sich nicht auf Anforderungen an das spezielle Fachwissen, sondern auf generelle Anforderungen, die an Führungspersönlichkeiten auf den einzelnen Leitungsebenen gestellt werden müssen.

Sie stellen ein Leitbild für alle Führungskräfte des Konzerns dar und zeigen die Merkmale innerhalb der einzelnen Kompetenzbereiche auf, in denen sich die Führungskräfte aller Ebenen durch eigenes Engagement und durch angebotene Qualifizierungsprogramme (Seminare und Trainings) in Abhängigkeit von ihren tatsächlichen Aufgabenstellungen weiterentwickeln sollen.

Sie sind darüber hinaus Grundlage und Orientierung bei der Planung von individuellen Entwicklungsmaßnahmen, der Konzeption von Konzern-Veranstaltungen zur Förderung, Entwicklung und Fortbildung von Führungskräften und Führungsnachwuchs ([XY]-Akademie) sowie bei Besetzungsentscheidungen, ohne allerdings für sie verbindliches Kriterium zu sein.

[...]

Grundanforderungen für Führungsfunktionen im [XY] Konzern

Funktionale Kompetenz

- Aufgabenbezogenes Funktionswissen/-können
- Fachübergreifende Kenntnisse
- Internationalität
- Problemlösungsfähigkeit
- Initiative
- Entscheidungsfähigkeit

Soziale Kompetenz

- Kommunikationsfähigkeit
- Kooperationsfähigkeit
- Fähigkeit, Identifikation zu schaffen
- Konfliktbewältigung

Führungskompetenz

- Führungsverantwortung
- Führungsverhalten
- Überzeugungskraft/Durchsetzungsvermögen

Strategische Kompetenz

- Ganzheitliches Denken und Handeln
- Fähigkeit zur Vision
- Unternehmerisches Umgehen mit Chancen und Risiken

Persönlichkeitsmerkmale:

Urteilsvermögen Kreativität Engagement

Integrität Persönliche Ausstrahlung Belastbarkeit

[Teiltext aus Nr. 58]

3.6.2 Graphik

Unter den von mir erhobenen Texten finden sich auch Graphiken, die wie die folgende aus Text Nr. 35.4 ein "Unternehmensleitbild" veranschaulichen sollen. Selbstverständlich ist ein solcher Versuch der Zusammenschau nicht mit der Textsorte LEITBILD zu verwechseln. Mehr der Vollständigkeit halber sei die Graphik hier vorgestellt, die im Original mit den Umrissen einer Weltkarte als Symbol für die globale Ausrichtung des Unternehmens unterlegt ist:

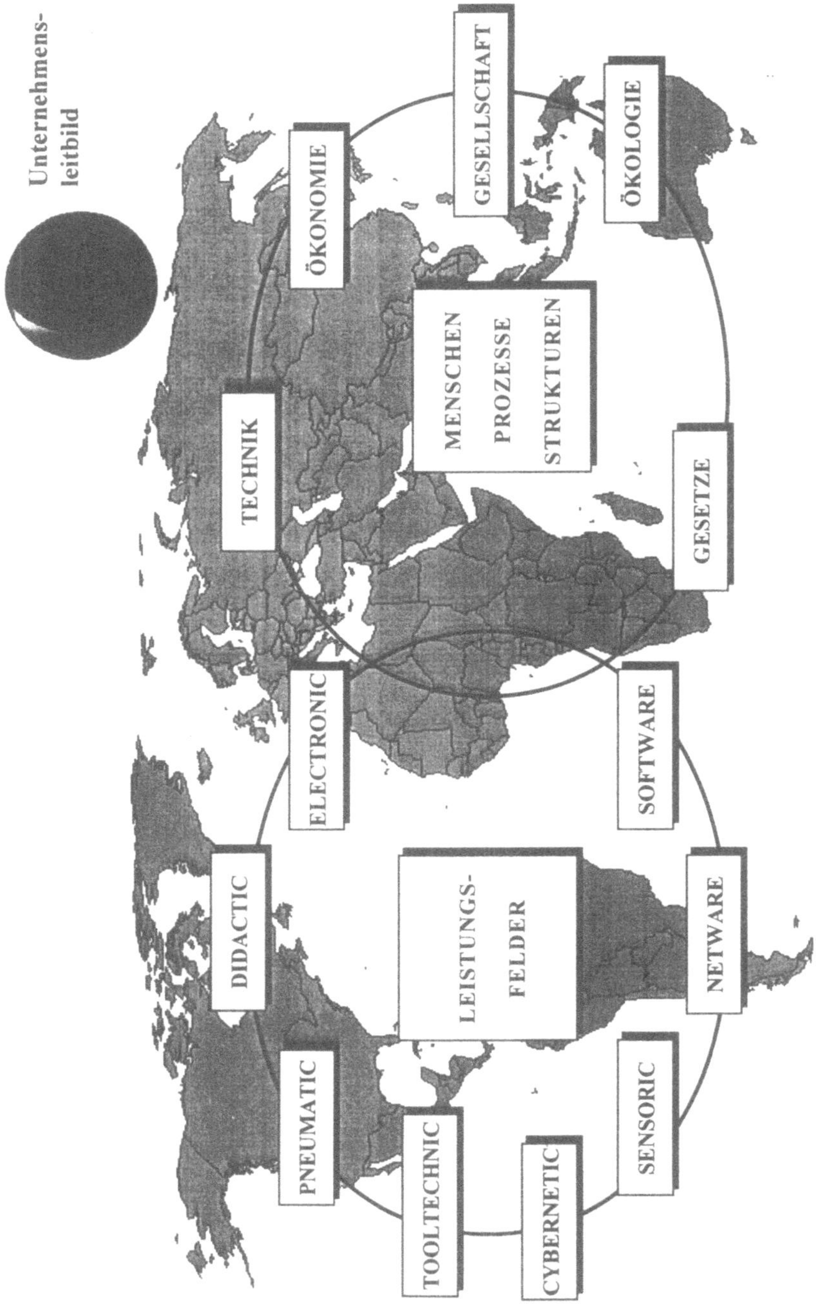
Unternehmens-
leitbild
ÖKONOMIE
GESELLSCHAFT
ÖKOLOGIE
TECHNIK
MENSCHEN
PROZESSE
STRUKTUREN
GESETZE
ELECTRONIC
SOFTWARE
DIDACTIC
LEISTUNGS-
FELDER
NETWARE
PNEUMATIC
SENSORIC
TOOLTECHNIC
CYBERNETIC

4. Historischer Exkurs zum Kruppschen Generalregulativ (1871/1872) und zu einem Ausschnitt aus der Kruppschen Texttradition von Führungsgrundsätzen

4.1 Das "General=Regulativ für die Firma Fried. Krupp" (1871/1872)[63]

Das "Generalregulativ für die Firma Fried. Krupp" wurde 1872 erlassen und ist gleichsam die erste Geschäftsordnung des Unternehmens. Aus dem Jahre 1871 stammt der handschriftliche Entwurf des Firmeninhabers Alfred Krupp (1812-1887) (s. Abdruck von Druckfassung und Entwurf in Kap. 4.3).[64] Das Generalregulativ ist das klassische Dokument der Gedanken Alfred Krupps über die Verwaltung eines großindustriellen Unternehmens und zeigt die "Wirkung der industriellen Expansion auf die administrativen und sozialen Probleme der Schwerindustrie" (NEULOH 1956,151). In der Präambel heißt es:

> Die wachsende Ausdehnung der Werke und Geschäfte der Firma Fried. Krupp läßt es wünschenswerth, ja nothwendig erscheinen, diejenigen Grundsätze und Rechte zusammenzufassen und zu vervollständigen, unter deren Anwendung der jetzige blühende Stand der Firma erreicht wurde, dabei zugleich die Rechte und Pflichten jedes Amtes und jeder Stellung im Betrieb und in der Verwaltung in sich fest zu stellen und gegen einander abzugrenzen [GR 1872; Präambel].

Der Zweck des Generalregulativs bestand also darin, die Leitung des Unternehmens von der ausschließlichen Personalinstanz, die Alfred Krupp als Inhaber und Leiter selbst verkörperte, umzuschalten auf eine Verfassung, in der nicht mehr die Person, sondern die Institution und Funktion das Werk verkörpern sollte, "ein typischer Fall von Versachlichung, Objektivierung durch Entpersonalisierung als ein bewußter Akt des Unternehmers" (NEULOH 1956,151). Die kommunikative Funktion des Textes zielt darauf ab, vorweg kommende Wirklichkeit normativ zu regulieren, wobei auch orientierende Hinweise auf Werte wie z. B. Qualität, Sparsamkeit und Treue nicht fehlen. Die Textstruktur zeigt die für regulierende Texte

63 Vgl. EBERT (1991), wo ich u. a. auf folgende Arbeiten von Klaus J. MATTHEIER hingewiesen habe, dem ich zu Anregungen verpflichtet bin: Textsorten im Industriebetrieb des 19. Jahrhunderts, in: Kommunikationstypologie, hg. v. W. Kallmeyer (= Jahrbuch des Instituts für deutsche Sprache 1985), Düsseldorf 1986,193-226; Sprache und Sprachgebrauch im Industriebetrieb des 19. Jahrhunderts. Bericht über ein laufendes Forschungsprojekt, in: Voraussetzungen und Grundlagen der Gegenwartssprache. Sprach- und sozialgeschichtliche Untersuchungen zum 19. Jahrhundert, Berlin 1989,273-279.

64 Das Generalregulativ von 1872 ist vollständig abgedruckt in SCHRÖDER (1956). Der Entwurf des Generalregulativs vom 4.12.1871 findet sich im Familienarchiv Hügel (II B 186).

typische Paragraphenstruktur, wobei ein Paragraph mehrere REGELN und regelstützende Sprechhandlungen umfassen kann (Illokutionsstruktur). Die Verbindlichkeit des Generalregulativs ist klar angezeigt durch die Unterschriften des Inhabers und der Prokuristen sowie durch eine explizite Sanktionsregel (§ 69) und explizite performative Einleitungs- und Schlußformeln:

Zu dem Ende ist nachstehendes General=Regulativ für den Betrieb und die Verwaltung aller Etablissements, Bergwerke, sonstigen Anlagen, Besitzungen und Geschäfte der Firma Fried. Krupp **erlassen** worden, und wird hiermit zur **Nachachtung** Aller, die es angeht, zur öffentlichen Kenntniß gebracht [GR 1872; Präambel - Hervorhebung durch Fettdruck von mir; H. E.].

Handschriftlicher Zusatz zu den Unterschriften der Prokuristen am Textende:

Als alleiniger Inhaber der Firma Fried. Krupp ertheile ich dem vorstehenden General=Regulativ hiermit meine Genehmigung [GR 1872].

Auffallend ist, daß Alfred Krupp an eine Öffnungsklausel gedacht hat, um das Generalregulativ vor Erstarrung zu bewahren:

§.72. Es bleibt vorbehalten, dieses Regulativ nach Maßgabe des hervortretenden Bedürfnisses jeder Zeit abzuändern, zu ergänzen und zu verbessern [GR 1872].

Die Großgliederung des Generalregulativs besteht aus sieben Abschnitten mit insgesamt 72 Paragraphen:

Abschnitt I:	Allgemeiner Theil
Abschnitt II:	Von der Procura
Abschnitt III:	Von den Einzel=Ressorts, deren Chefs und dem Verhältniß derselben zur Procura und zu einander
Abschnitt IV:	Von der Conferenz
Abschnitt V:	Von dem Verhältniß der Ressorts zu den Werkstätten und von dem Verhältnisse dieser zu einander
Abschnitt VI:	Von den Agenten
Abschnitt VII:	Schlußbestimmungen [GR 1872]

Eine Zusammenfassung wichtiger Bestimmungen gibt NEULOH:

In einigen Grundsatzparagraphen des Regulativs für die Betriebsordnung werden 'Treue und Hingebung der Angehörigen des Firmenverbandes' sowie 'Pünktlichkeit und unausgesetzter Fleiß' [§ 4 GR], 'Erhaltung der Ordnung' [§ 5] gegenübergestellt den Einrichtungen der Firma zum Wohle der Belegschaft (Wohnungsbau, Konsumanstalten, Sparkassen, Pensionskassen usw. [vgl. §§ 20-23]). Einen Anspruch auf diese Vergünstigungen soll aber nur derjenige haben, der seine Pflichten gewissenhaft erfüllt. Es folgt dann der eigentliche hierarchische Aufbau, wie er im Geiste Alfred Krupps entstanden war und in großen Zügen wohl auch der Wirklichkeit entsprach. Dabei ist zum ersten Male von einem 'Instanzenzug' die Rede und zwar im Zusammenhang mit dem Beschwerderecht der Werksangehörigen. Dieser Instanzenzug ist wie folgt abgestuft: Aufseher und Meister, Betriebsführer oder die diesem entsprechende Stelle, der Ressortchef bzw. die Konferenz, die Prokura und in letzter Instanz der Inhaber der Firma selbst. Wir haben also einen fünfstufigen Aufbau vor uns. Die Aufgaben und Verbindungen dieser fünf Stufen der Werkshierarchie sowohl innerhalb derselben Ebene als auch zwischen ihnen werden genau vorgeschrieben und geregelt. Dabei tritt der Firmeninhaber selbst - mit Ausnahme gegenüber der Prokura - in den Hintergrund und es heißt im ersten Paragraphen von der Prokura, daß sie die obere Leitung der gesamten Geschäfte der Firma in Händen habe. Der Inhaber behält sich nur das Recht vor, die Prokura zu ernennen. Diese Prokura ist einzig und allein von seinem Willen und seinen Weisungen abhängig und ihm dafür verantwortlich, daß sie nach den von ihm erteilten Instruktionen verfährt und nach seinen ihr allgemein bekannten Absichten über den Geist, in welchem er seine Geschäfte geleitet wissen will [NEULOH 1956,151f.].

Das Generalregulativ war ein wichtiger Schritt hin zur Professionalisierung des Managements, brach aber nicht dem Unternehmenstyp "managerial enterprise" Bahn. Die Firma blieb ein sog. "entrepreneurial enterprise", wobei die Prokura und mit ihr alle übrigen Manager auf kurzfristige Routineentscheidungen beschränkt blieben (vgl. KESSLER 1995,57). § 22 des Generalregulativs macht deutlich, daß Alfred Krupp bei allen wichtigen Angelegenheiten letzte Instanz blieb.

Die Prokura gilt als eine mehrgliedrige Einheit, deren Mitglieder ihre Beschlüsse nur in voller Übereinstimmung fassen können. Als Regel ist die kollegiale Behandlung aller Werksangelegenheiten vorgeschrieben. Es gibt auch keine starre Abteilungszuständigkeit. Die Leitung der Abteilungen innerhalb der Prokura (technisch, kaufmännisch, personell usw.) wird jedes Jahr neu vereinbart. Die dritte Stufe - neben dem Firmeninhaber und der Prokura - bilden die Leiter der Fabrikations- und Verwaltungszweige, die sog. Ressort-Chefs. Sie sind verantwortliche Oberbeamte, die mit einem Blick für das Ganze davor bewahrt werden sollen, sich in untergeordnete Detailarbeiten zu verlieren, und im ständigen Verkehr untereinander sowie mit der Prokura die Verbindung zwischen der obersten Leitung und dem wirklichen betrieblichen Geschehen sicherzustellen haben. Das Mittel dieser Sicherstellung ist die sog. Konferenz, die allwöchentlich mindestens zweimal unter dem Vorsitz eines der Prokuristen zusammentritt, an der sämtliche Ressort-Chefs teilzunehmen haben. Für das Gebiet der Betriebsverfassung ist diese Konferenz keine beschließende, sondern eine beratende Instanz, die sich u. a. auch mit den Verhältnissen der Beamten, Meister und Arbeiter, mit Lohnfragen, Disziplinarstrafen, Unterstützungsmaßnahmen und der Schlichtung von Beschwerden und Meinungsverschiedenheiten zu befassen hat. Zweck und Aufgabe der Konferenz ist, die erforderliche Einheit im Gesamtbetrieb zu erhalten (§ 43).

Auf der nächsten Stufe IV stehen die Vorsteher und Betriebsführer der Verwaltung und Betriebsabteilungen, bzw. der Werkstätten. Jeder Ressort-Chef hat also in der Regel mehrere Betriebs- und Verwaltungsabteilungen unter sich. Auch hier ist, von Einzelberichterstattungen an den Ressort-Chef abgesehen, die gemeinsame Besprechung der Betriebsführer unter Leitung des Ressort-Chefs das bindende Glied für die Erhaltung der Einheit des Unternehmens. Die Betriebsführer haben das Recht der Anstellung von Meistern, Aufsehern nur mit Genehmigung des Ressort-Chefs, sind aber autonom in der Einstellung und Entlassung von Arbeitern. *Kein Meister oder Aufseher darf diese Rechte ausüben oder übertragen bekommen.* Hier sehen wir, daß Alfred Krupp von der in vielen anderen Hüttenwerken üblichen Vollmacht für Meister (bis 1918) abweicht. Die fünfte und letzte Vorgesetztenstufe bildet die Gruppe der Obermeister und Assistenten. Sie sind Beauftragte der Betriebsführer und sollen dazu geeignet sein, einmal die Funktion eines Betriebsführers zu übernehmen. Ihren Weisungen sind die Meister unterstellt, deren Aufgabe darin besteht, die zufallenden Arbeiten auf die Arbeiter zu verteilen und ihre Arbeit zu überwachen. Im Geiste Alfred Krupps waren Meister nicht direkt Vorgesetzte der Arbeiter, sondern eine Art Lehrmeister und Aufsichtsbeamte, die die Durchführung von über den Instanzenzug der Werkshierarchie kommenden Anordnungen zu überwachen hatten. Das geht auch daraus hervor, daß zu Lebzeiten Alfred Krupps die Verhältnisse der Meister und Arbeiter in den Arbeitsordnungen geregelt wurden und nicht getrennt. **Nach Darstellung dieser wichtigen Bestimmungen des Generalregulativs können wir feststellen, daß Alfred Krupp damit das erste Verwaltungsgrundgesetz für die Leitung industrieller Großbetriebe im Ruhrgebiet geschaffen hat** [NEULOH 1956,152f.; Hervorhebungen durch Fettdruck von mir; H. E.].

Den Entstehungshintergrund des Generalregulativs bildeten mehrere Probleme, deren Lösung sich Alfred Krupp von einem Regulativ als einem autonomen Betriebsgrundgesetz[65] erhoffte: Das Unternehmenswachstum machte es zunehmend unmöglich, daß eine einzelne Person die Übersicht und Leitung behalten konnte; zwischen 1868 und 1873 wuchs die Zahl der Mitarbeiter von 7200 auf 16000. Dieser starken Expansion des Unternehmens wurde bereits in den 1860er Jahren durch das Einsetzen einer Kollektiv-Prokura begegnet. Zum ersten Mal artikulierte Alfred Krupp den Wunsch nach einem schriftlichen Regelement im Sommer 1866. Aus dieser Zeit stammen erste Vorüberlegungen und Planungen, denn durch eine Krankheit bedingt war er gezwungen, sich zeitweilig von der Geschäftsführung zurückzuziehen. Hinzu kam dann auch die durch Umzug vollzogene räumliche Trennung vom Werksgelände, denn bis Anfang 1873 lebte die Familie Krupp auf dem Werksgelände, was die unmittelbare Leitung des Unternehmens durch den Firmeninhaber unterstreicht. Hinzuweisen ist auch auf den frühen Tod des Leiters der Procura, Albert Pieper (gest. am 8.3.1870) (vgl. KESSLER 1995,50). Schließ-

65 Als ein solches konnte Alfred Krupp das Generalregulativ noch bezeichnen: "Heute hat der Staat in Gemeinschaft mit den beiden Sozialpartnern sich dieses Recht vorbehalten und ausgeübt" (NEULOH 1956,162)

lich - vor allem während des Aufenthaltes im englischen Torquay - wuchs Alfred Krupps Sorge über das vermeintliche und tatsächliche Nachlassen der Ordnung im Unternehmen:

> [Er] sah sein Mißtrauen gegenüber den angestellten Führungskräften durch etliche sich gegen Ende des Jahres 1871 ereignende Vorfälle, wie z. B. einen Brand in der Tiegelkammer, bei dem die Löschvorrichtungen versagten, bestätigt. Solche Mißstände aber mußten in den Augen des Eigentümer-Unternehmers letztlich auf Ernst Eichhoff zurückgehen, wodurch Alfred Krupps Vertrauen zu seinem Schwager erschüttert wurde. Infolge solcher Tendenzen und Entwicklungen sah sich Alfred Krupp veranlaßt, eine schriftliche Ordnung für die Fabrik endgültig in Angriff zu nehmen [KESSLER 1995,55].

Auf der Grundlage gesammelter Notizen und Briefe bringt Alfred Krupp zwischen dem 4.11.1871 und dem 4.12.1871 (= Datum des Entwurfs) die Grundzüge seines Generalregulativs zu Papier. Von diesem Entwurf, den Alfred Krupp in Torquay zu Papier gebracht und nach Essen geschickt hatte, fertigte sein Sohn, Friedrich Alfred, eine Reinschrift an und ließ diese der Prokura zukommen, die die Aufgabe hatte, Alfred Krupps Entwurf in eine gegliederte und juristisch einwandfreie Form zu bringen. Dieser Vorgang verzögerte sich, was sich zum einen aus der Empfindlichkeit derjenigen erklärte, die ihren Einflußbereich durch die Formulierung dahinschwinden sahen (vgl. SCHRÖDER 1956,38). Zum anderen erklärte sich die Verzögerung aus der Erkrankung von W. Loerbroks, der der Jurist in der Procura, dem obersten Führungsgremium, war. Nicht zuletzt aus diesem Grund erweiterte Alfred Krupp am 1. Juni 1872 die Prokura um ein weiteres Mitglied und stellte Dr. jur. Sophus Goose als neue Führungskraft ein, der sich vorrangig um die Abfassung des Generalregulativs kümmern sollte. Dr. Goose legte dann in Zusammenarbeit mit der auf Alfred Krupps Anordnung gebildeten Kommission einen Schlußentwurf vor, der Mitte August 1872 von Heinrich Friedberg, Präsident der Berliner Justizprüfungskommission und Freund Alfred Krupps, einer letzten Prüfung und Veränderung unterzogen wurde. Am 30. September 1872 hielt Alfred Krupp die ersten zwölf bei H. S. Hermann in Berlin gedruckten Exemplare in Händen. Die Mehrzahl der Stücke, die innerhalb des Werks sehr reichlich ausgegeben wurden, hat die Firma in der eigenen Druckerei herstellen lassen, wobei ein Exemplar des Generalregulativs für den Kaiser bestimmt war, das von Alfred Krupp mit der Bemerkung versehen wurde "Ursprünglich bestimmt zum Schutz und Gedeihen des Bestehenden, außerdem dienstbar der Abwehr sozialer Verirrung" (BERDROW 1927,217).

Bemerkungen zur sprachlichen Realisierung von Regeln und zu Textgestaltungsverfahren der Adressatenmotivierung

Die normativ-regulierende Textfunktion des Generalregulativs wird durch direktive und kommissive Regelformulierungen verwirklicht. Repräsentative Sprechhandlungen des Begründens, Erläuterns und Rechtfertigens sind selten.
Die folgenden Sprechhandlungen sind wegen ihrer direktiv-kommissiven, d. h. fremd- und selbstverpflichtenden Doppelnatur kommentierungsbedürftig. Denn aus der Entstehungssituation heraus können sie als Direktive aufgefaßt werden. Im Text selbst und losgelöst von der Entstehungssituation müssen sie aber als Selbstverpflichtung aufgefaßt werden:

§.20. Um den Arbeitern und Beamten des Verbandes thunlichst Erleichterung zu gewähren, wird die Firma fortfahren, Familien=Wohnungen zu bauen und ihnen dieselben gegen möglichst billiges Entgelt vermiethen oder auch überlassen, desgleichen Consum=Anstalten für Nahrungsmittel und Kleidungsstücke, Menagen, Sparkassen und andere derartige Einrichtungen halten [...].
§.22. [...] auch wird die Firma bestrebt sein, die aus der Erfüllung der Wehrpflicht den Familien unter Umständen erwachsenden Sorgen mit ihnen zu theilen und dieselben ihnen tragen zu helfen [GR 1872].

Das gedachte (Rechts-)Subjekt "Firma" und damit die lebenden und - bis auf Widerruf - alle folgenden Repräsentanten der Firma werden vom Inhaber und der Prokura direktiv auf das prosoziale Handeln verpflichtet. Da die Firmenleitung selbst der Regel unterworfen wird, gewinnt die Äußerung gegenüber den Mitarbeitern der Firma den Wert einer Selbstverpflichtung. Das folgende Beispiel kann vielleicht als Indiz für das sprachliche Ringen um solche Sprechhandlungen (Regeltypen) mit direktiv-kommissivem Wert angesehen werden, da hier das Umschalten von der personalen Äußerung auf eine institutionelle Äußerung noch mit satzsemantischer Mehrdeutigkeit einhergeht:

§.21. Ein besonderer Gegenstand der Sorge für die Firma wird es sein, Anstalten für die Erziehung und den Unterricht der Kinder zu errichten und den Erwachsenen die Gelegenheit zur Belehrung, Fortbildung und Unterhaltung zu bieten [GR 1872].

Stellungsbedingt ist der Ausdruck *für die Firma* zweideutig: a. '***Für die Firma*** wird es ein besonderer Gegenstand der Sorge sein, Anstalten ... zu errichten ...' (Rang eines grammatischen Objektes), b. 'Ein besonderer Gegenstand der [Sorge **für die Firma**] wird es sein ...' (Rang eines Attributes).

Sprachliche Realisierungsvarianten für die Regeln des Generalregulativs

1. Modalverbkonstruktionen mit *müssen, dürfen, können, sollen* nebst modalem Gebrauch von *werden (§.7. ... Auch Dispensationen ... werden ... zu ertheilen sein)*,
2. Konstruktionen mit modalem Infinitiv (*"ist zu tun", "hat zu tun"*),
3. Performative Prädikatsausdrücke (*"ist verpflichtet", "hat die Pflicht", "verbietet sich", "hat das Recht", "ist unzulässig", "ist verantwortlich"* usw.),
4. Verwendung des kategorischen Indikativ Präsens und Futur:

> §.26. Die obere Leitung der gesammten Geschäfte der Firma erfolgt durch die vom Inhaber derselben nach Maßgabe des Gesetzes ernannte Procura; §.4. ... Jeder ... wird hierzu immer ... Gelegenheit finden, und wie selbst Portiers, Büreaudiener, Laufburschen nie ohne Beschäftigung sein dürfen, so werden die höher Gestellten ihre von der unmittelbaren Berufsthätigkeit augenblicklich nicht in Anspruch genommene Zeit durch Ordnen, Revidiren, Erwägen geschäftlicher Interessen ... dem Ganzen immer dienst= und nutzbar machen können [GR 1872].

Textgestaltungsverfahren der Adressatenmotivierung

Thematisiert man die Voraussetzungen und Grenzen der normativen Kraft von kodifizierten Verhaltensbestimmungen - neben der Geltungssicherung durch Macht -, so stellt sich die Frage, wie man die Handlungsbereitschaft der Normadressaten jenseits von Sanktionen sichert. In jedem Falle muß eine Nebenbedingung eingehalten werden, was Alfred Krupp so formuliert hat: "Einfachheit und Deutlichkeit muß Kopfzerbrechen und Zweifel beseitigen - unser Publicum besteht ja nicht aus Juristen"[66] Interessant ist, daß nach Alfred Krupps Ansicht in das Generalregulativ auch die "Einflößung von Mut, Energie und Vorsicht"[67] gehört, wobei es offensichtlich ist, daß Mut, Energie und Vorsicht nicht befohlen werden können. Ein Mittel, um die innere Zustimmung der Adressaten zu erheischen, ist daher die besondere Art der Sachverhaltsdarstellung. Die juristische Überarbeitung des Entwurfs hatte zwar eine Verringerung der persönlichen Überzeugungssprache Alfred Krupps zur Folge, doch auch die juristische Fassung, d. h. die Druckfassung, zeigt noch - neben dem Regelwerk an sich - deutliche Spuren der Sprachmächtigkeit Alfred Krupps.

66 Alfred Krupp an Goose (16.8.1872), in: BERDROW 1928,281.

67 Alfred Krupp an Eichhoff (4.11.1871), zit. n. SCHRÖDER (1956,36).

Entwurf von Alfred Krupp:

Ich wiederhole gern und freudig, was ich schon bei anderen Gelegenheiten ausgesprochen habe, daß ich das Emporblühen der Gußstahlfabrik, einer Schöpfung, die ihres Gleichen sucht, nächst Gottes Segen, der vereinten Thätigkeit und Treue zu verdanken habe, welche ein seltener Kreis von Freunden mir gewidmet hat. - Neben dem Verlangen die Wohlfahrt meiner eigenen Familie nach Kräften zu versichern hege ich dasselbe für sie Alle und ihre Kinder. Vor allem möchte ich Treue mit Treue vergelten [GR Entwurf].

Druckfassung (i. e. juristische Überarbeitung des Entwurfs)

Die Präambel der Druckfassung spricht metaphorisch vom *blühenden Stand der Firma* und - mit Buchstabenreim - vom *Gedeihen des Ganzen.* In auffallender Weise wird das Indefinitpronomen "ganz" benutzt, um auf die immer komplexer werdende Firma zu referieren: *Gedeihen des Ganzen* (Präambel), *Betrieb des Ganzen* (§ 6), *Blick für das Ganze* (§ 38). Verdeutlichende und verstärkende Mittel der quantifizierenden Bezugnahme auf die potentiellen Handlungsträger betonen sowohl den Einzelnen wie auch dessen besonderes Verhältnis zur Gruppe: *die Wohlfahrt jedes Einzelnen* (Präambel), *jeder, von dem Ersten bis zum Letzten* (§ 4). Ferner wird in auffallender Weise mit positiv wertenden substantivierten Adjektiven auf Werte Bezug genommen: *das Ausgezeichnetste und ... Vollkommene* (§ 1), *das Beste der Firma* (§§ 4, 32, 62), *das ... Gute erhalten ... Besseres schaffen* (§ 38). Auch die Wahl von Prädikationen, die auf Mitarbeiter und deren Angehörige gerichtete Aktionen oder Interaktionen bezeichnen, kann - über die mit ihnen bezeichneten Sachanreize hinaus - motivierend wirken: Die Firma signalisiert, *Ueberbürdung des Einzelnen zu verhüten* (§ 7), *die alt und schwach Gewordenen zu schonen (*§ 7), *besondere Dienste und ... Leistungen ... zu belohnen* (§ 19), die Pflichtbewußten *in Ehren zu halten* (§ 19) und die *den Familien ... erwachsenden Sorgen mit ihnen zu theilen und dieselben ihnen tragen zu helfen* (§ 22). Auch die syntaktisch-stilistische Durchformung von § 19 ist auffallend: *Wie die Firma von Allen ... verlangen muß, daß ein jeder sich ... nur von Ehre, Rechtsgefühl und Wahrhaftigkeit leiten lasse ..., wie sie von Allen ... Vertragstreue voraussetzt, so wird sie ihrerseits ... bestrebt sein, treue Dienste ... zu belohnen ... auch ihrerseits stets treu in Ehren halten, wer ... ihr seine Kräfte gewidmet hat.*

4.2 Die Bedeutung des Generalregulativs für die aktuelle Unternehmenskommunikation der Fried. Krupp AG Hoesch-Krupp[68]

Unerhörte Neuerungen im Wirtschaftsleben brachen sich vor weit über 100 Jahren Bahn, sie nahmen ihren Ausgangspunkt in Essen, also im sog. rheinischen Ruhrgebiet. Am Anfang stand das oben beschrieben Kruppsche Generalregulativ, dem der Firmeninhaber Alfred Krupp "den Stempel seiner Persönlichkeit" aufgedrückt hat (SCHRÖDER 1956,6). Alfred Krupp - seit 1853 verheiratet mit der aus Köln stammenden Bertha Eichhoff - war seit 1848 Alleininhaber der Firma, die sein Vater Friedrich Krupp gegründet hatte. Im Jahre 1872 wurde das Generalregulativ erlassen, das mit seinen 72 Paragraphen den Charakter einer Geschäftsordnung hatte und eine große Neuerung darstellte. Was an diesem Text und dem Streben Alfred Krupps war so modern für die damalige Zeit?

Alfred Krupp (1812-1887) begründete das Sozialwerk der Firma zu einer Zeit, in der gesetzliche Vorschriften zur sozialen Sicherung der Arbeiterschaft unbekannt waren. Die Satzung der Kruppschen Betriebskrankenkasse stand - zusammen mit dem 1858 vollendeten Pensions- reglement - Pate bei Bismarcks Sozialgesetzgebung (vgl. BÄRSCH 1983,264).
Für Alfred Krupp und seine Zeitgenossen ist das Generalregulativ gleichsam ein Kruppsches Betriebsverfassungsgesetz. Es entsteht, weit bevor in Deutschland mit dem Betriebsrätegesetz vom 4.2.1920 erstmals eine einheitliche Grundlage für die Betriebsverfassung geschaffen wurde (vgl. BÄRSCH 1983,269).
Paragraph 14 des Generalregulativs nimmt "durch frühwilhelminische 'Commissionen' die 'Policy Groups' oder Planungsgruppen von General Motors vorweg", die in unserem Jahrhundert dort Alfred P. Sloan einführte (vgl. ebda).
Paragraph 13 des Generalregulativs - hierauf werde ich noch ausführlicher eingehen - begründet das Betriebliche Vorschlagswesen in Deutschland (vgl. BÄRSCH 1983,268).

Wie im literarischen, religiösen und politischen Leben von Nationen, so gibt es auch im wirtschaftlichen Leben Texte, die Spuren hinterlassen, weil sie als geistige

68 Ich gebe hier weitgehend unverändert einen parallel in der Zeitschrift "Volkskultur an Rhein und Maas" (1/1997) erscheinenden Aufsatz wieder und bitte die Leser für die dadurch unvermeidlichen thematischen Wiederholungen um Nachsicht. Eine erste Fassung dieses Beitrages wurde vorgetragen auf der 26. Jahrestagung der Gesellschaft für Angewandte Linguistik in Kassel 1995, und zwar im Rahmen der Sektion 3 unter Ltg. v. Ulla Fix (Leipzig) und Josef Klein (Koblenz).

und als kommunikative "Produkte" innovativ sind. Bei solchen Texten, von denen die Kraft für Veränderungen ausgeht, lohnt sich ein genaueres Hinschauen als bei Texten, die nur für den Tag geschrieben sind. Was an solchen Texten bewirkt, daß sie Strukturen, Denkgewohnheiten oder Mentalitäten verändern helfen? Wie wird das Neue sprachlich zum Ausdruck gebracht? Wie lange hält die traditionsbildende Kraft an? Wie und zu welchem Zweck werden solche Texte tradiert und neuen Situationen nutzbar gemacht?[69]

Ich will im folgenden versuchen, diese Fragen in einem vorläufigen Sinn zu beantworten und wähle zu diesem Zweck Texte der Firma Krupp aus. Krupp hat - besonders unter Alfred Krupp - entscheidende Kapitel der deutschen Wirtschafts- und Sozialgeschichte geschrieben, und das Firmenmotto "Fortschritt aus Tradition" läßt erwarten, daß Traditionen und insbesondere Texttraditionen bei Krupp mehr sind als eine Quelle von Zitaten für Feiertagsreden. Krupp ist eines der größten deutschen Unternehmen, mit 24 Milliarden Mark Umsatz, rund 70 000 Beschäftigten und sechs Geschäftsbereichen, in denen unter anderem Stahl, Maschinen, Anlagen und Autozubehör produziert werden.[70]

Basistext dieser Teilstudie ist das oben erwähnte Generalregulativ in der **Entwurfsfassung** aus dem Jahre 1871 und in der **Druckfassung** aus dem Jahre 1872 (s. den Abdruck in Kap. 4.3). Ich frage, ob und wie sich die **Werkzeitschriften ab 1980** auf das Generalregulativ beziehen ("Krupp Mitteilungen" ab 1980; "Krupp Aktuell" ab 1992). Als ein erstes allgemeines Ergebnis ist festzuhalten, daß das Generalregulativ in den Werkzeitschriften recht häufig erwähnt wird. Die Erinnerung an diesen Text wird also wachgehalten. Wie und wozu dies geschieht, soll eine "Probebohrung" genauer zeigen, die sich auf zwei Texte konzentriert (s. Abdruck in Kap. 4.3):

- Der Beitrag "Wirtschaftlichkeit und Menschlichkeit" von Dr. Erhard Reusch (Krupp Mitteilungen 6, 1985, S. 10-12),

69 Vgl. John SMYTHE: The changing role of internal communication in tomorrow's company. In: Corporate Communication. An International Journal 2.1, 1997,4-7; Tuomo TAKALA: Charismatic leadership: a key factor in organizational communication. In: Corporate Communications. An International Journal 2.1, 1997,8-13.

70 Seit der Verschmelzung mit der Hoesch AG (Dortmund) firmiert die vormalige Fried. Krupp GmbH (Essen) als Fried. Krupp AG Hoesch-Krupp (Essen/Dortmund).

- Der Beitrag "Krupp-Vorschlagswesen - Fortschritt aus Tradition?" von Hartwig Knitter, (Krupp Mitteilungen 2, 1986, S. 4f.).

Der **Beitrag von Vorstandsmitglied Dr. Reusch** bezieht sich unmittelbar auf die **"Leitsätze zur Führung und Zusammenarbeit im Krupp-Konzern"**[71], die sich in erster Linie an die Vorgesetzten und in zweiter Linie an alle Mitarbeiter des Konzerns wenden. Bei den Ausführungen in der Werkzeitschrift handelt es sich um Auszüge einer Rede, die Dr. Reusch auf einer Konzerntagung gehalten hat. Die Werkzeitschrift teilt neben den Redeausschnitten die Führungsleitsätze in vollem Wortlaut mit.

Der **Beitrag von Hartwig Knitter, Leiter Stabsabteilung Personal in der Konzernleitung der Fried. Krupp GmbH,** fragt, wie das Betriebliche Vorschlagswesen zu neuem Leben erweckt werden kann.

Mit der Verschriftlichung seiner Grundsätze im Generalregulativ wollte Alfred Krupp erreichen, daß auch ohne seine persönliche Anwesenheit die Procura, d. h. die Geschäftsführung, und die gesamten Mitarbeiter in seinem Sinne arbeiteten. Das Generalregulativ war als erste Geschäftsordnung der Firma ein Meilenstein auf dem Weg der Professionalisierung des Managements (vgl. KESSLER 1995,57):

Verwaltung und Leitung der Firma sollten unabhängig von Personen gemacht werden, entscheidend waren die Funktionen: *Die Personen werden nur gedacht als Stellungen u. es muß das Reglement jedem Wechsel genügen* (Eigenhändige Niederschriften Alfred Krupps - vorwiegend an Goose betr. Vorbereitung des General=Regulativs S. 22; Familienarchiv Hügel 2 P 100]. *Wenn das General=Reglement als ein Gesetzbuch genommen wird, so wird [...] Niemand persönlich berührt, Niemand verletzt* (Alfred Krupp an Sophus Goose, 16.8.1872; BERDROW 1928,282).

Das Generalregulativ behandelt u. a. die Aufgaben der Prokura, den Geschäftsverkehr innerhalb der Firma, Ressorts und Betriebe, die Stellung und Aufgabe der Werkführer und Meister sowie wechselseitige Verpflichtungen von Firma und Firmenangehörigen, wobei sogar die Familien der Mitarbeiter in den Blick kommen:

---

71 Laut brieflicher Mitteilung vom 30.5.1995 sind die "Leitsätze" unverändert gültig geblieben. Es war jedoch zu diesem Zeitpunkt geplant , sie zu überarbeiten , um erkennbar zu machen, daß sie für das gesamte Krupp-Hoesch-Unternehmen Gültigkeit haben.

§. 21. Ein besonderer Gegenstand der Sorge für die Firma wird es sein, Anstalten für die Erziehung und den Unterricht der Kinder zu errichten und den Erwachsenen die Gelegenheit zur Belehrung, Fortbildung und Unterhaltung zu bieten [GR 1872].

Formell gültig blieb das Generalregulativ bis 1903 (vgl. BÄRSCH 1983,273). Es führt von diesem Text also kein direkter Weg zu den 1985 publizierten Führungsleitsätzen. BÄRSCH hat die unmittelbar auf dem Generalregulativ beruhende Texttradition nach 1903 so beschrieben:

Inhaltlich teilte sich der große Strom über die Jahre in unzählige Flüsse, Bäche und Rinnsale, in zahllose Richtlinien [...].
Zum Beispiel griff Alfried Krupp von Bohlen und Halbach am 1. Januar 1958 mit großer Geste auf das Werk Alfred Krupps zurück. Damals erschien die erste Fassung des sogenannten 'Blauen Buches' unter dem Titel 'Die Organisation des Krupp-Konzerns'. Alfried Krupp von Bohlen und Halbach, Alleininhaber der 1943 wieder in eine Einzelfirma zurückverwandelten Fried. Krupp, schrieb im Vorwort: 'Mit dem 1. Januar 1958 treten die im Organisationshandbuch niedergelegten Bestimmungen über die Neuorganisation des Krupp-Konzerns in Kraft. Das Organisationshandbuch führt die Tradition des 'General=Regulativs für die Firma Fried. Krupp', das im Jahre 1872 von meinem Urgroßvater erlassen wurde, fort ...' [Bärsch 1983,273 u. 274f.].

Das Schema verdeutlicht die von mir untersuchten Texte und die Beziehungen zwischen ihnen:

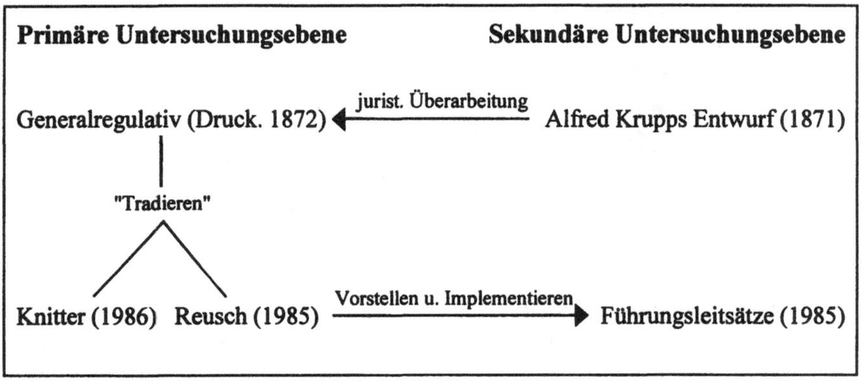

Von Alfred Krupps Entwurf zur Druckfassung des Generalregulativs

Die Grundsätze des Regulativs wünschte Alfred Krupp einfach und unmißverständlich: *Einfachheit und Deutlichkeit muß Kopfzerbrechen und Zweifel beseitigen - unser Publicum besteht ja nicht aus Juristen* (Alfred Krupp an Goose, 16.8.1872; BERDROW 1928, 281). Gleichwohl war es erforderlich, den Kruppschen Entwurf des Generalregulativs in juristisch einwandfreie Form zu bringen. Dies geschah vor allem durch den Assessor Sophus Goose, der am 1. Juni 1872 zu diesem Zweck der Procura beitrat. Goose übertrug Krupps persönliche Sprache in "juristisch unverfängliche, blasser und allgemeiner gehaltene Formulierungen" (SCHRÖDER 1956, 40). Ein Freund Alfred Krupps, der Berliner Präsident der Justizprüfungskommission Heinrich Friedberg, hat Mitte August 1872 in Berlin den Schlußentwurf des Regulativs durchgesehen und noch einige Änderungen vorgenommen (vgl. ebda).

Am Beispiel des Paragraphen 13, der in Deutschland das Betriebliche Vorschlagswesen begründete, kann man sehen, wie aus der persönlichen, motivierenden und situationsabhängigen Sprache Alfred Krupps eine unpersönliche, situationsenthobene und abstrakte Rechts- und Verwaltungssprache geworden ist (s. o.).

§ 13 des Entwurfs

Nun ist ... anzunehmen, daß Anregungen zu Verbesserungen, Neuerungen, Erweiterungen u. dgl. vorzugsweise aus dem Bereiche der verschiedenen Ressorts hervorgehen werden, u. ist es wünschenswerth, daß der Trieb und die Lust zu Fortschritt u. Verbesserung vornehmlich dadurch gehoben u. aufgemuntert wird, daß Propositionen bereitwillig entgegengenommen werden, u. zwar zur Prüfung nach obengedachter Chablone. Ich wünsche dringend, daß jedem Ressortchef diese Befriedigung zu Theil werde, wenn auch nicht immer die schließliche Annahme des Proponirten erfolgen kann ... Ich möchte aber auch über diesen Kreis hinaus Jedermann aufgemuntert sehen, mit guten Ideen hervorzutreten u. bekenne gern, daß recht oft ein guter Gedanke eines gewöhnlichen Arbeiters mir zur Brücke wurde aus der Verlegenheit. Bei vorgedachtem Verfahren der Prüfung jeder Frage wird aus Vorliebe des Einzelnen für eine Idee, oder aus Abneigung gegen dieselbe, niemals eine Ausführung leichtsinnig erfolgen oder verhindert werden. Ehrgeiz u. Neid haben keine Gewalt, jeder Werth oder Unwerth kommt zur Geltung [§ 13 des GR - Entwurf; Quelle: Familienarchiv Hügel II B 186; vgl. auch SCHRÖDER 1956, 44].

§ 13 der Druckfassung

Anregungen und Vorschläge ... sind aus allen Kreisen der Mitarbeiter dankbar entgegenzunehmen ... und ... an die Procura zu befördern , damit diese ihre Prüfung veranlasse. Eine Abweisung der gemachten Vorschläge ohne eine vorangegangene Prüfung derselben soll nicht Statt finden, wohingegen denn auch erwartet werden muß, daß eine erfolgte Ablehnung dem Betreffenden, auch wenn ihm ausnahmsweise nicht alle Gründe dafür mitgetheilt werden können, genüge und ihm keineswegs Grund zur Empfindlichkeit und Beschwerde gebe. Die Wiederaufnahme eines schon abgelehnten Vorschlages ... in verbesserter Gestalt ist selbstredend nicht nur zulässig, sondern empfehlenswerth [§ 13 GR - Druck].

Wie man sieht, hat die Druckfassung Sprachhandlungen der persönlichen Stellungnahme getilgt: *Ich wünsche dringend ...; Ich möchte ... Jedermann aufgemuntert sehen ... u. bekenne gern.* Auch die Zwillingsformeln *der Trieb und die Lust*, *Fortschritt und Verbesserung* sowie *Ehrgeiz und Neid* sind der Verwaltungssprache zum Opfer gefallen. Dem Entwurf verliehen diese Formeln eine wohltuende didaktische Redundanz, rhythmische Formung und eine beinahe poetisch-sakrale Aura, die den Text aus der Alltagssphäre heraushebt. In der Druckfassung fehlen auch diejenigen Modalpartikeln, mit denen der Entwurf auf Erwartungen der Leser reagiert: *Ich möchte* ***aber auch*** *über diesen Kreis hinaus Jedermann aufgemuntert sehen* ... Auffallend ist auch, daß Alfred Krupp sich nicht scheut, Unwerte zu thematisieren, im Entwurf noch deutlicher als in der Druckfassung: ***Ehrgeiz*** *und* ***Neid*** *haben keine Gewalt, jeder Werth oder Unwerth kommt zur Geltung* (Entwurf); *wohingegen erwartet werden muß, daß eine ... Ablehnung* [des Verbesserungsvorschlages; H. E.] *dem Betreffenden ... keineswegs Grund zur* ***Empfindlichkeit*** *und Beschwerde gebe* (Druck). Hier zeigt sich deutlich, daß das Generalregulativ - im Entwurf wie im Druck - ein Kondensat von persönlichen Erfahrungen Alfred Krupps ist. Moderne Führungsgrundsätze scheinen hingegen viel weniger auf persönlichen Erfahrungen zu beruhen, sie neigen dazu, Negatives eher auszublenden und von einem reduzierten Menschenbild auszugehen. Die Sprachpersönlichkeit Alfred Krupps wird in unserem Beispiel - im Entwurf wie im Druck - auch auf der begrifflichen Ebene sichtbar, und zwar dort, wo der Sinnbezirk NEUERUNG sehr differenziert und innerhalb eines einzigen Satzes entfaltet wird: ***Verbesserungen****, auf solche abzielende* ***Neuerungen****,* ***Erweiterungen****, Vorstellungen über und Bedenken gegen die Zweckmäßigkeit getroffener Anordnungen* (GR 1872; Hervorhebung durch Fettdruck von mir; H. E.). Die persönliche und adressatenmotivierende Sprache Alfred Krupps (s. auch Kap. 4.1) äußert sich auch in der Wahl von Bildern und Vergleichen, in der Thematisierung von sozialen Beziehungen, im Verweis auf Gott, in der Offenlegung seiner Grundgedanken sowie in der Betonung ethischer

Normen (vgl. EBERT 1991,573-575). Zur Veranschaulichung zitiere ich den Entwurf, wo diese Aspekte noch stärker ausgeprägt sind als in der Druckfassung.

Bildersprache

Die Gußstahlfabrik, hervorgegangen aus einem unscheinbaren Samenkorn, dem ursprünglich Niemand vertraute, ist jetzt einer fünfzigjährigen Eiche gleich, an Gesundheit u. Kraft, sie hat wie Jene die Befähigung und den Beruf, Jahrhunderte hindurch sich mehr und mehr kräftig zu entfalten. Sie hat einen guten Boden, beschützt nur ihre Wurzel [GR Entwurf].

Thematisierung sozialer Beziehungen und Verweis auf Gott

Ich wiederhole gern und freudig ..., daß ich das Emporblühen der Gußstahlfabrik ... nächst Gottes Segen, der vereinten Thätigkeit und Treue zu verdanken habe, welche ein seltener Kreis von Freunden mir gewidmet hat. Neben dem Verlangen, die Wohlfahrt meiner eigenen Familie nach Kräften zu versichern, hege ich dasselbe für Alle und für ihre Kinder. Vor allem möchte ich Treue mit Treue vergelten [GR Entwurf].

Grundgedanke

Zuvörderst erinnere ich mich daran und Andere, zur Erklärung des Grundgedankens für manche der nachfolgenden Erklärungen und Bestimmungen, daß wir leider alle sterblich sind [GR Entwurf].

Betonung ethischer Normen

Klugheit ist kein Ausgleich, sondern ohne Moralität nur gefährlicher als mittelmäßige Intelligenz. Daher sind nur moralische Menschen fähig und würdig unserm Verbande anzugehören ... Der Unmoralische ist ohne weiteres Ansehen von Persönlichkeit und Stellung zu verbannen [GR Entwurf].

Zu den Hinweisen auf das Generalregulativ in Dr. Reuschs Vortrag über "Wirtschaftlichkeit und Menschlichkeit"

Mit den Führungsleitsätzen des Krupp-Konzerns von 1985 soll das Verhalten von Führungskräften normiert werden. Dies ist ein Anspruch, den das Generalregulativ u. a. ebenfalls erhoben hat. Freilich ist die Diktion des älteren Textes stilistisch autoritativer gefärbt und stärker wertefundiert[72]. Insbesondere fällt auf, daß die modernen Leitsätze auf den Gebrauch der strikten WEISUNG mittels der Infinitivkonstruktion "*haben zu*" verzichten. Man vgl.: *Darum hat ein Jeder sich ganz und ausschließlich seinem Berufe zu widmen* ... (GR 1872; § 4). Ferner finden sich im Generalregulativ VERBOTE sowie relativ mehr GEBOTE mit dem Modalverb "*müssen*". Die Führungsleitsätze von 1985 enthalten im Unterschied zum Generalregulativ (§§ 24 u. 69) keine Sanktionsregelungen, auch nennt der Text selbst keine Personen, die für die Leitsätze verantwortlich gezeichnet haben. Auffallend ist, daß indirekte FORDERUNGEN mit "*erwarten*" nicht im Generalregulativ vorkommen, wohl aber in den 1985er Leitsätzen: *Von Mitarbeitern wird erwartet, daß sie zu ihrer Weiterbildung auch von sich aus aktiv werden.*[73] Das Generalregulativ regelt als Geschäftsordnung ungleich mehr Sachverhalte als die Führungsleitsätze von 1985, die nur die Beziehung zwischen Vorgesetzten und ihren Mitarbeitern betreffen. Da die Leitsätze selbst an keiner Stelle - auch nicht in der Präambel - das Generalregulativ erwähnen, ist es interessant zu sehen, daß und wie Dr. Reusch in seinen Ausführungen über die Leitsätze auf das Generalregulativ zurückgreift:

Die Existenz des Regulativs wird von Dr. Reusch nicht als bekannt vorausgesetzt. Die Bezeichnung *Leitsätze* für das Generalregulativ sorgt für eine stilistische Parallelisierung des alten und neuen Textes:

Es gibt aber eine Sammlung von **Leitsätzen**, die **zwar** vor hundert Jahren geschaffen wurde, **aber** in ihrem Sachbezug geradezu aktuell genannt werden könnte: das von Alfred Krupp [...] **verkündete** 'General-Regulativ [...]'.

72 Das betrifft in erster Linie ethische Werte wie *Treue* (GR § 19), *Ordnung, Pünktlichkeit, Fleiß* (GR § 4) und *Ehre, Rechtsgefühl* und *Wahrhaftigkeit* (GR § 19). Aber auch ökonomische Werte wie Sparsamkeit und effiziente Mittelverwendung fehlen nicht.

73 Diesen Stilzug teilen die Krupp-Leitsätze von 1985 mit einigen anderen Führungsgrundsätzen. Möglicherweise ist das ein Reflex von Verhaltenstheorien wie z. B. der sog. Erwartungstheorie der Motivation oder ein Reflex von Grundannahmen des Management by objectives.

Die Wortwahl *verkünden* individualisiert die Entstehung des Regulativs und mythologisiert seine Implementierung. Der dann folgende Hinweis auf die praktischen Erfolge Alfred Krupps soll der vorschnellen Herabsetzung des alten Textes in einer vielleicht traditions- und geschichtsabgewandten Zeit vorbeugen. In argumentativer Hinsicht erfolgt hier ein Ebenenwechsel, um mögliche Einwände als gegenstandslos erscheinen zu lassen:

> Der **glänzende Erfolg des** von ihm geführten **Unternehmens** läßt geringschätzige Bemerkungen zu diesen Grundsätzen erst gar nicht laut werden [...].

Die Ja-aber-Strategie wird wiederholt, um das Generalregulativ als ernstzunehmenden Text in der Lesermeinung zu verankern:

> **Natürlich** begegnet der Leser von heute in mancher Einzelvorschrift dem damaligen Zeitgeist. **Aber** die alle Aktivitäten im Unternehmen umfassende sach- und personengerechte Systematik büßt dadurch ihre Aktualität nicht ein [Dr. Reusch; Krupp Mitteilungen 6, 1985,10-12; Hervorhebungen durch Fettdruck jeweils von mir; H. E.].

Wie man sieht, betreibt der Autor einen erheblichen Rechtfertigungsaufwand für das Generalregulativ. Wozu ist das erforderlich? Er rechnet offensichtlich mit Vorurteilen und Unkenntnis der Rezipienten in bezug auf den alten Text. Welchen Stellenwert hat die Bezugnahme auf das Generalregulativ für den Artikel? Es geht nicht um Redeschmuck, auch nicht um den Versuch, mit historischen Kenntnissen zu beeindrucken. Der Autor braucht vielmehr das Generalregulativ, um seinem Gedankengang eine tragfähige Argumentationsbasis zu verschaffen. Kurz gesagt, versucht er, die zeitlose Gültigkeit des alten Textes zu beweisen, woraus er dann ableiten kann, was den modernen Grundsätzen noch fehlt: Man müsse

> ohne Wortgeklingel die Verhaltensweisen klar benennen, die das Unternehmen von seinen Führungskräften, die Führungskräfte wechselseitig voneinander und vom Unternehmen erwarten können. Diese Arbeit liegt in unserem Unternehmen noch vor uns [Dr. Reusch].

Das Generalregulativ wird hier also als **Maßstab** genommen, an dem die modernen Leitsätze gemessen und offensichtlich als zu leicht befunden werden. Gleichsam exegetisch wird gesagt, das Generalregulativ beruhe

> letztlich auf zwei Prinzipien, die für die erfolgreiche Entwicklung eines Unternehmens auch in der Gegenwart unverzichtbar sind: auf Wirtschaftlichkeit und Menschlichkeit [Dr. Reusch].

Der Begriff, "Menschlichkeit", liefert dem Autor das Stichwort, von dem ausgehend er einen Katalog alter Tugenden entwickelt und benennt: "Fleiß und Pflichterfüllung, Bereitschaft zu Leistung und Verantwortung, zu Ordnung und Disziplin". Damit wird versucht, eine zweite "Lücke" in den modernen Leitsätzen zu füllen und das Regulativ als **Korrektiv** zu verwenden. Der Hinweis von Dr. Reusch auf die Grundprinzipien des Regulativs steht neben dem Hinweis des anonymen Anmoderators seines Beitrages, die Leitsätze wollten eben "keine ewigen Wahrheiten verkündigen". Der Artikel in der Werkzeitschrift wird auf diese Weise zu einem mehrstimmigen Text.

Der Beitrag von H. Knitter: "Krupp-Vorschlagswesen - Fortschritt aus Tradition?"

Eingereichte Verbesserungsvorschläge je 1000 Mitarbeiter: Krupp 1985: 45; Dt. Industrie 170; Japanische Industrie: 13000 (s. Textanhang). Vor diesem Hintergrund ist die Frage des Autors zu verstehen, ob das Firmenmotto "Fortschritt aus Tradition" für das Krupp-Vorschlagswesen im Jahre 1986 noch Geltung beanspruchen darf.

Am Anfang des Beitrags von H. Knitter steht gleichsam ein "Paukenschlag": die nüchtern-epische Mitteilung einer ehemals unerhörten Neuerung:

Den Grundstein für das Betriebliche Vorschlagswesen in Deutschland legte Alfred Krupp im Jahre 1872. Im General-Regulativ wandte er sich wie folgt an seine Mitarbeiter [...] [H. Knitter].

Interessant ist dieser Rückgriff auf das Generalregulativ auch deshalb, weil zum Zeitpunkt der Veröffentlichung des Beitrages die Führungsleitsätze immerhin schon einige Monate in Kraft gesetzt waren. Der Bogen zu diesen modernen Leitsätzen wird erst am Ende des Artikels gespannt.

H. Knitter zitiert § 13 des GR in vollem Wortlaut und greift dann diejenigen Punkte heraus, die ihm besonders am Herzen liegen. Er liefert auf diese Weise eine Art moderierte Textwiedergabe des Generalregulativs, wobei die Moderationsanteile den Verstehensrahmen für den Leser setzen und dessen Aufmerksamkeit steuern:

Interessant ist, daß [damals ... Wert auf ... Neuerungen ... gelegt wurde und nicht nur auf Verbesserungen negativ erscheinender Umstände"; S. 4]; "**Ebenso erscheint bemerkenswert, daß** [... Vorschläge ... an die Procura zu befördern waren ..."; ebda]; " **Das heißt**, [nicht nur der Vorgesetzte war für die Behandlung des Verbesserungsvorschlags zuständig, auch die Firmenleitung interessierte sich dafür"; ebda]; [114 Jahre sind ... vergangen, und mancherorts wird bereits hochtrabend ... vom Ideenmanagement gesprochen. Geht man der Sache auf den Grund, hat sich an der damals] **treffend formulierten Grundidee des Vorschlagswesens jedoch kaum etwas verändert** [H. Knitter].

Vier Dinge fallen auf:

- die Punkte, die sich auf die Mitarbeiter als Vorschlagende bzw. auf die Beziehung Vorgesetzter - Mitarbeiter beziehen, werden nicht kommentiert,
- die Punkte, die sich ausschließlich auf die Art der Anregungen und Vorschläge beziehen, werden als *interessant* eingestuft,
- die Punkte, die sich auf die Handhabung der Anregungen und Vorschläge durch die Vorgesetzten und auf das Interesse der Unternehmensleitung beziehen, werden als die wesentlichen angesehen und als *bemerkenswert* bezeichnet,
- es wird Sprachkritik geübt: Im Unterschied zu manchen Neuprägungen der modernen Managementsprache (*Ideenmanagement*) sei die Formulierung der Grundidee des Vorschlagswesens im Generalregulativ *treffend*.

Passive Entgegennahme der Vorschläge genüge nicht. Auch der Dank dürfe nicht fehlen. Aber worauf es ankomme, das sei die aktive Beförderung der Vorschläge durch die Vorgesetzten an die jeweilige Unternehmensleitung, die am Vorschlagswesen besonders interessiert sein müsse.

Indem H. Knitter diese Grundtatsachen benennt, vermeidet er die Form der direkten Kritik. Er sagt auch nicht, die Vorgesetzten vergangener Zeiten hätten sich stärker engagiert, sondern er faßt die Kritik in ein allgemein formuliertes Fazit und arbeitet - wie Dr. Reusch - eine **Grundidee**, ein Prinzip des Generalregulativs, heraus:

114 Jahre sind seitdem vergangen, und mancherorts wird bereits hochtrabend [= negative Wertung] nicht mehr vom Verbesserungsvorschlagswesen, sondern vom Ideenmanagement gesprochen. Geht man der Sache auf den Grund, hat sich an der damals treffend formulierten [= positive Wertung] Grundidee des Vorschlagswesens jedoch kaum etwas geändert. Die Frage ist sogar berechtigt [= Hinführung auf die kritischen Punkte], ob wir gegenüber der damaligen Zeit Fort-

schritte im Einfallsreichtum [...] gemacht haben, ja [= Verstärkung der Kritik], ob wir unserem Firmenslogan - "Fortschritt aus Tradition" - gerecht geworden sind [H. Knitter].

Aus der Auseinandersetzung mit dem Generalregulativ erwächst mithin die Gewissensfrage, die der Artikel den mit dem Vorschlagswesen befaßten Personen stellt. Den einzelnen, dieVerbesserungsvorschläge einreichen, bescheinigt H. Knitter *herausragenden* Einsatz. Jedoch sei die Gesamtsituation des Vorschlagswesens bei Krupp im Vergleich mit der deutschen Wirtschaft insgesamt und im Vergleich mit dem Ausland eher deprimierend. Die Prämienhöhe und das Regelwerk zur Beurteilung der eingereichten Vorschläge kommen als Ursache der Misere nicht in Betracht: *An der Höhe der Prämie kann es nicht liegen* (H. Knitter); *Auch das Regelwerk zum Krupp-Vorschlagswesen ist in Schuß* (H. Knitter). Nach H. Knitters Ansicht - und das überrascht nach der oben skizzierten Textanalyse nicht - hapert es am Engagement der **Vorgesetzten** und an dem unternehmenspolitischen Interesse der **Unternehmensleitungen**.

An der Diktion des Beitrages fällt auf: kurz und prägnant wird gesagt, woran die Misere **nicht** liegen kann. Die tatsächlichen Gründe jedoch muß der Leser ableiten, und zwar aus den Vorschlägen zur Belebung des Vorschlagswesens: Nicht Ursachenforschung steht im Vordergrund, sondern der vorwärts gerichtete Appell an die Bereitschaft **aller Mitarbeiter des Konzerns**, das Vorschlagswesen zu verbessern. Um auch diesem Schlußappell Gewicht zu verleihen, versucht H. Knitter, seine Forderungen in den Rahmen der Führungsleitsätze zu stellen. Allerdings hat er dabei mit einer argumentativen Schwierigkeit zu kämpfen: Da die "Leitsätze zur Führung und Zusammenarbeit" sehr allgemein gehalten sind und nur auf sehr abstraktem Niveau die Aufgaben der Führungskräfte beschreiben, das Vorschlagswesen mithin mit keiner Silbe erwähnt wird, liefern sie ihm keinen direkten Anknüpfungspunkt für sein Anliegen. Das zwingt zu einem argumentativen Umweg, der etwas konstruiert anmutet. Indem H. Knitter Delegation als Voraussetzung für Entscheidungsspielraum und Entscheidungsspielraum als Voraussetzung für Selbständigkeit und Entwicklung des Mitarbeiters, letztere aber als Voraussetzung für das Einbringen von Verbesserungsvorschlägen darstellt, gelingt es ihm, die Schlagworte der Leitsätze aufzugreifen und das BetrieblicheVorschlagswesen zur Führungsaufgabe für Vorgesetzte zu erklären. Dies wird gestützt durch den Hinweis auf die Leitsätze:

Die Leitsätze zur Führung und Zusammenarbeit im Krupp-Konzern enthalten ausdrücklich die Aufforderung zur Delegation von Entscheidungsbefugnis und Verantwortung und betonen, daß die Förderung von Mitarbeitern Führungsaufgabe ist [H. Knitter].

Weiter heißt es bei H. Knitter:

Vorgesetzte sollten es sich zum Ziel setzen, in ihrem Verantwortungsbereich besonders zahlreiche und qualifizierte Verbesserungsvorschläge zu erhalten [H. Knitter].

Ein unmittelbarer logischer Zusammenhang zwischen beiden Aussagen ist nicht erkennbar. Daß aber H. Knitter, der ja in seiner Funktion als Leiter der Stabsabteilung Personal etwas Wichtiges für den Konzern tut, keinen deutlicheren Rückhalt in den Führungsleitsätzen findet, ist ein Mangel, der auf die Leitsätze zurückfällt.

Abschließend sei noch einmal die Frage aufgegriffen, was bringt Dr. Reusch und H. Knitter dazu, auf das alte, formell ungültige Generalregulativ aus dem Jahre 1872 zurückzugreifen?

Folgende Antworten sind festzuhalten: Beide Autoren beginnen ihren Text mit dem Generalregulativ, um zum Thema ihres Beitrages hinzuführen. Beide beziehen sich im ersten Schritt auf das Generalregulativ, als ob es lediglich darum ginge, mit dem historischen Text einen Aufhänger für die eigene Sache zu finden. Beide Autoren widmen dem Generalregulativ etliche Zeilen und kommen in der Auseinandersetzung mit dem Text zu dem Schluß, daß das, was Krupp damals geschrieben hat, in seinen Grundprinzipien auch heute noch gültig ist, d. h. sie nehmen das Firmenmotto "Fortschritt aus Tradition" ernst und argumentieren auf der Basis größerer geschichtlicher und textlicher Zusammenhänge. Das Generalregulativ ist also mehr als ein bloßer Aufhänger, es wird gewissermaßen als Schriftautorität ins Spiel gebracht. Dr. Reusch und H. Knitter leisten Erinnerungsarbeit und aktivieren mit Hilfe des Generalregulativs gleichsam das kollektive "Langzeitgedächtnis" des Unternehmens. Sie versuchen so, der Stagnation und den Schwächen der Führungskultur zu begegnen. Die Unternehmenssituation dürfte Mitte der 1980er Jahre nicht grundlegend verschieden von derjenigen zu Anfang der 1990er Jahre gewesen sein, die so beschrieben wird:

Im Dezember 1992 übernahm Krupp, damals Deutschlands zweitgrößter Stahlkocher, seinen kleineren Konkurrenten Hoesch [...] Vor dieser Fusion war Krupp ein altehrwürdiges, aber stagnierendes Unternehmen. Schwer angeschlagen durch die weltweite Stahlkrise Anfang der 90er Jahre, gab es im Konzern eine von Engstirnigkeit geprägte Führungskultur, in der mächtige Bereichsleiter die Konzernleitung häufig daran hinderten, allzuviel Einfluß auf den Geschäftsgang zu nehmen. Die Kombination aus Niedergang in seinen Kerngeschäften und bürokratischem Management trug Krupp empfindliche Verluste ein [HOUT/CARTER 1996,66].

Interessant ist, daß Dr. Reusch und H. Knitter nicht nur die Inhalte, sondern ausdrücklich auch die Formulierungen des Generalregulativs positiv bewerten und damit den sprachlichen Stil als Faktor anerkennen, der eine wichtige Rolle für Kommunikation in Führungsprozessen spielen kann. Beiden Autoren kommt das Generalregulativ zudem gelegen, um ihre Kritik abzutönen, zu entschärfen und ins vermeintlich oder tatsächlich Konstruktive zu wenden. Damit wird das Generalregulativ zum **Spiegel**, den man der Gegenwart vorhält, und zum **Maßstab** für aktuelle und zukünftige Leistungen. Daß die Autoren einen längst außer Kraft gesetzten Text als Vorbild bemühen statt einen zumindest teilweise vergleichbaren aktuellen Text für sich sprechen zu lassen, spricht nicht für den Gebrauchswert der neuen Führungsleitsätze. Diese liefern offensichtlich keinen echten Bezugsrahmen für das, was die Autoren ausdrücken wollen, und besitzen auch nicht die notwendige erfahrungsbasierte Diktion einer sprachmächtigen Persönlichkeit, wie sie das Generalregulativ trotz juristischer Überarbeitung und dem auch damals notwendigen Mittun vieler Helfer immer noch erkennen läßt. Das Generalregulativ - so die abschließende These - ist historisch geronnene, textlich organisierte und ästhetisch geformte Erfahrung. Weil dem so ist, hat das Generalregulativ mehr als einen bloß tagespolitischen Gebrauchswert gefunden und ist für mehr als eine Lesergeneration von Interesse. Moderne Führungsleitsätze atmen oft etwas Künstliches und Eindimensionales. Sie sind unpersönlich und theoretisch-abstrakt in ihrer Diktion und ohne erkennbaren ästhetischen Gestaltungswillen. Dabei ist Ästhetik keine Spielerei, sondern mitentscheidend dafür, ob ein Text, hier die Leitsätze, mit Leben gefüllt wird, und ob er dazu beiträgt, daß sich die Mitarbeiter mit ihrem Unternehmen und die einzelnen Unternehmen mit ihrem Konzern identifizieren können. Das Generalregulativ hatte noch nach mehr als 100 Jahren - in einer Zeit der Krise und im Vorfeld großer Veränderungen - Wichtiges zu sagen, als Spiegel, als Maßstab, als "Waffe" und als Identitätssymbol.[74]

74 Zur aktuellen Situation von Vorschlagswesen und Konzern: Im Vergleich zum Jahr 1985 hat sich die Zahl der eingereichten Vorschläge deutlich erhöht. Für das Jahr 1995 vermeldet der Geschäftsbericht 211 Verbesserungsvorschläge je 1000 Mitarbeiter (1985 waren es 45!). Im Zuge der Übernahme der Hoesch AG wurde ein neuer Vorstand berufen, er hat zur Zeit fünf Mitglieder, die sich wechselseitig unterstützen (Konzernchef G. Cromme nebst U. Middelmann, G. Jooss, J. Rossberg und F. Clever): Mit allen Kräften sei "die Crew seither bemüht, den Turnaround zu schaffen. Gegenwärtig laufen 240 Reformprojekte - Reengineering, Verfahrensverbesserung, Kundendienst, Kundensuche, Joint-Ventures und Globalisie-

4.3 Texte der Firma Fried. Krupp AG Hoesch-Krupp

4.3.1 Alfred Krupps Entwurf des Generalregulativs vom 4.12.1871

An die Firma Fried. Krupp.
Zu Jedermanns Kenntniß, d. h. Jedermann der im Vertrauen u. in bezüglicher Stellung steht: Ich wiederhole gern und freudig, was ich schon bei anderen Gelegenheiten ausgesprochen habe, daß ich das Emporblühen der Gußstahlfabrik, einer Schöpfung, die ihres Gleichen sucht, nächst Gottes Segen, der vereinten Thätigkeit und Treue zu verdanken habe, welche ein seltener Kreis von Freunden mir gewidmet hat. - Neben dem Verlangen die Wohlfahrt meiner eigenen Familie nach Kräften zu versichern hege ich dasselbe für sie alle und ihre Kinder. Vor allem möchte ich Treue mit Treue vergelten. Bei dem besten Geiste, der Alle beseelt, fehlt es jedoch noch an Einem, um der vollkommenen zukünftigen Wohlfahrt der Fabrik versichert zu sein und der zweifellosen steten Befriedigung eines Jeden. Wie ein Staat nur durch weise Gesetze regiert werden kann, so fehlt der Fabrik zu ihrem Heil ein Reglement, eine bestimmte Bezeichnung der Rechte und Pflichten einer jeden Stellung im großen Mechanismus der Verwaltung und des Betriebes. Während meiner Leitung der ursprünglich so kleinen Fabrik geschah Nichts ohne mein Wissen und Uebereinstimmung mit meinen Wünschen; bei der Erweiterung und nothwendigen Vertheilung der Leitung erwies sich manches Mal ungenügende Harmonie, und so sehr dieselbe im Großen auch durch allseitiges Entgegenkommen behufs Verständigung vervollkommnet ist, so stellt doch seit Jahren die Nothwendigkeit dieses Reglements sich mehr und mehr heraus. Es ist aber leider nicht zu Stande gekommen. Voraussichtlich kann dasselbe sogleich nicht so vollendet sein, daß nichts mehr zu wünschen übrig bliebe, um so mehr ist es deshalb nothwendig, daß es endlich erscheine, daß es mit meiner Genehmigung versehen werde und daß es, so lange ich noch lebe, möglichst vervollständigt werde. - Diese Anregung mit nachfolgendem deaillirtem Ausdruck von Bestimmungen und Wünschen, soll mit Ausnahmen, die ich mir vorbehalte, im Wesentlichen meine letzte eingreifende Thätigkeit für das Etablissement sein. Ich wünsche nach der Einführung des Reglements vorzugsweise in der Betrachtung aus der Nähe und Ferne für den Rest meines Lebens an der Zuversicht mich zu erfreuen, daß die Zukunft des Etablissements ein unerschütterliches Fundament hat. Sollte ich aber die Vollendung dieser Aufgabe nicht erleben, so würde in einem Codizill mein betreffender letzter Wille ausgesprochen sein - dann allerdings allseitig weniger bequem.
Dieses Reglement, welches nach allen dienlichen Richtungen eine bestimmte Ordnung einführen soll, erfordert bei neuen Eintheilungen und Anordnungen Abstellung alter Ordnung, Gewohn-

---

rung [...] 1993, dem Jahr nach der Fusion, verzeichnete das neue Unternehmen noch Verluste von 397 Millionen Mark [...] Und 1995 wird mit einem Gewinn zwischen 500 Millionen und einer Milliarde Mark gerechnet. Noch mehr beeindruckt der heutige Börsenwert des Unternehmens. Er stieg in den ersten zwei Jahren nach Einführung der neuen Krupp-Aktie im Januar 1993 um 56 %" (HOUT/CARTER 1996,66). Im Frühjahr 1997 versuchte die Fried. Krupp AG Hoesch-Krupp auch die Thyssen AG zu übernehmen. Dieser zweite Übernahmeversuch scheint zunächst gescheitert, Verhandlungen mit Thyssen über die Gründung einer gemeinsamen Stahl AG laufen.

heit, Gebräuche und Vorrecht. Die Bestimmungen sollen - mit zeitgemäßen Änderungen - gültig sein bis zu künftigen Geschlechtern es ist also überall die Stelle, nicht die Person bedacht und es sollte im Verkehr niemals die Stellung und ihre Obliegenheiten mit der Person und persönlichen Empfindungen verwechselt werden. Es wird sich damit auch Jeder sagen, daß Ordnung und Vorrechte zusammen nicht bestehen können. Je größer das Object einer Verwaltung, je mehr Zweige und je mehr Menschen darin thätig, desto nothwendiger ist eine strenge Ordnung, desto mehr Mittel stehen aber auch dem Zwecke zu Gebote, und so ist die meist umfassende Verwaltung vielmehr in der Lage, Fehler zu verhüten als ein kleiner Geschäftskreis; worin der Einzelne eine größere Verschiedenheit von Functionen zugleich versehen muß. (Ueberbürdung des Einzelnen muß nur verhütet werden und wir müssen in manchen Fällen dieselbe abändern.) Es ist unberechtigt Fehler mit der Größe eines Verwaltungskreises zu entschuldigen, sie sind dann immer nur in ermangelnder Anordnung oder unterbliebener Controlle zu finden. Wer Controlle persönlich nehmen wollte als ein Mißtrauenszeichen der soll doch den Gang der großen Staatsmaschine betrachten, ob vom Minister an wohl irgend eine Function ohne Controlle geübt wird, ob irgend Jemand solche Controlle als etwas Anderes als eine nothwendige Einrichtung betrachtet eine zur Rechenschaft nothwendige Bestätigung, daß Alles in Ordnung geht. Wer den Willen hat Fehler zu vermeiden, dem kann die Gelegenheit des Beweises nur willkommen sein. Der einsichtsvollste Fachmann, der beste Rechner Jeder kann irren, aber auch als Product von Unfähigkeit und Unaufmerksamkeit darf kein Fehler und kein Irrthum möglich sein, daher erklärt sich die in allen Verwaltungen von Staaten und geschäftlichen Instituten anerkannte Nothwendigkeit des Gebrauchs der Controlle. In persönlichem Interesse mag man die ausgedehnteste Vollmacht geben auf Grund persönlichen Vertrauens, ohne Rechenschaft zu fordern, in der Verwaltung der Interessen anderer aber hat der Betraute nicht das Recht, mit persönlichem Vertrauen und Glauben allein sich zu begnügen, sondern er ist verpflichtet, sich thatsächlich zu überzeugen, daß Fehler vermieden sind und Jeder seine Schuldigkeit thut.
Mit solcher Auffassung wird Jedermann das Reglement willkommen heißen, und nun will ich zu demselben übergehen.
Zuvörderst erinnere ich mich daran und Andere, zur Erklärung des Grundgedankens für manche der nachfolgenden Erwägungen und Bestimmungen daß wir leider Alle sterblich sind.

Ich habe die Verwaltung des Etablissements den Bevollmächtigten (General-Bevollmächtigten zur Unterscheidung derjenigen, welche nur die einfache Procura für ihren speciellen Geschäftskreis haben) übertragen, zur Ausübung derselben mit den gesetzlichen Rechten und Pflichten, selbstverständlich in Uebereinstimmung mit meinen Wünschen und Grundsätzen. In Fällen nothwendiger Entschließung in Fragen von außergewöhnlicher Natur und Bedeutung und bei etwaigen Zweifel über meine Meinung und Gesinnung wünsche ich behufs Entschließung von dem Object unterrichtet zu werden, und zwar in Begleitung des Resultats der vorherigen gründlichen Prüfung desselben. Im Falle meiner Unerreichbarkeit oder meines Todes handelt die Procura, vorbehaltlich anderer bezüglicher Disposition, nach ihrem eigenen Ermessen im bekannten Sinne meiner bereits gedachten Voraussetzung. Alle Contracte des Etablissements mit Lieferanten sowohl, als mit Angestellten u. Meistern, kurz jede vom Etablissement ausgehende Verbindlichkeit erfordert die Genehmigung und die Unterschrift der Procura. - Die jährliche Bilanz erfordert die Anerkennung ihrer Richtigkeit durch Unterschrift seitens sämmtlicher

Herren Gen. Bevollmächtigten und erfolgt erst darnach meine Unterzeichnung derselben. Alfred Krupp.
Während die Unterschrift zweier Bevollmächtigter nach Außen - gesetzlich und gemäß Circular - für die Firma verbindlich ist, wird jedoch vorausgesetzt, daß nicht zwei Bevollmächtigte einen einseitigen Beschluß ausführen, ohne der Zustimmung eines Collegen gewiß zu sein. Bei eingreifenden wesentlichen Fragen muß selbst von einem abwesenden Bevollmächtigten die Meinungsäußerung und Zustimmung eingeholt werden, und muß der Fall gar nicht denkbar sein, daß eine Angelegenheit zur Beschließung vorgelegt wird, wenn gerade und weil gerade der Eine oder Andere abwesend ist, der etwa mit guten Gründen die Genehmigung verweigern würde. Abwesenheit muß weder einen Beschluß fördern, verhindern, noch sonst beeinflussen können; unter keinen Umständen darf die Angelegenheit demjenigen Bevollmächtigten fern bleiben, dessen Ressort am nächsten mit derselben verwandt ist. Sollte die Procura über eine Frage sich nicht einigen, so wünsche ich Mittheilung davon zu meiner Entscheidung. Die Herren General-Bevollmächtigten werden sich in die Ressorts theilen, so viel wie thunlich mit Begrenzung für die sich reservirende specielle Thätigkeit, auch für den Verkehr nach Innen u. Außen, damit nicht technische Fragen dem Financier, und kaufmännische dem Juristen unnöthig vorgetragen werden:

I. **Das technische Department**

mit Berg- und Hüttenwesen, mechanischen Werkstätten, Eisen- und Stahlfabrication & Gas- und Wasserwerken, Bauwesen	hat verschiedene Ressorts mit Herrn Lorsbach an der Spitze.

II. **Das kaufmännische Department**

a) Correspondenz, Handel und Verkehr, directe Commissions-Verhandlungen und solche mit den Agenten, Oeconomie-Angelegenheiten, Wohnungen und Landverpachtungen, Consum, Menagen.	Herr Ernst Eichhoff.
b) Finanzwesen, Rechnungswesen, Casse, Bilanzaufstellung mit hingehörender Controle, betreffender Buchführung und Rechnungsrevision.	Herr Wiegand

III. Juristisches Department

Contractsabschlüsse und Prüfung aller Verhandlungen im Sinne und zum Zwecke der Vorsicht und Gesetzlichkeit. Acquisition von Immobilien, Personal-Angelegenheiten, Rath und That in allen Fällen und Verlegenheiten, und sonst noch viel mehr! so Kranken- und Unterstützungscasse, Pensionen, Dotationen, Polizeiverkehr mit Anderen und Behörden.	Herr Loerbrocks

In der Gedankenfolge habe ich die verschiedenen Zweige der Verwaltung in Rubrik gebracht, andere gar nicht genannt. Diese Eintheilung und Vertheilung und vollständige zweckmäßigst erscheinende Anordnung überlasse ich dem dortigen Einverständnis. Bei dem obwaltenden Austausch von Gedanken und That und gegenseitiger Unterstützung und der nothwendigen Bedingung des harmonischen Zusammenwirkens ist dennoch eine theilweise Ueberbürdung und nothwendige uebermäßige Anstrengung nicht zu verkennen, selbst wenn Alles in Ordnung geht und Jeder sich der Gesundheit erfreut. Ich spreche es daher hiermit wiederholt aus, daß ich es gern genehmige, wenn die Herren General-Bevollmächtigten noch einen Collegen sich erwählen möchten, mir zum Vorschlage demnächst, und daß an die Spitze des Oekonomie-Ressorts ein gewandter, thätiger unbestechlicher Mann gestellt werde.

Im übrigen muß jeder solche Assistenz haben und so vertreten sein, daß durch etwaige Abwesenheit, Krankheit oder selbst durch Tod nichts unterbleibt oder ins Stocken geräth, auch kein Wissen, keine dem Gedeihen und Betriebe nützliche Erfahrung, - keine Notiz selbst - dem Etablissement verloren geht. Bestimmungen betreffs Ergänzungen und Neuwahl für die Procura sind zu treffen bis dahin, wo sie durch mein Testament erledigt sind. Hiernach sind die einzelnen Ressorts aufzuführen in ihrem Umfange und ihren Grenzen der Verpflichtung und Befugniß, wobei auch die Namen der zeitigen Chefs in Klammern zu verzeichnen (bei Wechsel zu verändern) sind. Der Verkehrsmodus mit den Ressorts, wie solcher ja etwa durch die Praxis sich bereits als unverbesserlich entwickelt haben mag (oder mit irgend welcher nützlichen Veränderung) müßte in ausreichenden Zügen angeführt werden, als Anhalt zu dem Zwecke allein, daß dasselbe nicht einmal beliebigst verlassen werden möchte.

Die Ressortchefs vertheilen die Verwaltungsthätigkeit mit bedingter Genehmigung der Besetzung Gehälter seitens der Procura. Selbstredend haben die Gen. Bevollmächtigten jederzeit das Recht, beliebige Nachfrage zu halten & von dem Betriebe Kenntniß zu nehmen. Die Ueberzeugung von der allseitigen Richtigkeit der Buchführung ist ein Recht und eine Pflicht der Procura. Es ist nicht die Absicht, den Verkehr der Verwaltung durch eine Chablone schwerfällig zu machen, man mag dieselbe mit Uebereinkommen verlassen, sie modificiren, die betreffende Bestimmungen müssen aber in ihrer Kraft und Klarheit aufrecht erhalten bleiben für den unliebsamen Fall schon, daß Freund Hain Uneingeweihte an die Stelle bringen möchte.

Für außerhalb der vorgezeichneten oder regelmäßigen Geschäftsthätigkeit liegende Fragen, Aufgaben, Prüfungen, Projecte oder Vorschläge wiederhole ich die stets von mir als unerläßlich betonte Bedingung der Regel, daß mindestens drei Sachverständige jede Frage prüfen. Die Procura erwählt dieselben nach ihrem eigenen Ermessen aus dem inneren Kreise oder aus Fremden. Sie überläßt die betreffende Wahl nicht Einem der Beurtheiler der Frage und jeder Beurtheiler constatirt seine eigene Meinung. - Nun ist aber anzunehmen, daß Anregungen und Verbesserungen, Neuerungen, Erweiterungen und dgl. vorzugsweise aus dem Bereiche der verschiedenen Ressorts hervorgehen werden, und ist es wünschenswerth, daß der Trieb und die Lust zum Fortschritt und Verbesserung vornehmlich dadurch gehoben und aufgemuntert wird, daß Propositionen bereitwillig entgegengenommen werden, und zwar zur Prüfung nach obengedachter Chablone. Ich wünsche dringend, daß jedem Ressortchef diese Befriedigung zu Theil werde, wenn auch nicht immer schließliche Annahme des Proponierten erfolgen kann. Es mögen sich Illusionen und Rechenfehler herausstellen und selbst wenn die Proposition ohne Abänderung zu empfehlen sein möchte, so mögen dennoch widerstrebende Verhältnisse, Krisen, Geldfrage und dgl. hinreichende Veranlassung bieten, auf dieselbe dennoch nicht eingehen zu können. (Ich möchte aber auch über diesen Kreis hinaus Jedermann aufgemuntert sehen, mit guten Ideen hervorzutreten und bekenne gern, daß recht oft ein guter Gedanke eines gewöhnlichen Arbeiters mir zur Brücke wurde aus der Verlegenheit).

Bei vorgedachtem Verfahren der Prüfung jeder Frage wird aus Vorliebe des Einzelnen für seine Idee, oder aus Abneigung gegen dieselbe, niemals eine Ausführung leichtsinnig erfolgen oder verhindert werden. Ehrgeiz und Neid haben keine Gewalt, jeder Werth oder Unwerth kommt zur Geltung. Diese collegialische Prüfung hat mit der Controlle den gemeinschaftlichen Zweck, die Sicherheit zu erhöhen und die Verantwortlichkeit des Einzelnen zu vermindern, die Rechenschaft zu erleichtern. Was nun hinsichtlich der Werkführer und Meister und einer vollkommenen Ordnung und Controlle des technischen Betriebes noch der Erledigung harrt, muß an dieser Stelle als Generalbedingung in dem Reglement, nach den von mir bezeichneten Umrissen angeführt werden. Dennoch ist für sämmtliche Bureaux festzustellen, wie die Stunden besetzt werden, auch mit Rücksicht auf die Verschiedenheit der Anstrengung, ferner wie, etwa abwechselnd durch diesen oder jenen, zu allen Früh- und Spätstunden während der fabriklichen Thätigkeit Auskunft bereit gehalten wird für Jedermann im Innern u. nach Außen. Ist auch als Regel in Früh- und Spätstunden die Veranlassung zur Anwesenheit für solche Zwecke nicht dringend, mag man auch noch das Meiste auf bequemere Stunden verschieben können, so ist dennoch diese Regel der Anwesenheit einer competenten Vertrauensperson ebenso nothwendig, wie die Wache, der Posten im Frieden. - Dann kann nie der Fall eintreten, daß die Gegenwart der Befähigten für Auskunft Empfang vermißt werde deshalb halte ich daran fest.

Die Schöpfungen, der geordnete Betrieb, die Leistungen eines jeden Kreises, des größten wie des kleinsten, gereichen den leitenden Chefs zur Ehre, weil sie ihrer Thätigkeit, Aufmerksamkeit, Wahl der Kräfte umsichtigen Verwaltung zu verdanken sind; die Fehler dagegen fallen ermangelnder Anordnung und Aufmerksamkeit auf solche Bedingungen, folglich dann auch ihnen zur Last. - Es ist viel wichtiger, daß der Chef die Thätigkeit der größeren Zahl von Kräften unter seiner Leitung überwache zwischen denselben mit offenen Augen sich bewege, als daß er persönlich sich abmühe.

Jedes Ressort hat sein besonderes Reglement, welches ebenfalls im Laufe der Zeit zu vervollkommnen ist. Alle Reglements zusammen in gleicher Form und Größe gedruckt, müssen ein vollkommenes Bild geben von der ganzen Organisation und dem Mechanismus des Betriebs der Fabrik. Die Details dieser Reglements der Ressorts können nur aus der Praxis und bezüglicher Berathung hervorgehen, und es mag sich empfehlen dergleichen Bestimmungen anderer Staats- oder Privat-Werke industrieller oder Eisenbahngesellschaften zu benutzen.
Dieselbe Organisation ist erforderlich für alle auswärtigen, der Fabrik angehörenden Besitzungen, Verwaltungen u. Betriebe, sowie für jedes neue ins Leben tretende Unternehmen. Für sämmtliche Engagements seitens der Firma steht die Bedingung unerläßlich oben an, daß der persönlich zu engagirende Contrahent seine ganze Intelligenz und Thätigkeit ausschließlich dem Etablissement zu widmen sich verpflichtet, folglich jeder andern Thätigkeit für Privatzwecke, sowie für die Oeffentlichkeit sich enthält. Ausnahme macht nur gesetzlicher Zwang. Damit die volle Kraft ungetheilt von anderen Sorgen der Bestimmung versichert bleibe, muß mit seinen Gefahren und seinen Reizen alles Speculiren unterbleiben, vorzugsweise Kauf- und Verkauf von Immobiliar oder Bauen zu gleichem Zweck.
Es ist wünschenswerth für Jeden, der befugt ist, Kenntniß davon zu nehmen, daß in einer Tafel alle Stellen und Namen der Leiter bis zu dem letzten Meister, Untermeister, Aufseher verzeichnet sind, und daß solche Tafel von Monat zu Monat revidirt u. completirt werde. - Dann weiß Jeder, mit wem er zu thun hat, an wen er sich zu wenden hat, wer sich zu äußern, wer sich zu verantworten hat. - Es gehört auch die Platzordnung dahin mit ihren Functionen. - Für die (zur Zeit 3) wechselnden wachthabenden Inspectoren ist es nothwendig auch Ersatz bereit zu haben und durch Dienst einzuüben und, mit ihrer Aufmerksamkeit auf Feuerwehr- und Personalinteressen, ist es sehr angemessen, die Aufmerksamkeit zu vereinigen auf Ordnung in den Gebäuden und in den Wegen und Verhütung vielseitig bestehender Verschleuderung jeder Art von Material. Unsere Anordnungen müssen dahin gehen, allen Ungehörigkeiten für immer ein Ziel zu setzen. Manches hat vor und nach sich eingeschlichen, was nicht geduldet werden darf. Zur Deutlichkeit will ich Einiges von dem Alten, was vermieden werden muß, als Exempel anführen. Fehler und Versäumniß müssen vermieden, dennoch vorkommende müssen sogleich bemerkt Nachtheil verhindert werden, eine nachträgliche Erklärung der Verantwortlichen dann, wenn bereits die Folgen unabstellbar sich äußern, kann nicht zu seiner Entschuldigung genügen, Abwesenheit eines Gliedes der Verwaltung entschuldigt nicht das Unterbleiben couranter Arbeiten und Ausweise oder gar eine Unrichtigkeit derselben wegen unterlassenen Eingreifens oder aus Oberflächlichkeit der Revision. - Es darf kein Rechnungsfehler von dem Belange eines Thalers, geschweige von Tausend Thalern, noch weniger von hunderttausenden vorkommen. Wenn wir nicht wollen, daß ein beliebiger Meister beliebige Arbeiter zu seinem Privatdienste gebraucht, beliebiges Material der Fabrik oder irgend welche convenirende Leistungen derselben für sich privat benutzt, oder daß seine Frau disponire über Leute und Dinge der Fabrik, mit dem Glauben ein Recht dazu und an Befugniß - dann ist es nothwendig für immer die Regel aufzustellen und in ihrer Erfüllung von oben her vorzugsweise das Exempel zu geben, daß Niemand - selbst nicht für den geringsten Dienst - Leute, Fuhrwerk, Kräfte oder Objecte, die der Fabrik angehören, benutze, auch nicht in den Freistunden außer der Arbeitszeit. Eine Privatbeziehung muß in keiner Weise stattfinden. Mit der Ueberzeugung der Folge des Beispiels wird wohl Jeder, der eine Ordnung liebt, sich solchen Mißbrauch versagen.

Jeder frivole Zeitvertreib, Alles, was nicht zur Verwaltung gehört, auch das Zeitungs lesen, muß aus den Bureaux verbannt sein. Die Erholung und Zerstreuung gönne man sich in den Mußestunden zu Hause. - Jeder hat in seinem Berufe vollauf nützliche Beschäftigung; außer der couranten Arbeit giebt es Gelegenheit zu ordnen, zu revidiren, zu sinnen über geschäftliche Interessen vielseitiger Natur in der Nähe und in der Ferne. Unbeschäftigte Menschen, bis zu den Dienern und Laufburschen der Bureaux und Portiers dürfen grundsätzlich nirgendwo geduldet werden. - Es ist immer eine zeitausfüllende Beschäftigung zu finden und hätte sie auch keinen anderen Zweck und Nutzen, als die Menschen von Thorheiten und Unarten abzuhalten, wozu Unthätigkeit führt. Bekanntlich ist eine jährliche Erholung Jedermann gern vergönnt gewesen, der das ganze Jahr hindurch seine ganze Kraft und Thätigkeit der Fabrik widmet. Solche Auffrischung durch geistige Ausspannung kann nur erwünscht sein. Die Dauer solcher Ferien ist nach Stellung und begründetem Anspruch zu bemessen, indessen ist eine bessere Vertheilung des Urlaubs künftig nothwendig. Der Betrieb darf darunter nicht leiden. Der Urlaub möge zeitig beantragt werden und mit eigener Rücksicht auf die Verhältnisse, die Vertretung und die Collegen. Es braucht ja nicht Jeder die Badesaison zu wählen. Ist der Zweck Zerstreuung, so sind die andern Jahreszeiten auch geeignet.

Wie die innere Ordnung, so muß das äußere Ansehen der Fabrik jedem Beschauer die Ueberzeugung bieten, daß überhaupt Ordnung dort waltet. Es dürfen auf den Dächern keine Ziegel, in den Fenstern keine Scheiben fehlen - Thore, Thüren, Schlösser, Wege, Rinnen, Canäle, Pflaster, Alles muß stets in Ordnung sein. (Das Einschlagen von Fenstern im Sommer zur Lüftung ist zu bestrafen). Vernachlässigt ein Werkführer eine Reparatur solcher Dinge, so darf dieselbe dennoch nicht unterbleiben. Diese Controlle gehört demnächst der Bauverwaltung an, welche nicht nur die Bauten errichtet, sondern sie auch conservirt. - Zur Aufzeichnung vorgenannter Exempel hat leider die Vergangenheit Anlaß gegeben, und es ist zu wünschen, daß künftig niemals wieder darauf hinzuweisen sein möchte. Keine Ordnung darf lockern, kein nöthig erkannter Gebrauch darf wieder einschlafen, nach allen Richtungen ist ein wachsamer Augemerk, und vor Allem Vorsicht zu empfehlen.

Wer der Ordnung widerstreben möchte und nicht dazu angehalten werden kann, wer unfähig sein möchte, seine Stellung auszuführen, muß dennoch die Ordnung und Entwicklung zu stören nicht vemögen. Unsere contractliche Verbindlichkeit ihm gegenüber bleibt ihm zwar zugesichert, jedoch müssen wir die Lücken - wenn auch mit Kosten ohne Ansehen - zu ersetzen suchen. Dagegen werden alle Diejenigen, welche mit uns zu dem einen Ziele der Wohlfahrt des Etablissements hinarbeiten, hoffentlich für ihre Lebensdauer mit uns sein. Ohne eine Rechtsverbindlichkeit hiermit zu veranlassen, drücke ich den Wunsch aus, Pensionen zu bestimmen für geleistete treue Dienste, je nach Dauer und Werth derselben, sowohl für den Ausscheidenden, als auch für seine Familie in seinem Todesfalle. Ich behalte mir für meine Lebensdauer solche Bestimmungen vor, und wünsche, daß nach mir dasselbe Beispiel befolgt werde. Daneben wäre aber allerseits zu empfehlen, daß Jeder möglichst zeitig sich und seine Familie in die Lebensversicherung einkaufe, nicht mit obiger Aussicht sich allein begnüge. Andere bisher im Sinne der Sorge für das Wohl der Fabrik und ihrer Angehörigen von mir geschriebenen Anordnungen und Wünsche bringe ich hier in Erinnerung, hoffend, daß sie angemessen aufgehoben sein werden. Beispielsweise citire ich Krankenhäuser, Wohnungen, Erweiterung von Menagen, Consumanstalten, Errichtung von Hospitälern für Alle, von Verwahr-Anstalten für Kinder, von Schulen, Unterrichts- und Vergnügungs-Anstalten. -

Zum Schluß noch eine Betrachtung, an welche sich eine ernste Bedingung knüpft : Der Geist, der Alle von Oben bis zum Geringsten beseelt, muß vorzugsweise von Moralität und Rechtsgefühl durchdrungen sein. Sittlichkeit, verschwistert mit Ordnung und Treue, wirkt segensreich - ohne sie ersteht Täuschung, Unordnung, Laster, Untreue mit dem Verderben im Gefolge. Klugheit ist kein Ausgleich, sondern ohne Moralität nur gefährlicher als mittelmäßige Intelligenz.

Daher sind nur moralische Menschen fähig und würdig unserm Verbande anzugehören; nur sie haben Gefühl und Verständniß für das, was zum Heil des Ganzen als nothwendig erkannt und bestimmt ist, und sie werden in gleichem Sinne und Streben harmonisch mitwirken. Solchem Verbande wird Jeder gern u. stolz angehören, und mit Theilnahme für das Loos seiner Glieder auch das Gemeinwohl fördern. Mit solcher Ueberzeugung der Nothwendigkeit ist alles schlechte Element fern zu halten und im Gegensatze von Entgegenkommen, Dienstfertigkeit und Opferwilligkeit gegen die Einen, gegen diese die äußerste Strenge gelten zu lassen. Der Unmoralische ist ohne Weiteres Ansehen von Persönlichkeit und Stellung zu verbannen. Unaufrichtigkeit ist ein Schritt zur Unehrlichkeit und zum Betruge, verbietet daher Vertrauen. Scheingründe - nur aus Ehrgeiz oder Selbstsucht zur Behauptung einer Idee - aus Rechthaberei - verdächtigen den Character. (Hier ist natürlich vom Dienst und seinem Ernst ausschließlich die Rede). Untreue und Verrath muß mit aller gesetzlichen Strenge verfolgt werden. Wer Niederträchtigkeit begeht, muß niemals sich in Sicherheit wiegen, niemals vom Pranger der öffentlichen Schmach befreit werden. Man betrachte das Gute wie das Böse durch ein Vergrößerungsglas, es liegt darin die Wahrheit; denn wie aus dem Samen die Frucht hervorgeht, und je nach seiner Art Nahrung oder Gift, so entspricht dem Geiste die That, - Gutes oder Böses, und deshalb muß man zur Versicherung würdigen Denkens und Thuns nur Wohlgesinnten die Leitung unserer Interessen anvertrauen. Die Gußstahlfabrik hervorgegangen aus einem unscheinbaren Samenkorn, dem ursprünglich Niemand vertraute, ist jetzt einer fünfzigjährigen Eiche gleich, an Gesundheit und Kraft, sie hat wie Jene die Befähigung und den Beruf, Jahrhunderte hindurch sich mehr und mehr kräftig zu entfalten. Sie hat einen guten Boden, beschützt nur ihre Wurzel.

[Torquay d. 4. December 1871
Alfred Krupp]

[Quelle: Familienarchiv Hügel (II B 186)]

4.3.2 Die Druckfassung des Generalregulativs von 1872

General=Regulativ für die Firma Fried. Krupp.

Die wachsende Ausdehnung der Werke und Geschäfte der Firma Fried. Krupp läßt es wünschenswerth, ja nothwendig erscheinen, diejenigen Grundsätze und Rechte zusammenzufassen und zu vervollständigen, unter deren Anwendung der jetzige blühende Stand der Firma erreicht wurde, dabei zugleich die Rechte und Pflichten jedes Amtes und jeder Stellung im Betrieb und in der Verwaltung in sich fest zu stellen und gegen einander abzugrenzen, um auf diesem Wege, so weit dies thunlich, für gegenwärtige und kommende Zeiten eine gesicherte Ordnung und ein harmonisches Zusammenwirken zu verbürgen, um damit das Gedeihen des Ganzen, wie die Wohlfahrt jedes Einzelnen zu sichern. Zu dem Ende ist nachstehendes General=Regulativ für den Betrieb und die Verwaltung aller Etablissements, Bergwerke, sonstigen Anlagen, Besitzungen und Geschäfte der Firma Fried. Krupp erlassen worden, und wird hiermit zur Nachachtung Aller, die es angeht, zur öffentlichen Kenntniß gebracht.

Abschnitt I.

Allgemeiner Theil.

§. 1. Es ist bei allen Anlagen wie im Betriebe der Werke im Großen wie im Einzelnen als das oberste Grundgesetz das Ziel im Auge zu behalten: daß die Firma in der Fabrikation stets das Ausgezeichnetste und möglichst Vollkommene zu leisten habe.

§. 2. Um dieses Ziel zu erreichen sind Rohstoffe und Hilfsmaterialien nie in anderer als der besten Qualität anzuschaffen, und es ist ferner stets darauf sorgfältig bedacht zu nehmen, daß die zweckmäßigsten Maschinen hergestellt, die möglichst vollkommene Fabrikationsmethode angewandt werde.

Bei derselben muß in Verwendung der Materialien und Abfälle jedwede Verschwendung vermieden werden, keine Maschine und keine Kraft darf jemals unbeschäftigt sein, und nach beiden Seiten hin muß auch hierin erfinderische Oekonomie zur Erscheinung kommen.

§. 3. Es ist ferner mit sorgsamer Aufmerksamkeit wie in der Voraussicht so in der Ausführung und Kontrolle darauf zu achten, daß keine Stockungen eintreten und keinerlei Ueberraschungen vorkommen, daß jedes entstehende Bedürfniß die Befriedigung vorbereitet finde.

Namentlich ist, um stets freie Hand zu haben, darauf zu halten, daß alle Geschäfte, auch die nicht eiligen, sofort erledigt werden.

§. 4. Von jeder Person, welche dem Verbande der Firma angehört, in welcher Stellung darin sie sich auch befinde, ist zu fordern, daß sie in Treue und Hingebung das Beste der Firma allzeit fördere und Nachtheil von ihr abwende, ist insbesondere Ordnung, Pünktlichkeit und unausgesetzter Fleiß zu verlangen.

Darum hat ein Jeder sich ganz und ausschließlich seinem Berufe zu widmen, und wo das laufende Geschäft einmal seine Zeit und Kräfte nicht voll in Anspruch nimmt, diese in anderer Weise der Firma nutzbar zu machen.

Jeder, von dem Ersten bis zum Letzten, wird hierzu immer die geeignete Gelegenheit finden, und wie selbst Portiers, Büreaudiener, Laufburschen nie ohne Beschäftigung sein dürfen, so werden die höher Gestellten ihre von der unmittelbaren Berufsthätigkeit augenblicklich nicht in Anspruch genommene Zeit durch Ordnen, Revidiren, Erwägen geschäftlicher Interessen, Aufstellung von Vorschlägen, dem Ganzen immer dienst= und nutzbar machen können.

§. 5. Zur Erhaltung der Ordnung ist die Arbeitszeit pünktlich inne zu halten, und eine Abweichung von derselben kann nur aus Gesundheitsrücksichten oder aus anderen unabwendbaren Hinderungsgründen erfolgen.

Wo zu einer solchen Abweichung die Einholung der Erlaubniß möglich, muß dieselbe vorher schriftlich nachgesucht werden.

§. 6. Um für Verhinderungsfälle des Einzelnen den geordneten Betrieb des Ganzen zu sichern, ist rechtzeitig dafür Sorge zu tragen, daß Jeder im Falle seiner Verhinderung einen Vertreter habe, und es ist eine solche Vertretung für die wichtigeren Stellungen im Voraus anzuordnen.

Die Vertretung giebt Niemandem eine Anwartschaft auf die Nachfolge in der Stellung des Vertretenen.

§. 7. Um Ueberbürdung des Einzelnen zu verhüten, und damit insbesondere die alt und schwach Gewordenen geschont werden, ist sorgfältig darauf Bedacht zu nehmen, daß in den dazu angethanen Fällen durch Zuordnung eines Assistenten den einer Erleichterung in ihrer Arbeit Bedürftigen und Würdigen eine solche gewährt werden.

Auch Dispensationen von einem Theile der Arbeit werden in den bezeichneten Fällen zu ertheilen sein.

§. 8. Um den ungestörten Fortgang der Geschäfte jeder Zeit zu sichern und aus Rücksicht auf die Mitarbeiter müssen Anträge auf Beurlaubung rechtzeitig gestellt werden, damit dieselben in ein von der Procura zu führendes Urlaubs=Register eingetragen, und in einer sachentsprechenden Reihenfolge genehmigt werden können.

§. 9. Da jeder Angestellte verpflichtet ist, seine ganze Kraft und geschäftliche Thätigkeit der Firma zu widmen - §. 4. - , so verbietet sich schon dadurch jede - zumal auf Gelderwerb gerichtete oder für die Oeffentlichkeit bestimmte - Nebenbeschäftigung, soweit sie nicht etwa auf gesetzlichem Zwange beruht.

Abweichungen von dieser Regel können nur unter besonderen Umständen als Ausnahmen ausdrücklich schriftlich gestattet werden.

§. 10. Insonderheit ist jedweder Handel und Speculationsverkehr, betreffe derselbe Grundstücke, Bergwerke, Bauten, Papiere, oder welchen anderen Geschäftszweig, zu unterlassen.

Abgesehen von der aus einem solchen Geschäftsverkehr der Firma drohenden Einbuße an der vollen und ungetheilten Kraft des Einzelnen, können aus einem solchen Geschäfts=Verkehr von Personen, die dem Verbande der Firma angehören, leicht Irrungen und Verwickelungen entstehn, welche die Ehre der Firma selbst berühren, und da die makellose Reinheit dieser das höchste Ziel Aller sein muß, so ist schon aus diesem Grunde ein derartiger Verkehr absolut unzulässig.

§. 11. Kräfte und Materialien der Firma dürfen selbstredend zu Privatzwecken nicht verwendet werden.

Ebenso darf auch von Niemandem eine Vergütung, ein Geschenk oder irgend eine Aufmerksamkeit von Werth angenommen werden, sobald eine solche unmittelbar oder auch nur mittelbar von Personen ausgeht, die mit der Firma in irgend einer Geschäftsverbindung stehen.

Niemand, der nach Außen disponirt, darf mit Geschäftsfreunden der Firma zu Privatzwecken geschäftliche Verbindungen pflegen.

§. 12. Von allen Angestellten ist ein unverbrüchliches Schweigen über geschäftliche Angelegenheiten, die ihrer Natur nach vertraulich oder als solche ausdrücklich bezeichnet worden sind, zu beobachten.

Schon unnöthige Gespräche über geschäftliche und dienstliche Angelegenheiten mit unbetheiligten Dritten müssen vermieden werden.

§. 13. Anregungen und Vorschläge zu Verbesserungen, auf solche abzielende Neuerungen, Erweiterungen, Vorstellungen über und Bedenken gegen die Zweckmäßigkeit getroffener Anordnungen sind aus allen Kreisen der Mitarbeiter dankbar entgegen zu nehmen und durch Vermittlung des nächsten Vorgesetzten an die Procura zu befördern, damit diese ihre Prüfung veranlasse.

Eine Abweisung der gemachten Vorschläge ohne eine vorangegangene Prüfung derselben soll nicht Statt finden, wohingegen denn auch erwartet werden muß, daß eine erfolgte Ablehnung dem Betreffenden, auch wenn ihm ausnahmsweise nicht alle Gründe mitgetheilt werden können, genüge und ihm keineswegs Grund zur Empfindlichkeit und Beschwerde gebe.

Die Wiederaufnahme eines schon abgelehnten Vorschlages unter veränderten thatsächlichen Verhältnissen oder in verbesserter Gestalt ist selbstredend nicht nur zulässig, sondern empfehlenswert.

§. 14. Zur gründlichen Vorbereitung, beziehungsweise Erledigung wichtiger Maaßregeln und Unternehmungen werden Commissionen von der Procura gebildet, die aus mindestens drei sachverständigen Mitgliedern bestehen - Angestellten der Firma, oder außerhalb derselben stehenden Personen - , deren Unbefangenheit in der gerade vorliegenden Angelegenheit nicht angezweifelt werden kann.

§. 15. Bei Baulichkeiten und anderen derartigen Anlagen, deren Ausführung prinzipiell beschlossen worden ist, sind vor der thatsächlichen Ausführung genaue Pläne und Kostenanschläge aufzustellen.

§. 16. In jeder Werkstätte muß während der Arbeit ein über dem Meister stehender Betriebsbeamter, der die Arbeit überwachen und leiten kann, und in allen größeren Hauptbüreaux stets ein Beamter zugegen sein, um etwa plötzlich nöthig werdende Anordnungen treffen zu können, Auskunft zu geben, Aufträge entgegen zu nehmen.

Für die Innehaltung dieser Vorschrift sind die Vorstehen der Werkstätten und der betreffenden Büreaux verantwortlich.

§. 17. Den Ordnungs= und Sicherheitsdienst übt die Feuerwehr. Jeder hat, nicht blos bei Feuersbrünsten, ihren auf diesen Dienst bezüglichen Anordnungen unbedingte Folge zu leisten, vorbehaltlich der gegen Ueberschreitung ihrer Befugnisse zulässigen nachträglichen Beschwerde.

Im Bereiche der Eisenbahn haben an Stelle der Feuerwehr die Bahnbeamten die hier bezeichneten Befugnisse auszuüben.

§. 18. In den Wegen, auf den Plätzen, in und an den Gebäuden muß auf Ordnung und Reinlichkeit gehalten werden, besonders dürfen nirgend Abfälle liegen bleiben; dieselben sind vielmehr sofort den betreffenden Verbrauchsstellen zuzuführen.

§. 19. Wie die Firma von Allen, die dem Verbande angehören, nicht blos Tüchtigkeit im Berufe und in der Ausübung ihrer Berufspflichten, sondern überdies verlangen muß, daß ein Jeder sich auch außerhalb seiner Berufsthätigkeit nur von Ehre, Rechtsgefühl und Wahrhaftigkeit leiten lasse, und das vorgekommene Fehler und Versäumnisse nicht verheimlicht, vielmehr sofort zur Kenntniß gebracht werden, um wo noch Abhülfe möglich diese herbeizuführen, wie sie von Allen die Heilighaltung der Vertragstreue voraussetzt, so wird sie ihrerseits die ihr obliegende Pflicht der Vertragstreue nicht damit für erfüllt und erschöpft ansehen, daß sie die durch die Verträge übernommenen Rechtsverbindlichkeiten erfüllt, vielmehr wird sie, nach wie vor, bestrebt sein, treue Dienste und hervorragende Leistungen außergewöhnlich zu belohnen, und wird auch ihrerseits stets in Ehren halten, wer in aufrichtiger Hingebung ihr seine Kräfte gewidmet hat.

Angemessene Erhöhungen der Löhne und Gehälter, außerordentliche Honorare und in den hervorragenderen Fällen Dotationen werden die Mittel der Firma sein, ihrer Anerkennung Ausdruck zu geben.

§. 20. Um den Arbeitern und Beamten des Verbandes thunlichst Erleichterung zu gewähren, wird die Firma fortfahren, Familien=Wohnungen zu bauen und ihnen dieselben gegen möglichst billiges Entgelt vermiethen oder auch überlassen, desgleichen Consum=Anstalten für Nahrungsmittel und Kleidungsstücke, Menagen, Sparkassen und andere derartige Einrichtungen halten.

§. 21.Ein besonderer Gegenstand der Sorge für die Firma wird es sein, Anstalten für die Erziehung und den Unterricht der Kinder zu errichten und den Erwachsenen die Gelegenheit zur Belehrung, Fortbildung und Unterhaltung zu bieten.

§. 22. Durch Errichtung von Krankenkassen, Unterstützungs= und Pensionskassen, Krankenhäusern und Bewahr=Anstalten sollen, so weit dies irgend erreichbar ist, die dem Verbande Angehörigen für die Fälle der Krankheit, der Invalidität und für ihr Alter vor der Sorge um die eigene Existenz und die ihrer Angehörigen geschützt werden; auch wird die Firma bestrebt sein, die aus der Erfüllung der Wehrpflicht den Familien unter Umständen erwachsenden Sorgen mit ihnen zu theilen und dieselben ihnen tragen zu helfen.

§. 23. Daneben kann aber nicht dringend genug empfohlen werden, daß jeder dem Verbande Angehörende einer Lebensversicherungsanstalt beitrete. Die Firma wird allzeit bereit sein, solche Lebensversicherung unter den möglichst günstigen Bedingungen zu vermitteln.

§. 24. Wer die in den §§. 1-19 aufgeführten Pflichten nicht gewissenhaft erfüllt, soll auch an den vorstehend aufgeführten Rechten keinen Theil haben. Ein wegen Widerstrebens gegen die Erfüllung der ihm obliegenden Pflichten, wegen Arbeitsverweigerung oder gar wegen Aufwiegelung Entlassener darf nie wieder in den Verband aufgenommen werden. - Auch ist Jeder, der sich an desgleichen irgend wo sonst betheiligt hat, von der Aufnahme fern zu halten.

§. 25. Wer sich in seinen Rechten oder sonst in seiner Persönlichkeit beeinträchtigt oder gekränkt glaubt, hat, wenn eine Verständigung nicht gelungen, seine Beschwerde bei dem nächsten Vorgesetzten dessen, durch den er sich beeinträchtigt glaubt, anzubringen. Findet sich der Beschwerdeführer durch die getroffene Entscheidung nicht zufrieden gestellt, so kann er die Beschwerde weiter verfolgen. Es muß dies jedoch im geordneten Instanzenzuge geschehen, welcher sich wie folgt abstuft:

Aufseher oder Meister, Betriebsführer oder die diesem entsprechende Stelle, der Ressortchef, beziehungsweise die Conferenz, die Procura, und in letzter Instanz der Inhaber der Firma selbst.

Abschnitt II.

Von der Procura.

§. 26. Die obere Leitung der gesammten Geschäfte der Firma erfolgt durch die vom Inhaber derselben nach Maßgabe des Gesetzes ernannte Procura.

Diese Procura vertritt den Inhaber der Firma derart, daß alle von ihr ausgehenden Anordnungen als von ihm selbst ausgegangen zu betrachten sind und kein Dritter Anlaß und Befugniß hat, die Frage aufzuwerfen, ob der Inhaber der Firma mit der getroffenen Anordnung einverstanden sei.

Die Procura ist einzig und allein von dem Willen und den Weisungen des Inhabers der Firma abhängig und diesem - aber nur ihm - dafür verantwortlicht, daß sie nach den von ihm ertheilten Instructionen verfährt und nach seinen ihr allgemein bekannten Absichten über den Geist, in welchem er seine Geschäfte geleitet wissen will.

§. 27. Wie die Unterschriften zweier Procuristen, in gesetzlicher Form vollzogen, die Firma nach außen verpflichten und berechtigen, so genügen auch in der inneren Verwaltung diese zwei Unterschriften zur Verbindlichkeit einer Anordnung.

§. 28. Aller Verkehr mit Abnehmern, Lieferanten und Behörden, mit Agenten und Verwaltungen auswärtiger Niederlassungen der Firma, überhaupt jeder Geschäftsverkehr nach Außen kann, - insofern nicht der Inhaber der Firma selbst disponiert, - nicht anders als durch die Procura bewirkt werden.

§. 29. Für einzelne Geschäfte, Geschäftszweige oder Gebiete kann die Procura Bevollmächtigte ernennen.

§. 30. Die Procura vertheilt die Geschäfte unter ihre Mitglieder nach der Natur der Geschäfte und mit Rücksicht auf die Persönlichkeit der Procuristen. Die Abtheilungen, in welche die Gesammtprocura zerfällt, sind daher jeder Zeit dem Wechsel unterworfen.

§. 31. Die Eintheilung der Gesammtprocura in Einzelabtheilungen darf die Einheit derselben nicht beeinträchtigen, vielmehr ist die Uebereinstimmung aller Mitglieder der Gesammtprocura stets eine selbstverständliche Voraussetzung bei allen wichtigeren Maßregeln und Entscheidungen, zu welchem Ende eine collegialische Berathung und Beschlußnahme auch als Regel der Geschäftsbehandlung von Seiten der Procura zu beachten ist.

Nur wo Gefahr im Verzuge obwaltet, wird von dieser Regel abgewichen werden dürfen.

Desgleichen wird von der collegialischen Behandlung abzusehen sein, wo ein bestimmtes Geschäft im Voraus einem einzelnen Procuristen zur Erledigung übertragen ist.

§. 32. Durch die als Regel vorgeschriebene Form der collegialischen Berathung wird es bedingt, daß jedes Mitglied der Procura das Recht und die Pflicht hat, sich stets mit allen laufenden Geschäften der Firma vertraut zu halten, den Stand aller Besitzungen und Werke derselben zu kennen, Auskunft von allen dem Verbande Angehörigen zu erfordern, um so das Beste der Firma und das Gedeihen des Ganzen nach besten Kräften fördern zu können.

§. 33. Da die Procura für die Leitung des gesammten Geschäftes dem Inhaber der Firma verantwortlich ist, so will dieser Geschäftliches der Regel nach auch nur durch die Procura und unmittelbare Vorträge von Ressortchefs, Betriebsführern oder Meistern nur ausnahmsweise entgegen nehmen.

§. 34. Die durch die Procura vorzunehmenden Kassenrevisionen müssen ohne vorangegangene Ansage und ohne regelmäßigen Turnus jährlich mindestens drei Mal erfolgen. Sie sind immer von mindestens zwei Mitgliedern der Procura vorzunehmen und über den Befund ist von den Revisoren ein Protokoll aufzunehmen.

§. 35. Alljährlich ist von der Procura und zwar unter dem 30. Juni die Bilance aller Geschäfte der Firma aufzustellen. §. 36. Für die Geschäfte der Procura - insonderheit Buchhalterei, Correspondenz und Güter=Expedition - ist das Comtoir eingerichtet.

Abschnitt III.

Von den Einzel=Ressorts, deren Chefs und dem Verhältniß derselben zur Procura und zueinander.

§. 37. Die sämmtlichen Werke und Etablissements der Firma zerfallen in Gruppen von Fabrikationszweigen, "Ressorts". -

Jedes einzelne Ressort leitet ein allein für dasselbe verantwortlicher Oberbeamte als "Ressortchef".

§. 38. Damit die Ressortchefs dieser ihrer Aufgabe nie entzogen werden und damit sie zu diesem Ende überall selbst sehen, prüfen, anregen und anordnen, die Verwaltung und den Betrieb überwachen, das bestehende Gute erhalten, neues Besseres schaffen und entwickeln, endlich die Disciplin wirksam üben können, werden sich dieselben mit besonderer Sorgfalt davor zu wahren haben, sich in untergeordnete Detailarbeit zu verlieren, sich stets den Blick für das Ganze und dessen Leitung frei halten.

§. 39. Die Ressortchefs haben die Procura stets von dem Stande ihres Ressorts in Kenntniß zu erhalten und die laufenden Geschäfte durch Besprechung mit der Procura oder den von dieser bestellten Personen zu erledigen, wohingegen sie Einsicht der ihr Ressort betreffenden Korrespondenz erhalten.

§. 40. Der Verkehr der Einzel=Ressorts unter einander und mit der Procura erfolgt in der Regel durch die Ressortchefs.

Sollten - insbesondere in Fällen einer Gefahr im Verzuge - Abweichungen von dieser Regel nöthig werden, so sind dieselben, soweit sie nicht auf einer in diesem General=Regulativ oder sonst getroffenen speciellen Anordnung beruhen, ungesäumt zur Kenntniß des Ressortchefs zu bringen.

§. 41. In den einzelnen Ressorts werden die Betriebsführer und Meister von den Ressortchefs mit Genehmigung der Procura angestellt. Einer gleichen Genehmigung unterliegt die Bewilligung von Gehalts=Erhöhungen.

Abschnitt IV.

Von der Conferenz.

§. 42. Eine Conferenz, bestehend aus den Mitgliedern der Procura und sämmtlichen Ressortchefs tritt allwöchentlich mindestens zweimal zusammen unter dem Vorsitze eines der Procuristen, und im Beisein solcher von der Procura etwa zugezogenen Personen, deren Rath ihr für den vorliegenden Specialfall wünschenswerth erscheint.

§. 43. Zweck und Aufgabe der Conferenz ist, die erforderliche Einheit im Gesammtbetriebe und in der Verwaltung zu erhalten, und die Procura bei der Prüfung von Projekten und Plänen mit ihrem Rathe zu begleiten und zu unterstützen. Demgemäß ist die Conferenz keine beschließende, sondern nur berathende Instanz, und die Ausführung des in einer Conferenz Beschlossenen bleibt von der Anordnung der Procura abhängig.

§. 44. Zur Lösung der der Conferenz zugewiesenen allgemeinen Aufgabe - §. 43 - werden sich die Berathungen derselben insbesondere auf folgende Gegenstände erstrecken:

1. Mittheilung allgemeiner die Firma berührenden Interessen, deren Besprechung und Berathung;
2. Aenderung bestehender organischer Einrichtungen der Fabrik und des Betriebes;
3. Neuanlagen, bauliche Veränderungen, Benutzung von Gebäulichkeiten, Plätzen und sonstigen Anlagen allgemeinwichtiger Art;
4. Die Verhältnisse der Beamten, Meister und Arbeiter;
5. Lohnsätze, Accorde und Verdienste der Arbeiter, etwaige Disciplinar=Strafen auf Grund des Arbeiter=Reglements, Lohnvorschüsse, Unterstützungen;
6. Schlichtung von Beschwerden, Zwistigkeiten und Meinungsverschiedenheiten zwischen Beamten, Meistern und Arbeitern.

Abschnitt V.

Von dem Verhältniß der Ressorts zu den Werkstätten und von dem Verhältnisse dieser zueinander.

§. 45. Jedes einzelne Ressort zerfällt in verschiedene Verwaltungs= oder Betriebs=Abtheilungen, beziehungsweise Werkstätten.

An der Spitze einer jeden steht ein oder stehen mehrere dem Ressortchef verantwortliche Vorstehen oder Betriebsführer, welche die Verwaltung und den Betrieb in der durch die Instructionen und Anordnungen der Ressortchefs beziehungsweise durch die Praxis festgestellten Weise zu leiten haben.

§. 46. Der Betriebsführer hat dem Ressortchef über den Betrieb und jedes andere die Werkstatt betreffende erheblichere Vorkommniß regelmäßigen Bericht zu erstatten.

Vorgekommene Unregelmäßigkeiten sind sofort zu melden und selbst im Falle augenblicklich erfolgter Abhülfe ist nachträgliche Anzeige davon zu machen.

§. 47. Die Betriebsführer können zur Unterhaltung und Förderung eines möglichst einheitlichen und regelmäßigen Betriebes sowohl im Bereiche eines Ressorts als auch mit den Betriebsführern anderer Ressorts zu Besprechungen zusammentreten. Von denselben und ihren Ergebnissen sind die Ressort=Chefs baldigst in Kenntniß zu setzen.

§. 48. Der Betriebsführer stellt die für seine Werkstatt nöthigen Meister, Aufseher und Schreiber mit Genehmigung der Ressort=Chefs an.

Er nimmt, gleichfalls unter Vorbehalt der Genehmigung der Lohn= und anderer Accordbedingungen von Seiten des Ressort=Chefs, die erforderlichen Arbeiter an, und hat das Recht, dieselben nach Maßgabe des Arbeiter=Reglements zu entlassen.

Durch Meister oder Aufseher allein und ohne Genehmigung des Betriebsführers darf weder Annahme noch Entlassung von Arbeitern erfolgen.

§. 49. Die im gewöhnlichen Betriebe vorkommenden Anordnungen, wie Reparaturen, Ergänzung von Utensilien und anderen Vorrichtungen, Beschaffung von Magazin= und sonstigen kleinen Materialien, Bestellung und Beschaffung von Brennmaterialien, wie überhaupt Alles derartige zum ununterbrochenen regelmäßigen Betriebe Erforderliche ist von dem Betriebsführer selbständig und rechtzeitig zu besorgen und aus den betreffenden Anstalten der Fabrik zu beziehen.

§. 50. Bedürfen größere Werkzeuge der Erneuerung, sollen größere Versuche gemacht werden, bedeutendere Aenderungen in den Betriebseinrichtungen oder Fabrikationsmethoden, sollen Bauten oder andere bauliche Maßnahmen gemacht werden, so hat der Betriebsführer bei dem Ressort=Chef einen entsprechenden Antrag zu stellen.

Dasselbe Verfahren hat der Betriebsführer bei Beschaffung der Rohmaterialien und überhaupt bei jeder umfangreicheren Materialbeschaffung zu beobachten.

§. 51. Jeder Betriebsführer haftet dafür, daß keine Produkte oder Fabrikate in seine Werkstatt eingeführt werden oder dieselbe verlassen, bevor sie gründlich darauf hin untersucht worden sind, ob sich Fehler oder Manco's an ihnen finden.

§. 52. Der Betriebsführer ist dafür verantwortlich, daß die zur Sicherung von Gesundheit und Leben getroffenen Anordnungen stets beobachtet, die dafür getroffenen Einrichtungen in gutem Stande erhalten und ergänzt, und so weit thunlich vervollkommnet werden.

§. 53. Der Betriebsführer nimmt die Inventur auf und legt allmonatlich einen Abschluß der Betriebsbücher vor.

§. 54. In dem Büreau einer jeden Werkstatt muß ein Beschlußbuch liegen, in welches alle die Werkstatt betreffenden Beschlüsse und getroffenen Anordnungen einzutragen sind.

§. 55. Jedem Betriebsführer sind zur Unterstützung in Ausübung der ihm obliegenden Pflichten ein oder mehrere Assistenten oder Obermeister beizugeben.

Diese sind möglichst so zu wählen, daß sie demnächst die Functionen eines Betriebsführers selbständig übernehmen können; doch wird ihnen durch die Berufung zum Assistenten oder Obermeister eine unbedingte Anwartschaft auf die Ernennung zum Betriebsführer nicht gegeben.

§. 56. Der Meister vertheilt die ihm zufallenden Arbeiten unter seine Arbeiter, leitet dieselben an und hat die Ueberwachung derselben.

Wie der Meister selbst, so haben auch die Arbeiter den Anordnungen seines Betriebsführers, so wie seines Assistenten und Vertreters unbedingt Folge zu leisten.

Glauben sie sich durch eine solche Anordnung beeinträchtigt, so steht ihnen der nachträgliche Beschwerdeweg offen.

§. 57. Die Ressortchefs werden jedes Umgehen der Betriebsführer und ein unmittelbares Eingreifen in den Betrieb zu vermeiden suchen, sich dafür aber um so sorgfältiger überzeugen müssen: ob ein Jeder an seiner Stelle die ihm obliegende Schuldigkeit thue, damit Fehler und Unordnungen vermieden werden und dem Einreißen von Mißbräuchen rechtzeitig vorgebeugt werde.

§. 58. Die in diesem Abschnitte erwähnten Abtheilungen der Ressorts facturiren sich gegenseitig ihre Lieferungen und stehen zu einander in demselben Rechnungsverhältnis, wie von einander unabhängige selbständige Geschäfte.

Jede Abtheilung liefert allmonatlich ihre Hauptbuchsabschlüsse nebst den erforderlichen Ausweisen an das Centralbüreau, welches die Rechnungsverhältnisse der Abtheilungen überwacht und darüber der Procura allmonatlich Ausweise liefert.

§. 59. Was in diesem Abschnitte von "Werkstätten" und "Betriebsführern" gesagt ist, gilt auch - so weit die betreffenden Vorschriften anwendbar erscheinen - von den andern Abtheilungen eines Ressorts und deren Vorstehern.

Abschnitt VI.

Von den Agenten.

§. 60. Die Firma ernennt und bestellt zur Wahrnehmung ihrer Interessen nach außen hin Vertreter (Agenten), welche in folgende 5 Klassen zerfallen:

I. Hauptagenten mit Procura der Firma.

II. Hauptagenten mit der Bezeichnung "Bevollmächtigte der Firma Fried. Krupp".

Agenten dieser beiden Klassen sind ausschließlich für die Firma und deren Interessen thätig und dürfen andere Agenturen nicht übernehmen.

III. Agenten.

Ihnen wird mit Rücksicht auf den ihnen angewiesenen engeren und weniger einträglichen Geschäftskreis bedingungsweise gestattet, neben der ihnen übertragenen Agentur der Firma Fried. Krupp noch andere Agenturen zu führen. Dieselben dürfen natürlich mit den Geschäftsinteressen der Firma nicht collidiren.

IV. Unteragenten.

Diese werden für einzelne Länder, Städte und kleine Geschäftskreise in den Gebieten der unter I. und II. aufgeführten Hauptagenten bestellt.

Ihre Bestellung erfolgt auf den Vorschlag der Hauptagenten, von denen sie auch in ihrer Geschäftsführung abhängig sind.

Die Firma behält sich jedoch die Genehmigung der von den Hauptagenten den Unteragenten zu ertheilenden Instructionen, sowie das Recht vor, letzteren unmittelbare Anweisungen zu geben.

V. Agenten, welche die Producte der Firma zur Weiterveräußerung für eigene Rechnung und Gefahr übernehmen.

Der von ihnen hierbei anzusetzende Gewinn=Zuschlag ist zwar von ihnen zu bemessen, derselbe unterliegt jedoch einer Controlle der Firma.

§. 61. Die Stellung der einzelnen Vertretungen zur Firma und die denselben überwiesenen Aufgaben werden durch besondere schriftliche Vereinbarungen und Verträge näher geregelt; für alle gelten aber die in den folgenden §§. festgestellten allgemeinen Grundsätze.

§. 62. Alle Vertreter müssen sich dem Interesse der Firma nach jeder Richtung hin mit Gewissenhaftigkeit widmen, stets bestrebt sein, dasselbe zu fördern, Schaden und Nachtheil von ihr abzuwenden und dem Besten der Firma auch da zu dienen, wo ein Gewinn für sie selbst nicht unmittelbar zu erwarten steht.

Sie sind verpflichtet, die Firma über alle dieselbe interessirenden Vorkommnisse in ihren Geschäftsbezirken pünktlich und ausführlich zu unterrichten.

§. 63. Die Vertreter müssen nach den von der Firma aufgestellten Grundsätzen verfahren und bei ihren Unterhandlungen stets innerhalb den von der Firma gegebenen Dispositionen und Limiten bleiben, auch vor fester Uebernahme einer Bestellung sich durch Rückfragen bei der Firma vergewissern: ob der Auftrag angenommen werde.

§. 64. Die Einziehung von Geldern für Rechnung der Firma steht nur den unter I. aufgeführten Hauptagenten zu.

Die übrigen Vertreter haben sich nur dann mit den Incassos zu befassen, wenn sie dazu besonders beauftragt werden.

§. 65. Die unter I. bis IV. einschließlich aufgeführten Klassen der Vertreter sind für das richtige Eingehen der Forderungen aus den von ihnen abgeschlossenen oder vermittelten Geschäften nicht haftbar. Von den etwa in Verlust gehenden Verträgen wird keine Provision an die Vertreter vergütet.

§. 66. Sämmtliche Vertreter sind verpflichtet, über die Geschäftsverbindungen, über die Verhältnisse und Einrichtungen der Fabrik und anderer Etablissements der Firma, über Fabrikations=Proceduren derselben, und Alles was sonst hiermit und mit dem Betriebe überhaupt zusammenhängt, strengste Verschwiegenheit zu beobachten.

Diese Pflicht zur Verschwiegenheit liegt den Vertretern nicht nur während der Dauer ihres Verhältnisses zur Firma ob, sondern auch nach Auflösung desselben, diese erfolge aus welchen Gründen sie wolle - und die Uebernahme dieser Verpflichtung gilt als eine der Art selbstverständliche, daß in den mit solchen Vertretern geschlossenen Verträgen oder anderen Vereinbarungen es einer ausdrücklichen Uebernahme dieser Verpflichtung nicht bedarf.

§. 67. Sämmtliche Vertreter sind verpflichtet, alle Correspondenzen und anderen Schriftstücke, welche in Angelegenheiten der Firma an sie gelangen, so wie Abschriften der von ihnen ausgehenden Schriftstücke, ferner die von ihnen geführten Bücher und Aufzeichnungen sorgfältig aufzubewahren und der Firma auf Verlangen jeder Zeit Kenntniß und Einsicht davon zu geben.

Bei Endigung des Vertragsverhältnisses sind die sämmtlichen hier genannten Schriftstücke und Bücher der Firma auszuantworten.

§. 68. Damit die in dem vorangegangenen Paragraphen vorgesehene Ausantwortung der Bücher und anderen Schriftstücke erfolgen könne, sind jene Bücher und Schriftstücke stets wohlgeordnet in einem besonderen, verschließbaren Gelaß unterzubringen.

Dasselbe muß mit einer Bezeichnung versehen sein, welche deutlich erkennbar macht, welchem Zwecke das Gelaß gewidmet ist.

Der Firma steht das Recht zu, bei Endigung des Vertragsverhältnisses die in diesem Gelaß aufbewahrten Bücher und Schriftstücke durch einen von ihr dazu Abgeordneten in Besitz zu nehmen und soll von den Vertretern oder dessen Erben oder irgend einem Dritten ein Widerspruch dagegen nicht erhoben werden können.

Abschnitt VII.

Schlußbestimmungen.

§. 69. Zuwiderhandlungen gegen die in diesem General=Regulativ enthaltenen Grundsätze oder sonst gegebenen Vorschriften können die Entlassung des Zuwiderhandelnden aus dem Verbande nach sich ziehen, abgesehen von denjenigen Ansprüchen und Ahndungen, die im gerichtlichen Wege zu verfolgen sein möchten.

§. 70. In dringenden Fällen hat jeder Vorgesetzte, um die §. 69 erwähnten Vorschriften aufrechtzuerhalten, die Befugnis, einen Untergebenen sofort zu suspendiren.

§. 71. Unter Anzeige der geschehenen Suspension muß aber Seitens desjenigen, welcher dieselbe verfügt hat spätestens am nächsten Arbeitstage bei der zuständigen Stelle eine Untersuchung beantragt und ein Beschluß veranlaßt werden, ob die Suspension aufrecht erhalten bleiben soll.

§. 72. Es bleibt vorbehalten, dieses Regulativ nach Maßgabe des hervortretenden Bedürfnisses jeder Zeit abzuändern, zu ergänzen und zu verbessern.

[Handschriftlich mit den eigenhändigen Unterschriften Alfred Krupps und seiner Prokuristen; Im Druck ist der Name des fünften Prokuristen Wm. Lorsbach hinzugefügt:H.E.]

Essen, den 9. September 1872

L. Wiegand, W. Loerbroks [S.] Goose

E. Eichhoff

Alfred Krupp

Als alleiniger Inhaber der Firma Fried. Krupp ertheile ich dem vorstehenden General=Regulativ hiermit meine Genehmigung.

Alfred Krupp

[Quelle: Ernst Schröder: Alfred Krupps Generalregulativ. In: Tradition. Zeitschrift für Firmengeschichte und Unternehmerbiographie 1, 1956, S. 35-57.]

4.3.3 Die "Leitsätze zur Führung und Zusammenarbeit im Krupp-Konzern" (1985)

Der Krupp-Konzern hat eine Organisation, in der unter der einheitlichen Leitung der Fried. Krupp GmbH als Obergesellschaft den Konzernunternehmen Verantwortung und Entscheidungsbefugnisse für das operative Geschäft übertragen sind. Damit wird die Flexibilität einer markt- und betriebsnahen, dezentralen Führung mit den Vorteilen und der Stärke eines Konzerns verbunden. Diese Organisation erfordert eine verläßliche Zusammenarbeit aller Verantwortlichen.

Die gegenwärtigen und zukünftigen Aufgaben des Konzerns stellen hohe und teilweise neue Anforderungen an alle Mitarbeiter auf ihren Arbeitsgebieten sowie an die Führung und Zusammenarbeit. Dabei muß der Wille zur Leistung, zur stetigen Verbesserung der Qualifikation sowie zur Kooperation und verstärkten Einbeziehung der Mitarbeiter in die Entscheidungen im Mittelpunkt stehen.

Die folgenden Leitsätze sollen den Vorgesetzten helfen, diesen Ansprüchen gerecht zu werden und ihre Mitarbeiter entsprechend deren Aufgaben und deren Persönlichkeit zu führen. Sie verdeutlichen das im Krupp-Konzern angestrebte Führungsverhalten.

Ziele setzen

Um erfolgreich führen zu können, müssen die Arbeitsziele bekannt sein.

Die Führungskräfte erarbeiten gemeinsam mit den Mitarbeitern deren Arbeitsziele und legen sie im Rahmen der übergeordneten Ziele fest. Sie beziehen dabei das Wissen und die Erfahrungen der Mitarbeiter ein und berücksichtigen, soweit möglich, deren Anregungen und Vorstellungen.

Die Ziele müssen den Anforderungen und Möglichkeiten des jeweiligen Arbeitsplatzes entsprechen und für den Mitarbeiter eindeutig und verständlich sein.

Jeder ist dafür verantwortlich, daß die für ihn geltenden Ziele erreicht werden.

Wenn sich die Voraussetzungen, unter denen die Arbeitsziele festgesetzt worden sind, ändern, sind sie zu überprüfen und den neuen Gegebenheiten anzupassen.

Aufgaben delegieren

Auf der Grundlage festgelegter Arbeitsziele übertragen die Führungskräfte Aufgaben, Entscheidungsbefugnisse und Verantwortung auf ihre Mitarbeiter. Sie fördern dadurch selbständiges Mitdenken, Entscheiden und Handeln.

Die Eigenverantwortung der Mitarbeiter für delegierte Aufgaben befreit Vorgesetzte nicht von ihrer Führungsverantwortung.

Die Mitarbeiter sind verpflichtet, die ihnen übertragenen Aufgaben sachgemäß, fristgerecht und verantwortungsbewußt zu erfüllen.

Die Führungskräfte greifen nur dann in den Arbeitsablauf ein, wenn das Erreichen der Arbeitsziele gefährdet erscheint.

Mitarbeiter informieren

Führungskräfte unterrichten ihre Mitarbeiter rechtzeitig und vollständig über die Ereignisse und Entwicklungen, die für deren Arbeit bedeutsam sind. Sie informieren sie auch über grundsätzliche betriebliche Zusammenhänge. Dadurch fördern sie das Interesse an der Arbeit und die Verbundenheit mit dem Unternehmen.

Sie veranlassen ihre Mitarbeiter, sich um die Informationen, die zur Erfüllung ihrer Aufgaben erforderlich und ihnen zugänglich sind, auch selbst zu bemühen.

Die Mitarbeiter informieren ihre Vorgesetzten rechtzeitig über Arbeitsergebnisse und über Vorgänge, die für den Fortgang der Arbeiten von wesentlicher Bedeutung sind oder vom üblichen Verlauf abweichen.

Erfolg kontrollieren

Um zielbezogen führen zu können, informieren sich die Führungskräfte über den Arbeitsablauf und prüfen, ob und wie die Mitarbeiter die Ziele der ihnen übertragenen Aufgaben erreicht haben.

Gemeinsam mit den Mitarbeitern werden die Ergebnisse mit den Zielen verglichen, Abweichungen festgestellt und Ursachen ermittelt.

Die Kontrolle soll sich auch auf das Führungsverhalten der Mitarbeiter beziehen, wenn diese selbst Führungsaufgaben wahrnehmen.

Erfolg kontrollieren heißt auch, dem Mitarbeiter Anleitung und Hilfe zu geben, um ihn zu fördern. Die Führungskraft befähigt dadurch den Mitarbeiter zu wachsender Eigenkontrolle.

Mitarbeiter fördern

Die Führungskräfte unterstützen ihre Mitarbeiter in der beruflichen Entwicklung durch die Übertragung qualifizierter Aufgaben und durch gezielte Bildungsmaßnahmen.

Fähigen Mitarbeitern sind auch Entwicklungs- und Aufstiegsmöglichkeiten über den eigenen Bereich hinaus zu eröffnen, damit sie ihren Fähigkeiten und Leistungen entsprechend im Interesse des Unternehmens gefördert werden können.

Von Mitarbeitern wird erwartet, daß sie zu ihrer Weiterbildung auch von sich aus initiativ werden.

Von Zeit zu Zeit ist ein Mitarbeitergespräch zu führen. Im offenen Gedankenaustausch sind mit dem Mitarbeiter das Aufgabengebiet sowie seine fachliche und persönliche Weiterentwicklung zu besprechen. Vorgesehene Maßnahmen zur Förderung und Weiterentwicklung sind in geeigneter Weise festzuhalten.

Zusammenarbeit fördern

Kooperatives Führungsverhalten schließt die Zusammenarbeit der Führungskräfte untereinander ein. Sie unterstützen die Aufgaben und Ziele anderer Bereiche, indem sie ihnen die erforderlichen Informationen geben.

Die Führungskräfte weisen ihre Mitarbeiter auf die Notwendigkeit einer aufgabenbezogenen und intensiven Zusammenarbeit sowohl innerhalb des eigenen Bereiches als auch mit anderen Bereichen hin und unterstützen sie dabei. Von den Mitarbeitern wird die Bereitschaft zu einer solchen Zusammenarbeit erwartet.

[Quelle: Krupp Mitteilungen 6, 1985, S. 10-12.]

4.3.4 Hartwig Knitter: "Krupp-Vorschlagswesen - Fortschritt aus Tradition?" (1986)

Den Grundstein für das Betriebliche Vorschlagswesen in Deutschland legte Alfred Krupp im Jahre 1872. Im General-Regulativ wandte er sich wie folgt an seine Mitarbeiter:

- Anregungen und Vorschläge zu Verbesserungen, auf solche abzielende Neuerungen, Erweiterungen, Vorstellungen über und Bedenken gegen die Zweckmäßigkeit getroffener Anordnungen sind aus allen Kreisen der Mitarbeiter dankbar entgegenzunehmen und durch Vermittlung des nächsten Vorgesetzten an die Procura zu befördern, damit diese ihre Prüfung veranlasse.
- Eine Abweisung der gemachten Vorschläge ohne eine vorangegangene Prüfung derselben soll nicht stattfinden, wohingegen denn auch erwartet werden muß, daß eine erfolgte Ablehnung dem Betreffenden, auch wenn ihm ausnahmsweise nicht alle Gründe dafür mitgeteilt werden können, genüge und ihm keineswegs Grund zur Empfindlichkeit und Beschwerde gebe.
- Die Wiederaufnahme eines schon abgelehnten Vorschlags unter veränderten tatsächlichen Verhältnissen oder in verbesserter Gestalt ist selbstredend nicht nur zulässig, sondern empfehlenswert.

Interessant ist, daß damals bereits besonderer Wert auf Anregungen und Vorschläge für Neuerungen und Erweiterungen gelegt wurde und nicht nur auf Verbesserungen negativ erscheinender Umstände. Auch waren Bedenken gegen die Zweckmäßigkeit getroffener Anordnungen erwünscht. Ebenso erscheint bemerkenswert, daß Anregungen und Vorschläge nicht nur dankbar entgegengenommen werden sollten, sondern durch Vermittlung des nächsten Vorgesetzten an die Procura zu befördern waren, damit diese die Prüfung des Vorschlags veranlasse. Das heißt, nicht nur der Vorgesetzte war für die Behandlung des Verbesserungsvorschlags zuständig, auch die Firmenleitung interessierte sich dafür. Selbst die Wiederaufnahme eines schon abgelehnten Vorschlags unter veränderten tatsächlichen Verhältnissen oder in verbesserter Gestalt wurde ausdrücklich empfohlen.

114 Jahre sind seitdem vergangen, und mancherorts wird bereits hochtrabend nicht mehr vom Verbesserungsvorschlagwesen, sondern vom Ideenmanagement gesprochen. Geht man der Sache auf den Grund, hat sich an der damals treffend formulierten Grundidee des Vorschlagswesens jedoch kaum etwas verändert. Die Frage ist sogar berechtigt, ob wir gegenüber der damaligen Zeit Fortschritte im Einfallsreichtum, in der Einstellung zum Unternehmen und der Motivation am Arbeitsplatz gemacht haben, ja ob wir unserem Firmenslogan `Fortschritt aus Tradition' - was den Fortschritt im Vorschlagswesen anbetrifft - gerecht geworden sind. Hans Gerk, Arbeitsvorbereiter in der Magnetfertigung bei Krupp Widia, kann das von sich behaupten, ist er doch mit einer erzielten Prämie von DM 33 075,- Rekordhalter bei Krupp. [...] Die Reihe der herausragenden Einzelbeispiele ließe sich fortsetzen. Die Frage stellt sich, haben denn diese herausragenden Fälle beispielhaft gewirkt? Wie sieht es mit dem Vorschlagswesen im Krupp-Konzern aus? Nur 30 von jeweils 1000 Mitarbeitern beteiligen sich im Durchschnitt jährlich mit einer oder mehreren vorgeschlagenen Verbesserungen an unserem Betrieblichen Vorschlagswesen. Dies nimmt sich, verglichen mit der durchschnittlichen Teilnahmequote von 60 pro 1000 Teilnahmeberechtigten aller deutschen Unternehmen mit einem Betrieblichen Vorschlagswesen, recht bescheiden aus.

Vergleichen wir uns - wie wir es ja tun müssen - mit der Industrie ohne den Dienstleistungssektor, also ohne Banken, Versicherungen und Behörden, so beteiligen sich durchschnittlich sogar 85 von 1000 Teilnahmeberechtigten am Vorschlagswesen der deutschen Industrieunternehmen. Ein Blick in das Ausland nach Japan läßt die Verantwortlichen für das Vorschlagswesen nur träumen. Während in der deutschen Industrie 170 Vorschläge je 1000 Mitarbeiter eingereicht werden, so sind es in der japanischen Industrie über 13 000 Vorschläge je 1000 Mitarbeiter.

Immerhin hat sich die Teilnehmerzahl am Vorschlagswesen bei Krupp innerhalb der letzten 10 Jahre erhöht. Im Jahre 1976 beteiligten sich lediglich 20 von 1000 Mitarbeitern am Vorschlagswesen. Heute liegt die Zahl - wie gesagt - bei 30. Die Anzahl der eingereichten Vorschläge je 1000 Mitarbeiter erhöhte sich im gleichen Zeitraum sogar von 27 auf 45. Vergleicht man jedoch diese Steigerung mit der Entwicklung in einem anderen deutschen Konzern, zeigt sich, daß erheblich größere Steigerungen möglich sind. Bei Siemens ist es gelungen, innerhalb der letzten fünf Jahre die Anzahl der Vorschläge je 1000 Mitarbeiter von 109 auf 367 zu erhöhen. An Initiativen und Anregungen fehlt es auch beim Vorschlagswesen in unserem Konzern nicht. [...] Krupp Industrietechnik und Krupp Widia veranstalteten kürzlich betriebliche Sonderwettbewerbe im Rahmen des Krupp Vorschlagswesens mit zusätzlichen Sachpreisen und Sonderprämien. Ja sogar eine siebentägige Schiffsreise auf der Donau bis zum Schwarzen Meer war dabei.

Diese und vergleichbare Maßnahmen in anderen Konzernunternehmen führten zu einer vorübergehend stärkeren Beteiligung am Vorschlagswesen. Einen grundlegenden und bleibenden Durchbruch zu mehr Verbesserungsvorschlägen haben wir mit solchen Sonderaktionen bisher jedoch leider nicht erreichen können.

Welches sind die Gründe für die relativ geringe Beteiligung der Kruppianer am Vorschlagswesen? Ist es die Höhe der Prämie, das mangelnde Regelwerk, oder die fehlende Unterstützung des Vorgesetzten?

Die Höhe der Prämie beträgt [...] 30 % der Ersparnis im ersten Anwendungsjahr und weiteren 15 % im zweiten Anwendungsjahr. Diese Prämienhöhe liegt mit an der Spitze der Regelungen verglichen mit anderen deutschen Unternehmen. [...] An der Höhe der Prämie kann es nicht liegen.

Auch das Regelwerk zum Krupp-Vorschlagswesen ist in Schuß. Die Vorschlagswesenausschüsse sind mit Vertretern des Unternehmens und des Betriebsrates paritätisch besetzt. Damit und durch die Einschaltung weiterer Gutachter sind alle verantwortlichen Fachleute aus den verschiedenen Bereichen des Betriebes einbezogen. Die Grundlagen unseres Vorschlagswesens sind modern und attraktiv.

Entscheidend für ein funktionierendes und sich ständig weiterentwickelndes Betriebliches Vorschlagswesen ist aber auch die Unterstützung durch die Führungskräfte aller Ebenen. Sie müssen es sich zu ihrer eigenen Aufgabe machen, dem Mitarbeiter zu helfen, die Hemmschwelle, die vor jeder Beteiligung am Vorschlagswesen steht, zu überwinden. Sie sind aufgefordert, ihre Mitarbeiter immer wieder zu einer Teilnahme am Betrieblichen Vorschlagswesen anzuregen und Verbesserungsvorschläge entsprechend zu würdigen. Oftmals sind die eingereichten Verbesserungsvorschläge der Mitarbeiter aus Sicht der Vorgesetzten noch nicht optimal oder erscheinen nicht einführbar. Dies führt zur Ablehnung unter dem Motto "man habe schon immer gewußt, daß es nicht besser gehe" oder "man sei bisher auch so gut gefahren, selbst wenn es etwas umständlicher sei". Andererseits haben wir zahlreiche Beispiele im Konzern, bei denen nur mit tatkräftiger Unterstützung des Vorgesetzten, durch intensive Überprüfung des Vorschlags durch Einholung von Informationen auch von anderen Firmen der Idee des Mitarbeiters zum Durchbruch verholfen wurde.

Eine weitere Voraussetzung für eine wirksame Weiterentwicklung des Vorschlagswesens ist, daß unternehmenspolitisch die Bedeutung von Innovation und Qualitätsverbesserungen herausgestellt wird. Leider wird noch häufig die Bedeutung des Betrieblichen Vorschlagswesens in diesem Zusammenhang unterschätzt. Mancher hält es nicht für so wichtig und meint, hierfür keine Zeit erübrigen zu können. Hier fehlt die Aufklärung. Das Betriebliche Vorschlagswesen hat einen nicht zu unterschätzenden wirtschaftlichen Nutzen. So betrug die errechenbare Einsparung im Konzern in 1985 mehr als 3,5 Millionen DM. Außerdem leistet das Betriebliche Vorschlagswesen neben dem Ansporn zu technischem Fortschritt ebenso wichtige Beiträge zur Humanisierung der Arbeitswelt, z. B. auf dem Gebiet der Arbeitssicherheit.

Der entscheidendste Ansatz für eine Belebung des Betrieblichen Vorschlagswesens ist aber die Bereitschaft der Mitarbeiter, an der Gestaltung ihres eigenen Arbeitsplatzes und ihrer Arbeitsumgebung mitzuwirken. Diese Bereitschaft kann wesentlich gefördert werden durch das Einräumen eines eigenen Entscheidungsspielraums am Arbeitsplatz, die Anerkennung durch die Vorgesetzten und die Zusammenarbeit mit anderen Beteiligten.

Der Entscheidungsspielraum des einzelnen nimmt mit steigender Qualifikation zu. [...] Die Anforderungen an jeden einzelnen verändern sich, die Notwendigkeit, sich selbst weiterzubilden, nimmt zu. Die möglichen Ansätze, Veränderungen vorzuschlagen, vervielfachen sich. Diese Entwicklung sollte jeden Mitarbeiter dazu anhalten, über Neuerungen und Verbesserungen an seinem Arbeitsplatz und darüber hinaus verstärkt nachzudenken. Der Vorgesetzte, und zwar der direkte und der übergeordnete Vorgesetzte, hat in diesem Zusammenhang eine Schlüsselposition hinsichtlich der Motivation seiner Mitarbeiter zu innovativem Verhalten. Er hat nicht nur dem Mitarbeiter den erforderlichen Entscheidungsspielraum einzuräumen, sondern ihn auch dazu anzuhalten, ihn auszufüllen. Deshalb ist das Betriebliche Vorschlagswesen Führungsaufgabe eines jeden Vorgesetzten. Die Leitsätze zur Führung und Zusammenarbeit im Krupp-Konzern enthalten ausdrücklich die Aufforderung zur Delegation von Entscheidungsbefugnis und Verantwortung und betonen, daß die Förderung von Mitarbeitern Führungsaufgabe ist. Vorgesetzte sollten es sich zum Ziel setzen, in ihrem Verantwortungsbereich besonders zahlreiche und qualifizierte Verbesserungsvorschläge zu erhalten.

Weitere wesentliche Bestandteile des Vorschlagswesens sind die Zusammenarbeit der Mitarbeiter, die Kommunikation und der Austausch untereinander. Heute ist eine einführungsreife Innovation häufig nicht nur die Leistung eines einzelnen. Verbesserungsvorschläge gehen zunehmend auf die verschiedenen Qualifikationen mehrerer Mitarbeiter zurück. Die Möglichkeit der Zusammenarbeit ist durch die Vorgesetzten zu fördern. Erleichtert wird dieses Vorhaben durch die gestiegenen Anforderungen an übergreifendes Wissen und das Erfordernis der Zusammenarbeit in Gruppen.

Schließlich kann das Interesse aller Mitarbeiter am Vorschlagswesen erheblich gesteigert werden, wenn sich die Mitglieder der Geschäftsführungen persönlich für eine Weiterentwicklung unseres Vorschlagswesens einsetzen.

Hartwig Knitter [Leiter der Stabsabteilung Personal in der Konzernleitung der Fried. Krupp GmbH]

[Quelle: Krupp Mitteilungen 2, 1986, S. 4-5.]

4.3.5 Dr. Erhard Reusch: "Wirtschaftlichkeit und Menschlichkeit" (1985)

In einem sich wandelnden Konzern müssen die Grundsätze und Ziele, denen das unternehmerische Handeln unterliegt, überdacht werden. Die tägliche Praxis des Führens bleibt hiervon nicht unberührt. Die Prinzipien erfolgreichen Führens sind nicht unbedingt von dramatischen Veränderungen berührt. Wohl aber ändern sich Wünsche und Einstellungen der Mitarbeiter sowie die Bedingungen, unter denen Führung stattfindet.

Hierüber gilt es immer wieder nachzudenken und die richtigen Schlüsse zu ziehen, um als Vorgesetzter erfolgreich bleiben zu können. Die Leitsätze zur Führung und Zusammenarbeit im Krupp-Konzern sollen hierzu einen Anstoß geben. Deshalb wollen sie auch keine ewigen Wahrheiten verkündigen. Jeder führt nach Grundsätzen. Die sechs Leitsätze des Krupp-Konzerns sollen wichtige Punkte markieren, nach denen sich Vorgesetzte und Mitarbeiter orientieren.

Führungsleitsätze können allerdings auch zu Fallstricken werden. Dann nämlich, wenn es bei der bloßen Deklamation bleibt. Deshalb ist der Umsetzung große Sorgfalt zu widmen. In den Konzernunternehmen ist mittlerweile damit begonnen worden.

Was zu bedenken ist, wie wir mit den Führungsleitsätzen umgehen sollten, hat Dr. Ehrhard Reusch, Mitglied des Vorstands der Fried. Krupp GmbH, auf der diesjährigen Konzerntagung eindringlich vorgestellt. Die folgenden Auszüge aus seiner Rede sollen Anregungen für die schwierigen, aber sehr nützlichen Schritte in der Umsetzung der Leitsätze zur Führung und Zusammenarbeit im Krupp-Konzern geben:

Leitsätze bleiben nach meiner Überzeugung gedrucktes Papier, so lange sie für sich allein stehen. Sie müssen verknüpft sein mit einer allen gemeinsamen Grundauffassung über die Art und Weise der Zusammenarbeit; mit dem Aufzeigen einer Grundhaltung, auf deren Vorhandensein sich jeder verlassen kann. Und um das zu erreichen, muß man ohne Wortgeklingel die Verhaltensweisen klar benennen, die das Unternehmen von seinen Führungskräften, die Führungskräfte wechselseitig voneinander und vom Unternehmen erwarten können. Diese Arbeit liegt in unserem Unternehmen noch vor uns.

Es gibt aber eine Sammlung von Leitsätzen, die zwar vor hundert Jahren geschaffen wurde, aber in ihrem Sachbezug geradezu aktuell genannt werden könnte: das von Alfred Krupp im September 1872 verkündete "General-Regulativ für die Firma Fried. Krupp". Der glänzende Erfolg des von ihm geführten Unternehmens läßt geringschätzige Bemerkungen zu diesen Grundsätzen erst gar nicht laut werden. Und um die Sicherung eben dieses Erfolgs auch über sein eigenes Leben hinaus ging es Alfred Krupp bei der Einführung des General-Regulativs.

Nach seinen eigenen Worten sollte es das enthalten, "was Bestimmungen, Ordnung, Grundsätze, Einflößung von Mut, Energie und Vorsicht betrifft, kurz dasjenige, was ich wünschen dürfte, von mir erhalten zu wissen, aus Nützlichkeitsgründen allein."

Der Mann, mit dessen rühmender Erwähnung meist der Hinweis auf seine geniale Improvisationsgabe verknüpft wird, hielt es angesichts der erreichten Unternehmensgröße für geboten, das Ergebnis seiner Arbeit durch ein System des Zusammenwirkens aller zu untermauern. Er hatte erkannt, daß die Vielzahl der Aufgaben sich nur noch mit einer Vielzahl von Mitarbeitern lösen ließ. Die Vielzahl aber schließt eine entsprechend große Zahl hoher Qualifikationen aus, sie bleibt angewiesen auf die mehr oder weniger durchschnittlich gute Begabung, die zum selbständigen Handeln befähigt ist in dem Rahmen, den die komplexe Ordnung eines Großunternehmens im Einzelfall gewährt. Die Einzelrahmen steckte das General-Regulativ ab und verknüpfte sie untereinander so, daß sich das Handeln der vielen Einzelnen zu einem sinnvollen Ganzen verband und damit zum Unternehmenserfolg führte.

Natürlich begegnet der Leser von heute in mancher Einzelvorschrift dem damaligen Zeitgeist. Aber die alle Aktivitäten im Unternehmen umfassende sach- und personengerechte Systematik büßt dadurch ihre Aktualität nicht ein. Sie zeigt sich vor allem darin, daß diese Verhaltensleitsätze zwei für jede Art von Führungsleitsätzen entscheidende Voraussetzungen erfüllen. Einmal enthalten sie das, was man heute Führungskonzeption und Führungsmittel, Kommunikations- und Informationswege und -gremien sowie Verkaufs- und Marketing-Konzeption nennt. Zum anderen wird wohltuend einfach und daher unmißverständlich ausgesprochen, welche Verhaltens- und Handlungsweisen von dem Mitarbeiter erwartet werden und welche die Mitarbeiter von dem Unternehmen erwarten dürfen.

Damit enthält es noch heute unverändert gültige Elemente. Es schafft eine klar gegliederte Organisation und Hierarchie, deren abgestuften Entscheidungs- und Verantwortungsumfang jeder als verbindlich zu respektieren hat, und zwar für sich selbst wie auch im Zusammenwirken mit anderen. Führung wird gefordert, d. h. die gewollte und gezielte Einflußnahme auf das in der konkreten Situation für notwendig erachtete Verhalten der Mitarbeiter. Schließlich werden Muster formuliert für eine erwartete gemeinsame Grundhaltung der einzelnen ebenso wie des Unternehmens: Das General-Regulativ beruht letztlich auf zwei Prinzipien, die für die erfolgreiche Entwicklung eines Unternehmens auch in der Gegenwart unverzichtbar sind: auf Wirtschaftlichkeit und Menschlichkeit. Ich vermeide bewußt das Wort Humanität, weil es in den sozialpolitischen Forderungskatalogen unserer Zeit längst zu einem Schlagwort entartet ist, das mit seiner ursprünglichen Bedeutung kaum noch etwas gemein hat.

Zu den Thesen moderner Führungsgrundsätze gehört der Ruf nach einem kooperativen Führungsstil, der den abgelehnten autoritären ersetzen müsse. Dieser Führungsstil setze die entsprechenden Mitarbeiter voraus. Deshalb, so wird gefordert, sollten "die Unternehmensleitungen in ihren Mitarbeitern mündige, selbstverantwortliche Menschen sehen, deren Interessen respektiert werden müssen". Nun ist die Ablehnung des autoritären Führungsstils so neu nicht. Und ob immer allen Mitarbeitern die hier unterstellten Qualitäten zuzusprechen sind, wäre von Fall zu Fall zu prüfen.

Zunächst einige Anmerkungen zu dem Merkmal "autoritär". Auch ein Unternehmen, das nach innen wie nach außen einer kaum überschaubaren Vielfalt von Abhängigkeiten unterliegt, wird nicht darauf verzichten können, innerhalb einer vorgegebenen Organisation und dazugehöriger Hierarchie personifizierte letztentscheidende Instanzen zu bestimmen. Das hat zu tun mit dem, was Max Weber unter dem Begriff "Herrschaft" als einer eingeschränkten Form der Machtausübung verstanden hat. Er sah darin Handlungsanweisungen im Rahmen eines bestimmten institutionalisierten Handlungsfeldes, denen zumeist und normalerweise gefolgt wird, weil die Adressaten die Anweisungskompetenz anerkennen und damit der Anweisung im Grundsatz zustimmen: in dem Ausnahmefall aber, daß die Handlungsvorschrift nicht befolgt wird, besitzt der Anweisende auch die (Macht)mittel, seinen Willen durchzusetzen. Herrschaft in diesem Sinne ist von vornherein ein Gegenseitigkeitsverhältnis, das einen Kooperationsvorgang bezeichnet. Gemeinsames Ziel beider Seiten dieser Kooperation ist die Herstellung einer dauerhaften Ordnung.

Daraus folgt, daß auch der kooperative Führungsstil nicht verzichten kann auf die mit persönlicher und fachlicher Autorität ausgestattete Führungspersönlichkeit. Ohne diese Autorität wird, wer führen will, auf Dauer nicht auskommen. Umgekehrt wird ein mit dieser Eigenschaft ausgestatteter Vorgesetzter einsehen, daß die arbeitsteiligen anonymen Zusammenhänge nicht mehr allein mit seinem eigenen Verstand, sondern nur noch kooperativ bewältigt werden können. Diese Einsicht sollte ihn auch daran hindern, gegenüber seinen Mitarbeitern jene Haltung zu zeigen, die kürzlich jemand als Pathos der Distanz bezeichnet hat.

In einem Begleittext zu Führungsgrundsätzen findet sich die Aussage, "ein gestiegenes Bildungsniveau, gestärktes Selbstbewußtsein und erhöhte Verantwortungsbereitschaft der Mitarbeiter" müssen von den Unternehmensleitungen entsprechend berücksichtigt werden. Hier gilt es zunächst einmal Begriffe zu klären. Sicher hat in den Unternehmen die Zahl der mit speziellem Arbeitswissen ausgestatteten Mitarbeiter dank der vermehrten wissenschaftlichen Ausbildungsberufe, der Erwachsenenbildung und der bis ins Alter erforderlichen Berufsfortbildung zugenommen. Auch wird man unterstellen können, daß qualifizierte Sachkenntnis das Selbstbewußtsein hebt, vermutlich auch zu einem nachdrücklicheren Anspruch auf eine verantwortliche Tätigkeit veranlaßt. Ein langes Berufsleben lehrt uns aber, daß der Anspruch auf Verantwortung und die Bereitschaft, Verantwortung für eine Entscheidung zu tragen, zwei sehr verschiedene Dinge sind.

Auch wenn wir Bildung einmal nur als die Fähigkeit verstehen wollen, die Verpflichtung zum Dienst an der Sache zu erkennen, dann gehört Bildung - und nicht nur Ausbildung - zu den unverzichtbaren persönlichen Voraussetzungen einer Führungskraft mit hoher Verantwortung; wobei "mit hoher Verantwortung" nicht nur heißt, Anspruch auf eine Führungsposition, sondern das Erkennen der Verantwortungslast und die Bereitschaft, diese Verantwortung für eine Entscheidung in jedem Fall zu tragen.

Dazu, so meine ich, ist mit einer die Mitarbeiter überzeugenden und für sie in ihrer Arbeit zugleich hilfreichen Wirkung nur derjenige in der Lage, der außer seiner fachlichen Kompetenz Autorität auch aus seiner Persönlichkeitsbildung bezieht. Kurz gesagt, ob wir es nun Bildung oder Ausbildung nennen, die qualifizierte Führungskraft muß imstande sein, überhaupt zu denken. Das schließt auch ein das kritische Nachdenken über sich selbst sowie das Mit-Denken über die eigene Fachkompetenz hinaus.

Es zeigt sich also, daß die vermeintlich veralteten Tugenden wie Fleiß und Pflichterfüllung, Bereitschaft zu Leistung und Verantwortung, zu Ordnung und Disziplin weder ihren Wert an sich noch ihre Bedeutung z. B. für das erfolgreiche Funktionieren großer Organisationen verloren haben. Andererseits ist es in den vergangenen Jahren einer gezielten Polemik gegen das "Leistungsprinzip" gelungen, diese Tugenden im Bewußtsein einer breiten Öffentlichkeit zu verunglimpfen und ihren Wert gefährlich fragwürdig werden zu lassen. Eine für uns wichtige Zielgruppe dieser Polemik war die große Zahl der Studenten an den neuen Gesamthochschulen und Universitäten. Sie werden, von dieser Indoktrination geprägt, in den beruflichen Alltag entlassen. Unter ihnen sind Führungskräfte der nächsten Generation.

Die heute in den Unternehmen tätigen Vorgesetzten müssen sich also darauf einstellen, bei vielen dieser Nachwachsenden utopische Weltbilder anzutreffen, die es durch realistische Vorstellungen zu ersetzen gilt. Aus dem bewußten Erfahren des täglichen Arbeitsablaufs sollte zwar einsichtig werden, daß ohne diszipliniertes Verhalten und exakte Pflichterfüllung moderne Kommunikation und moderne Technik in Maschinen und Anlagen nicht zu bewältigen und daß dazu ebenso Eigeninitiative, Ideen und Verantwortungsbereitschaft gefordert sind. Dieser verbalen und durch Anschauung vermittelten Überzeugungsarbeit wird aber nachhaltiger Erfolg erst dann beschieden sein, wenn die Vorgesetzten mit ihrem eigenen Verhalten ein überzeugendes Beispiel geben.

Auch daran wird deutlich, in welchem Maß Führungsgrundsätze angewiesen sind auf gemeinsame Grundhaltungen der Führungsmannschaft mit der Folge berechenbarer Verhaltensweisen. Solche Grundhaltungen entstehen nicht nur empirisch. Sie müssen bewußt gemacht und zum festen Bestandteil jeder Führung werden. Es ist daher ratsam, die erwünschten Verhaltensmuster schriftlich zu formulieren. Wenn sich daraus eine von allen anerkannte, für alle verbindliche und verläßliche Führungspraxis entwickelt, dann haben wir den geforderten und notwendigen kooperativen Führungsstil. Auch die zur heutigen Agenda gehörenden Stichworte "Steigerung der Ertragskraft" sowie "Innovations-Management" werden leicht zu verwirklichen sein. Und schließlich wird es damit möglich, der gewollten dezentralen Verselbständigung der Konzernunternehmen ein Element hinzuzufügen, das imstande sein kann, die notwendige innere Einheit des Konzerns zu stärken.

Zum Ende bleibt der Einwand, dieser Verhaltenskodex sei zu ideal, als daß er sich verwirklichen ließe. Und in der Tat scheint ein Vergleich der in anderen Unternehmen bereits erarbeiteten Verhaltensmuster mit der Wirklichkeit des geschäftlichen Alltags und seinen Notwendigkeiten auf den ersten Blick den Kritikern Recht zu geben. Aber schon beim zweiten Blick stellt sich die Frage, ob denn eine Führungskraft überfordert ist, wenn von ihr - um nur einige Eigenschaften zu nennen - persönliche Glaubwürdigkeit, Verantwortungsbereitschaft, Selbstkritik, Berechenbarkeit und Respekt vor der fachlichen Kompetenz und der menschlichen Würde des anderen erwartet werden. Es sind sicher hohe Anforderungen. Und selbst beim besten Willen wird ihre

Erfüllung oft an uns selbst und an den Abhängigkeiten und Notwendigkeiten scheitern, in denen wir mit unserer Arbeit stehen. Aber wenn der Erfolg unseres Unternehmens auch von dem beispielhaft wirkenden guten fachlichen und menschlichen Zusammenwirken der Führungsmannschaft abhängen sollte - und auch negative Erfahrungen zeigen, daß es so ist -, dann müssen die Forderungen an das von jedem erwartete Verhalten hoch sein. Daß wir sie nicht zu jeder Stunde erfüllen können, ist nicht das Entscheidende, sondern daß wir, trotz gelegentlicher Sündenfälle, erkennbar danach streben.

Dr. Eberhard Reusch.

[Quelle: Krupp Mitteilungen 6, 1985, S. 10-12 (Auszüge aus einer Rede anläßlich einer Konzerntagung).]

5. Zusammenfassung der Ergebnisse

Mein Ausgangspunkt war die Frage, wie Texte, die Führungs- und Unternehmensgrundsätze explizieren wollen, gestaltet sind, d. h. welche kommunikativen Funktionen und Strukturmuster verwendet werden. Die Beantwortung dieser Frage und das Schaffen begrifflicher Klarheit ist Voraussetzung dafür, daß man die sich anschließenden Fragen nach situativ angemessenen Textgestalten und Formulierungen effektiver angehen kann, weil alle, die es angeht, sich nun auf eine höhere Reflexionsebene begeben können, um den Sprach- und Textsortenstil von Führungs- und Unternehmensgrundsätzen zu beurteilen. Damit die interdisziplinäre Diskussion, die eigentlich erst am Anfang steht, leichter von der Hand geht, habe ich nicht nur aus methodischen Gründen - Textsorten sind ja vor allem komparative Größen - mich entschlossen, die Leittexte vollständig abzudrucken. Damit hat jeder die Möglichkeit, sich schnell und bequem einen Überblick über das Textsortenspektrum von Führungs- und Unternehmensgrundsätzen zu verschaffen, eigene Fragen an die Texte heranzutragen und meine Deutungen nachzuvollziehen und - wo nötig - zu modifizieren oder zu korrigieren.

Die Sichtung und Auswertung der mir überlassenen Texte hat eine **überraschende Vielfalt an textlichen Darstellungsformen** zutage gefördert, die bis auf wenige Ausnahmen alle mit einem normativen Anspruch von seiten der Unternehmensleitungen versehen sind. Hier gilt es, die linguistische Einsicht zu beachten, daß mit der Entscheidung für einen bestimmten **Texttyp** und eine bestimmte **Textsorte** immer auch eine **Entscheidung für einen Normtyp** gefallen ist, auch wenn **zwischen Normsachverhalten und sprachlichen Formulierungen bzw. textlichen Gestaltungen keine 1:1-Entsprechung** herrscht.

Die vorgestellten Texttypen und Textsorten sind das **Ergebnis eines Vergleichs von weit über hundert Textexemplaren**, von denen sich nicht wenige als Mustermischung oder als Textsorten-Komplex, d. h. Broschüren mit funktionsverschiedenen Teiltexten, herausgestellt haben. Diejenigen Texte, die relativ klare Ausprägungen eines bestimmten Typs oder einer bestimmten Sorte sind, habe ich als **prototypische Leittexte** ausgewählt und kommentiert, wobei ich versucht habe, auch die **Textsortenvarianz**, d. h. den Gestaltungsspielraum, den die Emittenten genutzt haben, mitzuerfassen. Bei den Textexemplaren, die einen funktionalen Grundtyp repräsentieren, reicht die **Bandbreite von regulierenden fremd- und selbstverpflichtenden Texten über orientierende, instruierende bis hin zu informierend**

beschreibenden, belehrenden und werbenden Texten. Aus praktischen Erwägungen habe ich die Gebrauchshäufigkeit der Textsorten als Kriterium für ihre Zugehörigkeit zum Zentrum bzw. zur Peripherie des Textsorten-Ensembles angesetzt. Leittexte sind die zu Repräsentanten einer Textsorte verdichteten typischen Gestalten. Das Textsorten-Ensemble im Beobachtungsfeld hat seinerseits Zentrum und Peripherie, dann aber im Sinne der Gebrauchshäufigkeit der jeweiligen Textsorte im Bereich der Unternehmenskommunikation.

Zum **Textsorten-Spektrum von Führungs- und Unternehmensgrundsätzen der Gegenwart** gehören die folgenden - nach Gebrauchshäufigkeit - zentralen und peripheren Textsorten, wobei ich solche Textsorten mit "FG" kennzeichne, die primär >Grundsätze für Mitarbeiterführung und Zusammenarbeit im Unternehmen< explizieren, und mittels Fettdruck jene hervorhebe, die im Textkorpus zahlenmäßig häufig belegt sind:

Normativ-regulierender Texttyp:

- GRUNDORDNUNG (VERFASSUNG)
- SPEZIALORDNUNGEN:
  - **AUFGABEN-/PFLICHTENKANON (FG)**
  - **ALLGEMEINE FÜHRUNGSANWEISUNG (FG)**
  - **ZIELSETZUNGSKANON**
  - ZUSTÄNDIGKEITS- u. VERFAHRENSREGELUNGEN (FG)

Normativ-orientierender Texttyp:

- WERTEKANON
- **VERHALTENSLEITSÄTZE (FG)**
- **UNTERNEHMENSPHILOSOPHIE (= SELBSTVERSTÄNDNIS)**
- FÜHRUNGSPHILOSOPHIE (FG)
- **UNTERNEHMENSLEITBILD**
- VISION
- IDEALBESCHREIBUNG (FG)

Normativ-instruierender Texttyp:

- FÜHRUNGSANLEITUNG (FG)
- **WERTE- und ERFAHRUNGSORIENTIERTE LEITSÄTZE**
- **WEGORIENTIERTE LEITSÄTZE**
- **ALLGEMEINE GESCHÄFTSPOLITISCHE LEITSÄTZE**
- REZEPT (FG)
- CHECKLISTE (FG)
- VORGANGSBESCHREIBUNG (FG)
- FUNKTIONSBESCHREIBUNG

Informativer Texttyp:

- **UNTERNEHMENSDARSTELLUNG** (= Darstellung von Identität und Zweck des Unternehmens)
- ERLÄUTERUNG (= KOMMENTAR) (FG)
- FÜHRUNGSLEITFADEN (FG)
- **IMAGEDARSTELLUNG**
- UNTERNEHMENSGESCHICHTLICHER ÜBERBLICK
- **BELEHRUNG (FG)**
- **UNTERNEHMENSPHILOSOPHISCHE LEHRHAFTE DARSTELLUNG**
- GLEICHNIS (FG)
- DOKTRIN (FG)
- KATECHISMUS

Ausdrucksfunktional-kommissiver Texttyp:

- **PROGRAMMATISCH-KOMMISSIVE (BEZIEHUNGSORIENTIERTE)UNTERNEHMENSLEITSÄTZE**
- BEKENNTNIS (FG)

Kommissive Formen der Verbindlichkeitsregelung:

- BETRIEBSVEREINBARUNG (FG)
- SELBSTVERPFLICHTUNG (FG)

Mikrotexte:

- SLOGAN/LOSUNG/MOTTO
- SENTENZ
- LEITBILDFORMEL

An den Grenzen der Textualität:

- MERKMALLISTE (= Anforderungsmerkmale für die Übernahme von Führungsfunktionen)
- Leitbild-Graphik

Was die **Strukturmuster** im einzelnen betrifft, so überwiegt aufs Ganze gesehen der KANON, d. h. die unverbundene Sammlung von Regeln und Leitsätzen, wobei die ältesten Texte im Stil der mehr bürokratischen ALLGEMEINEN FÜHRUNGS-ANWEISUNG eher zur paragraphenartigen Struktur neigen und Texte jüngeren Datums sich etwas stärker von der unverbundenen Aneinanderreihung der Regeln und Leitsätze lösen und die einzelnen Äußerungen und Sprechhandlungen in Form komplexerer Sequenzen organisieren, Sprechhandlungen des Erklärens, Begründens und Rechtfertigens integrieren und so zu zusammenhängenderen Gestaltungsformen vorstoßen.

Die in der betriebswirtschaftlichen Literatur und Praxis vorgefundenen Bezeichnungen "**Führungsgrundsätze" und "Unternehmensgrundsätze**" legten nahe, daß es sich bei Texten dieser Art um **thematisch disjunkte Klassen** handeln würde, und zwar dergestalt daß "Führungsgrundsätze" Grundsätze für Mitarbeiterführung und Zusammenarbeit und "Unternehmensgrundsätze" Grundsätze für das Führen eines Unternehmens explizieren. **Dem ist jedoch nicht so**, zumal "Unternehmensgrundsätze" genannte Texte in der Regel auch Aussagen zur Mitarbeiterführung und Zusammenarbeit machen und "Führungsgrundsätzen" nicht selten unternehmenspolitische Ziele vorangestellt werden. **Viele Texte haben zwar unterschiedliche Illokutionsstrukturen** (Auswahl und Sequenzierung von Sprechhandlungen), **unterschiedliche Informationsstrukturen und unterschiedliche Textfunktionen, jedoch eine** z. T. sehr **ähnliche Themenstruktur**, was zeigt, daß man sich dem Thema "Unternehmens- und Mitarbeiterführung" auf ganz unterschiedliche Weise genähert hat. Was die **Auswahl der Themen** betrifft, so macht das Beispiel der Thematisierung des Kunden deutlich, daß die **Texte relativ schnell auf eine Agenda reagieren**, die von außen kommt, sei es durch eine veränderte wirtschaftliche Gesamtlage oder durch ökonomische Modelle, die sich gegenseitig ablösen und manchmal eine sehr kurze Halbwertzeit haben, weil sie stärker den Karrierechancen ihre Propagandisten verpflichtet sind als dem Wohl des Unternehmens.

Aus der Rückschau hat man den Eindruck, die **Textsortenvielfalt** im Beobachtungsausschnitt habe den **Charakter eines stochastischen, d. h. zufallsgeleiteten Suchprozesses** und reflektiere die Geschwindigkeit der betrieblichen, wirtschaftlichen, gesellschaftlichen und wissenschaftlichen Veränderungen seit den sechziger Jahren. Es ist sicher erlaubt, die Hypothese aufzustellen, daß das Aufkommen von lehrhaften Texten und die tendenzielle Abwendung von bürokratischen Regelungswerken im Beobachtungsausschnitt u. a. mit einer zunehmenden Bildung der Mitarbeiter und einem damit zusammenhängenden veränderten Menschenbild zu tun hat, das ja auch im Begriffswechsel vom "Untergebenen" zum "Mitarbeiter" bzw. vom "Vorgesetzten" zur "Führungspersönlichkeit" anklingt. Das Erscheinen der aus anderen Kommunikationsbereichen bekannten und traditionsmächtigen Textsorte VISION kann als ein Anzeichen dafür gesehen werden, daß sich zunehmend Kritik an Unternehmensführern formiert, die ihre Rolle als (Allein-)Verwalter mißverstehen.

Wenn man dem Phänomen des Textsortenwandels in dem relativ knapp bemessenen Untersuchungszeitraum von den 1960er zu den 1990er Jahren intensiver nachgehen wollte, wären die folgenden Eindrücke, die sich mir aufgedrängt haben, genauer zu prüfen:

- Der kurze Beobachtungszeitraum wird dadurch relativiert, daß die textlichen Veränderungsprozesse schnell abzulaufen scheinen.
- Anzeichen für Textsortenwandel sind vorhanden, allerdings nicht als harmonische Weiterentwicklung, sondern mehr als tastendes Hereinnehmen von text-

sortenfremden Elemente. Aufs Ganze gesehen ist es jedoch gewagt, von Textsortenwandel zu sprechen.

- Die Veränderungen, die auf der Textsortenebene ablaufen, kann man angemessener als Textsortenmodifizierung im Rahmen einer gewissen Varianz und als Textsortenwechsel beschreiben. Ein Beispiel für Varianz ist es, wenn in das klassische Muster der ALLGEMEINEN FÜHRUNGSANWEISUNG inhaltliche und funktional-strukturelle Elemente integriert werden, die sich anderen Führungskonzepten verdanken bzw. von diesen mittelbar oder unmittelbar gefordert werden.
- Alle in dieser Untersuchung vorgestellten Textsorten sind in Gebrauch, aber einige Textsorten werden zur Gegenwart hin seltener, andere häufiger realisiert. Die folgenden Textsorten aus dem Bereich der Mitarbeiterführung und Zusammenarbeit scheinen in jüngster Zeit seltener gebraucht zu werden: PFLICHTENKANON, ALLGEMEINE FÜHRUNGSANWEISUNG, FÜHRUNGSANLEITUNG, (FÜHRUNGS-)REZEPT und FÜHRUNGSLEITFADEN.
- Die folgenden Textsorten aus dem Bereich der Unternehmensgrundsätze scheinen zur Gegenwart hin häufiger gebraucht zu werden bzw. sind erst in jüngster Zeit im Beobachtungsfeld hinzugekommen: IMAGEDARSTELLUNG und VISION.
- Einige Strukturmuster, die im Beobachtungsfeld begegnen, sind über viele verschiedene historische Einzelsprachen, Kommunikationsbereiche und große Zeiträume hinweg invariant. Hierzu wird man z. B. den Kanon/Kodex, Katechismus und die Listenform rechnen, deren relative Zeitlosigkeit sich wohl informationsökonomischen Gründen verdankt.

Integrative Textsorten(komplexe) vom Range einer GRUNDORDNUNG, d. h. einer UNTERNEHMENSVERFASSUNG, sind selten, wenngleich in einigen Unternehmen auch Teiltexte mit Verfassungsrang nebeneinander existieren, ohne daß sie zu einem Kodex zusammengefaßt worden wären.

Viele Unternehmen erfassen zunehmend die Bedeutung der Kommunikation für den unternehmerischen Wandel und Erfolg. Sie setzen dabei Kommunikation nicht mehr nur mit Werbung und Propaganda, Kommunikationstechnik, Überredungskunst oder Information gleich. Das läßt hoffen, weil nämlich den Begriffen "Informationsgesellschaft" und "Mediengesellschaft" als quantitativen und technischen Größen wichtige Merkmale abgehen, die für eine demokratische Kommunikationsgesellschaft bzw. Kultur unverzichtbar sind: Kultur und Fortschritt kann man nur schwer messen, und es dürfen die Mittel nicht mit den Zielen verwechselt werden. Kultur und Fortschritt resultieren aus der Begegnung von Menschen mit unterschiedlichen Sehweisen und dem Mut, Informationen zu gewichten und nach sichtbar gemachten Kriterien zu bewerten, um Probleme zu lösen, die für den Einzelnen zu groß und für die der Einzelne zu klein ist.

Dank an mitwirkende Firmen

Ich danke den folgenden Unternehmen für ihre Mithilfe in Form von Antwortschreiben, mündlichen Auskünften und Überlassung von Dokumenten:

ADAC Versicherungs-AG (München)
AEG AG (Berlin/Frankfurt a. M.)
Aldi GmbH & Co. (Mönchengladbach)
Allianz Versicherungs-AG (München)
ANT Nachrichtentechnik (München)
AOE Plastic GmbH (München)
Apollinaris Brunnen AG (Bad Neuenahr-Ahrweiler)
ARAG Lebensversicherungs-AG (München)
ARAL AG (Bochum)
AUDI AG (Ingolstadt)
Deutsche BABCOCK Aktiengesellschaft (Oberhausen)
Bank für Gemeinwirtschaft (Frankfurt a. M.)
BASF AG (Ludwigshafen)
Battenfeld GmbH (Meinerzhagen)
Heinrich BAUER Verlag (Hamburg)
Bauknecht Hausgeräte GmbH (Stuttgart)
Bayer AG (Leverkusen)
Bayerische Vereinsbank AG (München)
Beiersdorf AG (Hamburg)
Gebr. BERKER GmbH & Co. (Schalksmühle)
Bertelsmann AG (Gütersloh)
BHW Bausparkasse AG (Hameln)
BMW AG (München)
Boehringer Ingelheim GmbH (Biberach)
BOMAG GmbH (Boppard)
Robert BOSCH GmbH (Stuttgart)
Hugo BOSS AG (Metzingen)
Bull AG (Köln)
Busch-Jaeger-Elektro GmbH (Lüdenscheid/Mannheim)
Ciba-Geigy AG (Basel/CH)
Commerzbank AG (Frankfurt a. M.)
Continental AG (Hannover)
Co op Aktiengesellschaft (Frankfurt a. M.)
COR Wohn- und Büromögel H. Lübke GmbH & Co. (Rheda-Wiedenbrück)
Debeka Krankenversicherungsverein a. G. (Koblenz)
Deinhard & Co. KGaA (Koblenz)
Deutsche Bank AG (Frankfurt a. M.)
Deutsche Krankenversicherungs-AG (Köln/Berlin)

Deutsche Nickel AG (Schwerte)
Deutscher Ring Lebensversicherungs-AG (Hamburg)
DG Bank AG (Frankfurt a. M.)
Dielektra GmbH (Köln)
Digital Research GmbH (München)
Dorint Hotel GmbH (Mönchengladbach)
Aloys F. DORNBRACHT GmbH & Co. KG (Iserlohn-Sümmern)
Dresdner Bank AG (Frankfurt a. M.)
DSL Bank AdöR (Bonn)
Du Pont de Nemours Deutschland GmbH (Bad Homburg v. d. H.)
Erco Leuchten GmbH (Lüdenscheid)
Esso AG (Hamburg)
Expo Werbe Group GmbH (Karben)
Festo KG (Esslingen)
Ford Werke AG (Köln)
Frankfurter Allgemeine Zeitung GmbH (Frankfurt a. M.)
FSB Franz Schneider GmbH & Co. (Brakel)
Gerlin-Konzern, Zentrale Verwaltungs-Aktiengesellschaft (Köln)
Deutsche GOODYEAR GmbH (Köln)
Friedrich GROHE AG (Hemer)
Hagenuk GmbH (Kiel)
Hamburg-Mannheimer Versicherungs-AG (Hamburg)
Hamburger Hafen- und Lagerbau AG (Hamburg)
Franz HANIEL & Cie. GmbH (Duisburg)
Hapag Lloyd AG (Hamburg)
Heidelberger Druckmaschinen AG (Heidelberg)
Heidolph Elektro GmbH & Co. (Kelheim)
Hellinger & Co. GmbH (Kruft)
Henkel KGaA (Düsseldorf)
Henkell & Söhnlein Sektkellereine KG (Wiesbaden)
Hessen-Nassauische Versicherungs AdöR (Wiesbaden)
Hewlett Packard Deutschland GmbH (Böblingen)
Hoechst AG (Frankfurt a. M.)
Hoesch AG (Dortmund)
F. HOFFMANN-LA ROCHE AG (Basel/CH)
Philipp HOLZMANN AG (Frankfurt a. M.)
Homag Maschinenbau AG (Schopfloch)
Honeywell Maschinenbau AG (Offenbach a. M.)
Hüls AG (Marl)
IBM Deutschland GmbH (Stuttgart)
Ikea Deutschland Verkaufs-GmbH (München)
Isar-Amper-Werke AG (München)
Karstadt AG (Essen)
Kaufhof Holding AG (Köln)

Klöckner-Humboldt-Deutz AG (Köln)
Knoll AG (Ludwigshafen)
Koblenzer Elektrizitätswerk und Verkehrs AG (Koblenz)
Fried. KRUPP AG (Essen)
Verlag Peter LANG AG (Bern/CH)
Deutsche LUFTHANSA AG (Köln)
Verlagsgesellschaft MADSACK GmbH & Co. (Hannover)
MAN AG (München)
Mannesmann AG (Düsseldorf)
Melitta Werke Bentz & Sohn (Minden)
E. MERCK (Darmstadt)
Metallgesellschaft AG (Frankfurt a. M.)
Metro SB-Großmärkte GmbH & Co. KG (Düsseldorf)
Fritz MOLL Textilwerke GmbH & Co. KG (Altshausen)
Muehlens KG (Köln)
Mustang Bekleidungswerke GmbH & Co. (Künzelsau)
Nassauische Sparkasse AdöR (Wiesbaden)
Nestlé Deutschland AG (Frankfurt a. M.)
Nixdorf Computer AG (Paderborn)
Nukem GmbH (Alzenau/Hanau)
OBO Bettermann OHG (Menden)
Dr. August OETKER (Bielefeld)
Adam OPEL AG (Rüsselsheim)
OVB Vermittlungsgesellschaft für Kapitalanlagen mbH & Co. KG (Köln)
Pausa AG (Mössingen)
Pfaff Haushaltsmaschinen GmbH (Karlsruhe)
Ploenzke Informatik GmbH & Co. DK (Kiedrich)
Dr. Ing. h. c. F. PORSCHE AG (Stuttgart)
Procter & Gamble GmbH (Schwalbach am Taunus)
Quelle KG (Fürth)
Raab Karcher AG (Essen)
Rafi GmbH & Co. Elektrotechnische Spezialfabrik (Ravensburg)
Rank Xerox Deutschland GmbH (Düsseldorf)
Tapetenfabrik Gebr. RASCH GmbH & Co. (Bramsche)
Rasselstein AG (Neuwied)
Rastal GmbH & Co. KG (Höhr-Grenzhausen)
Reemtsma Cigarettenfabriken GmbH (Hamburg)
Reum AG (Hardheim)
Rheinelektra AG (Mannheim)
Gebr. RHODIUS GmbH & Co. KG (Burgbrohl)
Rombach GmbH (Freiburg i. Br.)
Rosenthal GmbH (Selb)
Ruhrgas AG (Essen)
RWE-DEA AG (Hamburg)

Scandic Hotel Deutschland GmbH (Koblenz)
Wilhelm SCHADE KG (Plettenberg)
Schering AG (Berlin)
Scheisser AG (Radolfzell)
W. SCHLAFHORST AG & Co. (Mönchengladbach)
Schmitz-Anhänger Fahrzeugbau GmbH (Horstmar)
Schwarz Pharma AG (Monheim)
Hans SCHWARZKOPF GmbH (Hamburg)
Deutsche SHELL AG (Hamburg)
Siemens AG (München)
Axel SPRINGER Verlag AG (Hamburg)
Stadtsparkasse Köln AdöR (Köln)
Stinnes AG (München)
Sulzer Anlagen und Gebäudetechnik GmbH (Winterthur/CH)
Telenorma GmbH (Frankfurt a. M.)
Tente-Rollen GmbH & Co. (Wermelskirchen)
Dr. Karl THOMAE GmbH (Biberach a. d. Riss)
Thyssen Industrie AG (Essen)
Deutsche UNILEVER GmbH (Hamburg)
Veba AG (Düsseldorf)
Villeroy & Boch AG (Mettlach)
J. M. VOITH GmbH (Heidenheim)
VOKO Franz Vogt & Co. KG (Polheim)
Volkswagen AG (Wolfsburg)
Vorwerk & Co. (Wuppertal)
Waldner Laboreinrichtungen GmbH & Co. (Wangen i. Allgäu)
Witzenmann GmbH (Pforzheim)
Wolfcraft GmbH & Co. KG (Weibern)
Wollert-Elmendorff, Dt. Industrie-Treuhand GmbH (Frankfurt a. M.)
Zahnradfabrik Friedrichshafen GmbH (Friedrichshafen)
Carl ZEISS (Oberkochen)

Literatur

ADAMZIK, Kirsten (1991): Forschungsstrategien im Bereich der Textsortenlinguistik. In: Zeitschrift für Germanistik N. F. 1, S. 99-109.

ADELMANN, Gerhard (1965): Quellensammlung zur Geschichte der sozialen Betriebsverfassung. Ruhrindustrie unter besonderer Berücksichtigung des Industrie- und Handelskammerbezirks Essen. 2. Bd.: Soziale Betriebsverfassung einzelner Unternehmen der Ruhrindustrie. Bonn.

ALBACH, Horst (1976): Welche Aussagen lassen Führungsgrundsätze von Unternehmen über die Auswirkungen gesellschaftlicher Veränderungen auf die Willensbildung im Unternehmen zu? In: Horst Albach/Dieter Sadowski (Hgg.): Die Bedeutung gesellschaftlicher Veränderungen für die Willensbildung im Unternehmen. Berlin, S. 739-764.

ALBACH, Horst (1983): Zum Einfluß von Führungsgrundsätzen auf die Personalführung. In: Rolf Wunderer (Hg.): Führungsgrundsätze in Wirtschaft und öffentlicher Verwaltung. Stuttgart, S. 2-16.

ALBACH, Horst/Renate ALBACH (1989): Das Unternehmen als Institution. Rechtlicher und betrieblicher Rahmen. Eine Einführung. Wiesbaden.

ALBACH, Horst/Thomas GABELIN (1977): Mitarbeiterführung. Wiesbaden.

ANTOS, Gerd/Karlfried KNAPP/Hans P. KRINGS u. a. (1993): Wirtschaft und Sprache. Bericht über den 22. Jahreskongreß der Gesellschaft für Angewandte Linguistik vom 26.-28.9.1991 in Mainz. In: Zeitschrift für germanistische Linguistik 21, S. 99-105.

AUSTIN, John L. (1979): Zur Theorie der Sprechakte [Orig.: How to do things with Words. 1962]. Stuttgart.

BACHTIN, Michail (1990): Das Problem des Textes in der Linguistik, Philologie und in anderen Humanwissenschaften. Versuch einer philosophischen Analyse. In: Poetica 22, S. 436-487.

BÄRSCH, Hans Georg (1983): 140 Jahre Verhaltensleitsätze bei Krupp. In: Rolf Wunderer (Hg.): Führungsgrundsätze in Wirtschaft und öffentlicher Verwaltung. Stuttgart, S. 264-278.

BARDELLE, Frank (1989): Formen der kritischen Auseinandersetzung oder Wie man Urteile über wissenschaftliche Neuerscheinungen verhängt. In: Zeitschrift für Soziologie 18.1, S. 54-64.

BARTSCH, Elmar (Hg.) (1994): Sprechen, Führen, Kooperieren in Betrieb und Verwaltung. Kommunikation in einem Unternehmen. München, Basel.

BAUMGART, Manuela (1992): Die Sprache der Anzeigenwerbung. Eine linguistische Analyse aktueller Werbeslogans. Heidelberg.

BAUSCH, Karl-Heinz (1979): Intuition und Datenerhebung in der Linguistik. Zur pragmatischen Basis linguistischer Methodologie. In: Henning Bergenholtz/Burkard Schaeder (Hgg.): Empirische Textwissenschaft: Aufbau und Auswertung von Text-Corpora. Königstein/Ts., S. 71-88.

BEAUGRANDE, Robert-Alain de/Wolfgang U. DRESSLER (1981): Einführung in die Textlinguistik. Tübingen.

BECK, Götz (1988): Funktionale Textmuster und die Formen ihrer internen Verknüpfung. In: Der Deutschunterricht 40.6, S. 6-27.

BERDROW, Wilhelm (1927): Alfred Krupp. Bd. 2. Berlin.

BERDROW, Wilhelm (Hg.) (1928): Alfred Krupps Briefe 1826-1887. Berlin.

BERGLER, Reinhold (1993): Unternehmenskultur als Führungsaufgabe (= Akademische Reden und Beiträge 9; Schriftenreihe der Westfälischen Wilhelms-Universität Münster). Münster.

BERGLER, Reinhold (1995): Sympathie und Kommunikation (= Schriftenreihe PR-Kolloquium 6). Hg. von der DPRG-Landesgruppe NRW. Wuppertal.

BERGMANN, Joachim/Wolfgang ZAPF (1965): Kommunikation im Industriebetrieb. Ein Bericht über den Stand der deutschen Forschung. Frankfurt a. M.

BLEICHER, Knut (1990): Unternehmensphilosophien im internationalen Wettbewerb. In: Zeitschrift für Führung und Organisation 1, S. 5-14.

BLEICHER, Knut (1994a): Leitbilder. Orientierungsrahmen für eine integrative Managementphilosophie. 2. Aufl. Stuttgart.

BLEICHER, Knut (1994b): Normatives Management: Politik, Verfassung und Philosophie des Unternehmens. Frankfurt a. M., New York.

BOHR, Kurt/Jochen DRUKARCZYK/Hans-Jürgen DRUMM/Gerhard SCHERRER (Hgg.) (1981):Unternehmungsverfassung als Problem der Betriebswirtschaftslehre. Berlin.

BRANDT, W. (1991): Gesetzessprache. Ergebnissse einer Reihenuntersuchung. In: Rainer Wimmer (Hg.): Das 19. Jahrhundert. Sprachgeschichtliche Untersuchungen des heutigen Deutsch (= Jahrbuch des Instituts für Deutsche Sprache 1990). Berlin, S. 400-427.

BREISIG, Thomas (1987): Führungsmodelle und Führungsgrundsätze - verändertes unternehmerisches Selbstverständnis oder Instrument der Rationalisierung. Eine kritische Einschätzung der kooperativen Führung. Spardorf.

BRINKER, Klaus (1983): Textfunktionen. Ansätze zu ihrer Beschreibung. In: Zeitschrift für germanistische Linguistik 11, S. 127-148.

BRINKER, Klaus (1988a): Bedingungen der Textualität. In: Deutschunterricht 3, S. 6-19.

BRINKER, Klaus (1988b): Linguistische Textanalyse. Eine Einführung in Grundbegriffe und Methoden. 2. Aufl. Berlin.

BRINKER, Klaus (Hg.) (1991): Aspekte der Textlinguistik (= Germanistische Linguistik 106-107). Hildesheim, Zürich, New York.

BROMANN, Peter/Manfred PIWINGER (1992): Gestaltung der Unternehmenskultur. Stuttgart.

BRÜNNER, Gisela (1987): Kommunikation in institutionellen Lehr-Lern-Prozessen. Diskursanalytische Untersuchungen zu Instruktionen in der betrieblichen Ausbildung. Tübingen.

BRÜNNER, Gisela (1991): Linguistik und Wirtschaft. In: Eberhard Klein et al. (Hgg.): Betriebslinguistik und Linguistikbetrieb (= Akten des 24. Linguistischen Kolloquiums, Universität Bremen, 4.-6.9.1989). Bd. 1. Tübingen, S. 3-11.

BRÜNNER, Gisela (1992): "Wenn gute Reden sie begleiten, dann fließt die Arbeit munter fort." - Zum Verhältnis von Kommunikation und Arbeit in Wirtschaftsunternehmen. In: Bernd Spillner (Hg.): Wirtschaft und Sprache (= Forum für angewandte Linguistik 23). Frankfurt a. M., S. 25-42.

BRYMAN, Alan (1989): Research Methods and Organization Studies. London.

BÜHLER, Karl (1934/1978): Sprachtheorie. Die Darstellungsfunktion der Sprache. Frankfurt a. M. [1. Aufl. 1934].

BÜLOW, Edeltraud (1984): Der Wortschatz des Ethischen in Grundwerte-Diskussionen. Tübingen.

BUNGARTEN, Theo (1979): Das Korpus als empirische Grundlage in der Linguistik und Literaturwissenschaft. In: Henning Bergenholtz/Burkard Schaeder (Hgg.): Empirische Textwissenschaft: Aufbau und Auswertung von Text-Corpora. Königstein/Ts., S. 28-51.

BUNGARTEN, Theo (Hg.) (1988): Sprache und Information in Wirtschaft und Gesellschaft. Tostedt.

BUNGARTEN, Theo (Hg.) (1991): Konzepte zur Unternehmenskommunikation, Unternehmenskultur und Identität. Tostedt.

BUNGARTEN, Theo (Hg.) (1994a): Unternehmenskommunikation. Linguistische Analysen und Beschreibungen (= Beiträge zur Wirtschaftskommunikation 4). Tostedt.

BUNGARTEN, Theo (Hg.) (1994b): Selbstdarstellung und Öffentlichkeitsarbeit, Eigenbild und Fremdbild von Unternehmen (= Beiträge zur Wirtschaftskommunikation 10). Tostedt.

BUSSE, Dietrich (1992a): Recht als Text. Linguistische Untersuchungen zur Arbeit mit Sprache in einer gesellschaftlichen Institution. Tübingen.

BUSSE, Dietrich (1992b): Textinterpretation. Sprachtheoretische Grundlagen einer explikativen Semantik. Opladen.

CHERUBIM, Dieter (1989): Sprachverderber oder Sprachförderer? Zur Sprache der Instituionen im 19. Jahrhundert. In: Dieter Cherubim/Klaus Mattheier (Hgg.): Voraussetzungen und Grundlagen der Gegenwartssprache. Sprach- und sozialgeschichtliche Untersuchungen zum 19. Jahrhundert. Berlin, S. 139-175.

CHERUBIM, Dieter/Klaus Mattheier (Hgg.) (1989): Voraussetzungen und Grundlagen der Gegenwartssprache. Sprach- und sozialgeschichtliche Untersuchungen zum 19. Jahrhundert. Berlin.

CHMIELEWICZ, KLAUS (1987): Unternehmensverfassung und Führung. In: Alfred Kieser/Gerhard Reber/Rolf Wunderer (Hgg.): Handwörterbuch der Führung. Stuttgart, Sp. 1978-1985.

COSERIU, Eugenio (1994): Textlinguistik. Eine Einführung. 3., überarb. u. erw. Aufl. Tübingen.

COURTINE, Jean-Jacques (1987): Language, Political Discourse and Ideology. In: Ulrich Ammon/Norbert Dittmar/Klaus J. Mattheier (Hgg.): Soziolinguistik. Ein internationales Handbuch zur Wissenschaft von der Sprache und Gesellschaft. 1. Halbbd. Berlin, New York, S. 842-854.

DANEŠ, Frantisek (1970): Zur linguistischen Analyse der Textstruktur. In: Folia Linguistica 4, S. 72-78.

DEGENKOLBE, Gert (1965): Über logische Struktur und gesellschaftliche Funktionen von Leerformeln. In: Kölner Zeitschrift für Soziologie und Sozialpsychologie 17.1, S. 327-338.

DEMUTH, Alexander (1990): Eine Verfassung für das Unternehmen. In: Richard Bachinger (Hg.): Unternehmenskultur. Ein Weg zum Markterfolg. Frankfurt a. M., S. 26-31.

DIECKMANN, Walther (1975): Sprache in der Politik. Einführung in die Pragmatik und Semantik der politischen Sprache. 2. Aufl. Heidelberg.

DIECKMANN, Walther (1989): Explizit-performative Formeln als Sprachfigur in preußischen Erlassen des 19. Jahrhunderts. In: Dieter Cherubim/Klaus Mattheier (Hgg.): Voraussetzungen und Grundlagen der Gegenwartssprache. Sprach- und sozialgeschichtliche Untersuchungen zum 19. Jahrhundert. Berlin, S. 179-195.

DIERKES, Meinolf (1988): Unternehmenskultur und Unternehmensführung. Konzeptionelle Ansätze und gesicherte Erkenntnisse. In: Zeitschrift für Betriebswirtschaft 58.5/6, S. 554-575.

DILCHER, G./R. LAUDA (1979): Das Unternehmen als Gegenstand und Anknüpfungspunkt rechtlicher Regelungen in Deutschland 1860-1920. In: N. Horn/Jürgen Kocka (Hgg.): Recht und Entwicklung der Großunternehmen im 19. und 20. Jahrhundert. Göttingen, S. 535-576.

DIMTER, Matthias (1981): Textklassenkonzepte heutiger Alltagssprache. Kommunikationssituationen, Textfunktionen und Textinhalt als Kategorien alltagssprachlicher Textklassifikation. Tübingen.

DITTMAR, Norbert (1988): Quantitative - qualitative Methoden. In: Ulrich Ammon/Norbert Dittmar/Klaus J. Mattheier (Hgg.): Soziolinguistik. Ein internationales Handbuch zur Wissenschaft von der Sprache und Gesellschaft. 2. Halbbd., Berlin, New York, S. 879-893.

DLUGOS, Günter (1990): Business Policy, Business Politics. In: Erwin Grochla/Eduard Gaugler (Hgg.): Handbook of German Business Management. Vol. 1. Berlin, S. 298-306.

DRESSLER, Wolfgang/Ruth WODAK (Hgg.) (1984): Normale und abweichende Texte: Studien zur Bestimmung und Abgrenzung von Textstörungen. Hamburg.

DROZD, Lubomir (1978): Von der Wirtschaftslinguistik zur heutigen Fachsprachenforschung. In: Muttersprache 88, S. 203-208.

DRUCKER, Peter (1956): Praxis des Management. Ein Leitfaden für die Führungs-Aufgaben in der modernen Wirtschaft [Orig.: The Practice of Management. 1954]. Düsseldorf.

EBERT, Helmut (1986): Alltagssprache und religiöse Sprache in Luthers Briefen und in seiner Bibelübersetzung. Eine satzsemantische Untersuchung am Beispiel von Aufforderungssätzen und Fragesätzen [Diss. Bonn]. Frankfurt a. M.

EBERT, Helmut (1991a): Alfred Krupps "General-Regulativ für die Firma Fried. Krupp" (1872). Zur historischen handlungsorientiert-textlinguistischen Beschreibung der Sprache im Industriebetrieb. In: Zeitschrift für Germanistik N. F. 3, S. 568-580.

EBERT, Helmut (1991b): Rez. zu: Gerd Antos/Gerhard Augst (Hgg.): Textoptimierung. Das Verständlichermachen von Texten als linguistisches, psychologisches und praktisches Problem. Frankfurt a. M. 1989. In: Zeitschrift für Philologie 1.110, S. 133-134.

EBERT, Helmut (1993): Kommunikative Zwecke, Textfunktionen und sprachliche Mittel. Eine Betrachtung über ihren Zusammenhang in unternehmenspolitischen Texten. In: G. Bartels/I. Pohl (Hgg.): Wortschatz - Satz - Text. Frankfurt a. M., S. 419-425.

EBERT, Helmut (1994): Zur Sprache von "Führungsgrundsätzen" in Wirtschaft und öffentlicher Verwaltung. Eine handlungsorientiert-textlinguistische Studie. In: Theo Bungarten (Hg.): Unternehmenskommunikation. Linguistische Analysen und Beschreibungen. Tostedt, S. 43-60.

EBERT, Helmut (1995a): Textmuster und Textmustermischungen im Bereich der Unternehmenskommunikation. Beobachtungen am Beispiel von Führungs- und Unternehmensgrundsätzen. In: Inge Pohl (Hg.): Semantik von Wort, Satz und Text. Frankfurt a. M., S. 203-216.

EBERT, Helmut (1995b): Textlinguistische Untersuchungen von Petitionen an den Deutschen Bundestag. Eine Projektskizze. In: Zeitschrift für Empirische Textforschung 2, S. 106-108.

EBERT (1996): Tut Köln besser? Werbeanzeigen der Kölner Image-Initiative auf dem Prüfstand. In: Volkskultur an Rhein und Maas 15.1, S. 5-19.

EBERT (1997): Rez. zu: Markus Hundt: Modellbildung in der Wirtschaftssprache. Zur Geschichte der Institutionen- und Theoriefachsprachen der Wirtschaft. Tübingen 1995. In: Beiträge zur Geschichte der deutschen Sprache und Literatur [erscheint in Kürze].

EBERT, Helmut/Michael KRIEGER (1990): Syntaktisch-stilistische Untersuchung des Bittens in Bergarbeiterbriefen des 19. und frühen 20. Jahrhunderts. Mit einem Vergleich frühneuhochdeutscher Bittbriefe. In: Werner Besch (Hg.): Deutsche Sprachgeschichte. Grundlagen, Methoden, Perspektiven (= Festschrift für Johannes Erben zum 65. Geburtstag). Frankfurt a. M., S. 329-336.

EHLERT, Trude (1987): "Nehmet ein junges Hun, ertaenckets mit Essig." Zur Syntax spätmittelalterlicher Kochbücher. In: Irmgard Bitsch (Hg.): Essen und Trinken in Mittelalter und Neuzeit. Sigmaringen, S. 261-275.

EICHHORN, Peter (Hg.) (1989): Unternehmensverfassung in der privaten und öffentlichen Wirtschaft. Baden-Baden.

ERBEN, Johannes (1970): Über Nutzen und Nachteil der Ungenauigkeit des heutigen Deutsch. Rede anläßlich der feierlichen Überreichung des Konrad-Duden-Preises der Stadt Mannheim (= Duden Beiträge 31). Mannheim, Wien, Zürich.

ERBEN, Johannes (1980): Deutsche Grammatik. Ein Abriß. 12. Aufl. München.

ERBEN, Johannes (1983): Sprechakte des Aufforderns im Neuhochdeutschen. In: Sprachwissenschaft 8, S. 399-412.

ERBEN, Johannes (1984): Deutsche Syntax. Eine Einführung. Bern, Frankfurt a. M., New York.

ERBEN, Johannes (1986a): Rez. zu: Johannes Schwitalla: Deutsche Flugschriften 1460-1525. Textsortengeschichtliche Studien. Tübingen 1983. In: Beiträge zur Geschichte der deutschen Sprache und Literatur 108.1, S. 133-136.

ERBEN, Johannes (1986b): Warum Grammatik wieder interessant sein kann. Versuch einer Orientierungsskizze. In: Der Deutschunterricht 2, S. 5-13.

ERBEN, Johannes (1987): G e b e n und Nehmen. Zur Geschichte eines Modells geistig- sprachlicher Wirklichkeitserfassung. In: Jahrbuch der Akademie der Wissenschaften in Göttingen 1986. Göttingen, S. 59-77.

ERBEN, Johannes (1994): Sprachliche Signale zur Markierung der Unsicherheit oder Unschärfe von Aussagen im Neuhochdeutschen (= Sitzungsberichte der Sächsischen Akademie der Wissenschaften zu Leipzig; Phil.-hist. Klasse 134.3). Berlin.

EROMS, Hans-Werner (1983): Komplexitätsmaße bei der Textsortendifferenzierung. In: Vorstand d. Vereinigung d. Dt. Hochschulgermanisten (Hg.): Textsorten und literarische Gattungen. Berlin, S. 131-144.

EUNSON, Baden (1990): Betriebspsychologie [Orig.: Behaving. Managing Yourself and Others. 1987]. Hamburg.

FAIRCLOUGH, Norman 1992): Discourse and Social Change. Cambridge.

FEILKE, Helmuth (1996): Sprache als soziale Gestalt: Ausdruck, Prägung und die Ordnung der sprachlichen Typik. Frankfurt a. M.

FIEHLER, Reinhard (1980): Kommunikation und Kooperation. Berlin.

FINZER, Peter/Matthias MUNGENAST (1989): Führungsgrundsätze: Führungsinstrument oder Unternehmenszeremonie? 1. Teil: Klassifikation und Funktionen. In: Zeitschrift für Führung und Organisation 58.6, S. 405-409.

FINZER, Peter/Matthias MUNGENAST (1990): Führungsgrundsätze: Führungsinstrument oder Unternehmenszeremonie? 2. Teil: Inhalte und Gestaltungsansätze. In: Zeitschrift für Führung und Organisation 59.1, S. 50-54.

FIX, Ulla (1996): Gestalt und Gestalten. Von der Notwendigkeit der Gestaltkategorie für eine das Ästhetische berücksichtigende pragmatische Stilistik. In: Zeitschrift für Germanistik N. F. 2, S. 308-323.

FRANKE, Wilhelm (1987): Texttypen - Textsorten - Textexemplare. In: Zeitschrift für germanistische Linguistik 15.3, S. 263-281.

FRANKE, Wilhelm (1991): Linguistische Texttypologie. In: Klaus Brinker (Hg.): Aspekte der Textlinguistik (= Germanistische Linguistik 106-107). Heidelberg, New York, S. 157-182.

GABELE, Eduard (1981): Unternehmensgrundsätze. Ein Spiegelbild innerbetrieblicher und gesellschaftlicher Entwicklungen. In: Zeitschrift für Organisation 5, S. 245-252.

GABELE, Eduard/Helmut KRETSCHMER (1983): Unternehmensgrundsätze als Instrument der Unternehmensführung. In: Zeitschrift für betriebswirtschaftliche Forschung 35, S. 716-726.

GABELE, Eduard/Helmut KRETSCHMER (1986): Unternehmensgrundsätze. Empirische Erhebungen und praktische Erfahrungsberichte zu Konzeption, Einrichtung und Wirkungsweise eines modernen Führungsinstrumentes. Zürich, S. 243-286.

GANZ, Joan S. (1971): Rules. A Systematic Study. The Hague, Paris.

GLOY, Klaus (1987): Norm. In: Ulrich Ammon/Norbert Dittmar/Klaus J. Mattheier (Hgg.): Soziolinguistik. Ein internationales Handbuch zur Wissenschaft von der Sprache und Gesellschaft. 1. Halbbd. Berlin, New York, S. 119-124.

GNUTZMANN, Claus (1991): Sprachliche Indikatoren zur Explizierung von "Zielsetzungen" im Englischen und Deutschen. In: Fachsprache 13.1-2, S. 10-15.

GOLL, Irene/Gerald ZEITZ (1991): Conceptualizing and Measuring Corporate Ideology. In: Organization Studies 12.2, S. 191-207.

GREWENDORF, Günther (Hg.) (1992): Rechtskultur als Sprachkultur. Zur forensischen Funktion der Sprachanalyse. Frankfurt a. M.

GROCHLA, Erwin/Eduard GAUGLER (Hgg.) (1990): Handbook of German Business Management. Vol. 1 und 2. Stuttgart, Berlin.

GROSSE, Ernst Ulrich (1976): Text und Kommunikation. Eine linguistische Einführung in die Funktionen der Texte. Stuttgart.

GROSSE, Siegfried (1991): Arbeitersprache im Ruhrgebiet. In: Rainer Wimmer (Hg.): Das 19. Jahrhundert. Sprachgeschichtliche Wurzeln des heutigen Deutsch. Berlin, New York, S. 202-222.

GROSSE, Siegfried/Wolfgang MENTRUP (Hgg.) (1982): Anweisungstexte. Tübingen.

GRÜNIG, Rudolf (1988): Unternehmensleitbilder. Grundzüge eines Verfahrens zur Erarbeitung und Revision. In: Zeitschrift für Führung und Organisation 4, S. 254-260.
GÜLICH, Elisabeth/Reinhard MEYER-HERMANN (1983): Zum Konzept der Illokutionshierarchie. In: Inger Rosengren (Hg.): Sprache und Pragmatik. Lunder Symposium 1982. Stockholm, S. 245-261.
GÜLICH, Elisabeth/Wolfgang RAIBLE (1975): Textsorten-Probleme. In: Linguistische Probleme der Textanalyse. Jahrbuch des Instituts für deutsche Sprache (= Sprache der Gegenwart 35). Düsseldorf, S. 144-197.
GÜLICH, Elisabeth/Wolfgang RAIBLE (Hgg.) (1975): Textsorten. Differenzierungskriterien aus linguistischer Sicht. 2. Aufl. Frankfurt a. M.
GUSERL, Richard (1973): Das Harzburger Modell. Idee und Wirklichkeit. Wiesbaden.

HÄCKI-BUHOFER, Annelies (1985): Schriftlichkeit im Alltag. Theoretische und empirische Aspekte am Beispiel eines Schweizer Industriebetriebs. Bern.
HÄFELE, M. (1977): Anforderungen der betrieblichen Wirklichkeit an die Sprache. In: Muttersprache 87, S. 86-98.
HART, H. (1952): The Ascription of Responsibility and Rights. In: Antony Flew (Hg.): Logic and Language. Oxford, S. 145-166.
HARTIG, Matthias (1981): Sprache und sozialer Wandel. Stuttgart.
HARTMANN, Peter (1971): Texte als linguistisches Objekt. In: W.-D. Stempel (Hg.): Beiträge zur Textlinguistik. München, S. 9-29.
HARTUNG, Wolfdietrich (1989): Leitideen und Forschungsinteressen im Wandel: Kommunikationslinguistik in den 90er Jahren. In: Margita Pätzold/Petra Lindemann (Hg.): Kommunikationstagung 1989 (= Linguistische Studien, Reihe A, 199). Berlin, S. 1-11.
HARTUNG, Wolfdietrich (Hg.) (1991): Kommunikation und Wissen. Annäherungen an ein interdisziplinäres Forschungsgebiet (= Sprache und Gesellschaft 23). Berlin.
HARWEG, Roland (1975): Nichttexte, Rudimentärtexte, Wohlgeformte Texte. In: Folia Linguistica VII.3/4, S. 371-388.
HARWEG, Roland (1983): Textkonstitution im deutschen Bürgerlichen Gesetzbuch. In: Fachsprache 5.4, S. 145-160.
HEINEMANN, Wolfgang (1989): Komponenten und Funktionen globaler Textmuster. In: In: Margita Pätzold/Petra Lindemann (Hg.): Kommunikationstagung 1989 (= Linguistische Studien, Reihe A, 199). Berlin, S. 182-191.
HEINEMANN, Wolfgang/Dieter VIEHWEGER (1991): Textlinguistik. Eine Einführung (= Reihe Germanistische Linguistik 115). Tübingen.
HEINEN, Edmund (1987): Unternehmenskultur. Perspektiven für Wissenschaft und Praxis. München.
HEINEN, Edmund (1990): Corporate objectives. In: Erwin Grochla/Eduard Gaugler (Hgg.): Handbook of German Business Management. Bd. 1. Berlin, S. 602-611.
HEINEN, Edmund/Peter DILL (1986): Unternehmenskultur. Überlegungen aus betriebswirtschaftlicher Sicht. In: Zeitschrift für Betriebswirtschaft 56.3, S. 202-218.
HELBIG, Gerhard (1969): Zum Funktionsbegriff in der modernen Linguistik. In: Wiss. Zeitschrift der Humboldt-Universität zu Berlin, Ges.- und Sprachwiss. Reihe 18.2, S. 241-249.

HENKE, Anne Marie (1991): Zur Geschichte der Betriebslinguistik. In: Eberhard Klein et al. (Hgg.): Betriebslinguistik und Linguistikbetrieb (= Akten des 24. Linguistischen Kolloquiums, Universität Bremen, 4.-6.9.1989). Bd. 1. Tübingen, S. 13-20.

HENNESSEY, John/Bernhard GERT (1992): Moralische Regeln und moralische Ideale. Eine nützliche Unterscheidung in Unternehmens- und Berufspraxis. In: Hans Lenk/Matthias Maring (Hgg.): Wirtschaft und Ethik. Stuttgart, S. 101-118.

HENSEL, Cornelia (1989): "Indirektheit" - nein, danke?! In: Zeitschrift für Germanistik 10.1, S. 90- 95.

HENSEL, Cornelia (1991): Textmuster und Illokutionsstruktur. In: Elisabeth Feldbusch/Reiner Pogarell/Cornelia Weiß (Hgg.): Neue Fragen der Linguistik (= Akten des 25. Linguistischen Kolloquiums, Paderborn 1990). Bd. 2: Innovation und Anwendung. Tübingen, S. 41-45.

HENZLER, Herbert (1988): Vision und Führung. In: Herbert Henzler (Hg.): Handbuch Strategische Führung. Wiesbaden, S. 17-33.

HINDELANG, Götz (1978): Auffordern. Die Untertypen des Aufforderns und ihre sprachlichen Realisierungsformen. Göppingen.

HINDELANG, Götz (1983): Einführung in die Sprechakttheorie. Tübingen.

HÖHN, Reinhard (1966): Stellenbeschreibung und Führungsanweisung. Die organisatorische Aufgabe moderner Unternehmensführung. Bad Harzburg.

HÖHN, Reinhard (1987): Führungsmodelle - Harzburger Modell. In: Alfred Kieser/Gerhard Reber/Rolf Wunderer (Hgg.): Handwörterbuch der Führung. Stuttgart, Sp. 614-622.

HOFFMANN, Friedrich (1989): Unternehmungs- und Führungsgrundsätze. Ergebnisse einer empirischen Untersuchung. In: Schmalenbachs Zeitschrift für betriebswirtschaftliche Forschung 41.3, S. 167-185.

HOFFMANN, Ludger (1992): Wie verständlich können Gesetze sein? In: Günther Grewendorf (Hg.): Rechtskultur als Sprachkultur. Zur forensischen Funktion der Sprachanalyse. Frankfurt a. M., S. 122-154.

HOPPÁL, M. (1979): On Belief Systems. In: W. Burghardt/K. Hölker (Hgg.): Text Processing. Papers in Text Analysis and Text Description. Berlin, New York, S. 236-275.

HORN, Norbert/Jürgen KOCKA (Hgg.) (1979): Recht und Entwicklung der Großunternehmen im frühen 20. Jahrhundert. Göttingen.

HOUT, Thomas M./John C. CARTER (1996): Es liegt beim Firmenchef, ob der Wandel gelingt. In: Harvard Business manager 2, S. 59-68.

HROMADKA, Wolfgang (1979): Die Arbeitsordnung im Wandel der Zeit. Dargestellt am Beispiel der Hoechst AG. Köln.

HUNDSNURSCHER, Franz (1991): Über den Zusammenhang von Wortsemantik, Satzsemantik und Textsemantik. In: Eckehard Czucka (Hg.): "Die in dem alten Haus der Sprache wohnen". Beiträge zum Sprachdenken in der Literaturgeschichte. Helmut Arntzen zum 60. Geburtstag. Münster, S. 33-44.

HUNDT, Markus (1995): Modellbildung in der Wirtschaftssprache. Zur Geschichte der Institutionen- und Theoriefachsprachen der Wirtschaft (= Reihe Germanistische Linguistik 150). Tübingen.

ISENBERG, Horst (1984): Texttypen als Interaktionstypen. In: Zeitschrift für Germanistik 5, S. 261-270.

JABLIN, Fredric/Linda PUTNAM/Karlene ROBERTS/Lyman PORTER (Hgg.) (1987): Handbook of Organizational Communication. An Interdisciplinary Perspective. Newbury Park, Beverly Hills.

JEGODZINSKI, Sybille (1983): Die Bedeutung der Führungsgrundsätze des Harzburger Modells und ihre Bewährung in der Praxis. In: Rolf Wunderer (Hg.): Führungsgrundsätze in Wirtschaft und öffentlicher Verwaltung. Stuttgart, S. 93-106.

KAEHLBRANDT, Roland (1995): "Vision" - ein altes Wort erstrahlt in neuem Glanz. Erbin der Utopien. In: Rheinischer Merkur Nr. 11 v. 17. März 1995, S. 21.

KESSLER, Uwe (1995): Zur Geschichte des Managements bei Krupp. Von den Unternehmensanfängen bis zur Auflösung der Fried. Krupp AG (1811-1943). Stuttgart.

KIESER, Alfred/Gerhard REBER/Rolf WUNDERER (Hgg.) (1995): Handwörterbuch der Führung. 2. Auflage [1. Aufl. 1987]. Stuttgart.

KLEIBER, Georges (1993): Prototypensemantik. Eine Einführung. Tübingen.

KLEIN, Eberhard et al. (Hgg.) (1991): Betriebslinguistik und Linguistikbetrieb (= Akten des 24. Linguistischen Kolloquiums, Universität Bremen, 4.-6.9.1989). 2 Bde. Tübingen.

KNEBEL, Heinz: Führungsgrundsätze in der Diskussion - eine Stellungnahme zu den Thesen von Herbert Kubicek. In: Zeitschrift für Betriebswirtschaftslehre 54.9, S. 881-887.

KNEBEL, Heinz/Helmut SCHNEIDER (1983): Taschenbuch für Führungsgrundsätze. Heidelberg.

KOCKA, Jürgen (1969): Industrielles Management: Konzeptionen und Modelle in Deutschland vor 1914. In: Vierteljahreshefte für Sozial- und Wirtschaftsgeschichte 56, S. 332-372.

KÖHNE-LINDENLAUB, Renate (1982): Die Familie Krupp. 5 Unternehmergenerationen 1811-1967. In: Neue Deutsche Biographie 13, S. 128-145.

KÖLLER, Wilhelm (1988): Philosophie der Grammatik. Stuttgart.

KOHLMANN, Ute (1992): Textstruktur und sprachliche Form in Instruktionstexten. In: Hans P. Krings/Gerd Antos (Hgg.): Textproduktion. Neue Wege der Forschung. Trier, S. 173-192.

KORTHALS-BEYERLEIN, Gabriele (1979): Soziale Normen: begriffliche Explikationen und Grundlagen empirischer Erfassung. München.

KOSSBIEL, Hugo (1983): Die Bedeutung formalisierter Führungsgrundsätze für die Verhaltenssteuerung in Organisationen. In: Rolf Wunderer (Hg.): Führungsgrundsätze in Wirtschaft und öffentlicher Verwaltung. Stuttgart, S. 17-27.

KRAPPMANN, Lothar (1987): Identität. In: Ulrich Ammon/Norbert Dittmar/Klaus J. Mattheier (Hgg.): Soziolinguistik. Ein internationales Handbuch zur Wissenschaft von der Sprache und Gesellschaft. 1. Halbbd. Berlin, New York, S. 132-139.

KRAUSE, Wolf-Dieter (1990): Zur Beschreibung von Textsorten als strukturellen Prototypen. In: Werner Bahner/ Joachim Schildt/Dieter Viehweger (Hgg.): Proceedings of the Fourteenth International Congress of Linguists. Berlin/GDR, Aug. 10 - Aug. 15 1987. Bd. 3. Berlin, S. 2156-2158.

KREJČI, Tomas (1941): Zum syntaktisch-stilistischen Problem der deutschen Wirtschaftssprache. Berlin.

KUBICEK, Herbert (1984a): Führungsgrundsätze. Lösungen von gestern für die Probleme von morgen? 1. Teil. In: Zeitschrift für Organisation 2, S. 81-88.

KUBICEK, Herbert (1984b): Führungsgrundsätze. Lösungen von gestern für die Probleme von morgen? 2. Teil. In: Zeitschrift für Organisation 3, S. 182-188.

KUBICEK, Herbert (1984c): Führungsgrundsätze als Organisationsmythen und die Notwendigkeit von Entmythologisierungsversuchen. In: Zeitschrift für Betriebswirtschaft 54.1, S. 4-29.

KÜHN, Peter (1995): Mehrfachadressierung. Untersuchungen zur adressatenspezifischen Polyvalenz sprachlichen Handelns. Tübingen.

LASSWELL, Harold (1965): Language of Politics. Studies in Quantitative Semantics. Cambridge, Mass.

LATTMANN, Charles (1975): Führungsstil und Führungsrichtlinien. Bern, Stuttgart.

LAY, Rupert (1994): Führen durch das Wort. 7. Aufl. Frankfurt a. M., Berlin [1. Aufl. 1978].

LAY, Rupert (1996): Ethik für Manager. Düsseldorf [1. Aufl. 1989].

LEISTER, Klaus (1991): Sprache als strategisches Instrument von Unternehmensethik. In: Elisabeth Feldbusch/Reiner Pogarell/Cornelia Weiß (Hgg.): Neue Fragen der Liguistik (= Akten des 25. Linguistischen Kolloquiums, Paderborn 1990). Bd. 2: Innovation und Anwendung. Tübingen, S. 279-286.

LENK, Hans, Matthias MARING (Hgg.) (1992): Wirtschaft und Ethik. Stuttgart.

LENKE, Nils/Hans-Dieter LUTZ/Michael SPRENGER (1995): Grundlagen sprachlicher Kommunikation. München.

LERCHNER, Gotthard (1990): Mustermischung und Sprachausgleich im trivialliterarischen Diskurs des 18. Jahrhunderts. In: Zeitschrift für germanistische Linguistik 18, S. 261-272.

LINKE, Angelika/Markus NUSSBAUMER/Paul PORTMANN (1994): Studienbuch Linguistik (= Reihe Germanistische Linguistik 121). Tübingen.

LIPPS, Hans (1958): Die Verbindlichkeit der Sprache. 2. Aufl. Frankfurt a. M.

LUHMANN, Niklas (1968): Zweckbegriff und Systemrationalität. Über die Funktion von Zwecken in sozialen Systemen. Tübingen.

MACKEPRANG, Christiane (1991): Zur kommunikativen Funktion von Unternehmens- und Führungsgrundsätzen. In: Klaus Mattheier (Hg.): Ein Europa - viele Sprachen (= Forum für angewandte Linguistik 22). Frankfurt a. M., S. 132-133.

MATTHEIER, Klaus (1986): Textsorten im Industriebetrieb des 19. Jahrhunderts. In: Werner Kallmeyer (Hg.): Kommunikationstypologie. Handlungsmuster, Textsorten, Situationstypen (= Jahrbuch des Instituts für deutsche Sprache 1985). Düsseldorf, S. 193-226.

MATTHEIER, Klaus (1987): Industrialisierung der Sprache. Historisch-soziolinguistische Überlegungen zur Sprache im Industriebetrieb des 19. Jahrhunderts. In: Wirkendes Wort 2, S. 130-143.

MATTHEIER, Klaus (1989): Sprache und Sprachgebrauch im Industriebetrieb des 19. Jahrhunderts. Bericht über ein laufendes Forschungsprojekt. In: Dieter Cherubim/Klaus Mattheier

(Hgg.): Voraussetzungen und Grundlagen der Gegenwartssprache. Sprach- und sozialgeschichtliche Untersuchungen zum 19. Jahrhundert. Berlin, S. 273-279.

McQUAIL, Denis (1987): Functions of Communication: A Nonfunctionalist Overview. In: Charles R. Berger/Steven H. Chaffee (Hgg.): Handbook of Communication Science. Newbury Park, London, S. 327-349.

MEIBAUER, Jörg (1985): Sprechakttheorie: Probleme und Entwicklungen in der neueren Forschung. In: Deutsche Sprache 13.1, S. 32-72.

MESSING, Ewald E. J. (Hg.) (1932): Zur Wirtschaftslinguistik. Rotterdam.

MICHEL, Georg (1986): Text- und Stilnormen als Regeln oder als Modelle. In: A. Schöne (Hg.): Kontroversen, alte und neue (= Akten des VII. Internationalen Germanisten-Kongresses Göttingen 1985). Bd. 3. Tübingen, S. 3-9.

MICHEL, Georg (1990): Textmuster und Stilmuster. In: Werner Bahner/ Joachim Schildt/Dieter Viehweger (Hgg.): Proceedings of the Fourteenth International Congress of Linguists. Berlin/GDR, Aug. 10 - Aug. 15 1987. Bd. 3. Berlin, S. 2178-2180.

MILLER, G. A/E. GALANTER/K. PRIBAM (1973): Strategien des Handelns. Stuttgart.

MÖHN, Dieter (1991): Instruktionstexte. Ein Problemfall bei der Textidentifikation. In: Klaus Brinker (Hg.): Aspekte der Textlinguistik (= Germanistische Linguistik 106-107). Hildesheim, Zürich, New York, S. 183-212.

MORGAN, Gareth (1986): Images of Organization. Newbury Park, London.

MORRIS, Charles (1973): Zeichen, Sprache und Verhalten. Düsseldorf.

MORRIS, Charles (1977): Pragmatische Semiotik und Handlungstheorie. Hg. v. Achim Eschbach. Frankfurt a. M.

MOTSCH, Wolfgang (1984): Sprechaktanalyse - Versuch einer kritischen Wertung (1). In: Zeitschrift Deutsch als Fremdsprache 21.6, S. 327-334.

MOTSCH, Wolfgang (1985): Sprechaktanalyse - Versuch einer kritischen Wertung (2). In: Zeitschrift Deutsch als Fremdsprache 22.1, S. 1-8.

MOTSCH, Wolfgang (1986): Anforderungen an eine handlungsorientierte Textanalyse. In: Zeitschrift für Germanistik 3, S. 261-282.

MOTSCH, Wolfgang (1987): Zur Illokutionsstruktur von Feststellungstexten. In: Zeitschrift für Phonetik, Sprachwissenschaft und Kommunikationsforschung 40, S. 45-67.

MOTSCH, Wolfgang (1990): Was erwarten Linguisten von einer revidierten Spreckakttheorie? Rez. über: Armin Burkhardt: Soziale Akte, Sprechakte und Textillokutionen. Tübingen. In: Zeitschrift für germanistische Linguistik 18, S. 55-63.

MOTSCH, Wolfgang (1996a): Ebenen der Textstruktur. Begründung eines Forschungsprogramms. In: Wolfgang Motsch (Hg.): Ebenen der Textstruktur. Tübingen, S. 3-36.

MOTSCH, Wolfgang (1996b): Zur Sequenzierung von Illokutionen. In: Wolfgang Motsch (Hg.): Ebenen der Textstruktur. Tübingen, S. 189-210.

MOTSCH, Wolfgang (Hg.) (1996): Ebenen der Textstruktur. Sprachliche und kommunikative Prinzipien. Tübingen.

MOTSCH, Wolfgang/Renate PASCH (1984): Bedeutung und illokutive Funktion sprachlicher Äußerungen. In: Zeitschrift für Phonetik, Sprachwissenschaft und Kommunikationsforschung 37, S. 471-489.

MOTSCH, Wolfgang/Dieter VIEHWEGER (1991): Illokutionsstruktur als Komponente einer modularen Textanalyse. In: Klaus Brinker (Hg.): Aspekte der Textlinguistik (= Germanistische Linguistik 106-107). Hildesheim, Zürich, New York, S. 107-132.

MÜLLER, Bernd-Dietrich (Hg.) (1993): Interkulturelle Wirtschaftskommunikation. 2. Aufl. München.

MÜLLER-SEITZ, Peter (1988): Führungsgrundsätze als Bestandteil von Unternehmensverfassungen. Pro und Contra. In: Zeitschrift für Führung und Organisation 3, S. 152-159.

MUHR, Rudolf (1988): Kommunikationsprobleme in komplexen Industriebetrieben. In: Theo Bungarten (Hg.): Sprache und Information in Wirtschaft und Gesellschaft (= Referate eine internationalen Kongresses, zugleich der XI. Jahrestagung der internationalen Vereinigung "Sprache und Wirtschaft" e. V., 30.9.-3.10.1985, Hamburg). Tostedt, S. 307-332.

NELL-BREUNING, Oswald von (1990): Unternehmensverfassung. In: Oswald von Nell-Breuning: Den Kapitalismus umbiegen. Schriften zu Kirche, Wirtschaft und Gesellschaft. Ein Lesebuch. Düsseldorf, S. 265-304.

NEUBERGER, Oswald (1995): Mikropolitik. Der alltägliche Aufbau und Einsatz von Macht in Organisationen. Stuttgart.

NEULOH, Otto (1956): Die deutsche Betriebsverfassung und ihre Sozialformen bis zur Mitbestimmung. Tübingen.

OUCHI, William (1981): Theory Z. How American Business Can Meet the Japanese Challenge. Reading, Mass.

PELKA, Roland (1979): Kommunikationsdifferenzierung in einem Industriebetrieb. In: Wolfgang Mentrup (Hg.): Fachsprachen und Gemeinsprache. Düsseldorf, S. 59-83.

PICARDO, Claudia/Guiseppe VARCHETTA/Gianni ZANARINI (1991): Car Makers and Marathon Runners: In Pursuit of Culture through the Language of Leadership. In: Pasquale Gagliardi (Hg.): Symbols and Artifacts: Views of the Corporate Landscape. Berlin, New York, S. 255-270.

PIWINGER, Manfred (1996): Die Rolle von Dialogkonzepten bei der Entwicklung von Unternehmensgrundsätzen. Das Beispiel von Vorwerk & Co. In: Günter Bentele/Horst Steinmann/Ansgar Zerfaß (Hgg.):. Dialogorientierte Unternehmenskommunikation. Grundlagen - Praxiserfahrungen - Perspektiven. Berlin, S.147-166.

PLESSER, Ernst (1975): Verhaltenskodizes für Unternehmensleiter. In: Zeitschrift für Organisation 44, S. 121-125.

POGARELL, Reiner (1988a): Linguistische Fragestellungen in der betrieblichen Praxis. In: Heinrich Weber/Ryszard Zuber (Hgg.): Linguistik Parisette (= Akten des 22. Linguistischen Kolloquiums, Paris 1987). Tübingen, S. 319-333.

POGARELL, Reiner (1988b): Linguistik im Industriebetrieb. Eine annotierte Auswahlbibliographie. Aachen.

POGARELL, Reiner (1989): Optimierung industrieller Texte als linguistisches Arbeitsfeld. In: Norbert Reiter (Hg.): Sprechen und Hören (= Akten des 23. Linguistischen Kolloquiums, Berlin 1988). Tübingen, S. 91-102.

POHL, Hans (1981): Zur Geschichte von Organisation und Leistung deutscher Großunternehmen seit dem 19. Jahrhundert. In: Zeitschrift für Unternehmensgeschichte 26, S. 143-178.

POLENZ, Peter von (1980) Möglichkeiten satzsemantischer Textanalyse. In: Zeitschrift für germanistische Linguistik 10, S. 133-153.

POLENZ, Peter von (1985): Deutsche Satzsemantik. Grundbegriffe des Zwischen-den-Zeilen-Lesens. Berlin, New York.

POLENZ, Peter von (1991): Deutsche Sprachgeschichte vom Spätmittelalter bis zur Gegenwart. Bd. 1: Einführung, Grundbegriffe. Deutsch in der frühbürgerlichen Zeit. Berlin, New York.

PRITZL, Magdalena (1987): Die Bedeutung der Zielklarheit für die Führungskräfte des Unternehmens. Eine empirische Analyse. München.

PUTNAM, Linda/Michael PACANOWSKY (Hgg.) (1983): Communication and Organizations. An Interpretative Approach. Bewerly Hills, London, New Delhi.

RAUCH, Elisabeth (1992): Sprachrituale in institutionellen und institutionalisierten Text- und Gesprächssorten. Frankfurt a. M.

RAIBLE, Wolfgang (1980): Was sind Gattungen? In: Poetica 12, S. 320-349.

REHBEIN, Jochen (1988): Ausgewählte Aspekte der Pragmatik. In: Ulrich Ammon/Norbert Dittmar/Klaus J. Mattheier (Hgg.): Soziolinguistik. Ein internationales Handbuch zur Wissenschaft von der Sprache und Gesellschaft. 2. Halbbd. Berlin, New York, S. 1181-1195.

REIF, Heinz (1986): "Ein seltener Kreis von Freunden." Arbeitsprozesse und Arbeitserfahrungen bei Krupp 1840-1914. In: Klaus Tenfelde (Hg.): Arbeitsprozesse und Arbeitserfahrungen in der Geschichte. Göttingen, S. 51-91.

RIEGER, Burkhard (1979): Repräsentativität. Von der Unangemessenheit eines Begriffs zur Kennzeichnung eines Problems linguistischer Korpusbildung. In: Henning Bergenholtz/Burkard Schaeder (Hgg.): Empirische Textwissenschaft: Aufbau und Auswertung von Text-Corpora. Königstein/Ts., S. 52-70.

ROLF, Eckard (1983): Sprachliche Informationshandlungen (= Göttinger Arbeiten zur Germanistik 385). Göppingen.

ROLF, Eckard (1993): Die Funktionen der Gebrauchstextsorten. Berlin, New York.

ROSCH, Eleanor (1973): Natural Categories. In: Cognitive Psychology 7, S. 328-350.

ROSCH, Eleanor (1977): Classification of Real-World Objects: Origins and Representations in Cognition. In: Philipp N. Johnson-Laird/P. C. Wason (Hgg.): Thinking. Readings in Cognitive Science. Cambridge, Mass., S. 212-222.

ROSCH, Eleanor (1978): Principles of Categorization. In: Eleanor Rosch/B. B. Lloyd (Hgg.): Cognition and Categorization. Hillsdale, S. 27-48.

ROSENGREN, Inger (1987): Hierarchisierung und Sequenzierung von Illokutionen: zwei interdependente Strukturierungsprinzipien bei der Textproduktion. In: Zeitschrift für Phonetik, Sprachwissenschaft und Kommunikationsforschung 40.1, S. 28-44.

ROSENSTIEL, Lutz von/Alexander KIRSCH (1996): Psychologie der Werbung. Rosenheim.

SANDIG, Barbara (1975): Zur Differenzierung gebrauchssprachlicher Textsorten im Deutschen. In: Elisabeth Gülich/Wolfgang Raible (Hgg.): Textsorten. Differenzierungskriterien aus linguistischer Sicht. 2. Aufl. Frankfurt a. M., S. 119-124.

SANDIG, Barbara (1989): Stilistische Mustermischungen in der Gebrauchssprache. In: Zeitschrift für Germanistik 10.2, S.133-150.

SAYATZ, Ulrike (1991): Zur illokutiven Interpretation von Deklarativsätzen mit Modalverben und Infinitivkonstruktionen mit "HABEN (...) ZU + INFINITIV" und "SEIN (...) ZU + INFINITIV" in Gesetztestexten. In: Elisabeth Feldbusch/Reiner Pogarell/Cornelia Weiß (Hgg.): Neue Fragen der Liguistik (= Akten des 25. Linguistischen Kolloquiums, Paderborn 1990). Bd. 2: Innovation und Anwendung. Tübingen, S. 33-39.

SAYATZ, Ulrike (1996): Modale Referenz in Gesetzen und Gesetzeskommentierungen. Ein textvergleichender Ansatz. In: Wolfgang Motsch (Hg.): Ebenen der Textstruktur. Tübingen, S. 275-300.

SCHÄFFNER, Christina (1990): Prototypen-Konzept. Stand der internationalen Diskussion und abgeleitete Fragen (Diskussionspapier). In: Christina Schäffner (Hg.): Gibt es eine prototypische Wortschatzbeschreibung? Eine Problemdiskussion (= Linguistische Studien, Reihe A, 202). Berlin, S. 1-15.

SCHEIN, Edgar H. (1986): Organizational Culture and Leadership. A Dynamic View. San Francisco, London.

SCHERG, G. A. O. (1990): Die zwischenmenschliche Kommunikation im Führungsprozeß [Diss. Berlin]. Berlin.

SCHERMERHORN, John Jr./James HUNT/Richard OSBORN (1991): Managing Organizational Behavior. 4th Edition. New York.

SCHLIEBEN-LANGE, Brigitte (1983): Traditionen des Sprechens. Elemente einer pragmatischen Sprachgeschichtsschreibung. Stuttgart.

SCHLIEBEN-LANGE, Brigitte (1988): Text. In: Ulrich Ammon/Norbert Dittmar/Klaus J. Mattheier (Hgg.): Soziolinguistik. Ein internationales Handbuch zur Wissenschaft von der Sprache und Gesellschaft. 2. Halbbd. Berlin, New York, S. 1205-1215.

SCHMIDT, Siegfried (1973): Texttheorie. Probleme einer Linguistik der sprachlichen Kommunikation. München.

SCHMIDT, Wilhelm (1981): Funktional-kommunikative Sprachbeschreibung. Von einem Autorenkollektiv unter der Leitung von Wilhelm Schmidt. Leipzig.

SCHMIDTCHEN, Gerhard (1989): Warum sprechen wir von der Sprache? Redeweisen als Ausdruck gesellschaftlicher Veränderungen. In: Jürgen Mittelstraß (Hg.): Wohin geht die Sprache? Wirklichkeit - Kommunikation - Kompetenz. Essen, S. 307-317.

SCHMITZ, Ulrich (1983): Zählen und Erzählen. Zur Anwendung statistischer Verfahren in der Textlinguistik. In: Zeitschrift für Sprachwissenschaft 2.1, S. 132-143.

SCHRÖDER, Ernst (1956): Alfred Krupps Generalregulativ. In: Tradition. Zeitschrift für Firmengeschichte und Unternehmerbiographie 1, S. 35-57.

SCHUHMACHER, Bernd (1985): Handbuch: Führungsgrundsätze und Führungshilfen entwickeln und einführen. Bausteine der Organisationskultur. Landsberg a. Lech.

SCHWARZ, Christiane (1985): Bedingungen der sprachlichen Kommunikation (= Linguistische Studien, Reihe A, 131). Berlin.

SEARLE, John R. (1980a): Eine Klassifikation der Illokutionsakte. In: Paul Kußmaul (Hg.): Sprechakttheorie. Ein Reader. Wiesbaden, 82-108.

SEARLE, John R. (1980b): Indirekte Sprechakte. In: Paul Kußmaul (Hg.): Sprechakttheorie. Ein Reader. Wiesbaden, S. 127-150.

SHUKMAN, Ann (1981): The Dialectics of Change: Culture, Codes, and the Individual. In: Peter Zima (Hg.): Semiotics and Dialectics. Ideology and the Text. Amsterdam, S. 311-329.

SIEBENSCHEIN, Hugo (1936): Abhandlungen zur Wirtschaftsgermanistik. Prag.

SITTA, Horst (1973): Kritische Überlegungen zur Textsortenlehre. In: Horst Sitta/Klaus Brinker (Hgg.): Studien zur Texttheorie und zur deutschen Grammatik (= Festgabe für Hans Glinz zum 60. Geburtstag, zugleich: Sprache der Gegenwart 30). Düsseldorf, S. 63-71.

SITTA, Horst (1995): Der Satz. In: Duden. Grammatik der deutschen Gegenwartssprache. 5. völlig neu bearb. u. erw. Auflage. Hg. u. bearb. von G. Drosdowski in Zusammenarbeit mit P. Eisenberg, H. Gelhaus, H. Henne, H. Sitta und H. Wellmann. Mannheim, Leipzig, Wien, Zürich, S. 590-826.

SMITH, Edward E. (1990): Categorization. In: D. N. Osherson/Edward E. Smith (Hgg.): Thinking. Cambridge, Mass., S. 33-53.

SMITH, Edward E./Daniel OSHERSON/Lance RIPS/Margaret KEANE (1988): Combining Prototypes: A Selective Modification Model. In: Cognitive Science 12, S. 485-527.

SOEFFNER, Hans-Georg (1979): Interaktion und Interpretation. Überlegungen zu Prämissen des Interpretierens in der Sozial- und Literaturwissenschaft. In: Hans-Georg Soeffner (Hg.): Interpretative Verfahren in den Sozial- und Textwissenschaften. Stuttgart, S. 328-351.

SOKOLOVA-DONTSCHEVA, Galina (1990): Der Begriff des Nebenziels - ein Versuch theoretisch-weiterführender Überlegungen zum sprachhandlungsbezogenen Textanalysemodell. In: Zeitschrift für Germanistik 6, S. 690-697.

SOMMERFELDT, Karl-Ernst (1990): Zum Verhältnis von semantischem Satztyp und Text. Bemerkungen zur Beschreibung von Textsorten. In: Wirkendes Wort 1, S. 120-128.

SPILLNER, Bernd (Hg.) (1992): Wirtschaft und Sprache (= Kongreßbeiträge zur 22. Jahrestagung der Gesellschaft für Angewandte Linguistik GAL e. V., zugleich: Forum für angewandte Linguistik 23). Frankfurt a. M.

SPURK, Jan (1990): Gemeinschaft und Modernisierung. Entwurf einer soziologischen Gedankenführung. Berlin.

STAHL, Heinz (1997): Barrieren für Tüftler. Die Schwierigkeiten des Innovationsmanagements. In: Blick durch die Wirtschaft Nr. 40 vom 26.2.1997, S. 9.

STEGER, Hugo (1982): Über die Würde der alltäglichen Sprache und die Notwendigkeit von Kultursprachen (= Duden-Beiträge 46). Mannheim, Wien.

STEGER, Hugo (1983): Über Textsorten und andere Textklassen. In: Textsorten und literarische Gattungen (= Dokumentation des Germanistentages in Hamburg, 1.-4. April 1979). Hg. v. Vorstand der Vereinigung der deutschen Hochschulgermanisten. Berlin, S. 25-67.

STEGER, Hugo (1984): Sprachgeschichte als Geschichte der Textsorten/Texttypen und ihrer kommunikativen Bezugsbereiche. In: Werner Besch/Oskar Reichmann/Stefan Sonderegger (Hgg.): Sprachgeschichte. Ein Handbuch zur Geschichte der deutschen Sprache und ihrer Erforschung. 1. Halbband. Berlin, New York, S. 184-204.

STEGER, Hugo (1991): Alltagssprache. Zur Frage nach ihrem besonderen Status in medialer und semantischer Hinsicht. In: Wolfgang Raible (Hg.): Symbolische Formen. Medien. Identität (= Jahrbuch 1989/90 des Sonderforschungsbereichs "Übergänge und Spannungsfelder zwischen Mündlichkeit und Schriftlichkeit"). Tübingen, S. 55-112.

STEGER, Hugo/Helge DEUTRICH/Gerd SCHANK/Eva SCHÜTZ (1974): Redekonstellation, Redekonstellationstyp, Textexemplar, Textsorte im Rahmen eines Sprachverhaltensmodells. Begründung einer Forschungshypothese. In: Gesprochene Sprache (= Sprache der Gegenwart 26). Düsseldorf, S. 39-97.

STEIGÜBER, Barbara (1991): Sprachmanagement. In: Eberhard Klein et al. (Hgg.): Betriebslinguistik und Linguistikbetrieb (= Akten des 24. Linguistischen Kolloquiums, Universität Bremen, 4.-6.9.1989). Bd. 1. Tübingen, S. 29-36.

THOMPSON, S. (1958): Management Creeds and Philosophies. American Management Association, Research Study Number 32. New York.

TÖPFER, Armin/Ernst ZANDER (Hgg.) (1982): Führungsgrundsätze und Führungsinstrumente. Kooperative Führungskonzepte in der Unternehmenspraxis. Frankfurt a. M.

TOPITSCH, Ernst (1960): Über Leerformeln. Zur Pragmatik des Sprachgebrauchs in Philosophie und politischer Theorie. In: Ernst Topitsch (Hg.): Probleme der Wissenschaftstheorie. Wien, S. 233-264.

TURNER, Barry (1990): The Rise of Organizational Symbolism. In: John Hassard/Denis Pym (Hgg.): The Theory and Philosophy of Organizations. Critical Issues and New Perspectives. London, New York, S. 83-96.

TURNER, Barry (Hg.) (1990): Organizational Symbolism. Berlin, New York.

TWINING, William/David MIERS (1991): How to do Things with Rules. A Primer of Interpretation.Third Edition, expanded and fully revised. London [1. Aufl. 1976].

ULRICH, Hans (1987a): Führungsphilosophie. In: Alfred Kieser/Gerhard Reber/Rolf Wunderer (Hgg.): Handwörterbuch der Führung. Stuttgart, Sp. 640-650.

ULRICH, Hans (1987b): Unternehmungspolitik. 2. Aufl. Bern, Stuttgart [1. Aufl. 1978].

ULRICH, Peter/Edgar FLURI (1988): Management. 5. Aufl. Bern, Stuttgart.

ULRICH, Hans/Walter KRIEG (1987): Führungsmodelle - St. Galler Modell. In: Alfred Kieser/Gerhard Reber/Rolf Wunderer (Hgg.): Handwörterbuch der Führung. Stuttgart, Sp. 621-629.

UNGEHEUER, Gerold (1974): Kommunikationssemantik. Skizze eines Problemfeldes. In: Zeitschrift für germanistische Linguistik 2, S. 1-24.

VATER, Heinz (1991): Referenzrelationen in Texten. In: Klaus Brinker (Hg.): Aspekte der Textlinguistik (= Germanistische Linguistik 106-107). Hildesheim, Zürich, New York, S. 19-53.

VERSCHUEREN, Jef/Jan-Ola ÖSTMANN/Jan BLOMMAERT (Hgg.) (1995): Handbook of Pragmatics. Manual. Amsterdam.

VIEHWEGER, Dieter (1983): Sprachhandlungsziele von Aufforderungstexten. In: Frantisek Daneš/Dieter Viehweger (Hgg.): Ebenen der Textstruktur (= Linguistische Studien, Reihe A, 112). Berlin, S. 152-192.

VIEHWEGER, Dieter (1984a): Konstitutive Bedingungen von Aufforderungshandlungen. In: Acta Universitatis Tamperensis, Ser. A 183 (= Festschrift für Lauri Seppänen zum 60. Geburtstag). Tampere, S. 157-170.

VIEHWEGER, Dieter (1984b): Illokutionsstruktur von Anordnungstexten. In: Inger Rosengren (Hg.): Sprache und Pragmatik. Malmö, S. 279-291.

VIEHWEGER, Dieter/Gottfried SPIES (1987): Struktur illokutiver Handlungen in Anordnungstexten. In: Wolfgang Motsch (Hg.): Satz, Text, sprachliche Handlung (= Studia grammatica XXV). Berlin, S. 81-118.

VOLLMER, Gerhard (1992): Gelöste, ungelöste und unlösbare Probleme. Zu den Bedingungen wissenschaftlichen Fortschritts (= Veröffentlichung der Joachim Jungius-Gesellschaft der Wissenschaften 68). Hamburg.

WAHREN, Heinz-Kurt (1987): Zwischenmenschliche Kommunikation und Interaktion im Unternehmen. Berlin, New York.

WATSON, Thomas J. Jr. (1963): A Business and Its Beliefs. The Ideas that helped build up IBM. New York.

WATSON, Thomas J. Jr. (1964): IBM. Ein Unternehmen und seine Grundsätze. München.

WEHNER, Burkhard (1993): Der Staat auf Bewährung. Über den Umgang mit einer erstarrten politischen Ordnung (= WB-Forum 76). Darmstadt.

WEIGAND, Edda (1987): Sprachliche Kategorisierung. In: Deutsche Sprache 15.1, S. 237-255.

WEINRICH, Harald (1993): Textgrammatik der deutschen Sprache. Mannheim, Leipzig, Wien, Zürich.

WEISE, Günter (1985): Direktive Texte. In: G. Graustein/A. Neubert/W. Thiele (Hgg.): Beiträge zur englischen Linguistik. (= Linguistische Studien Reihe A, 135). Berlin, S. 77-87.

WEISGERBER, Leo (1933 und 1934): Die Stellung der Sprache im Aufbau der Gesamtkultur. Teil 1 und Teil 2. Heidelberg.

WEISGERBER, Leo (1969): Ware und Wort. In: Udo Koppelmann (Hg.): Die Ware in Wirtschaft und Technik (= Festschrift zum 65. Geburtstag von Artur Kutzelnigg). Herne, Berlin, S. 187-195.

WELLMANN, Hans (Hg.) (1993): Grammatik, Wortschatz und Bauformen der Poesie in der stilistischen Analyse ausgewählter Texte. Heidelberg.

WIERZBICKA, Anna (1990): "Prototypes save": On the Uses and Abuses of 'Prototype' in Linguistics and Related Fields. In: Tsohatzidis, Savas L. (Hg.): Meanings and Prototypes: Studies in Linguistic Categorization. London, S. 347-367.

WILLOWEIT, Dietmar (1990): Deutsche Verfassungsgeschichte. Vom Frankenreich bis zur Teilung Deutschlands. München.

WINTERHOFF-SPURK, Peter/Theo HERRMANN (1987): Sprache in der Führung. In: Alfred Kieser/Gerhard Reber/Rolf Wunderer (Hgg.): Handwörterbuch der Führung. Stuttgart, Sp. 1873-1881.

WITTBERG, Volker (1993): Zur Analyse der Qualität von Unternehmensleibildern und ihrer Wirkung. Diplomarbeit im Fach Betriebswirtschaftslehre an der Fakultät für Wirtschaftswissenschaften der Universität Bielefeld (unveröfftl. Manuskript).

WITTBERG, Volker (1994): Von der Vision zur Aktion - Ergebnisse einer Deutschlandstudie. In: intra manager 1, S. 4-6.
WODAK, Ruth (1987): Kommunikation in Institutionen. In: Ulrich Ammon/Norbert Dittmar/Klaus J. Mattheier (Hgg.): Soziolinguistik. Ein internationales Handbuch zur Wissenschaft von der Sprache und Gesellschaft. 1. Halbbd. Berlin, New York, S. 799-820.
WOLLASCH, Ursula (1994): Normenkodizes in Unternehmen und Verbänden - ein Forschungsbericht. In: Jahrbuch für Christliche Sozialwissenschaften 35, S. 224-237.
WOLLASCH, Ursula (1996a): Selbstverpflichtung in der Wirtschaft. Zur sozialethischen Interpretation von Verhaltenskodizes in Unternehmen. In: Ethica 4.2, S. 159-181.
WOLLASCH, Ursula (1996b): Das VW-Projekt "Normenkodizes in Unternehmen und Verbänden" - eine Zwischenbilanz. In: Jahrbuch für christliche Sozialwissenschaften 37, S. 250-252.
WOLSKI, Werner (1980): Schlechtbestimmtheit und Vagheit. Tendenzen und Perspektiven: Methodologische Untersuchungen zur Semantik (= Reihe Germanistische Linguistik 28). Tübingen.
WUNDERER, Rolf (1983): Führungsgrundsätze als Instrument der Unternehmens-/Betriebsverfassung. In: Rolf Wunderer (Hg.): Führungsgrundsätze in Wirtschaft und öffentlicher Verwaltung. Stuttgart, S. 35-73.
WUNDERER, Rolf (1987a): Kooperative Führung. In: In: Alfred Kieser/Gerhard Reber/Rolf Wunderer (Hgg.): Handwörterbuch der Führung. Stuttgart, Sp. 1257-1274.
WUNDERER, Rolf (1987b): Führungsgrundsätze. In: Alfred Kieser/Gerhard Reber/Rolf Wunderer (Hgg.): Handwörterbuch der Führung. Stuttgart, Sp. 553-568.
WUNDERER, Rolf (1990): Führungs- und Kooperations-Controlling. In: Personalwirtschaft 3, S. 31-32.
WUNDERER, Rolf (1993): Führung und Zusammenarbeit. Beiträge zu einer Führungslehre. Stuttgart.
WUNDERER, Rolf (1995): Führung. In:Alfred Kieser/Gerhard Reber/Rolf Wunderer (Hgg.): Handwörterbuch der Führung. Stuttgart, Sp. 1257-1274.
WUNDERER, Rolf (Hg.) (1983): Führungsgrundsätze in Wirtschaft und öffentlicher Verwaltung. Stuttgart.
WUNDERER, Rolf (Hg.) (1991): Kooperation. Gestaltungsprinzipien und Steuerung der Zusammenarbeit zwischen Organisationseinheiten. Stuttgart.
WUNDERER, Rolf (Hg.) (1995): Betriebswirtschaftslehre als Management- und Führungslehre. 3. überarb. und erg. Aufl. Stuttgart.
WUNDERER, Rolf/Wolfgang GRUNWALD (1980): Führungslehre. Bd. 1: Grundlagen der Führung. Bd. 2: Kooperative Führung. Berlin, New York.
WUNDERER, Rolf/Rüdiger KLIMECKI (1990): Führungsleitbilder. Grundsätze für Führung und Zusammenarbeit in deutschen Unternehmen. Stuttgart.
WUNDERLICH, Dieter (1981): Modalverben im Diskurs und im System. In: Inger Rosengren (Hg.): Sprache und Pragmatik (= Lunder Symposium 1980). Lund, S. 11-53.

ZIMMERMANN, Klaus (1978): Erkundungen zur Texttypologie. Tübingen.

Rudolf Beier (Hrsg.)

Sprache – System und Funktion

Festschrift für Günter Weise

Frankfurt/M., Berlin, Bern, New York, Paris, Wien, 1996.
X, 262 S., 20 Abb., 5 Tab.
Theorie und Vermittlung der Sprache. Herausgegeben von Gerhard Augst und Rudolf Beier. Bd. 25
ISBN 3-631-49815-2 · br. DM 79.–*

Diese Festschrift thematisiert Zusammenhänge zwischen Sprachsystem und Sprachfunktion aus unterschiedlichsten Perspektiven: Eher theoretisch orientiert sind u.a. Beiträge zu semantischen und aktionalen Strukturen, semantischen Verbklassen (im Englischen), zum Stereotypbegriff, zu Fragen der Feldtheorie und der kognitiven Linguistik. Mehrfach behandelt werden Aspekte der Fachsprachen (*extended abstract*, Sprachspiel, kognitive Kohärenz, Übersetzung, Unterricht) und der Sprachverwendung in den Medien (öffentliche Diskussion, Leserbrief, Kommentar). Zu den konkret diskutierten sprachlichen Erscheinungen zählen: Gradadverbien im Englischen, Rede- und Gedankenwiedergabe, adverbiale Partizipialkonstruktionen (im Litauischen), Genus und Numerus (in romanischen Sprachen).
Aus dem Inhalt: Zusammenhänge zwischen Sprachsystem und Sprachfunktion aus unterschiedlichsten Perspektiven: theoretisch-linguistische Fragen, Sprache in Fächern und in Medien, konkrete sprachliche Erscheinungen.

FSC
www.fsc.org
MIX
Papier | Fördert
gute Waldnutzung
FSC® C083411

Kolibri 360 GmbH
Ferdinand-Jühlke-Straße 7
99095 Erfurt, Deutschland
produktsicherheit@kolibri360.de

Druck:
CPI Druckdienstleistungen GmbH
im Auftrag der
Kolibri 360 GmbH
Ferdinand-Jühlke-Str. 7
99095 Erfurt